a análise da
ARQUITETURA

Simon Unwin é Professor de Arquitetura na University of Dundee, na Escócia. Ele já morou na Grã-Bretanha e na Austrália, lecionou e palestrou sobre sua obra na China, em Israel, na Índia, na Suécia, na Turquia e nos Estados Unidos. A relevância internacional de sua obra é indicada pelas traduções de *Análise da Arquitetura* nos idiomas chinês, japonês, coreano, persa e espanhol e por sua adoção em cursos de arquitetura do mundo inteiro.

U62a   Unwin, Simon.
           A análise da arquitetura / Simon Unwin ; tradução técnica: Alexandre Salvaterra. – 3. ed. – Porto Alegre : Bookman, 2013.
           xvi, 276 p. : il. ; 28 cm.

           ISBN 978-85-65837-76-7

           1. Arquitetura. I. Título.

                                                                        CDU 72

Catalogação na publicação: Natascha Helena Franz Hoppen – CRB 10/2150

SIMON UNWIN

University of Dundee, Escócia

a análise da
ARQUITETURA

TERCEIRA EDIÇÃO

Tradução técnica:
Alexandre Salvaterra
Arquiteto e Urbanista pela Universidade Federal do Rio Grande do Sul
CREA nº 97.874

2013

Obra originalmente publicada sob o título
Analysing Architecture, 3rd Edition
ISBN 9780415489287 / 0415489288

Copyright © 2009 by Routledge, 1 Park Square, Milton Park, Abingdon, Oxon, OX14 4RN

All Rights Reserved. Authorised translation from the English language edition published by Routledge, a member of Taylor & Francis Group.

Capa: *VS Digital (arte sobre capa original)*

Preparação de original: *Amanda Jansson Breitsameter*

Coordenadora editorial: *Denise Weber Nowaczyk*

Editoração eletrônica: *Techbooks*

Reservados todos os direitos de publicação, em língua portuguesa, à
BOOKMAN EDITORA LTDA., uma empresa do GRUPO A EDUCAÇÃO S.A.
Av. Jerônimo de Ornelas, 670 – Santana
90040-340 – Porto Alegre – RS
Fone: (51) 3027-7000   Fax: (51) 3027-7070

É proibida a duplicação ou reprodução deste volume, no todo ou em parte, sob quaisquer formas ou por quaisquer meios (eletrônico, mecânico, gravação, fotocópia, distribuição na Web e outros), sem permissão expressa da Editora.

Unidade São Paulo
Av. Embaixador Macedo Soares, 10.735 – Pavilhão 5 – Cond. Espace Center
Vila Anastácio – 05095-035 – São Paulo – SP
Fone: (11) 3665-1100   Fax: (11) 3667-1333

SAC 0800 703-3444 – www.grupoa.com.br

IMPRESSO NO BRASIL
PRINTED IN BRAZIL
Impresso sob demanda na Meta Brasil a pedido de Grupo A Educação.

para Gill

check SERLIO.

THE ABOVE
(hyper-humanity · Heaven)

THE IN-BETWEEN
(where we live)

(sub-humanity · Hell)
THE BELOW

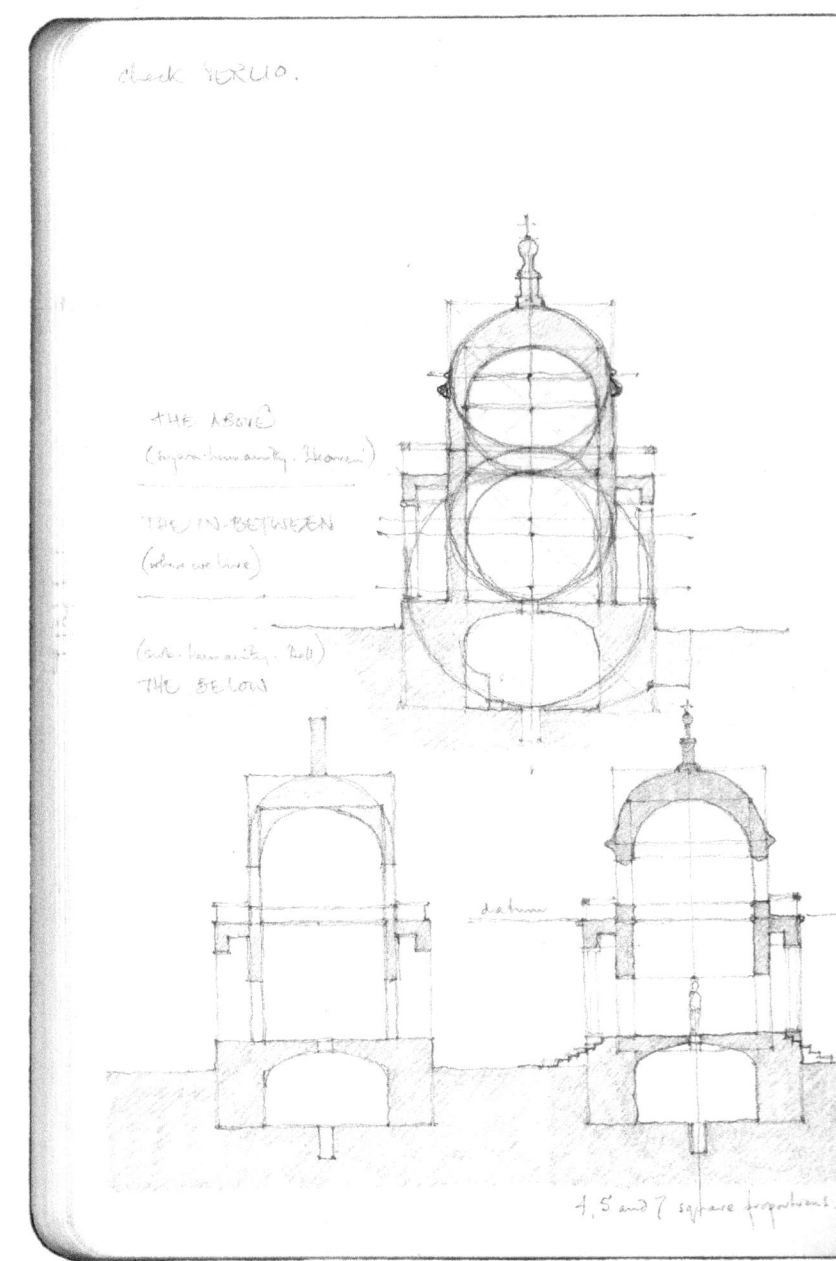

4, 5 and 7 square proportions.

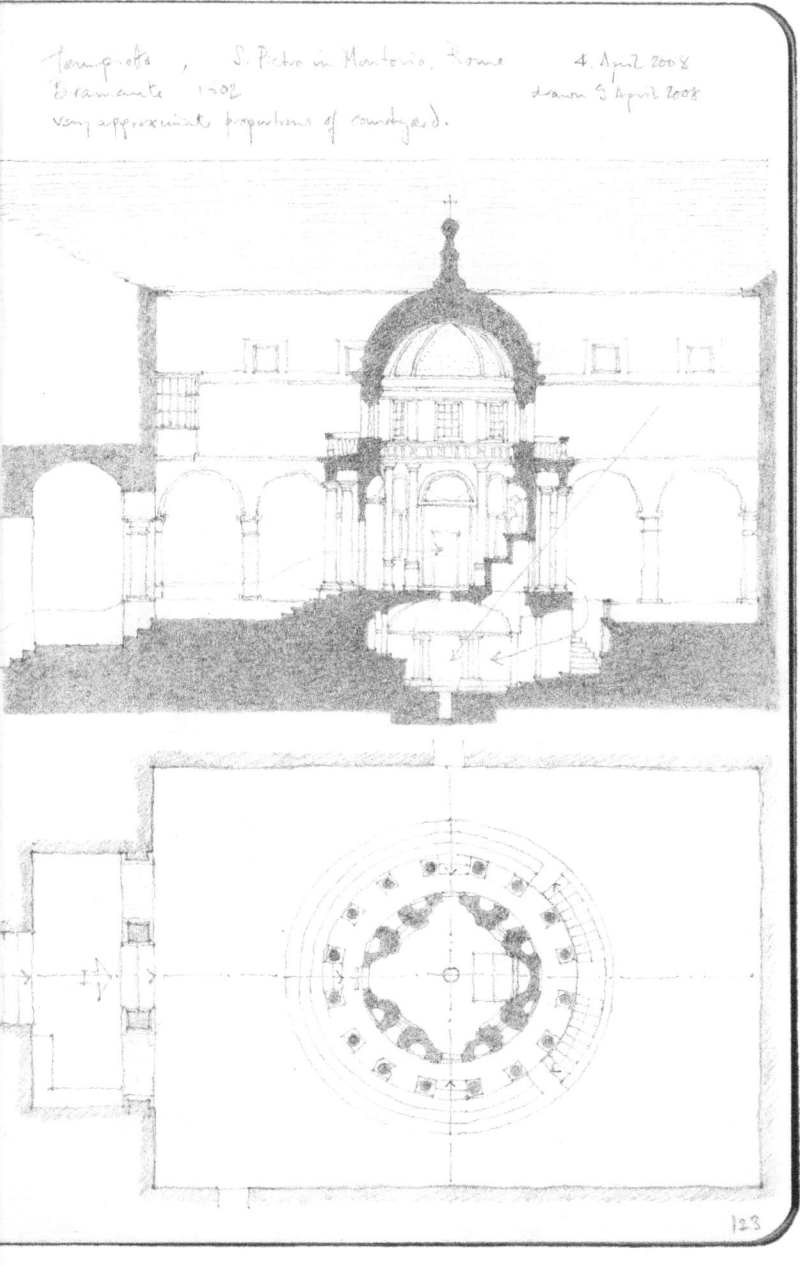

Análise da arquitetura

"A busca é o que todo mundo faria se não estivesse preso ao dia a dia de suas vidas. Estar ciente da possibilidade de busca é estar ciente de algo. Não estar interessado em algo é estar desesperado."

Walker Percy – *The Moviegoer*, citado em Lawrence Weschler – *Seeing is Forgetting the Name of the Thing One Sees: a Life of Contemporary Artist Robert Irwin*, 1982.

Agradecimentos

PRIMEIRA EDIÇÃO

Muitas pessoas contribuíram, de modo consciente ou não, para a preparação deste livro, sem falar nos inúmeros estudantes de arquitetura que foram submetidos às várias formas de ensino relacionadas ao seu desenvolvimento. Alguns disseram ou fizeram coisas em seus projetos que resultaram em ideias incluídas aqui.

O mesmo se aplica a muitos colegas meus no ensino da arquitetura, em especial aqueles que trabalham comigo semana após semana na Welsh School of Architecture. Alguns dos exemplos foram sugeridos por Kieren Morgan, Colin Hockley, Rose Clements, John Carter, Claire Gibbons, Geoff Cheason e Jeremy Dain.

Tirei muito proveito das diversas conversas que tive com Charles MacCallum, diretor da Mackintosh School of Architecture, em Glasgow, e do incentivo de Patrick Hodgkinson, da Bath School.

Também tenho muito a agradecer ao diretor de Departamento da Welsh School, Richard Silverman; e a vários que visitaram a escola e, sem saber, estimularam ideias que foram incluídas nas páginas anteriores.

Alguns colegas contribuíram para a evolução deste livro, fazendo afirmações com as quais não pude concordar. Minhas tentativas de determinar por que não estava de acordo afetaram muito o meu raciocínio; logo, ainda que sem citar nomes, gostaria de agradecer aos meus antagonistas teóricos, e também aos meus amigos.

Algumas ideias vieram de muito longe, de amigos e oponentes que raramente ou nunca vejo, mas com os quais às vezes tenho o prazer de discutir pela Internet: em especial, Howard Lawrence, junto a outros que contribuem para o grupo "listserv" – DESIGN-L@psuvm.psu.edu

Também devo agradecer a Gerallt Nash e Eurwyn Wiliam, do Museum of Welsh Life em Saint Fagans, por gentilmente me fornecer o estudo sobre a cabana de Llainfadyn, que foi objeto do *Estudo de Caso 3* e que inspira as ilustrações no início do capítulo sobre *Espaço e Estrutura*.

Sou particularmente grato a Dean Hawkes, professor de Projeto da Welsh School, que me fez a gentileza de ler o material durante a elaboração e contribuiu com vários comentários úteis.

Por fim, devemos sempre agradecer àqueles que estão próximos e tiveram de tolerar alguém que está escrevendo um livro. No meu caso, os sofredores de longa data são Gill, Mary, David e James.

Simon Unwin, Cardiff, dezembro de 1996

SEGUNDA EDIÇÃO

Nos "agradecimentos" da primeira edição, também deveria ter mencionado Tristan Palmer e Sarah Lloyd, meus primeiros editores na Routledge, cujo "trabalho como parteiras" foi imprescindível para o nascimento deste livro. A ambos, meus sinceros agradecimentos.

Quanto ao preparo da segunda edição, agradeço o apoio e a motivação de Caroline Mallinder e Helen Ibbotson, da Routledge, e Peter Willis, que, ao lerem cada palavra, jamais deixaram de oferecer conselhos úteis.

Gostaria também de agradecer a muitos colegas professores de arquitetura, incluindo: Tony Aldrich, Baruch Baruch, Michael Brawne, Peter Carolin, Andy Carr, Wayne Forster, David Gray, Richard Haslam, Juliet Odgers, Richard Padovan, Malcolm Parry, Sophia Psarra, Flora Samuel, David Shalev, Liora bar am Shahal, Adam Sharr, Roger Stonehouse, Andy Roberts, Irit Tsaraf-Netanyahu, Jeff Turnbull, Richard Weston... assim como a novas gerações de estudantes de arquitetura.

Simon Unwin, Cardiff, março de 2003

TERCEIRA EDIÇÃO

Um dos prazeres de se produzir um livro como este é receber e-mails de pessoas que se interessaram o suficiente para lê-lo e que, talvez, tenham encontrado alguma utilidade nele. Algumas dessas pessoas contribuíram significativamente para o desenvolvimento da obra.

Gostaria de agradecer especialmente à arquiteta Liza Raju Subhadra por provocar minha primeira viagem à Índia e por sua gentileza ao levar-me para ver alguns lugares extremamente interessantes, incluindo a pequena casa de barro nos arredores de Trivandrum, incluída no capítulo *Arquitetura como Arte de Emoldurar ou Delimitar*, e a Casa Ramesh, de autoria própria, incluída no capítulo sobre *Estratificação*. Meu muito obrigado ao corpo docente da Trivandrum School of Architecture, especialmente ao professor Shaji T.L. por ter me convidado a participar de seu seminário sobre o ensino de arquitetura. Desejo-lhes sucesso duradouro na escola.

Devo agradecer a Armin Yeganeh por ter traduzido a *Análise da Arquitetura* para o persa, para ser usada por estudantes no Irã. Desejo-lhe sucesso em sua carreira. E também a Masuhiro Agari pela tradução para o japonês. Infelizmente não tive contato com os tradutores das versões espanhola, coreana e chinesa, mas, a eles, meu muito obrigado.

Esta terceira edição foi preparada no contexto da Faculdade de Arquitetura da University of Dundee, e não na Welsh School of Architecture da Cardiff University; por isso, devo agradecer a um grupo diferente de colegas pela tolerância bem-humorada no tocante às minhas aventuras no campo da arquitetura, especialmente a Graeme Hutton, reitor da Faculdade. Também gostaria de agradecer a Peter Richardson, da School of Media Arts and Imaging em Dundee, pelo interesse contínuo pelas dimensões e relevância mais amplas dos temas explorados no livro.

Meu muito obrigado também a Fran Ford, da Routledge, por sugerir esta terceira edição, e a Katherine Morton por acompanhar a produção.

Finalmente, parece-me apropriado agradecer aos meus amigos, especialmente a Alan Paddison, que sempre se mostrou disposto a compartilhar descobertas de suas próprias perambulações ecléticas, e, mais uma vez, à minha família "sofredora", principalmente a Gill, já que os demais fugiram (mais ou menos) nos 12 anos que se passaram desde a primeira edição da *Análise da Arquitetura*.

Simon Unwin, Dundee, setembro de 2008

Prefácio da terceira edição

Havia um personagem que fazia o papel de assessor de imprensa* em uma comédia política da BBC chamada "The Thick of It" (2007) que, uma vez, disse a um subalterno: "Nunca, JAMAIS, me chame de valentão!... Eu sou MUITO pior!". Bem, já ouvi pessoas chamarem a arquitetura de "arte visual" e sinto vontade de responder: "Nunca, JAMAIS, chame a arquitetura de arte visual! Ela é MUITO mais!".

A arquitetura é a mais rica manifestação artística. Talvez rica demais. Talvez tenha sido a inveja das outras manifestações artísticas que a tenha levado a ser "posta em seu devido lugar" e relegada a ser considerada (como sugiro no meu *Prefácio da Segunda Edição*) simplesmente uma arte visual ou escultórica, ou uma sensação da mídia. Talvez a arquitetura seja ainda mais rica do que aquilo que os arquitetos conseguem dominar. Certamente, descrever (e, pior ainda, conceber) a arquitetura como uma manifestação artística meramente visual ou escultórica diminui consideravelmente seu papel na estruturação de praticamente tudo o que fazemos para definir a matriz espacial da vida. A arquitetura tem o potencial de estabelecer e influenciar relações, provocar respostas emocionais e até mesmo afetar o nosso comportamento e a pessoa que acreditamos ser. São poucos os arquitetos que conseguem enriquecer seu trabalho com mais do que uma pequena fração do potencial pleno da arquitetura.

Em todas as culturas humanas, incluindo as pessoas que vivem em áreas descampadas, a arquitetura é tão onipresente quanto (ou talvez ainda mais que) a linguagem. (Basta pensar na enorme variedade de formas arquitetônicas englobadas pela palavra "janela", infinitamente mais sutil em suas variações, que podem ser "balcões envidraçados", "*bay windows*", "janelas com filetes de chumbo", "janelas panorâmicas", "vitrais", "vidraças laminadas", "janelas com caixilhos", "janelas térmicas", "janelas sanfonadas"...). A arquitetura é a arte prática, poética e filosófica por meio da qual organizamos o espaço e damos forma a ele; é o meio pelo qual entendemos o nosso mundo em termos físicos e espaciais. Ao longo da história e no presente, ela envolveu, com frequência, a construção de edificações complexas e caras, mas também pode envolver apenas o traçado de um círculo na areia; o desmatamento de uma área para a realização de uma cerimônia; ou, no mínimo (ou no máximo), a identificação de características marcantes na paisagem com seres e eventos míticos. Talvez seja difícil compreender, mas a arquitetura lida, mesmo assim, com os contextos inevitáveis de nossas vidas e merece os esforços necessários (especialmente por parte dos que querem exercê-la profissionalmente) para entender seu funcionamento e a forma como seus poderes podem ser utilizados.

* *O personagem era Malcolm Tucker, interpretado por Peter Capaldi. "The Thick of It" foi criado e dirigido por Armando Iannucci e escrito por Jesse Armstrong, Simon Blackwell e Tony Roche.*

Nesta terceira edição, o livro já tem quase 300 páginas, mas ainda consegue lidar com a riqueza da arquitetura como manifestação artística de maneira praticamente introdutória. (Isso acontece por causa do espaço, em parte, mas também porque ainda estou aprendendo.) Também foram acrescentados exemplos, especialmente do passado mais recente, além de novos estudos de caso. Há material on line, de livre acesso no site www.bookman.com.br. (A bibliografia de leituras complementares recomendadas também foi ampliada, e o índice, revisado.)

No entanto, o objetivo da obra permanece: entender o funcionamento da linguagem comum da arquitetura que tem sido desenvolvida desde que nós, seres humanos (e também os animais), começamos a criar lugares para situar a nós mesmos, nossas atividades e nossos pertences no mundo onde vivemos. Para tanto, é necessário incluir exemplos de períodos antigos e também contemporâneos, de situações primitivas e também sofisticadas, e da maior abrangência geográfica possível. (A tradução das edições anteriores para o chinês, japonês, coreano, persa e espanhol, bem como o uso de ***A Análise da arquitetura*** em cursos de arquitetura por todo o mundo, parece justificar e validar essa abordagem.)

De modo mais significativo, talvez, esta nova edição de ***A Análise da arquitetura*** discute de que forma o estudo de obras alheias refina, influencia e estimula a capacidade de projeto. Esse é um aspecto do desenvolvimento da capacidade de praticar arquitetura que tem estado muito evidente em arquitetos (grandes e medíocres) ao longo dos séculos, mas que, por vezes, é pouco reconhecido por estudantes de arquitetura, pois eles estão propensos a acreditar que sua própria criatividade e grandeza irá prosperar mais, caso seu gênio criativo seja protegido da "corrupção" causada pelas ideias e pelos feitos de terceiros; e, de qualquer forma, não querem ser acusados de plágio. Contudo, não foi plágio quando Le Corbusier – provavelmente o mais criativo arquiteto do século XX – inspirou-se em suas longas viagens pela Grécia, Itália e Turquia para desenvolver ideias de arquitetura baseadas em suas análises de monastérios, casas de campo antigas e moradias de trogloditas. Tampouco é cópia quando Zaha Hadid tenta subverter o ortodoxo ao distorcer as geometrias ortogonais regulares por meio das quais as edificações têm sido construídas desde os primórdios da humanidade. Tanto o desenvolvimento evolucionário quanto a revolução contraditória dependem de compreendermos o que aconteceu antes.

Simon Unwin, setembro de 2008

Prefácio da segunda edição

Desde sua publicação, em 1997, *Analysing Architecture* firmou-se como parte da bibliografia recomendada para estudantes de arquitetura. Fico feliz em constatar que o livro tem sido considerado útil e gostaria de agradecer a todos que escreveram comentários de apoio.

A elaboração desta segunda edição envolveu sua expansão e também esclarecimentos. Ampliei a maioria dos capítulos ao incluir alguns exemplos adicionais e, em alguns casos, escrevi seções adicionais cobrindo novos temas. Dividi o capítulo intitulado *A Geometria na Arquitetura*, que era longo demais, em dois capítulos separados: *Geometrias Reais* e *A Geometria Ideal*. Também acrescentei alguns outros estudos de caso ao final do livro, ampliando a variedade de exemplos cobertos. Em vários locais, adicionei citações de romances, em sua maioria descrições de lugares, a fim de lembrar que a essência da arquitetura está em produzir contextos práticos e poéticos para a vida.

Revisei o texto na íntegra, esclarecendo argumentos e ideias quando julguei necessário. Em sua maioria, tais revisões assumiram a forma de pequenos ajustes, a inserção de uma palavra mais apropriada ou uma sentença explanatória aqui e ali. Julguei haver necessidade de esclarecimentos mais substanciais nos capítulos *A Arquitetura como Identificação do Lugar* e *Templos e Cabanas*.

O objetivo da segunda edição permanece o mesmo da primeira, isto é, oferecer o início de uma estrutura para a compreensão analítica das obras de arquitetura. Nessa edição, no entanto, em resposta a algumas observações feitas por leitores, enfatizei a sugestão de que a compreensão analítica das obras de arquitetura não é um exercício acadêmico, e deve ser vista como base e estímulo para a atividade criativa que é projetar. Este livro é, fundamentalmente, sobre ideias – e as ideias são a "matéria-prima" dos arquitetos. Ele vê a arquitetura como uma atividade, como uma questão de concepção antes da percepção. É para pessoas que estão envolvidas no desafio de *praticar* a arquitetura, não apenas de olhar para ela. O objetivo é tentar entender como a arquitetura funciona e o que ela pode fazer; identificar aquilo que William Richard Lethaby chamou de seus "poderes" (veja a citação na página 8).

O método adotado é teleológico, pois analisa produtos da arquitetura de modo a expor os processos intelectuais que os fundamentam. Este livro não promove um processo específico. Em vez disso, busca expor a "metalinguagem" da arquitetura, cujas manifestações são aparentes em exemplos de todo o mundo e de todas as épocas. A tarefa é descrever, não prescrever. *Analysing Architecture* não fala de como a arquitetura deve ser feita, mas sim de como ela foi feita, e almeja ser um estímulo para pensarmos em como ela poderia ser feita. Esse "poderia" origina-se tanto da contradição quanto da competição ou imitação.

Podemos encontrar uma orientação por meio da contrariedade, como as crianças demonstram com frequência. Tentar o oposto do que foi feito por outros é um objetivo nobre, ainda que os resultados às vezes sejam desoladores.

Parte da finalidade original deste livro era ser um lembrete de que o projeto de arquitetura é muito mais do que a aparência visual. Eu costumava reclamar do que via como uma redução da arquitetura a critérios focados no estilo e no impacto visual. Como Le Corbusier em *Por Uma Arquitetura*, queixava-me dos "olhos que não veem". Impressionava-me constatar que a arquitetura é fundamentalmente sobre lugares; que a criação de lugares – ou apenas a escolha deles – vem muito antes (e pode ser muito mais consequente) da aparência esculpida das edificações. Também me fascinava a ideia da arquitetura enquanto disciplina filosófica que opera não por meio de palavras, mas por meio da organização do mundo físico. A mente tenta *compreender* o mundo por meio da filosofia, normalmente expressa em palavras; mas também tenta *compreender* o mundo fisicamente por meio da arquitetura. Ao estabelecer a matriz na qual vivemos as nossas vidas, a arquitetura é filosófica em um nível fundamental, embora não verbal.

Esses são os interesses que me motivam, embora agora eu tenha me reconciliado com o poder da imagem, com o fato inevitável de que a maior parte da arquitetura é promovida por meio de fotografias em revistas de arquitetura e que, na arquitetura, muitos (críticos e também arquitetos propriamente ditos) ganham a vida com base na aparência visual. A superficialidade domina, em grande parte. Embora seja sempre verdade, isso permanece importante para que os arquitetos entendam o funcionamento básico daquilo que fazem, como ponto de partida para se esforçar pelos mais altos níveis de aspiração intelectual e poética. Este livro trata disso.

Simon Unwin, janeiro de 2003

Sumário

Introdução	1
Como a Análise Ajuda a Projetar	7
A Arquitetura como Identificação de Lugar	19
Os Elementos Básicos da Arquitetura	29
Os Elementos Modificadores da Arquitetura	37
Os Elementos que Desempenham Mais de uma Função	51
O Aproveitamento das Coisas Preexistentes	61
Tipos de Lugares Primitivos	73
A Arquitetura como a Arte de Emoldurar ou Estruturar	95
Templos e Cabanas	107
As Geometrias Reais	123
A Geometria Ideal	145
Estratégias de Organização do Espaço	165
1 Espaço e Estrutura	165
2 Paredes Paralelas	179
3 Estratificação	191
4 Transição, Hierarquia e Núcleo	201
Epílogo	209
Estudos de Caso	217
Introdução	219
1 Casa da Idade do Ferro	220
2 Vila Real, Cnossos	222
3 Llainfadyn	225
4 O *Tempietto*	229
5 Capela do Fitzwilliam College	231
6 Casa Schminke	236
7 Casa Vanna Venturi	244
8 A Capela do Bosque	249
9 Casa VI	252
10 A Caixa	255
Bibliografia Selecionada e Fontes de Consulta	259
Índice	269

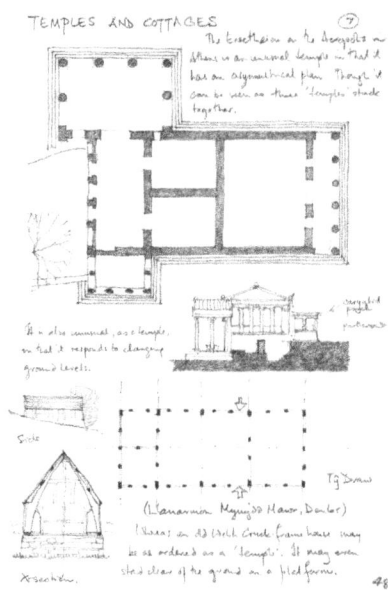

Introdução

"Os construtores modernos precisam de uma classificação de fatores de arquitetura que independa do tempo e do país, de uma classificação da variação essencial... Na arquitetura, mais do que em qualquer outro campo, somos escravos dos nomes e das categorias, e conforme os experimentos de arquitetura do passado nos são apresentados de forma acidental e somente sob perspectivas históricas, o projeto de arquitetura tende a ser considerado como erudição em vez de uma adaptação dos seus poderes acumulados para suprir necessidades imediatas..."

W.R. Lethaby – *Architecture,* 1911, p. 8–9.

Introdução

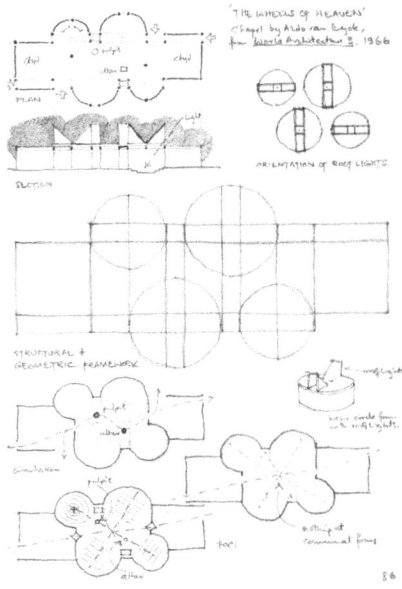

Um caderno de croquis, no qual você possa analisar as obras de outros arquitetos, faz parte da parafernália mínima necessária para se aprender a praticar a arquitetura.

A arquitetura é uma aventura mais bem explorada pelo desafio de praticá-la. Porém, como em qualquer disciplina criativa, a aventura da arquitetura pode se inspirar na análise daquilo que outros fizeram e, por meio dessa análise, tentar entender as maneiras que eles encontraram para alcançar os desafios. Ao examinar os cadernos de croquis de qualquer grande arquiteto, você encontrará um colecionador compulsivo adquirindo ideias de todo e qualquer lugar, brincando com elas e se apropriando delas.

Por alguns anos, usei um caderno de croquis para analisar obras de arquitetura. Como arquiteto, considero esse exercício útil; além disso, ele ajuda a me concentrar no ensino. Acredito, simplesmente, que podemos desenvolver a capacidade de praticar arquitetura se estudarmos como ela foi praticada por outros. Dessa forma, ficamos cientes daquilo que Lethaby chamou de "os poderes acumulados" da arquitetura, e, ao estudar como outros arquitetos os empregaram, percebemos como podem ser explorados e desenvolvidos em nossos próprios projetos.

A forma deste livro

Os capítulos a seguir ilustram alguns dos temas que apareceram nos meus cadernos de croquis. Eles trazem observações sobre a arquitetura, seus elementos, as condições que a afetam e as posturas que podemos adotar ao praticá-la.

Depois de uma discussão mais detalhada sobre *Como a Análise Ajuda a Projetar*, o segundo capítulo oferece uma definição prática da arquitetura, como *Identificação do Lugar*. Isso é sugerido como sendo a principal preocupação e obrigação da arquitetura enquanto atividade. Perceber que a motivação fundamental da arquitetura é identificar (reconhecer, amplificar, criar a identidade de) lugares onde coisas acontecem foi a chave que me deu acesso às áreas relacionadas exploradas neste livro. Enquanto tema, isso embasa tudo o que se segue.

Os capítulos posteriores identificam os *Elementos Básicos* e os *Elementos Variáveis da Arquitetura*, considerações que podem ser feitas ao praticá-la, e algumas estratégias comuns para a organização do espaço. Cada capítulo trata de uma estratégia específica; alguns tratam de várias estratégias secundárias sob um título mais geral. Essas estratégias principais e secundárias são como filtros de análise ou sistemas de referência. Cada uma foca em um aspecto particular da complexidade da arquitetura: *Elementos que Desempenham Mais de Uma Função*; *Tirando Partido das Preexistências*; *Tipos de Lugares Primitivos*; *A Arquitetura como Arte de Demarcar*; *Templos e Cabanas*; *Geometrias Reais*; *A Geometria Ideal*. Depois deles, há quatro capítulos que exploram algumas estratégias fundamentais à organiza-

Introdução

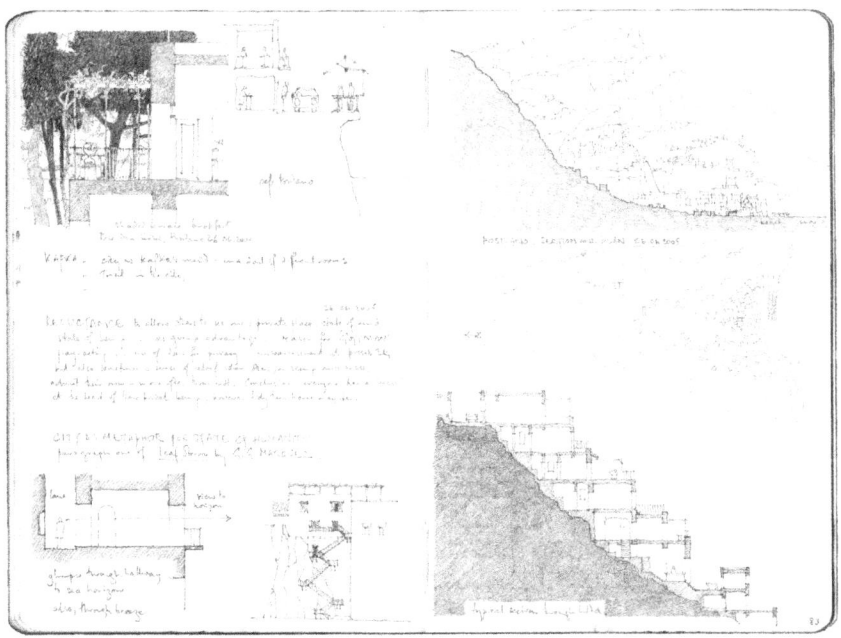

Em seu caderno de croquis, você pode registrar os lugares que visita...

ção do espaço: relações entre *Espaço e Estrutura*; *Paredes Paralelas*; *Estratificação*; *Transição, Hierarquia e Núcleo*.

Em todos os capítulos, há uma relação íntima entre o texto e as ilustrações. Alguns desenhos são diagramas de elementos ou ideias particulares, mas muitos são exemplos que ilustram os temas em discussão. Os exemplos são, em geral, apresentados em planta ou corte, nos quais as ideias básicas e estratégias conceituais costumam ficar mais evidentes. As plantas e seções tendem a ser a abstração por meio da qual os arquitetos mais projetam. Com frequência, também são o meio mais apropriado para a análise.

Os exemplos são oriundos de muitas e diferentes épocas, culturas, climas e regiões do mundo. Incluí remissões a periódicos e outros livros nos quais é possível encontrar mais informações e fotografias dos exemplos.

Os exemplos são tratados como ilustrações daquilo que poderíamos chamar de "metalinguagem" (ou "linguagem comum") da arquitetura, e não classificações estilísticas ortodoxas da história da arquitetura – "Clássico", "Gótico", "Moderno", "Rainha Ana" e "Artes e Ofícios", entre tantos outros. Neste livro, os exemplos foram agrupados de acordo com suas ideias e estratégias fundamentais, não por estilo ou período. Por conseguinte, um templo da Grécia Antiga talvez seja discutido junto com uma catedral gótica ou a capela de um cemitério finlandês do século XX, uma vez que todos utilizam a estratégia de "paredes paralelas"; ou uma biblioteca moderna talvez seja discutida junto com uma torre gótica vitoriana, pois ambas ilustram a "estratificação".

Algumas obras foram selecionadas como exemplos em mais de um capítulo, ilustrando uma estratégia diferente em cada um. Claro que qualquer obra de arquitetura pode ser examinada através de qualquer filtro analítico ou mesmo de todos eles; porém, isso não produzirá, necessariamente, revelações interessantes em todos os casos. Na última parte do livro, há alguns estudos de caso que mostram que é possível fazer uma análise mais detalhada de obras específicas examinando-as sob a ótica de diversos temas.

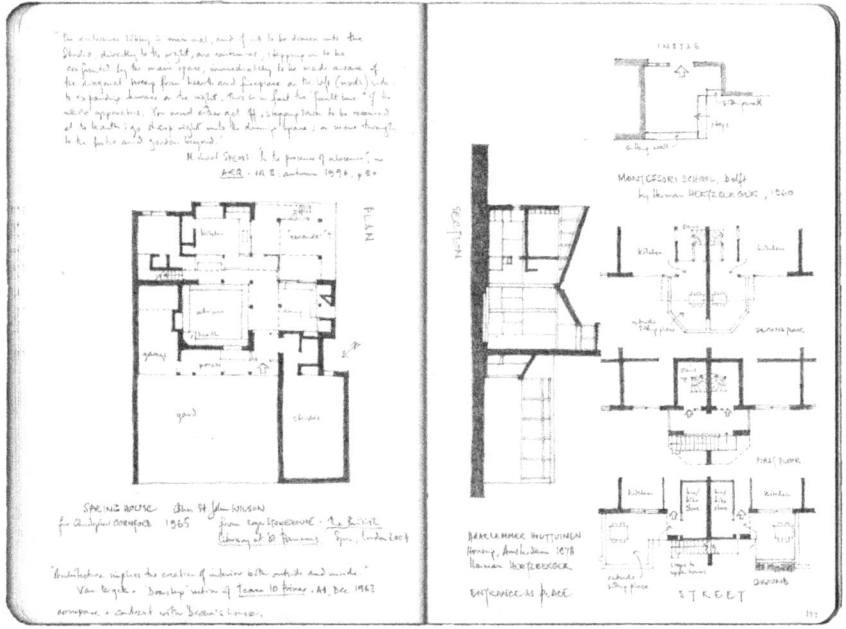

...e estudar as obras de arquitetura que encontra em livros e periódicos.

A análise de obras criativas é diferente da análise de fenômenos naturais (uma formação geológica, a flora de uma região, o funcionamento do aparelho digestivo de um coelho, etc.). Ao analisar obras de arquitetura, que são produtos de mentes criativas, devemos estar atentos à pauta intelectual inerente aos exemplos estudados, além de estar preparados para encontrar e reconhecer ideias e estratégias que possam ser originais ou usadas de formas novas. Ao longo de toda a história, arquitetos inventaram, descobriram e experimentaram novas ideias; houve um tempo num passado muito distante, em que um elemento de arquitetura onipresente – a parede – ainda não havia sido inventado; há evidências (em vestígios arqueológicos) da descoberta gradual e das experiências com os poderes da geometria axial na organização de espaços e assim por diante. A metalinguagem da arquitetura (assim como a linguagem que falamos e escrevemos) vem evoluindo há milhares de anos e continuará sendo desenvolvida no futuro.

O potencial poético da arquitetura

O potencial poético da arquitetura está, a meu ver, evidente em todo este livro. Se a poesia é uma condensação das experiências da vida, então a arquitetura é, essencialmente, um exercício de poesia. Contudo, podemos ver que algumas obras de arquitetura vão mais longe: parecem constituir uma poesia transcendente, um nível de significado e importância que se sobrepõe à apresentação imediata de um lugar e que deve ser interpretado – enquanto complemento a uma percepção e experiência sensoriais –, para fins de apreciação, pelo intelecto e pela sensibilidade. Às vezes, essa poesia é suscetível de análise; às vezes, desafia a análise e permanece indizível. O objetivo geral do exercício é explorar a arquitetura sem preconceitos e permitir que a estrutura de análise se expanda conforme mais temas são identificados. Comecei tentando entender como a arquitetura funciona para que eu mesmo pudesse praticá-la e ajudar outros a entender como ela pode ser praticada.

Tento manter-me o mais aberto possível para as muitas dimensões diferentes da arquitetura que se apresentam para mim. Não estou interessado em definições de arquitetura restritivas, parciais ou prescritivas, nem em promulgar um manifesto de como ela *deve* ser praticada. Não quero me enredar em semântica ou etimologia, nem distorcer minha compreensão da estratégia por meio do uso inapropriado de metáforas. Por isso, trabalho a partir de exemplos. Estudo exemplos que são geralmente aceitos como "obras de arquitetura" (além de alguns que geralmente não são aceitos, mas que talvez tenham o direito de serem assim chamados) e tiro deles as ideias e estratégias básicas que manifestam e, por vezes, compartilham. É uma exploração irrestrita que anda lado a lado com o projeto.

Tudo isso é apresentado como um estímulo para que você tente analisar exemplos por conta própria e tire partido, em seu próprio projeto, das ideias e estratégias que encontrar. Aquilo que às vezes descobrimos por conta própria – pesquisando, registrando, analisando, refletindo, experimentando – pode ser mais fértil do que o que ouvimos ou lemos neste ou em qualquer outro livro.

Um caderno de croquis também oferece espaço para assimilar, por meio do desenho, as sutilezas sensoriais e qualitativas dos lugares que você encontra: luz e sombra; reflexo; textura; atmosfera; sobreposição; vistas; geometria.

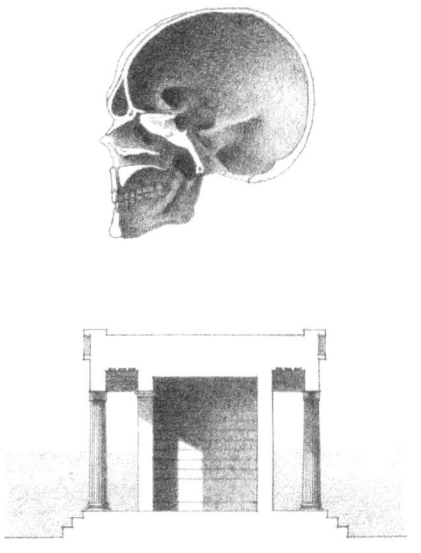

Como a análise ajuda a projetar

"Os escritores devem iniciar como leitores, e antes de colocarem suas ideias no papel, até mesmo o mais alienado deles vai ter de internalizar as normas e formas da tradição com a qual desejam romper."

Seamus Heaney –
The Redress of Poetry, 1995, p. 6.

Como a análise ajuda a projetar

Tive dificuldades para aprender a praticar a arquitetura. Isso acontece com muitas pessoas. Inicialmente, pode ser como pedir ao cérebro para fazer algo cuja estrutura de referência ele não tem. As habilidades de aprendizado desenvolvidas na escola, especialmente o uso de palavras e números, não preparam o cérebro para os desafios específicos do projeto de arquitetura. Ao mesmo tempo, porém, é como se a habilidade do projeto de arquitetura fosse inata e o foco escolar tradicional em disciplinas estudadas por meio da linguagem e da matemática lhe fizesse atrofiar, submergindo-a sob tanto conhecimento. O truque para começar a praticar arquitetura é despertar a habilidade inata; reviver aquele fascínio infantil pelo acampamento em volta de uma fogueira no bosque, cavar um buraco para sentar-se na praia, fazer "casinhas" debaixo de mesas e em cima de árvores.

Alguns anos atrás, organizei uma pequena exposição com desenhos produzidos pela Royal Commission for Ancient and Historic Monuments (Comissão Real para Monumentos Antigos e Históricos), no País de Gales. Há anos, a comissão vinha preparando um inventário das edificações vernaculares de Gales e possuía muitos desenhos, claros e bonitos, de cabanas, casas, celeiros, etc., de diferentes partes do país*. Eram, em sua maioria, plantas e seções, embora alguns desenhos fossem tridimensionais. Ilustravam a organização do espaço, assim como a construção. Para preparar esses desenhos, eles estudaram muitos exemplos. Lembro-me de conversar com arqueólogos envolvidos no inventário. Eu disse algo do tipo: "Depois de medir e desenhar centenas de casas, vocês devem ter facilidade para projetar uma. Além disso, podem projetar de acordo com as diferenças sutis entre as regiões". Eles concordaram. Percebi que, ao imergir-se em exemplos – e reproduzir tais exemplos por meio do desenho – haviam aprendido o "idioma" e os "dialetos" regionais da arquitetura do País de Gales; e já conseguiam "falá-los" com fluência.

A meu ver, a importância dessa revelação não tinha muita relação com a perpetuação da arquitetura vernacular do País de Gales, mas sim com o poder do processo ao qual os arqueólogos da Royal Commission haviam se dedicado. Percebi que esse processo poderia funcionar com estudantes que estão aprendendo a praticar a arquitetura de modo mais geral. Certamente, é uma técnica excelente para quem estiver preocupado em manter vivas as tradições regionais ou nacionais da arquitetura em qualquer parte do mundo. O mais importante, no entanto, é que também ajuda a aprender a "linguagem comum" da arquitetura; a linguagem fundamental na qual se baseia toda a arquitetura – regional ou internacional.

Comecei a estudar essa linguagem comum ao analisar desenhos. E o resultado (temporário) é este livro, com capítulos temáticos sobre alguns dos diferen-

Muitos desses desenhos podem ser vistos em Peter Smith – Houses of the Welsh Countryside, 1975.

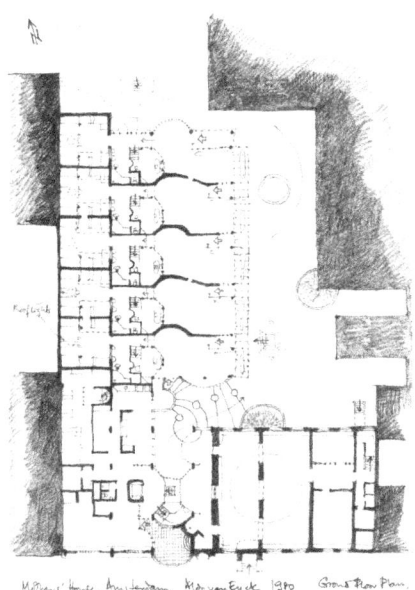

A análise da obra de outros arquitetos por meio do desenho tem me ajudado a aprender a linguagem comum da arquitetura.

tes aspectos (as "categorias" – como nas "categorias gramaticais") da arquitetura. Mas ninguém jamais aprendeu a falar algum idioma somente lendo um livro. O livro pode ajudar, pois oferece uma orientação e uma base de consulta, mas praticar se faz realmente necessário. A pessoa que deseja aprender um idioma precisa ouvir, ler, analisar e praticar repetidas vezes por conta própria, cometendo erros e recebendo críticas daqueles que já sabem falá-lo e escrevê-lo. Isso requer tempo e esforço. Como disse o poeta Seamus Heaney (veja a citação no início deste capítulo), "os escritores têm de começar como leitores". O mesmo acontece na arquitetura. Os arquitetos têm de começar como "leitores" de livros, sim, porém também de projetos de outros arquitetos – algo ainda mais importante e útil. Foi eu quem ganhou com a produção deste livro; pois, ao estudar todas as edificações que ele ilustra (e muitas mais) e analisá-las por meio do desenho, adquiri fluência na linguagem comum da arquitetura. Cabe a você fazer o mesmo para seu próprio benefício.

Como usar este livro

Será útil, portanto, antes de começar propriamente, expor algumas ideias sobre a melhor maneira de usar este livro. Alguns leitores devem tê-lo escolhido apenas porque estão interessados no funcionamento da arquitetura. Já outros – talvez a maioria – o lerão porque estão enfrentando os desafios de projetar. Essas são as duas facetas do nosso relacionamento com a maior parte das disciplinas: a passiva e a ativa; a analítica e a proposital; a aquisição do conhecimento e o uso na prática. Ambas as facetas são benéficas e, em tese, agradáveis, mas mais produtivas quando usadas *pari passo*. Por exemplo...

Dois dos nossos prazeres estéticos e intelectuais mais inevitáveis derivam da admiração (às vezes um pouco rancorosa) pela inteligência, sagacidade e imaginação que outras pessoas têm, o que fica evidente em seu trabalho, e de um fascínio permanente pelas inter-relações entre a ordem e a irregularidade. Estamos cercados por inter-relações entre a ordem e a irregularidade nos produtos e no funcionamento da natureza: os ritmos dos dias, das estações e dos anos contrastam com a variedade daquilo que nos trazem; a linearidade científica perfeita dos raios de sol atravessando um caos de folhas praticamente idênticas; as incansáveis marolas na praia, que são sempre parecidas, mas nunca, desde que o oceano começou a se mover, foram exatamente iguais; as formas padronizadas que fundamentam um bilhão de árvores, peixes, rostos humanos... sendo que cada um difere sutilmente dos demais. Também apreciamos as inter-relações entre a

O mundo está cheio de relações entre ordem e irregularidade, formas padronizadas e suas variações.

ordem e a irregularidade em nossas próprias criações: em poemas, na dança, em canções com camadas de ritmo e uma linha narrativa, coreográfica ou melódica; em milhares de aeronaves parecidas, cada uma com diferenças particulares, cada uma carregando um grupo diferente de passageiros em um diferente percurso no mundo; em um milhão de iPods idênticos, carregados de melodias diferentes; no vocabulário de uma língua, em comparação com a variedade aparentemente infinita de coisas que podem ser ditas com um estoque de palavras padronizado; nas casas de um tabuleiro de xadrez sobre o qual bilhões de partidas diferentes podem ser jogadas. São muitos os exemplos.

Gostamos de observar e nos impressionar com a imaginação e a perspicácia de outras mentes, evidentes em obras criativas: as tramas e reviravoltas das histórias e peças que escreveram; a criatividade dos experimentos que imaginaram; as jornadas emocionais das sinfonias que compuseram; a sofisticação das engenhocas que inventaram; a composição de grandes pinturas; o brilhantismo de piadas bem-construídas e bem-contadas, ou os truques de mágica elaborados com inteligência e realizados com destreza. Apreciamos tudo isso intuitivamente; mas apreciamos mais ainda quando entendemos. Esse é um dos objetivos da análise estruturada: entender exemplos de modo consistente e bem-pensado; compartilhar e celebrar as duras conquistas das mentes criativas.

Contudo, há outro prazer, menos certeiro, porém ainda mais satisfatório – o que está ligado à nossa criatividade pessoal, nossa própria capacidade de fazer algo que não existia antes. Nesse aspecto, cada um está, mesmo ao colaborar com outros, essencialmente sozinho e gostaria de receber alguma ajuda. É empolgante e, ao mesmo tempo, difícil, passar de passivo a ativo, de espectador a ator – de uma pessoa que aprecia, gosta, critica, escuta, mora, compra, ri (mesmo em nível de especialista) – para alguém que *cria*. Rir de uma piada é uma coisa; escrever uma piada que faça outros rirem é muito diferente. Morar em uma casa é uma coisa; planejar uma casa que seja satisfatória em termos práticos e prazerosa em termos estéticos para alguém morar é bem diferente.

A dúvida é como atenuar a solidão da mente criadora; como obter apoio e informação, materiais que ajudem na incessante demanda por ideias; como suprir a demanda de propostas, projetos, arquitetura.

Análise e experimento

Conforme observado por Seamus Heaney e ilustrado pelo caso dos arqueólogos da Royal Commission do País de Gales, a forma mais bem-sucedida de se começar a enfrentar as dificuldades de praticar qualquer disciplina criativa é mostrar-se curioso e analítico com relação à obra de outros. Compositores escutam e estudam canções alheias; poetas e romancistas tomam emprestado recursos de poemas e histórias de outras pessoas; advogados baseiam seus argumentos em precedentes legais; os projetistas de carros de corrida para a Fórmula 1 aperfeiçoam seus desenhos a partir de versões anteriores e escrutinam os carros de concorrentes para ter ideias; estrategistas militares estudam incessantemente batalhas ocorridas no passado para ter ideias para disputar batalhas no futuro, como uma questão de vida ou morte. Tudo exige análise – entender e avaliar o que aconteceu antes – como base para a ação criativa.

A palavra "análise" vem do grego αναλυση (*analyein*), que significa "decompor" ou "soltar". Analisar algo significa liberar, soltar, expor para assimilar seus componentes e seu funcionamento – seus poderes. O objetivo da análise da arquitetura, como de qualquer outra disciplina criativa, é entender seus componentes e funcionamentos fundamentais a fim de assimilar e adquirir seus poderes. A análise da arquitetura não precisa ser uma busca acadêmica, feita por si só, ainda que isso possa ser informativo e divertido. A análise é mais útil quando oferece uma compreensão do possível e desenvolve uma estrutura de ideias com a qual a imaginação possa trabalhar.

Este livro foi desenvolvido especificamente para auxiliar no desafio do projeto de arquitetura, que pode parecer obscuro e perturbador. Todavia, não sugere um método ou uma fórmula para o projeto (como uma receita de molho). Em vez disso, oferece uma abordagem para adquirir (ou, talvez, se ela for inata em todos, *desenvolver*) a capacidade de projetar arquitetura. Já fizemos uma comparação com a linguagem. Quando éramos crianças, ninguém nos deu um método ou uma fórmula para aprender o idioma ou decidir o que dizer com ele; fizemos isso ouvindo e praticando, pensando e julgando; desenvolvendo essas capacidades em relação ativa com outras pessoas e o nosso contexto. O início pode ser o mesmo para aprender a praticar arquitetura. Ajudamos nossa capacidade de projetar arquitetura nos envolvendo e analisando aquilo que outros fizeram (assim como a criança escuta avidamente o que seus pais dizem e pondera como aquilo se relaciona com o que está acontecendo).

Entretanto, somente ler este livro, ou mesmo decorar tudo o que ele diz, não é suficiente para ajudar alguém a desenvolver sua capacidade inata para a arquitetura. A análise sozinha não basta; ela se torna produtiva apenas quando aliada à exploração e ao experimento, brincando com ideias por meio do trabalho criativo; assim como uma criança, além de ouvir e analisar o que seus pais dizem, também os imita, brincando com a linguagem. Essa ênfase na experimentação, em tentar fazer as coisas por conta própria, é crucial. Como todas aquelas árvores e iPods, cada pessoa desenvolve suas habilidades de maneira um pouco diferente, enche os gigabytes da memória com "melodias" diferentes, reconfigurando as ideias que encontra em suas próprias narrativas e propostas.

A estrutura de referência apresentada neste livro é oferecida com base na crença e no conhecimento de que quanto mais brincamos com as ideias e estratégias que encontramos, forçando-as, às vezes, até o limite, contradizendo, por vezes, suas máximas, nos tornamos arquitetos mais capazes e mais versáteis. Depois de ler o capítulo intitulado *Paredes Paralelas*, por exemplo, faça você mesmo experiências com paredes paralelas – usando desenhos e maquetes ou apenas suas mãos, ou crie um lugar real com para-ventos ou restos de árvores na praia. Reconheça as paredes paralelas do edifício onde está agora, lendo este livro; considere o que elas estão fazendo, espacial e também estruturalmente. Avalie essa estratégia de organização de espaço, definição de lugar. Vivencie a proteção parcial proporcionada pelas duas paredes erguidas na praia; sinta seu poder – o poder que você exerceu ao construí-las. Considere aquilo que sente quando está entre elas e quando está fora delas. Posicione-se sobre o eixo que elas formam, olhando de dentro para fora e de fora para dentro, para a paisagem e para o oceano mais além. Observe o foco que colocam em um ponto distante, porém específico, no horizonte. Reflita sobre como a regularidade e o eixo dessas duas paredes dispostas geometricamente se relacionam com a irregularidade da paisagem ao redor. Pense em como elas podem constituir uma estratégia que permite inúmeras variações. Reflita também sobre como o espaço entre as paredes pode estar organizado, como essa forma padronizada pode ser desenvolvida de modo diferente em uma casa, um templo ou mesmo uma prisão. Assimile e explore esses poderes você mesmo. Ao fazer isso, eles se tornarão parte do seu repertório pessoal de possíveis respostas aos desafios de projeto que irá enfrentar.

E não se preocupe com o fato de que a estratégia de "paredes paralelas" (para seguir com o mesmo exemplo) não seja, de certa forma, original; ela tampouco era original para os arquitetos gregos que construíram templos clássicos dois mil e quinhentos anos atrás, para os mestres-pedreiros das catedrais medievais ou para os arquitetos de casas modernistas e pós-modernistas do século XX. De qualquer maneira, a estratégia de paredes paralelas não é a única usada na organização do espaço; é uma estratégia comum que vem sendo utilizada por arquitetos há milhares de anos, desde a construção de Troia, dos templos egípcios, das antigas câmaras mortuárias, e muito mais. Seria perfeitamente aceitável que você, um arquiteto profissional, compreendesse e pudesse – quando julgar adequado – usar seus poderes com eficácia, em vez de ignorá-los porque os considera "não originais". Seria como optar por nunca usar a construção frasal padrão sujeito-verbo-objeto ("o menino chutou a bola") porque ela vem sendo usada com frequência e, portanto, não é original! E mesmo assim, como já sugeri, até mesmo a subversão depende de entender o que se deseja subverter. Como sugere Seamus Heaney, "inclusive o mais insatisfeito" de nós terá, ao estudar as obras de outros, "internalizado as normas e formas da tradição da qual [nós] queremos nos desvencilhar".

Faça algo parecido depois de ler cada um dos outros capítulos. Após ler o capítulo denominado *Templos e Cabanas*, tente projetar alguma arquitetura "distante" ou "submissa"; lugares que transcendam suas condições e outros que respondam a elas. Adote posturas diferentes com relação às pessoas que imagina que as utilizarão – seja um "ditador", pressupondo que elas se comportarão como você deseja, ou um "facilitador", ajudando-as a fazer o que elas querem – e veja como suas atitudes diferentes alteram o caráter daquilo que produz. Ou, depois de ler os capítulos *A Arquitetura como Identificação do Lugar* e *Elementos Básicos da Arquitetura*, brinque com o modo como composições pequenas compostas por poucos elementos básicos conseguem identificar lugares com propriedades e relações diferentes.

O principal meio para fazer tais exercícios será o mais utilizado ao se projetar e ao longo de todo este livro – o desenho. O desenho, mesmo de simples linhas delimitadoras na praia, é o principal meio para o projeto de arquitetura. Contudo, você também pode construir maquetes ou até lugares de verdade, se possível. Aproveite a experiência de mudar o mundo, mesmo que apenas uma pequena parte dele. Sua meta é adquirir fluência na linguagem comum da arquitetura para que possa falá-la e escrevê-la com a mesma facilidade com que fala e escreve sua língua materna.

Ideias de arquitetura

O projeto de arquitetura depende de ideias. Além de adquirir a linguagem comum da arquitetura, a finalidade de se analisar as obras de outros é estimular ideias para o que é possível fazer com ela (o que é possível "dizer" com ela).

A única maneira de definir uma ideia de arquitetura é por meio de exemplos, e, mesmo assim, corre-se o risco de limitar algo que talvez devesse ficar sujeito a reinvenções contínuas. As ideias mais simples possivelmente são as mais fáceis de entender. As duas paredes paralelas erguidas na praia constituem a concretização de uma ideia. (Por acaso, eu lhe dei essa ideia, mas não a inventei.) Outras ideias, arquitetônicas e rudimentares, seriam: fixar um pedaço de madeira trazido pelo mar – um tronco de árvore, talvez – verticalmente na areia, estabelecendo um marco que pode ser visto a quilômetros de distância; ou desenhar um círculo ao redor de uma pequena área de praia, definindo-a e limitando o interior e o exterior.

Nos três casos, pegamos uma ideia (cada uma delas sugerida a você por mim; o ideal é que você tenha algumas ideias próprias!) e nos esforçamos um pouco para dar forma a ela no mundo real, isto é, construí-la. Além disso, nos três casos, podemos ver como ideias tão simples influenciaram obras de arquitetura muito maiores: as duas paredes paralelas podem se tornar uma casa ou templo; a estaca fixada no chão pode se tornar a flecha de uma igreja ou de um arranha-céu, dois "marcos" que é possível enxergar a quilômetros de distância; e o círculo na areia pode se tornar o muro do cemitério de uma igreja ou a muralha de defesa de uma fortaleza ou cidade medieval.

Seguindo em outra direção, as ideias de arquitetura tornam-se mais sofisticadas. Algumas delas são ilustradas nas páginas seguintes. Uma delas é a noção de que a arquitetura pode definir um percurso. Ao projetar a Vila Savoye (que você encontrará nas páginas seguintes), Le Corbusier projetou a casa como uma *promenade architecturale*, ou seja, uma rota que leva o visitante desde a entrada, sob um segundo pavimento elevado do solo, subindo uma rampa até a sala de estar e o terraço fechado, e, em seguida, outra rampa até a cobertura a céu aberto. Outra ideia seria a noção de que podemos administrar o espaço de forma mais sutil, mais fluida, por meio de uma composição solta de paredes planas, plataformas, coberturas e colunas, em detrimento de um arranjo mais rígido, com cômodos que lembram uma caixa. O Pavilhão de Barcelona, de Mies van der Rohe, é um bom exemplo. Outros arquitetos, como Daniel Libeskind e Zaha Hadid, desenvolveram a ideia de deformar geometrias retangulares. Ushida Findlay produziu edifícios com a forma e o espaço de conchas, ao passo que Frank

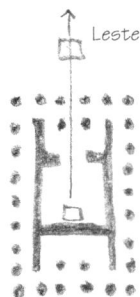

A ideia de um templo grego

A ideia de uma catedral

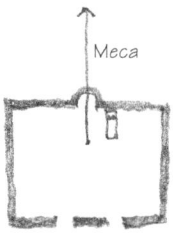

A ideia de uma mesquita

Gehry, ao projetar o Museu Guggenheim de Bilbao, teve a ideia de espantar a todos com uma enorme forma escultórica construída a partir de chapas curvas de revestimento de titânio.

No entanto, as ideias de arquitetura podem deixar a forma de lado, favorecendo a postura e a abordagem. O oportunismo, ou até mesmo o acaso, são ideias que podemos, por exemplo, aplicar na arquitetura: responder ou explorar ocorrências fortuitas, coisas que acontecem ou já estão em determinado lugar. Se um pé de carvalho germina a partir de uma castanha derrubada por um esquilo que passou por um jardim, podemos optar por arrancá-lo ou mantê-lo; se o mantivermos, ele se tornará um elemento de arquitetura importante no jardim, embora não tenhamos decidido onde ele ficaria ou seria plantado, apenas ficamos com ele. Ao longo da história, a construção de templos, igrejas, túmulos, etc., tem sido determinada de maneira igualmente aleatória. Com relação à topografia – o perfil do terreno – você pode optar por usar um acidente topográfico de forma benéfica ou problemática, ou tentar removê-lo por meio da terraplanagem. Talvez acabe tendo a ideia de construir sobre o cume de um rochedo ou no interior de uma fenda profunda (há exemplos de ambos nas páginas a seguir). Nenhum projeto de arquitetura está livre de condicionantes contextuais; e muitas ideias produtivas advêm de entendê-los e responder a eles.

Uma coisa está clara: hoje em dia, há muita demanda por ideias de arquitetura. As reputações não dependem apenas da capacidade de conseguir contratos (algo difícil por si só), mas também da originalidade das ideias geradas (por vezes inadequadas à tarefa em questão). Nem sempre foi assim. Na Grécia clássica, os templos que abrigavam os deuses geralmente seguiam um punhado de ideias de arquitetura. Eram muitas as variações sobre o tema, mas – assim como as aeronaves têm diferenças particulares, mas apresentam a mesma forma básica (fuselagem com asas, estabilizador e cabina) – cada um tinha: uma câmara fechada (com paredes laterais paralelas) contendo uma efígie do deus, uma porta estabelecendo um eixo que passava por um altar externo na direção do exterior e uma colunata no entorno (sustentando um telhado em vertente) ou na frente e atrás. (Essa forma é ilustrada algumas vezes nas próximas páginas.) No passado, os arquitetos gregos ficavam satisfeitos com esse punhado de ideias de arquitetura consistentes, que sustentaram seus templos por séculos. Acontecia mais ou menos a mesma coisa na época das câmaras mortuárias pré-históricas (algumas pedras eretas com uma pedra maior equilibrada no topo), das grandes catedrais europeias (um altar como foco de uma planta cruciforme) e das grandes mesquitas do império mouro (um "portal" ou *mihrab* indicando a direção de Meca, em conjunto com um púlpito – o *minbar* – ambos debaixo de uma composição impressionante de arcos e abóbadas gigantescas). Atualmente, parece que cada prédio novo precisa de uma ideia nova própria.

Independentemente da situação cultural em que nos encontramos, é possível achar ideias em vários lugares e, então, desenvolver ideias próprias por meio de processos de adição, variação, contradição. Há evidências de que a abordagem defendida neste livro é a mesma adotada por um dos arquitetos mais bem-sucedidos da história. Le Corbusier fez, por exemplo, uma famosa série de viagens pela Europa e pelo Oriente Médio. Seus muitos cadernos de croquis registram suas aventuras e as edificações que encontrou. Estudando-os, podemos ver as possíveis fontes de algumas ideias aplicadas em sua própria obra. Há, por exemplo, desenhos planos e perspectivas de algumas das casas da cidade romana preservada de Pompeia, com seus átrios e jardins com peristilo definidos por colunas soltas. É plausível que, ao traçar esses espaços, ele tenha tido ideias para os "pilotis" (colunas soltas) das grandes residências que projetou na década de 1920. Também é possível que a experiência de percurso horizontal em uma vila romana, da entrada à sala de recepção no fundo, tenha se transformado no percurso vertical – a *promenade architecturale* – que foi uma das ideias-chave da Vila Savoye. São muitos os casos similares (alguns ilustrados nas próximas páginas), em que as ideias manifestas nas obras de grandes arquitetos podem ser relacionadas às suas viagens, experiências e análises dos edifícios que encontraram.

A função do desenho

Já mencionei que desenhar é o principal meio para analisar exemplos, adquirir e praticar a linguagem comum da arquitetura, jogar com ideias. Para arquitetos, o desenho é uma habilidade essencial e obrigatória. Um arquiteto que não desenha é como um político que não fala. Ambos precisam de um meio para desenvolver e expressar ideias (próprias ou emprestadas de outros locais).

Hoje, boa parte do desenho relacionado à arquitetura é feita no computador; no entanto, a simplicidade eterna do lápis e da folha de papel em branco permanece atraente. A linguagem da arquitetura é, até certo ponto, a linguagem do desenho. E, caso encontre-se sem lápis e papel, você pode, como faziam os homens pré-históricos, usar um graveto para desenhar suas ideias na areia. Se desenhá-las grandes o bastante – como uma criança com folhas no parquinho – elas mesmas podem se tornar obras de arquitetura.

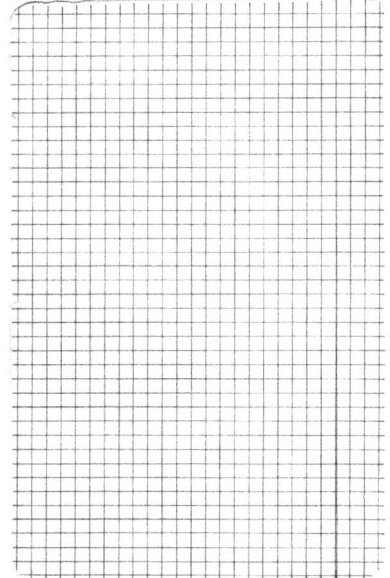

Uma folha de papel quadriculado é um complemento útil ao caderno de croquis. O papel deve ser levemente transparente para que possamos usá-lo como guia para desenhar as plantas e os cortes das edificações, bem como para fazer anotações.

Pode parecer contraintuitivo, mas não há um limite claro entre o desenho e a arquitetura. O desenho é o caldeirão da arquitetura. Nele, a mente arquitetônica criativa se debate com as ideias e sua relação com a tarefa à mão, seja a de fazer uma casa, um templo, uma galeria de arte ou uma cidade. Por essa razão, também é o fórum mais apropriado para a mente crítica e analítica se deparar com a mente criativa. A arquitetura dos outros é mais bem explorada, analisada e compreendida por meio do desenho. Aprendemos muito mais sobre a Vila Savoye, por exemplo, ou o Pavilhão de Barcelona (ou qualquer outra obra de arquitetura), desenhando suas plantas e seções, em vez de simplesmente olhá-los ou visitar as edificações (embora isso também seja importante). Considerando-se que a arquitetura é, antes de tudo, uma arte espacial, as plantas e os cortes são especialmente importantes, porque neles as ideias espaciais ficam mais aparentes. E, ao redesenharmos as plantas e os cortes de edificações preexistentes (como fizeram os arqueólogos galeses ou como uma criança repetindo o que os pais dizem), nossa própria proficiência e fluência aumentam de alguma maneira.

Portanto, o complemento mais importante para este livro (depois de uma mente curiosa) é o bom e velho caderno, um que seja fácil de levar aonde você for e cujo uso lhe dê prazer. Também precisará de um lápis (ele é provavelmente melhor do que uma caneta, pois permite apagar e fazer alterações) e, em minha opinião, uma folha de papel quadriculado com espaçamento de cinco milímetros, forte o bastante para ser vista através das páginas do caderno. Essa sugestão pode parecer supérflua, mas é essencial. Assim como é possível jogar bilhões de partidas em um tabuleiro de xadrez, milhões de edificações foram concebidas e construídas de acordo com uma arquitetura retangular (ortogonal); até mesmo aquelas que parecem não ter sido, frequentemente foram projetadas no papel gráfico implícito dos programas de desenho em computador. Essas questões são discutidas mais detalhadamente nos capítulos *Geometrias Reais* e *A Geometria Ideal*; mas, por ora, confie em mim: o papel quadriculado será útil. Ele representa a ordem, a batida musical básica, a partir da qual muitas "melodias" de arquitetura foram tocadas*.

---

* Mais discussões sobre como usar um caderno de croquis para estudar arquitetura, junto com ilustrações dos meus próprios cadernos de croquis, estão disponíveis online no site da Bookman Editora (www.bookman.com.br).

As crianças embaixo de uma árvore, da maneira mais primitiva, tomaram uma decisão de arquitetura ao escolher este lugar para sentar. Isso é arquitetura na sua forma mais rudimentar.

A arquitetura como identificação de lugar

"A arquitetura tem o seu próprio campo. Ela tem uma relação física especial com a vida. Não acredito nisso essencialmente como uma imagem ou um símbolo, mas como uma vedação ou um pano de fundo que circunda a vida e nela ocorre, um recipiente sensível ao ritmo dos passos sobre o piso, à concentração no trabalho, ao silêncio do sono."

Peter Zumthor – "A way of looking at things" (1988), em *Thinking Architecture*, 1998, p. 13.

A arquitetura como identificação de lugar

Para que possamos passar à análise detalhada de algumas das estratégias conceituais da arquitetura, é necessário estabelecer uma espécie de base com relação à natureza da arquitetura e seus objetivos. Antes de passarmos ao "como?", precisamos examinar brevemente o "o quê?" e o "por quê?": "o que é a arquitetura?" e "por que a fazemos?".

Apesar da vasta bibliografia sobre arquitetura, sua definição e seus objetivos nunca foram determinados. Há muita confusão e discussão acerca dessas questões, o que é estranho se considerarmos que a arquitetura é uma atividade humana literalmente tão antiga quanto as Pirâmides. Embora a pergunta "o que estamos fazendo quando fazemos arquitetura?" pareça simples, não é fácil respondê-la.

Várias maneiras de responder a tal pergunta parecem ter contribuído para a confusão. Algumas delas estão relacionadas à comparação da arquitetura com outras formas de arte. A arquitetura seria apenas escultura – a composição tridimensional de formas no espaço? Seria a aplicação de considerações estéticas à forma das edificações – a arte de embelezá-las? Seria a decoração das edificações? A introdução de significado poético nelas? Seria a classificação das edificações de acordo com determinado sistema intelectual – classicismo, funcionalismo, pós-modernismo?

Poderíamos responder "sim" a todas essas perguntas, mas nenhuma delas parece fornecer a explicação rudimentar da arquitetura de que precisamos. Todas parecem aludir a uma característica especial ou preocupação "superestrutural"; no entanto, aparentemente deixam de lado uma questão central que deveria ser mais óbvia. Para os objetivos deste livro, precisamos de uma compreensão muito mais básica e acessível da natureza da arquitetura, uma que permita que aqueles que se envolvem com ela saibam o que estão fazendo.

Talvez a definição mais ampla da arquitetura seja a que encontramos com frequência em dicionários: "a arquitetura é projetar edificações". Não podemos discordar dessa definição, mas ela também não ajuda muito, já que diminui o conceito de arquitetura ao limitá-lo ao "projetar edificações". Embora não seja necessário fazê-lo, tendemos a ver "uma edificação" como um objeto (como um vaso ou um isqueiro); todavia, ela envolve muito mais que o projeto de objetos.

Uma maneira mais útil de compreender a arquitetura pode advir – ironicamente – do modo como a palavra é usada com relação a outras formas de arte, em especial, a música. Na musicologia, pode-se chamar de "arquitetura" de uma sinfonia a organização conceitual de suas partes em um todo, ou seja, sua estrutura intelectual. É estranho que a palavra raramente seja usada nesse sentido com relação à arquitetura propriamente dita. Neste livro, essa será a definição primordial de arquitetura. Aqui, a arquitetura de uma edificação, um grupo de edificações,

Em um acampamento na praia, podemos replicar e atualizar as ações arquitetônicas de uma família pré-histórica que cria um lugar de moradia. A fogueira é o centro e também o lugar para cozinhar. Um para-brisa protege o fogo do vento e, funcionando como parede, passa a conferir alguma privacidade. Há um lugar para guardar o combustível usado no fogo, enquanto o porta-malas do carro serve de depósito de comida. Há lugares para sentar e, se quisermos passar a noite, seriam necessárias camas. São esses os "lugares" básicos de uma casa; eles vêm antes das paredes e da cobertura.

uma cidade, um jardim, etc., será considerada sua *organização conceitual*, sua *estrutura intelectual*. Tal definição de arquitetura pode ser aplicada a todos os tipos de exemplos, desde simples edificações rústicas até conjuntos urbanos formais, passando por edifícios públicos grandiosos.

Embora esta seja uma maneira útil de compreender a arquitetura enquanto atividade, não responde à questão dos objetivos – o "porquê" da arquitetura. Ainda que pareça ser mais uma pergunta "importante" e complicada, novamente há uma resposta de nível rudimentar que ajuda a determinar parte do que buscamos alcançar ao fazer arquitetura. Ao procurar essa resposta, sugerir apenas que o objetivo da arquitetura é "projetar edificações" consiste, mais uma vez, é insatisfatório; em parte, porque suspeitamos que a arquitetura envolva bem mais que isso e, em parte, porque isso simplesmente transfere o problema da compreensão da palavra *arquitetura* para a palavra *edificação*. Para encontrarmos uma resposta, teremos de esquecer a palavra *edificação*, neste momento, e refletir sobre como a arquitetura teve início no passado remoto.

Imagine uma família pré-histórica chegando a uma paisagem intocada pela atividade humana. Decidem parar e, quando a noite se aproxima, acendem uma fogueira. Ao fazer isso, não importa se pretendem ficar ali permanentemente ou apenas uma noite, eles estabelecem um *lugar*. Naquele instante, a fogueira é o centro de suas vidas. À medida que desempenham as tarefas do dia a dia, criam mais lugares, os quais complementam a fogueira: um lugar para armazenar combustível; um lugar para sentar; um lugar para dormir. É possível que cerquem esses lugares ou que usem uma cobertura de folhas para proteger o lugar onde dormem. A partir da escolha do terreno, eles deram início à evolução da casa; começaram a organizar o mundo ao seu redor em lugares que usam para diferentes fins. Começaram a fazer arquitetura.

Podemos explorar e ilustrar melhor a ideia de que a *identificação de lugar* está no núcleo gerador da arquitetura. Para tanto, é possível pensar na arquitetura não como uma linguagem, mas como algo que às vezes se porta como tal. Pode-se dizer que *o lugar representa para a arquitetura* aquilo que *o significado representa para a linguagem*. O significado é a função essencial da linguagem; o lugar é a função essencial da arquitetura. Aprender a fazer arquitetura pode ser parecido com aprender a usar a linguagem. Como a linguagem, a arquitetura tem padrões e arranjos em combinações e composições diferentes, conforme as circunstâncias.

A ARQUITETURA COMO IDENTIFICAÇÃO DE LUGAR 23

Podemos comparar o interior desta casa de campo galesa com o acampamento na praia da página anterior. Os lugares do acampamento na praia foram transpostos para um ambiente fechado, que é a casa propriamente dita. Embora essas imagens possam alimentar nossas ideias românticas do passado, a própria arquitetura era, antes de qualquer coisa, um produto da vida.

A arquitetura está diretamente relacionada às coisas que fazemos; ela muda e evolui à medida que formas novas ou reinterpretadas de identificar lugares são inventadas ou aprimoradas.

Contudo, talvez a ideia da participação coletiva seja o aspecto mais importante de pensar na arquitetura como identificação de lugar. Em qualquer exemplo individual (uma edificação, por exemplo), haverá lugares sugeridos pelo projetista e lugares criados pela adoção por parte dos usuários (e estes podem combinar ou não). Ao contrário de uma pintura ou escultura, que podem ser descritas como propriedade intelectual de uma única mente, a arquitetura depende da contribuição de muitos. A noção de arquitetura como identificação de lugar reforça o papel indispensável que tanto o usuário quanto o projetista desempenham nela. E, no que cabe ao projetista, é importante que os lugares sugeridos estejam de acordo com os lugares usados, mesmo que isso leve tempo.

A chamada arquitetura "tradicional" está cheia de lugares que, por meio da familiaridade e do uso, passaram a combinar muito bem com as percepções e expectativas dos usuários. A ilustração desta página mostra o interior de uma casa de campo galesa (foi feito um corte no pavimento superior para apresentar o cômodo do andar de cima). Os lugares aparentes podem ser diretamente comparados com os do acampamento na praia mostrados na página anterior. O fogo continua sendo o centro e o lugar para cozinhar, embora agora haja também um forno – a pequena abertura em arco na parede lateral da lareira. O "armário" à esquerda da figura é, na realidade, uma cama embutida. Há mais uma cama no andar de cima, posicionada de forma a aproveitar o ar quente que sobe da lareira. Sob essa cama, há um lugar para armazenar e secar carne. Existe um assento à direita da lareira (e um tapetinho para o gato). Neste exemplo, diferentemente do acampamento na praia, todos esses lugares são acomodados dentro de um "recipiente" – as paredes e a cobertura da casa como um todo (que, quando vista de fora, transforma-se em um identificador do local de maneira diferente). Embora ninguém apareça no desenho, cada lugar mencionado é percebido em termos de relação com o uso,

Para mais informações sobre casas de campo galesas: Royal Commission on Ancient and Historical Monuments in Wales – *Glamorgan: Farmhouses and Cottages*, 1988.

Damos sentido ao nosso entorno organizando-o em lugares. Os lugares fazem a mediação entre nós e o mundo. Reconhecemos uma cadeira como um lugar para se sentar...

a ocupação, o significado. Projetamos pessoas, ou a nós mesmos, nos cômodos; sob as cobertas da cama, cozinhando ao fogão, conversando perto da lareira. Tais lugares não são abstrações como as que encontramos em outras artes; são parte inseparável do mundo real. No nível rudimentar, a arquitetura não lida com abstrações, mas sim com a vida como ela é vivida, e seu poder fundamental é identificar um lugar.

O lugar é a condição *sine qua non* da arquitetura. Nós nos relacionamos com o mundo por meio da mediação feita pelo lugar. Situar-nos é um requisito *a priori* para a nossa existência. Ser implica estar em um lugar específico em um momento específico. Estamos constantemente nos posicionando: temos noção de onde estamos e dos outros lugares ao nosso redor; ponderamos aonde podemos ir em seguida. Sentimo-nos confortáveis quando estamos inseridos em um lugar: na cama; em uma poltrona; em casa. Sentimo-nos desconfortáveis quando estamos no lugar errado (na hora errada): no campo durante uma tempestade; vergonhosamente expostos em um evento social; perdidos em uma cidade desconhecida. Em nossas vidas, ou estabelecemos lugares para nós mesmos ou outros os estabelecem para nós. Brincamos, constantemente, de nos situar com relação às coisas, às pessoas, às forças da natureza. Sejam simples ou complexos, os lugares nos acomodam, acomodam as coisas que fazemos e os nossos pertences; eles criam as estruturas nas quais existimos e agimos. Quando funcionam, desvelam o mundo para nós; ou nós entendemos o mundo, no sentido físico e psicológico, por meio deles. Aqueles que organizam o mundo (ou parte dele) em lugares para outros têm muita responsabilidade.

As condições da arquitetura

Ao tentar entender os poderes da arquitetura, precisamos estar cientes das condições em que eles se aplicam. Embora seus limites não possam ser definidos, e devam, talvez, ser revistos sempre, a arquitetura não é uma arte mental livre. Excetuando-se, por ora, aqueles projetos de arquitetura feitos como propostas conceituais ou polêmicas sem intenção de serem concretizadas, os processos de arquitetura aplicam-se em (ou sobre) um mundo real com características reais: gravidade, a terra e o céu, volume e espaço, o clima, a passagem do tempo, etc. As obras de arquitetura são construídas com materiais reais, que têm suas próprias características e capacidades inatas.

Além disso, a arquitetura é realizada por e para pessoas, que têm necessidades e desejos, crenças e aspirações; que têm sensibilidades estéticas afetadas pela sensação de calor, tato, olfato, som, bem como por estímulos pessoais; que fazem coisas e cujas atividades têm exigências práticas; que veem sentido e significado no mundo ao seu redor.

Tais observações são apenas um lembrete das condições simples e básicas em que todos nós vivemos e a arquitetura precisa satisfazê-las ou harmonizá-las. No entanto, há outros temas gerais que condicionam o funcionamento da arquitetura. Assim como os idiomas do mundo têm características em comum – vocabulário, estruturas gramaticais, etc. – a arquitetura também tem seus elementos, padrões e estruturas (físicas e intelectuais).

Embora não tão aberta a rompantes de imaginação quanto outras artes, a arquitetura tem menos limites. A pintura não precisa levar a gravidade em consideração; a música é predominantemente auditiva. Todavia, a arquitetura não é condicionada pelos limites de uma moldura; nem se resume a um sentido. A arquitetura tem sido considerada, desde a antiguidade, a "mãe" das artes. Enquanto a música, a pintura e a escultura existem separadamente da vida, em uma zona transcendente especial, a arquitetura incorpora a vida. As pessoas e suas atividades são um componente indispensável da arquitetura, não apenas como espectadores a entreter, mas como contribuintes e participantes. Pintores, escultores e compositores às vezes queixam-se de que seus espectadores ou público não veem ou ouvem sua arte como foi concebida, ou que ela é interpretada ou exibida de forma que afetam seu caráter inato. Porém, eles têm controle sobre a essência de sua obra e tal essência está, de certa maneira, hermeticamente contida no objeto: a partitura de uma música, as capas de um livro ou a moldura de um quadro. A essência da arquitetura é, por outro lado, influenciada pelas pessoas cujas atividades ela acomoda.

A arquitetura também tem sido comparada com o cinema – uma forma de arte que incorpora pessoas, lugares e ações no tempo. Contudo, mesmo no cinema, o diretor está no controle da essência do objeto artístico, pois controla a trama, os cenários, os ângulos da câmera, o roteiro, etc., o que não é o caso da arquitetura.

Além disso, a concretização de obras de arquitetura geralmente depende de patrocínio. Os produtos da arquitetura – sejam edificações, paisagens, cidades – exigem recursos financeiros substanciais. A obra tende a satisfazer o desejo daqueles que têm acesso aos recursos necessários ou o controle sobre eles, para dar suporte à realização. Eles decidem o que será construído e, com frequência, influenciam sua forma.

As condições com as quais podemos abordar a arquitetura são, portanto, complexas, talvez mais do que em qualquer outra manifestação artística. Há as condições físicas impostas pelo mundo natural e suas forças: espaço e volume, tempo, gravidade, clima, luz... Há as condições impostas por aqueles que usam

... e um púlpito como lugar para se posicionar e pregar.

os produtos da arquitetura e aqueles que pagam por eles. Também há as condições políticas mais volúveis geradas pelas interações de seres humanos tanto individualmente quanto em sociedade. A arquitetura está, inevitavelmente, sob o domínio da política, em que não há direitos indiscutíveis, mas há muitos erros discutíveis. O mundo pode estar organizado conceitualmente de modos infinitamente distintos. E, assim como existem muitas religiões e muitas filosofias políticas, existem inúmeras formas diferentes de usar a arquitetura. A organização e a disposição de lugares são tão importantes para a maneira como as pessoas vivem e interagem que, ao longo da história, acabaram se tornando cada vez menos uma questão de *laissez faire* e estão cada vez mais sujeitas ao controle político.

As pessoas constroem lugares (ou ocupam lugares construídos para elas) onde podem fazer as coisas que costumam fazer – lugares para comer, dormir, comprar, rezar, discutir, aprender, armazenar artigos, etc. O modo como as pessoas organizam seus lugares está relacionado às suas crenças e aspirações, sua visão de mundo. Assim como as visões de mundo, a arquitetura também varia: em nível pessoal; em nível social e cultural; e entre diferentes subculturas dentro de uma sociedade.

Em geral, o uso da arquitetura que prevalece em qualquer situação é uma questão de poder – político, financeiro ou de reivindicação, argumento, persuasão. O lançamento de um projeto de acordo com condições como essas é uma aventura que está ao alcance apenas dos corajosos.

Uma definição de "lugar"

Em 1982, ao falar para a Architectural League em Nova York, o arquiteto Vittorio Gregotti disse: "*O ato tectônico primordial não é a cabana primitiva, mas a marcação do solo*". Mas a arquitetura começa antes disso; começa com a motivação mental de deixar uma marca, com o desejo de identificar um lugar.

"Lugar" é uma palavra que, como muitas outras, tem significados variáveis. Com frequência, ao se discutir arquitetura, ela é usada no sentido sugerido por esta frase: "Nova York (ou qualquer outro local) é um lugar; tem um aspecto visual particular, que consiste na altura dos edifícios, na escala e no leiaute das ruas, nos materiais usados na construção, nas formas e nos detalhes de portas e janelas, etc." (com a consequente implicação de que a nova arquitetura pode estar relacionada, de algum modo, àquele aspecto tão arraigado – seu *genius loci*). A palavra é utilizada de maneira diferente, mais rudimentar, neste livro. Essa utilização pode ser ilustrada pelos passos:

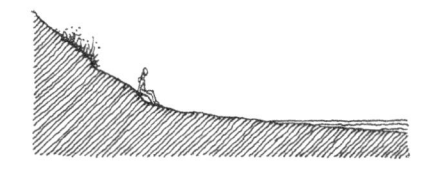

Não importa quão complexa e sutil possa ser em formas mais sofisticadas, a arquitetura pode começar com algo tão simples quanto sentar-se sobre uma duna, olhando para o mar. Ao fazê-lo, você estabelece um lugar. Mesmo depois de ir adiante, a impressão do seu corpo persiste, identificando o lugar como um assento, o lugar onde você se sentou.

A ARQUITETURA COMO IDENTIFICAÇÃO DE LUGAR **27**

- Imagine que você está em um campo. Apenas com um olhar, escolhe um ponto específico no terreno. Nesse olhar, você estabeleceu – mesmo que apenas mentalmente – um lugar.
"Lugar" é onde a mente toca o mundo.
Talvez você veja tal lugar como um local possível para se acomodar ou ao menos descansar um pouco.
Talvez associe esse lugar a uma experiência específica – passar dos raios de sol de um campo para as sombras de uma floresta – ou talvez com determinado conjunto de emoções – uma sensação de paz e segurança.
- Você decide mudar esse lugar, talvez apenas ocupando-o ou ainda removendo a vegetação ou as pedras para definir uma área no solo. Em seguida, constrói um muro ao redor de tal área, ou um círculo de pedras, uma pequena casa ou um templo.
Um *"lugar"* é estabelecido por uma configuração de elementos de arquitetura que parecem (*conforme o que os sentidos informam à mente*) acomodar ou oferecer a possibilidade de acomodação para uma pessoa, um objeto, uma atividade, uma atmosfera, um espírito, um deus.
- Quando está em seu interior, os limites de sua área – o muro, o círculo de pedras, sua casa – definem você no seu lugar; ou, no caso de um templo pequeno, definem o espírito ou deus em seu lugar.
"Lugares" fazem uma mediação entre a vida e o mundo mais amplo – seu entorno.
- Mesmo fora dele, você sabe onde está com base em seu lugar.
Ao identificar *"lugares"* e organizá-los, é possível entender o mundo onde vivemos.
Os lugares são a matriz espacial da vida que acomodam; eles orquestram nossa experiência do mundo e administram nossas relações com outras pessoas, nosso ambiente, nossos deuses.
Dessa forma, mudamos o mundo (ou, no mínimo, partes dele).
Esses passos ilustram uma forma de entender "lugar" que ultrapassa seu aspecto visual. Trata-se do "lugar" como consequência, uma consequência inevitável, do fato de estar no mundo. A arquitetura concebida e experimentada como identificação de lugar organiza a nossa vivência no mundo. É possível analisar e compreender lugares como Nova York dessa mesma maneira (assim como em termos de aspecto visual aparente), mas isso exige uma investigação mais profunda do modo como a vida se mistura com o espaço que ocupa (à luz e no tempo), mediada pela arquitetura (organização do espaço) de seus cômodos e ruas, praças e pátios, entradas e janelas, escadas e calçadas, lareiras, altares, mesas, bancos, etc.

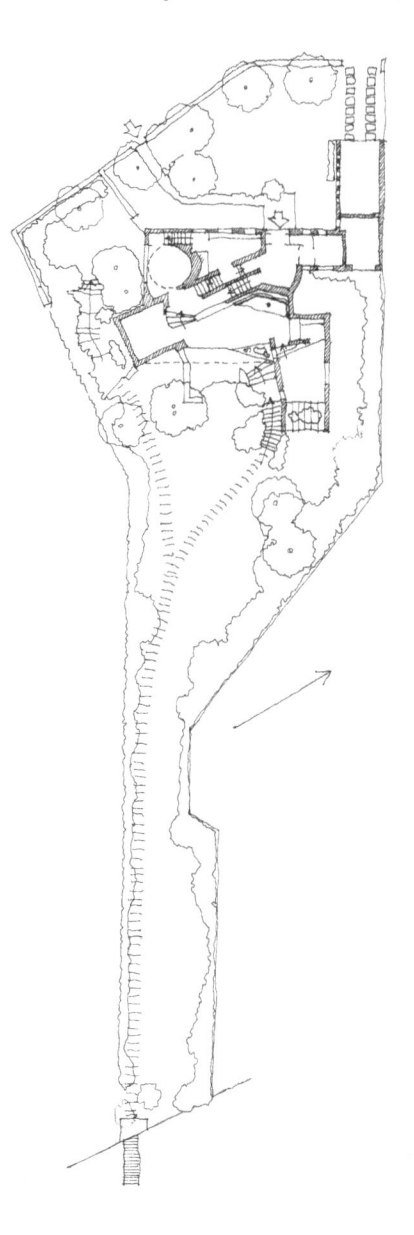

O projeto da casa acima – a Casa Moll (1936–37), projetada por Hans Scharoun – começou com a decisão de onde posicionar o sofá (marcado com um ponto) no terreno.

"Vocabulário", "sintaxe" e "significado"

A analogia entre arquitetura e linguagem pode auxiliar na compreensão da prática de arquitetura. Para usar a linguagem, pegamos palavras (vocabulário), as organizamos de acordo com determinados arranjos (sintaxe) em "sentenças" e, talvez, transmitimos mensagens (significado) para terceiros.

Algo parecido acontece quando praticamos a arquitetura: os elementos arquitetônicos básicos (parede, cobertura, porta, etc.) listados no capítulo a seguir constituem o equivalente ao vocabulário; as maneiras como podem ser organizados, ilustradas nos capítulos posteriores, constituem o equivalente à sintaxe; e o "lugar" (conforme recém definido) é o equivalente ao significado. Logo, retornando ao caso das duas paredes paralelas na praia: cada parede é uma "palavra"; sua organização paralela constitui a "sintaxe" da composição ("sentença"); e o resultado é a identificação de um "lugar" (a "mensagem" transmitida pela "sentença").

Como ocorre com todas as analogias, é importante que não exageremos nessa comparação entre a linguagem e a arquitetura. As paredes não são palavras, nem vice-versa (exceto, talvez, quando escrevemos "ENTRADA PROIBIDA" em um portão). Basta sugerir (ainda que de modo impreciso) que, assim como usamos a linguagem – compondo palavras em sentenças, de acordo com a sintaxe, para criar um significado – para tentar nos comunicar e dar sentido ao mundo verbalmente, usamos a arquitetura – compondo paredes (e outros elementos) em arranjos específicos para identificar lugares – para tentar nos situar e compreender o mundo espacialmente. Além disso, não seria absurdo sugerir que podemos ser pragmáticos tanto na linguagem quanto na arquitetura, mas também podemos aspirar à filosofia e à poesia.

Um lugar pode ser identificado por uma variedade de elementos básicos: área de solo definida, paredes, plataforma, colunas, cobertura, porta, passeio.

Os elementos básicos da arquitetura

"Abrir um espaço promove a liberdade, a abertura para a habitação e acomodação do homem. Quando pensado no seu caráter essencial, abrir um espaço é a liberação de lugares em relação aos quais o destino do homem que se acomoda se transforma na segurança do lar, na penúria da falta de uma casa ou na completa indiferença aos dois... abrir um espaço dá luz à preparação do local para uma moradia."

Martin Heidegger – "Art and Space", em Leach, editor – *Rethinking Architecture,* 1997, p. 122.

Os elementos básicos da arquitetura

Agora, como já temos uma definição prática da arquitetura e de seus objetivos fundamentais – a *estruturação intelectual* e a *identificação de lugar* –, podemos examinar os elementos disponíveis para um projeto. Não se trata dos materiais físicos da edificação (tijolo, argamassa, vidro, madeira, etc.), mas dos elementos compositivos da arquitetura, que não devem ser considerados objetos propriamente ditos, e sim na maneira como contribuem para a identificação de lugares.

Os elementos principais da arquitetura são as condições em que ela se desenvolve (1). Estes incluem: o *terreno*, que é o dado com o qual a maioria dos produtos da arquitetura se relaciona; o *espaço* acima, que é o meio pelo qual a arquitetura se molda em lugares; a *gravidade*, que segura as coisas; a *luz*, pela qual nós vemos as coisas; e o *tempo* (são poucos os exemplos da arquitetura, se é que há algum, que podem ser vivenciados por completo ao mesmo tempo – fatores como descoberta, acesso, entrada, exploração e memória geralmente estão envolvidos).

Nessas condições, o arquiteto pode usar uma série de elementos para compor. Não podemos dizer que a lista abaixo está completa, mas, em seu nível mais básico, a série de elementos inclui:

- *Área de terreno definida* (2)

A definição de uma área de terreno é fundamental para a identificação de muitos tipos de lugares, senão da maioria. Pode ser apenas uma clareira na floresta ou o leiaute de um campo para uma partida de futebol. Pode ser pequena ou se estender na direção do horizonte. Não precisa ter forma retangular nem ser plana. Não precisa ter um limite preciso, mas pode fundir com o entorno em suas bordas.

- *Área elevada ou plataforma* (3)

Uma plataforma cria uma superfície horizontal elevada em relação ao terreno natural. Pode ser alta ou baixa. Pode ser grande – um palco ou terraço; pode ser média – uma mesa ou altar; pode ser pequena – um degrau ou prateleira.

- *Área rebaixada ou vala* (4)

Uma vala é formada rebaixando-se a superfície do terreno. Ela cria um lugar abaixo do nível do terreno. Pode ser um túmulo ou uma armadilha, ou, ainda, uma maneira de se gerar espaço para uma casa subterrânea. Pode ser um jardim rebaixado ou, quem sabe, uma piscina.

- *Marco* (5)

Um marco identifica um lugar específico da maneira mais básica. Para tanto, ocupa o ponto e se destaca em relação ao entorno. Pode ser um totem cravado na areia, uma pedra na posição vertical ou uma estátua, uma lápide ou uma bandeira em um campo de golfe; pode ser um campanário de igreja ou um edifício de escritórios de múltiplos pavimentos.

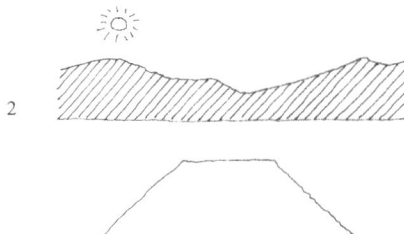

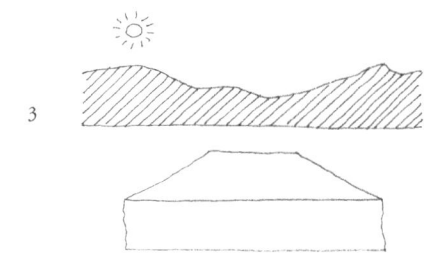

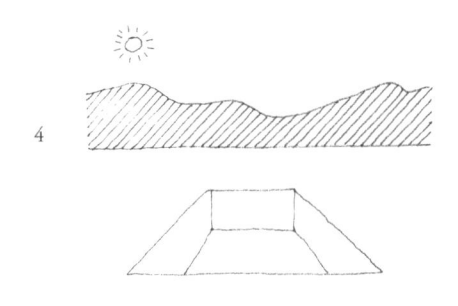

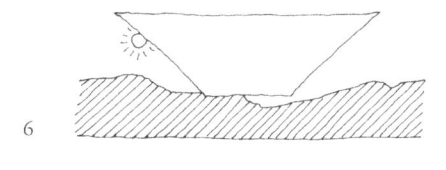

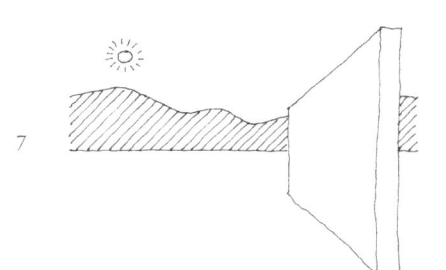

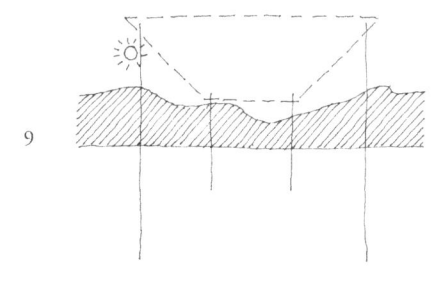

- *Foco* (6)

A palavra *focus* significa "lareira" ou "lar" em latim. Na arquitetura, pode se referir a qualquer elemento que concentre nossa atenção. Pode ser uma lareira, mas também pode ser um altar, um trono, uma obra de arte e até mesmo uma montanha distante.

- *Barreira*

Uma barreira divide um lugar de outro. Pode ser uma parede (7); também pode ser uma cerca de madeira ou uma cerca-viva. Pode ser um dique ou um fosso ou apenas a barreira psicológica de uma linha no piso.

- *Cobertura ou coberta* (8)

A cobertura divide um lugar das forças do céu, abrigando-o do sol ou da chuva. Ao fazê-lo, ela também implica uma área definida de terreno na parte de baixo. Uma cobertura pode ser tão pequena quanto uma viga que vence um vão de porta ou tão grande quanto uma abóbada treliçada sobre um estádio de futebol. Em função da gravidade, a cobertura precisa de suporte. Ele pode ser proporcionado pelas paredes ou por *pilares de apoio* ou *colunas* (9).

Outros elementos incluem:

- *Percurso* (10)

...um lugar pelo qual as pessoas se deslocam. Pode ser reto, mas também pode seguir um curso irregular na superfície do terreno, evitando obstáculos. Um percurso também pode ser uma *ponte* (11) sobre um vão ou inclinada como uma rampa. Pode ser lançada formalmente ou definida simplesmente pelo uso – nada mais que uma trilha sem vegetação pelo terreno.

- *Aberturas*

...*portas* (12) por meio das quais podemos atravessar uma barreira de um lugar a outro, mas que também são lugares por si só; e *janelas* (13), através das quais podemos olhar e que permitem a passagem de luz e ar.

Um elemento básico mais recente é a *parede de vidro* (14), que consiste em uma barreira física, mas não visual. Outro é o *cabo suspenso* ou *tirante* (15), que pode suportar uma plataforma, ponte ou cobertura, mas que também precisa de suporte estrutural acima.

Para mais informações sobre paredes:
Simon Unwin – *An Architecture Notebook: Wall,* Routledge, 2000.

Para mais informações sobre portas:
Simon Unwin – *Doorway,* Routledge, 2007.

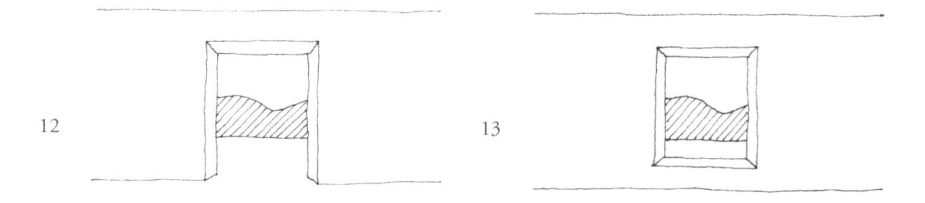

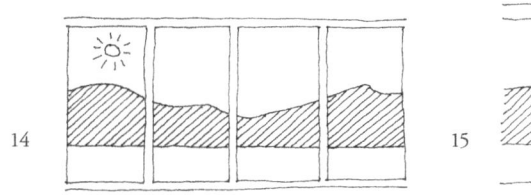

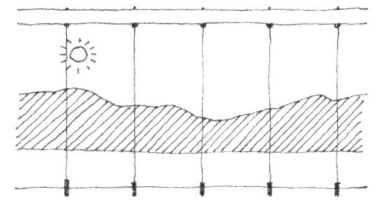

Elementos combinados

Elementos básicos como estes podem ser combinados para criar formas rudimentares de arquitetura. Às vezes, esses elementos combinados têm nomes próprios.

Barreiras podem ser distribuídas para formar um *fechamento* (16), o qual definirá uma área com a colocação de paredes ao seu redor. O piso, as paredes e a cobertura criam uma *cela* (17) ou uma sala, separando um espaço do resto e tornando-o um local. Dar à cobertura colunas que a suportam cria uma *edícula* (18), uma das formas mais importantes da arquitetura. A distribuição de uma série de plataformas em ângulo gera uma *escada* (19). E sua distribuição vertical cria uma *estante* (20). Esses elementos básicos e essas formas rudimentares surgem repetidas vezes nos exemplos deste livro. Eles são usados na arquitetura de todos os períodos e de todas as regiões do mundo.

Esses são alguns dos elementos básicos e combinados usados por arquitetos para projetar obras de arquitetura. Em alguns casos, como o da piscina da Casa

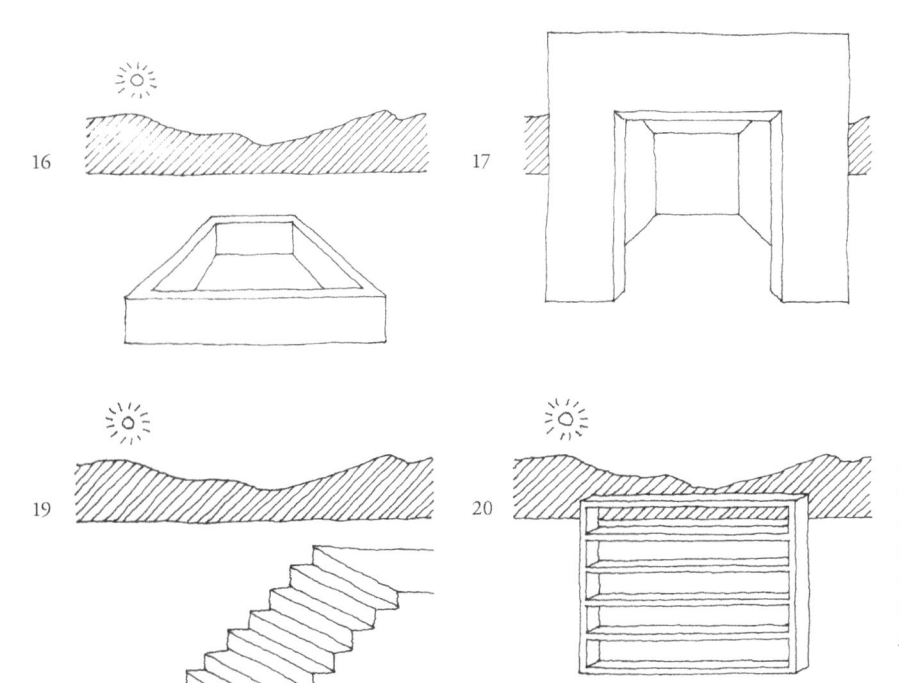

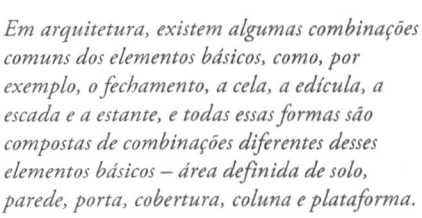

Em arquitetura, existem algumas combinações comuns dos elementos básicos, como, por exemplo, o fechamento, a cela, a edícula, a escada e a estante, e todas essas formas são compostas de combinações diferentes desses elementos básicos – área definida de solo, parede, porta, cobertura, coluna e plataforma.

34   ANÁLISE DA ARQUITETURA

Cobertura

Colunas

Paredes

Plataformas

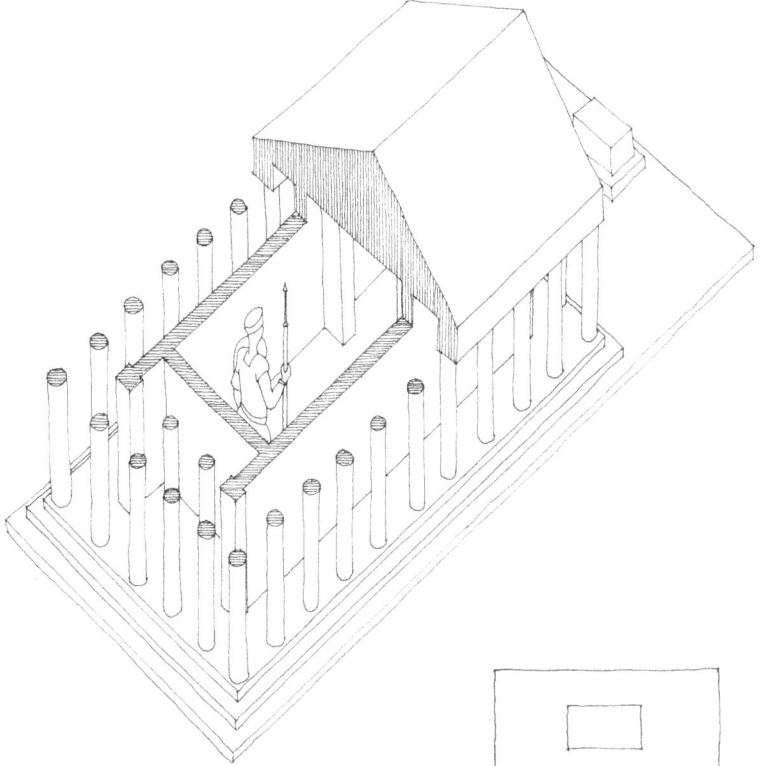

Área nivelada da plataforma/do solo

"Um templo grego antigo (acima) consiste em alguns elementos básicos distribuídos de maneira clara e direta a fim de identificar o local de uma deidade. A edificação se apoia em uma plataforma e consiste em paredes que definem uma cela circundada por colunas. As colunas, junto às paredes da cela, suportam a cobertura. A cela é acessada por uma porta, e fora dela encontramos uma plataforma pequena na forma de um altar. Juntas, essas composições de elementos básicos de arquitetura organizam o espaço e determinam a experiência que temos dentro do templo. Veja como a porta estabelece a relação entre a estátua da deidade e o altar. Veja também como as colunas velam a cela ou o recinto central do templo. Imagine como seria entrar no templo ou caminhar entre as colunas e as paredes da cela. Tal templo, implantado no alto de uma colina, como um todo atua como um marco que pode ser visto de muito longe.

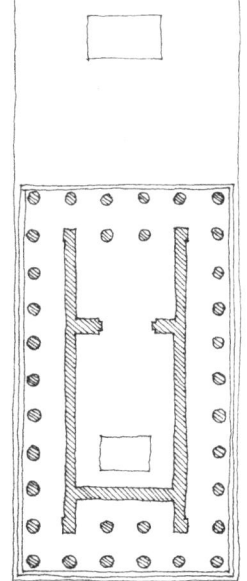

Juntas, a plataforma, as paredes, as colunas, a cobertura e o altar identificam o lugar da deidade que está sendo representada por meio de uma estátua esculpida, a qual é o foco para toda a cidade ou o complexo que fica ao redor.

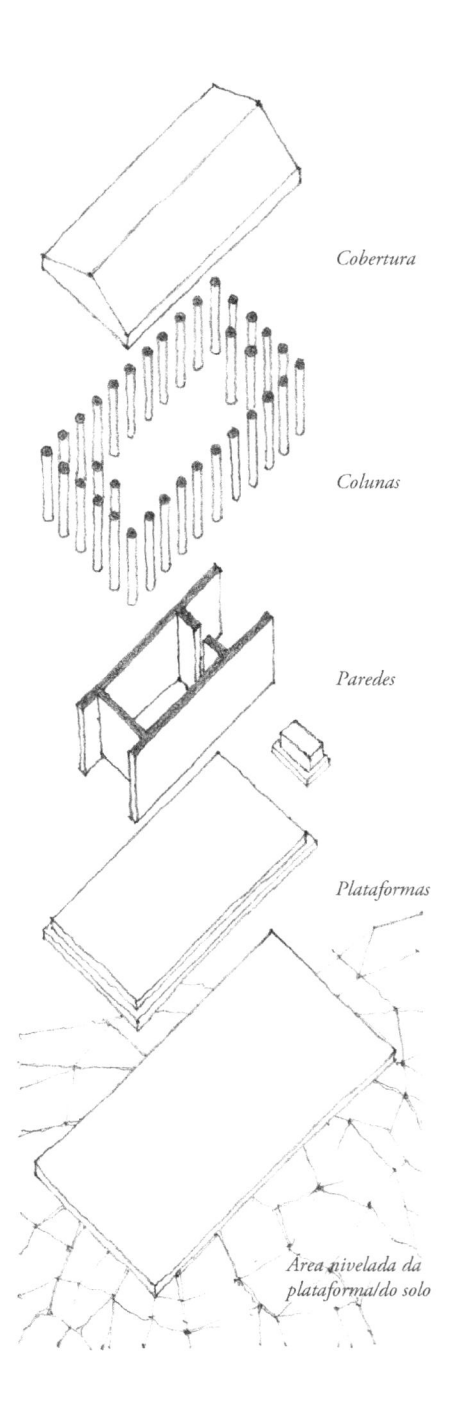

Fontes de consulta para templos gregos:
A. W. Lawrence – *Greek Architecture*, 1957.
D. S. Robertson – *Greek and Roman Architecture*, 1971.

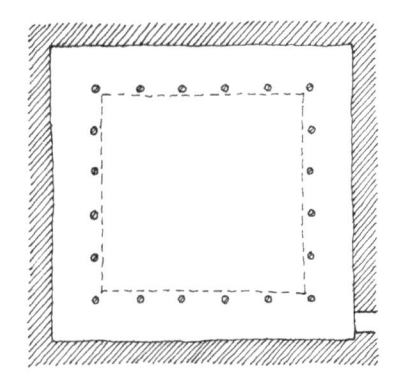

OS ELEMENTOS BÁSICOS DA ARQUITETURA **35**

Um claustro *é uma área de solo (um jardim a céu aberto, talvez) cercada pelas paredes de edificações, com uma* colunata *colocada em cada lateral para criar um* passeio *com cobertura. Esta é a forma do jardim de uma moradia romana típica; é um elemento padrão na composição de um monastério medieval e de um palácio renascentista.*

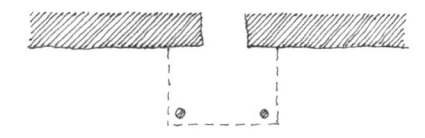

Um pórtico *protege a* porta *dando a ela uma* cobertura, *possivelmente sustentada por* colunas.

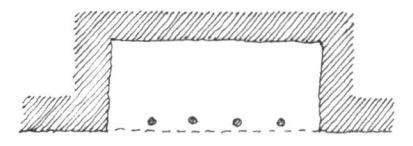

Uma galeria *é um lugar definido por* paredes, *mas aberto em um ou mais lados por meio de* colunas.

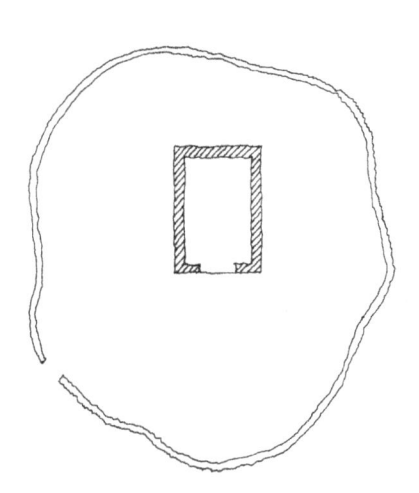

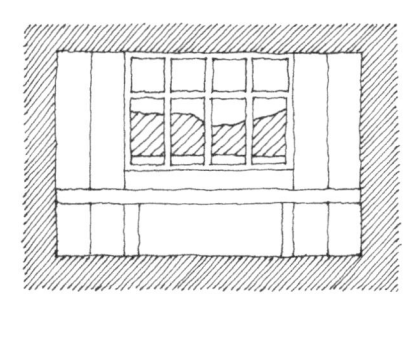

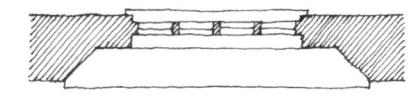

Um assento de janela *é um lugar composto por uma* janela *e uma* plataforma *(assento) inseridas em uma* parede.

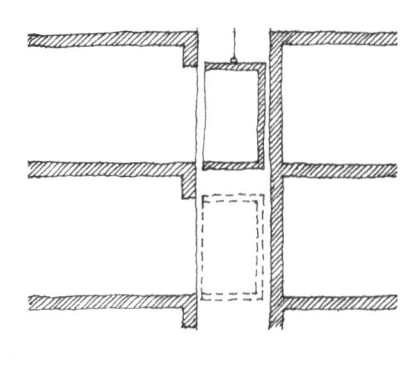

Um elevador *é um lugar que se move. É uma* cela *que transporta pessoas de um* pavimento *para outro.*

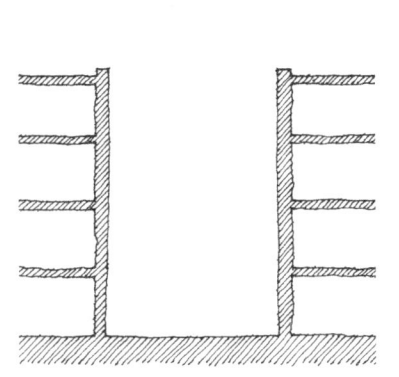

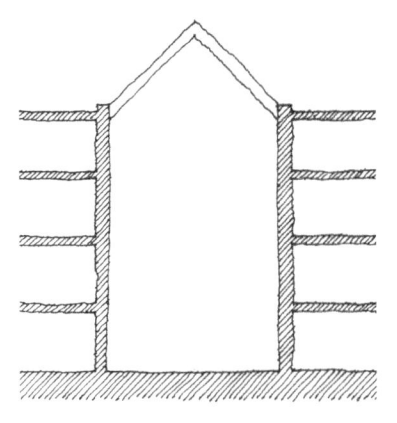

Um temenos *é uma* área de solo *cercada por um* muro *para marcá-la como especial, com um* edifício celular *em seu núcleo. Tal é o arranjo de muitos lugares sagrados: o santuário do antigo templo grego; a igreja medieval em seu cemitério; e o chalé com o seu jardim.*

Uma rua *é uma* via *ladeada pelas* paredes *das edificações. Com uma cobertura de vidro, se transforma em uma* galeria *ou* átrio *– uma rua interna (à direita).*

36 ANÁLISE DA ARQUITETURA

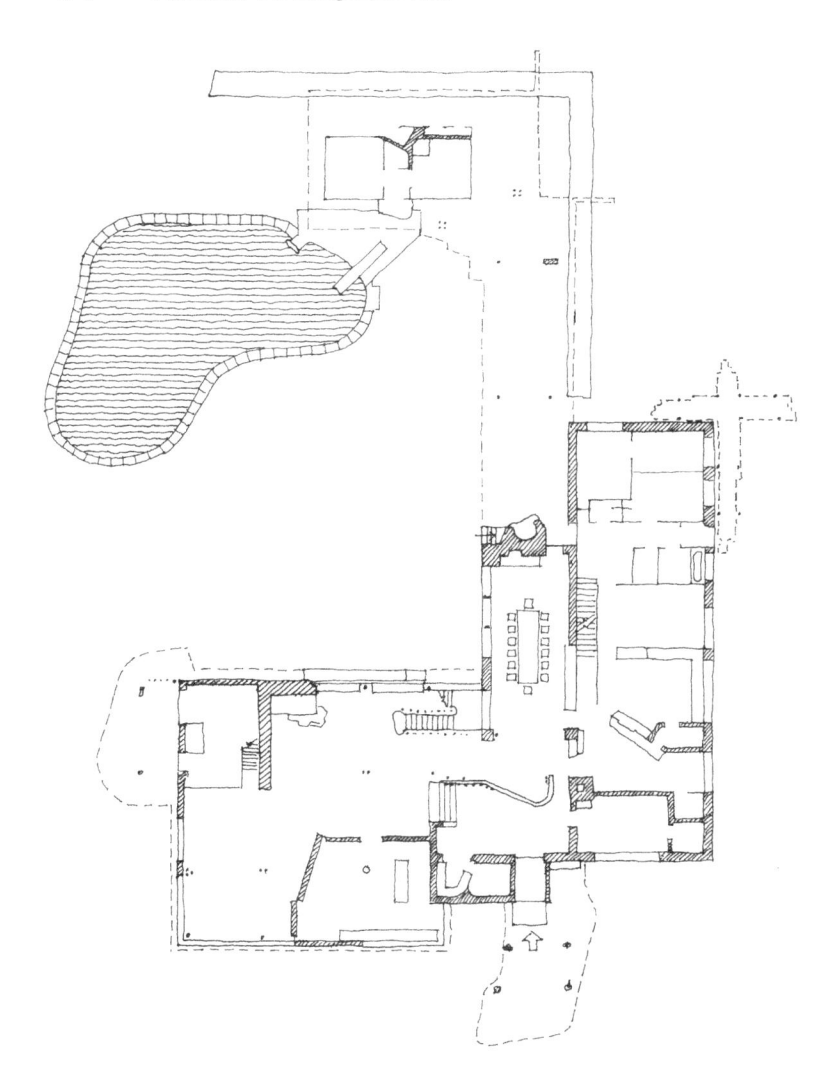

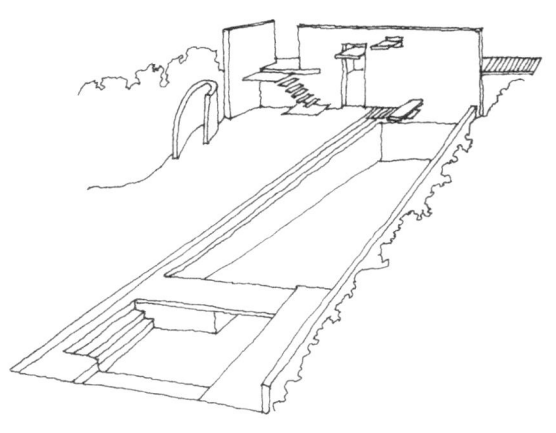

A piscina da Casa Baggy, na Cornualha, Reino Unido (acima), é uma composição de elementos arquitetônicos básicos: fosso; parede, plataforma; caminho, escadas, passarela. Foi projetada pelos arquitetos Hudson Featherstone.

Para mais informações sobre a piscina da Casa Baggy:
Kester Rattenbury – em *Royal Institute of British Architects Journal,* November 1997, p. 56–61.

Os lugares que constituem a Vila Mairea (acima) são definidos por elementos básicos tais como parede, piso, cobertura, plataforma, coluna, porta, janela, caminho, área definida, fosso (a piscina) e muitos outros. Alguns lugares – a chegada à entrada principal (indicada por uma seta), por exemplo, e a área coberta entre o bloco principal e a sauna – são identificados pelas coberturas (indicadas por linhas tracejadas) sustentadas por colunas esbeltas. Outros lugares são identificados por materiais de piso específicos, madeira, pedra, grama, etc. Outros ainda são divididos por meias-paredes, por paredes do piso ao teto (hachuradas) ou paredes de vidro.

Para mais informações sobre a Vila Mairea:
Richard Weston – *Villa Mairea,* na série *Buildings in Detail,* 1992. Richard Weston – *Alvar Aalto,* 1995.

Baggy (acima, projetada por Hudson Featherstone em 1996), uma obra de arquitetura pode ser uma composição clara de elementos arquitetônicos básicos. Todavia, obras de arquitetura mais complexas e sutis também são compostas por esses elementos básicos e combinados. Acima, à esquerda, encontra-se a planta baixa do pavimento térreo da Vila Mairea, uma casa projetada pelo arquiteto finlandês Alvar Aalto e sua esposa Aino e construída em 1939. Embora não esteja desenhada em três dimensões, é possível ver que, mesmo que a geometria geradora do edifício não seja tão simples quanto a da piscina da Casa Baggy, sua composição também é de elementos arquitetônicos básicos e combinados.

A prática da arquitetura não é apenas uma questão de se conhecer os elementos básicos. Os elementos básicos da arquitetura são sínteses mentais, que os introduzem no mundo como instrumentos que permitem organizar o espaço em lugares. Grande parte da sutileza da arquitetura está na forma como os elementos são reunidos. Na literatura, conhecer todas as palavras do dicionário não faz de você, necessariamente, um grande romancista. Entretanto, ter um bom vocabulário nos dá mais opções e maior precisão quando queremos dizer algo. Na arquitetura, familiarizar-se com os elementos básicos é somente o primeiro passo, mas conhecê-los é o início de um repertório de maneiras de dar identidade a espaços.

É impossível transmitir tudo o que queremos por meio de um desenho, mas a arquitetura desses degraus é mais do que sua forma visível. Eles estão no Generalife, perto de Alhambra, em Granada, Espanha. O local mostrado no desenho estimula quase todos os sentidos: os verdes profundos das folhas, as cores das flores, os padrões de luz e a sombra que estimulam a visão; também há o som da água em movimento nas fontes próximas; o cheiro da vegetação quente e o perfume das laranjas; as variações de temperatura entre os lugares ensolarados e quentes e os lugares mais frios e sombreados; a água fria para lavar as mãos e os pés; as texturas dos passeios de pedra portuguesa; e, se alguém pegasse uma das laranjas ou uma uva, o sabor delas também iria contribuir para o lugar. E então viria o momento em que você subiria a escada para chegar até a porta no topo.

Os elementos modificadores da arquitetura

"Do lado de fora, na sombra das amendoeiras do Parque dos Evangelhos, a casa parecia estar em ruínas, bem como as pessoas do distrito colonial, mas dentro dela havia uma beleza harmoniosa e uma luz espetacular que parecia vir de outra era. A entrada abria diretamente para um pátio de Sevilha quadrado, branco por estar a recém caiado, com laranjeiras floridas e o mesmo revestimento cerâmico nos pisos e nas paredes. Havia um som invisível de água em movimento, vasos com cravos nas cornijas e gaiolas com pássaros exóticos nas arcadas. O mais estranho de tudo eram os corvos em uma gaiola muito grande, que enchiam o pátio com um perfume ambíguo cada vez que batiam suas asas. Vários cães, presos em algum lugar da casa, começaram a latir, enlouquecidos pelo cheiro de um estranho, mas o grito de uma mulher fez com que parassem, e numerosos gatos saltitaram pelo pátio e se esconderam entre as flores, assustados com a autoridade da voz. E então caiu um silêncio translúcido que, mesmo com a confusão dos pássaros e as sílabas da água na pedra, permitia ouvir a respiração desolada do oceano."

Gabriel García Márquez, *Love in the Time of Cholera*, 1988, p. 116.

Os elementos modificadores da arquitetura

Os elementos básicos da arquitetura descritos no capítulo anterior são ideias abstratas. Quando assumem a forma física durante a construção, vários outros fatores entram em ação. Ao se concretizarem e quando os vivenciamos, os elementos básicos da arquitetura e os lugares que eles identificam são modificados: por luz, som, temperatura, movimento do ar, odor (e possivelmente gosto), propriedades e texturas dos materiais utilizados, uso; escala, e por efeitos e experiência do tempo.

Essas forças modificadoras são condições da arquitetura; também podem ser usadas como elementos na identificação de lugares. As configurações possíveis dos elementos básicos e modificadores são provavelmente infinitas. Uma sala pode ser sombria, iluminada apenas por uma lâmpada fraca, ou clara devido à luz do sol que entra pela janela; os sons podem ser amortecidos por tecidos ou refletidos por superfícies rígidas. A temperatura pode ser quente ou fria; o ar, cálido ou fresco; pode ter um cheiro de suor azedo ou frutas podres, comida feita em casa ou perfume caro. O piso pode ser áspero ou polido, escorregadio como gelo; a cama pode ser dura como uma pedra ou macia, forrada com espuma ou penas. Na parte de fora, pode haver um jardim, que muda continuamente conforme o clima, o horário e as estações.

Um lugar pode ser apenas uma faixa de luz ou um momento durante uma viagem.

Como as ideias abstratas, os elementos básicos estão sujeitos ao controle total da mente que projeta; os elementos modificadores podem ser mais independentes. É possível decidir a forma e as proporções precisas de uma *coluna*, *célula* ou *edícula*, mas a questão do som, iluminação, odores ou mudanças provocadas pelo tempo é muito mais sutil. O controle sobre os elementos modificadores é uma batalha contínua e em evolução. Por exemplo: na pré-história, a luz seria fornecida pelo céu e estaria fora de controle; hoje, temos a luz elétrica, que pode ser controlada com precisão. No passado distante, os materiais de construção, seja pedra ou madeira, eram feitos de forma tosca; hoje, suas texturas e características podem ser finamente acabadas.

Embora o uso dos elementos básicos possa ser a forma principal para a mente que projeta organizar conceitualmente o espaço em lugares, os elementos modificadores contribuem muito para a experiência desses lugares.

Luz

O primeiro elemento modificador da arquitetura é a luz. A luz é uma *condição* da arquitetura, mas também pode ser um elemento. A luz do céu é o meio pelo qual as pessoas vivenciam os produtos da arquitetura; porém, a luz, tanto natural quanto artificial, pode ser manipulada pelo projeto para identificar lugares e conferir a eles um aspecto particular.

40 ANÁLISE DA ARQUITETURA

A forma como a luz entra nas capelas laterais de Ronchamp (acima e abaixo) tem um efeito parecido com o da luz filtrada por uma velha chaminé pesada.

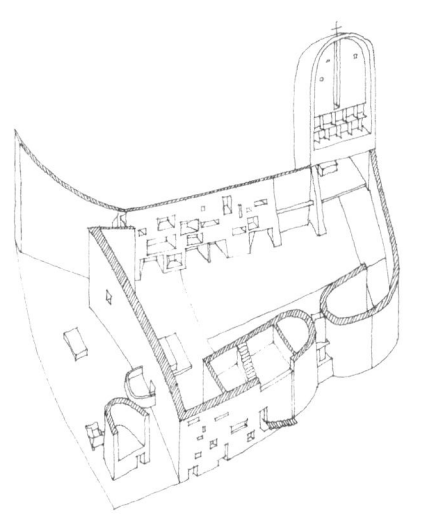

Se pensarmos na arquitetura como escultura, é por meio da luz que ela é vista e suas formas, apreciadas. No entanto, se pensarmos na arquitetura como identificação de lugar, estaremos cientes de que pode haver lugares claros e lugares escuros; lugares com luz homogênea e suave e lugares com forte luminosidade e sombras projetadas muito marcadas; lugares onde a luz é salpicada ou muda de modo constante, porém sutil; lugares, como teatros, onde há um forte contraste entre o claro (o palco – o lugar da ação) e o escuro (o auditório – o lugar da plateia).

A luz pode estar relacionada à atividade (abaixo, à esquerda). Tipos diferentes de luz são apropriados para tipos diferentes de atividades. Um joalheiro, à sua mesa de trabalho, precisa de luz forte sobre uma área determinada. Uma artista que pinta em seu ateliê carece de luz constante e homogênea. Na escola, as crianças precisam de uma boa iluminação geral para estudar e brincar.

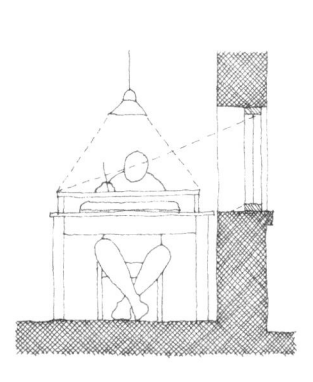

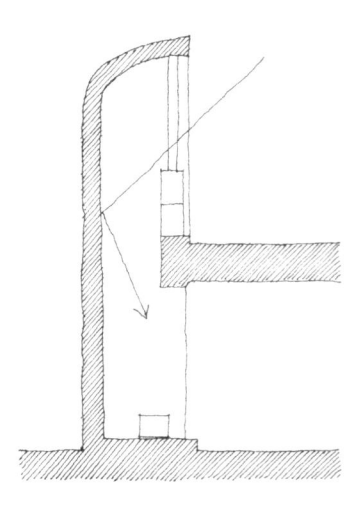

A luz muda e pode ser alterada. A luz do céu varia com os ciclos da noite e do dia, bem como durante diferentes épocas do ano; às vezes, chega filtrada ou difusa pelas nuvens. É possível explorar a luz natural ao criar lugares. Suas características podem ser alteradas pela maneira como ela entra na edificação. Algumas casas antigas têm pesadas chaminés (abaixo, no centro). Como são abertas para o céu, permitem que uma luz "religiosa" suave ilumine a base da lareira (quando o fogo não está aceso). Le Corbusier usou um efeito similar nas capelas laterais de Notre-Dame du Haut, em Ronchamp (acima e abaixo, à direita). Usando "coletores de luz", ele iluminou os altares laterais com luz natural amenizada pelo reflexo nas paredes rústicas. O mesmo tipo de efeito foi usado por Harald Ericson neste crematório em Boras, na Suécia, (acima, à direita), construído em 1957, três anos depois da capela de Ronchamp.

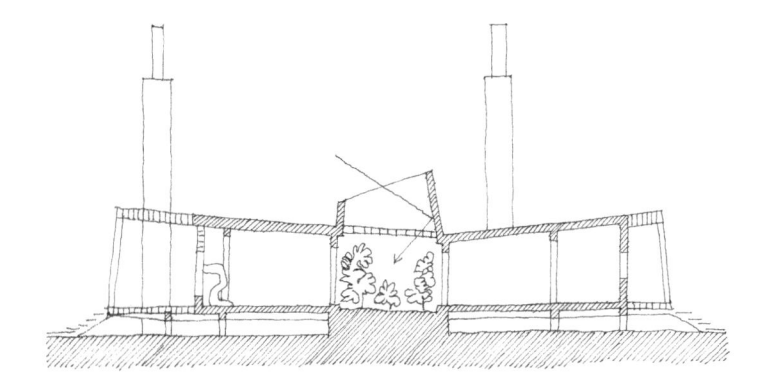

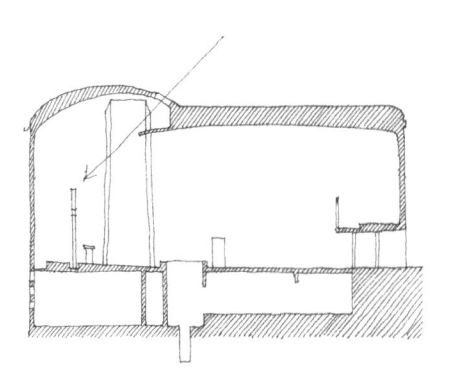

O desenho mostra o corte longitudinal, com uma fonte de luz natural oculta sobre o santuário. No mesmo ano, Ralph Erskine utilizou um coletor de luz com claraboia para identificar o lugar de um pequeno jardim de inverno no meio de uma casa de campo de um pavimento construída por ele em Storvik, também na Suécia (acima, à esquerda). Também na Suécia, porém cerca de 20 anos antes, Gunnar Asplund projetou o Crematório do Bosque no subúrbio de Estocolmo. A capela principal, que ocupa um vasto terreno, possui um grande pórtico separado. Perto do meio desse pórtico, há uma grande estátua que parece estar tentando alcançar a luz por meio de uma abertura na cobertura (abaixo).

Em edificações religiosas, as fontes de luz natural costumam ser indiretas ou ocultas, com o intuito de intensificar a sensação de mistério.

A luz fornecida por uma lâmpada elétrica é mais constante e fácil de ser controlada que a luz natural: podemos ligá-la ou desligá-la ou, ainda, variar sua intensidade, cor e direção de maneira exata. Um dos usos mais intensos da iluminação elétrica acontece no teatro, mas qualquer lugar pode ser considerado um "teatro" e iluminado de acordo. Um canhão de luz consegue identificar o lugar de um ator, um cantor, uma pintura, um objeto ou qualquer coisa na qual devamos prestar atenção (abaixo). Os feixes de luz também podem funcionar de forma oposta, chamando atenção para sua fonte (à direita).

Para identificarmos lugares por meio da arquitetura, a luz – tanto a luz variável do céu quanto a luz das lâmpadas elétricas, que podemos controlar com precisão – pode contribuir de diversas maneiras. A maneira como ela contribui

Um foco de luz pode identificar o lugar de qualquer coisa para a qual desejamos chamar atenção ou, ainda, chamar atenção para si mesmo.

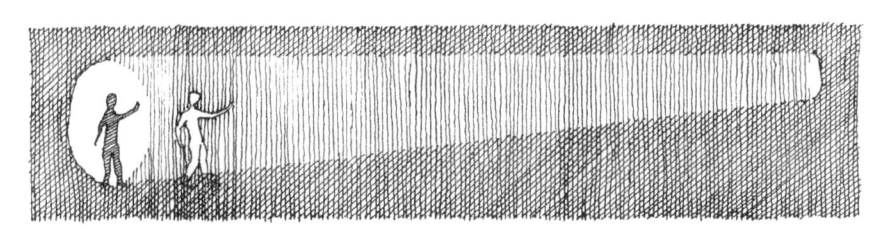

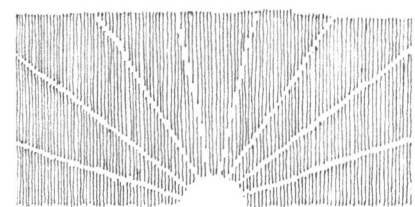

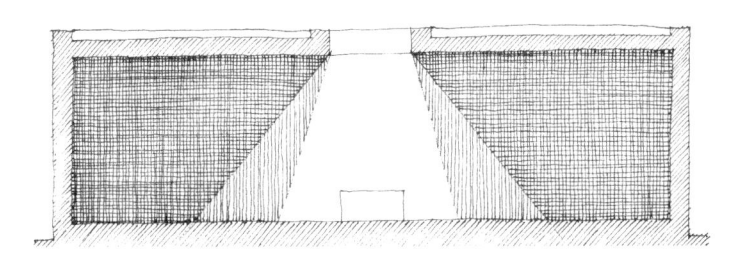

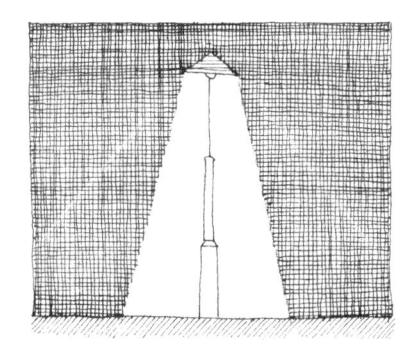

Como uma clareira em uma floresta, uma claraboia em uma sala identifica um lugar de luz, que pode ser usado para chamar a atenção para um altar. A lâmpada de um poste cria um cone de luz na escuridão da noite.

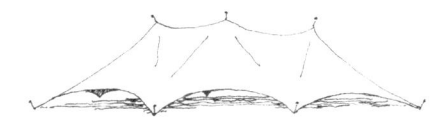

Uma tenda no deserto identifica um lugar de sombra.

Uma parede pode ser uma tela na qual sombras são projetadas. Dentro da torre da Igreja de Brockhampton, projetada por William Richard Lethaby em 1902, as janelas projetam sombras de seu rendilhado nas paredes brancas, como um padrão da luz do sol.

para a identificação de lugares faz parte da arquitetura. As decisões referentes à luz são importantes para a organização conceitual do espaço e afetam o modo como utilizamos os elementos básicos da arquitetura. A luz contribui para o aspecto e a ambiência de um lugar. O costume é fazer com que, em lugares de contemplação ou culto, as características da luz sejam diferentes em comparação a lugares onde se joga basquete ou se realizam cirurgias.

É possível alterar radicalmente o aspecto de um lugar sem modificar sua forma física: basta mudar o modo como ele é iluminado. Pense na mudança drástica na aparência do rosto de uma amiga quando você segura uma lanterna sob seu queixo. O mesmo pode acontecer em um cômodo ao ser iluminado de maneiras diferentes, com intensidades diferentes e a partir de direções diferentes. O aspecto de uma sala muda radicalmente à noite, quando ligamos as luzes e fechamos as cortinas; a fraca luz crepuscular é substituída por uma luminosidade constante. Talvez não percebamos a força desse evento por estarmos muito familiarizados com ele. A inversão das condições de iluminação no teatro, quando se apagam as luzes do auditório e se acendem as do palco, é parte importante de sua magia. A luz pode fazer com que as vedações de uma edificação pareçam se desmaterializar. Uma superfície completamente plana e bem-iluminada (como a de uma parede ou de uma cúpula), cujas extremidades não podem ser vistas, pode dar a impressão de ter perdido a substância, assemelhando-se ao ar. É possível que a ausência de luz tenha um efeito parecido. Nos fortes recuos do interior de uma igreja, as superfícies podem dar a impressão de desaparecer na escuridão. Existem lugares onde a luz é constante e outros onde ela muda. Em algumas edificações (tais como hipermercados ou shoppings), as lâmpadas elétricas fornecem uma luz que é constante o tempo todo, seja às 21h30 de uma noite de inverno ou ao meio-dia de um dia de verão.

Abrir uma clareira na floresta é um ato de arquitetura. Além de remover a obstrução provocada pelos troncos das árvores, transforma a sombra generalizada em um lugar iluminado pelo sol. A remoção da obstrução significa que o lugar se tornou uma "pista de dança"; a entrada de luz ajuda a definir o lugar e permite que ele seja mais um jardim que uma floresta. A construção de uma cobertura sob o sol do deserto cria uma área sombreada, que é essencial para a arquitetura de uma tenda beduína (à direita). Uma cobertura – que, em alguns climas, pode ser considerada principalmente uma proteção contra a chuva – também faz sombra. Colocar uma claraboia nela talvez seja o mesmo que abrir uma clareira na floresta, pois criamos uma área iluminada cercada pela sombra (acima, à esquerda). Uma lâmpada solitária em uma rua escura identifica um lugar (acima, à direita); uma lâmpada vermelha talvez identifique algo mais específico.

Em geral, as portas dos antigos templos gregos eram voltadas para o sol da manhã. Ao amanhecer, a luz dourada vinda do leste provavelmente iluminava de

Os elementos modificadores da arquitetura **43**

Imagine a estátua do deus iluminada pela luz dourada do sol nascente que passava pela porta do templo (à esquerda).

forma belíssima a imagem do deus no interior. Como um canhão funcionando ao contrário, a luz horizontal do sol, ao atingir o interior do templo em profundidade, ajudava a identificar o lugar da imagem do deus em um horário significativo do dia. No teto alto da grande igreja da abadia de La Tourette, no sul da França (construída na década de 1960), o arquiteto Le Corbusier projetou uma claraboia retangular relativamente pequena.

À medida que o sol se move no céu, um retângulo de feixes percorre o interior escuro como um lento farol – o olho de Deus? Na capela lateral da mesma igreja, Le Corbusier usou profundas claraboias circulares, semelhantes a grandes canhões com superfícies internas extremamente coloridas, para iluminar os lugares dos altares. As próprias claraboias são como sóis no "céu" do teto da capela. Já na capela da cripta da igreja projetada para a Colônia Güell, no sul da Espanha, o arquiteto Antonio Gaudi criou um lugar escuro nos quais as colunas e abóbadas se fundem na penumbra, iluminadas somente pelas janelas com vitrais. Essa capela não cria uma clareira, mas sim recria a floresta, com troncos de árvores feitos de pedra e luzes coloridas salpicadas que se infiltram por uma copa de sombra.

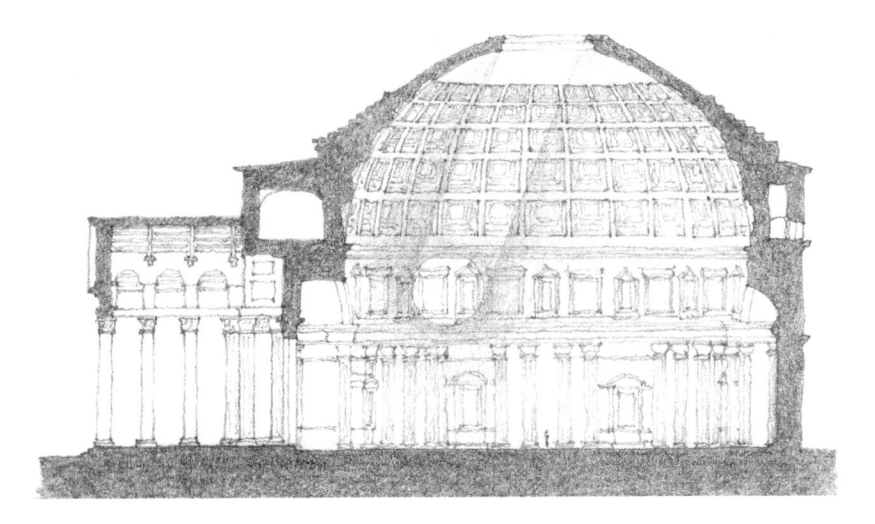

Na Sala de Leitura Aye Simon (acima, no Museu de Arte Guggenheim, em Nova York, projetado por Frank Lloyd Wright), Richard Meier, responsável pela reforma do cômodo, usou três claraboias preexistentes para identificar três lugares específicos (de cima para baixo): o assento embutido, a mesa de leitura e a mesa da recepção.

No Panteão (à esquerda), construído em Roma quase dois mil anos atrás, o óculo da cúpula permite que um feixe de luz natural percorra o espaço circular.

Cor

A cor e a luz são inseparáveis, evidentemente. A luz propriamente dita pode ser de qualquer cor; o vidro colorido muda a cor da luz que passa por ele; as cores aparentes dos objetos materiais são afetadas pela cor da luz que incide sobre eles, pelas cores adjacentes e pelas cores refletidas em superfícies próximas. Junto com

Os pátios internos das casas no sul da Espanha (à direita) são sombreados por suas paredes altas e, quando o sol está a pino, por toldos. Eles contêm muitas plantas e, às vezes, uma pequena fonte. A evaporação dessas plantas cria um ar fresco que percorre os cômodos e os corredores estreitos.

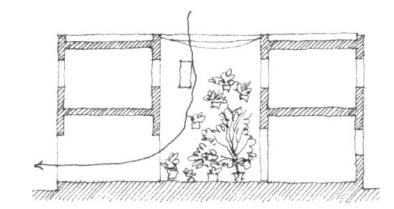

Uma saída de ar condicionado pode identificar um lugar quente para se parar em um dia frio.

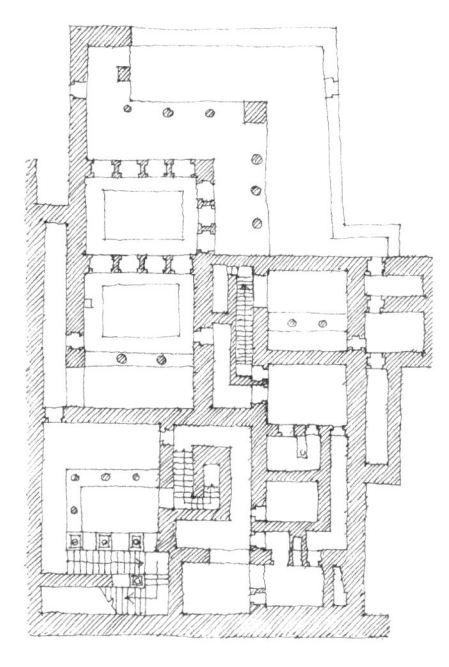

Na Creta antiga, os aposentos dos palácios eram bem-sombreados. Também eram dotados de muitas aberturas e pequenos poços de luz que, ao proporcionar ventilação, ajudavam a manter os cômodos frescos no calor do rigoroso verão de Creta. (Isto é parte dos aposentos do palácio de Cnossos.)

a luz, a cor pode ser importante para a identificação dos lugares. Uma sala pintada com determinado tom de verde possui um aspecto específico (e é provável que fique conhecida como a "Sala Verde"); uma sala iluminada apenas por uma lâmpada elétrica azul tem um aspecto específico; uma sala iluminada pela luz natural que entra por janelas com vidros coloridos tem um aspecto diferente. Várias cores e tipos de luz podem sugerir diferentes atmosferas.

A cor não é somente uma questão de decoração ou da criação de lugares com atmosferas especiais. Ela contribui para o reconhecimento do lugar. Sua importância no reconhecimento do lugar é ressaltada pela camuflagem, que oculta ao destruir ou obscurecer as diferenças de cor. A cor também é usada em códigos. Ao ensinar alguém a chegar à sua casa, você pode descrevê-la como a casa com porta (ou paredes, janelas ou telhado) vermelha (ou azul, verde ou qualquer outra cor). Uma linha colorida pode indicar um lugar onde devemos aguardar (para a inspeção do passaporte). Uma mudança na cor das lajotas do piso ou do carpete talvez indique um percurso específico (conferindo-lhe uma importância especial, como ao estender um tapete vermelho para uma pessoa importante) ou ajude as pessoas a encontrar o caminho.

Temperatura

A temperatura também é importante para a identificação dos lugares. As primeiras cabanas foram construídas para conter o calor do fogo ou fornecer uma sombra refrescante. O principal objetivo de construir um iglu é organizar um lugar pequeno relativamente quente em meio à neve do norte do Ártico. Um dos motivos por trás dos pátios sombreados e cheios de plantas das casas de Córdoba é criar um lugar relativamente fresco para quem deseja se refugiar do sol quente e do calor do verão no sul da Espanha. A temperatura pode ou não estar associada à luz. Nas zonas temperadas do hemisfério norte, uma parede com orientação sul pode criar um lugar que seja claro e quente em função da luz e do calor do sol. No entanto, uma saída de ar condicionado – que não emite luz – pode identificar um lugar agradavelmente quente em um dia muito frio. Claro que uma sala iluminada pode ser fria e uma sala escura, quente. Os interiores de algumas edificações têm uma temperatura constante e invariável em todos os lados, cuidadosamente controlada por sistemas de condicionamento de ar e computadores. Em outras edificações, como uma velha casa, talvez haja lugares com temperaturas diferentes: um lugar quente em frente ao fogo, um corredor frio, um sótão quente, um porão frio, uma sala de estar quente, um corredor frio, um pátio quente, uma pérgola ou varanda fria, um jardim de inverno quente, uma despensa fria, um forno de cozinha muito quente; ao ir de um lugar ao outro, passamos por zonas com temperaturas diferentes, relacionadas a diferentes fins e que proporcionam experiências diferentes.

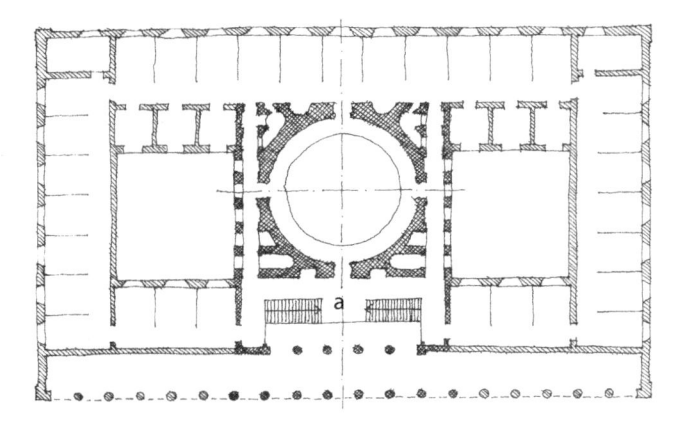

Os elementos modificadores da arquitetura   **45**

A galeria do segundo pavimento do Museu Altes, em Berlim, identificada por um "a" na planta (à esquerda) e no corte (abaixo, à esquerda), proporciona um momento de ar fresco em um passeio pelas galerias. Acima, há um desenho da galeria extraído da Collection of Architectural Designs *do próprio Schinkel, publicado originalmente em 1866, mas republicado em fac-símile em 1989.*

Ventilação

A temperatura está relacionada com a ventilação e com a umidade. Juntas, conseguem identificar lugares que podem ser quentes, secos e com ar parado; frios, úmidos e com correntes de ar. Um lugar fresco e bem-ventilado pode ser refrescante depois de um lugar quente e úmido; um lugar quente e sem ventilação é bem-vindo depois de um lugar frio e ventoso. Nos antigos palácios da ilha mediterrânea de Creta, que tem um clima quente e seco, os aposentos tinham terraços abertos e pequenos pátios internos protegidos do sol e posicionados de modo a coletar ou produzir correntes de ar para refrescar os espaços internos.

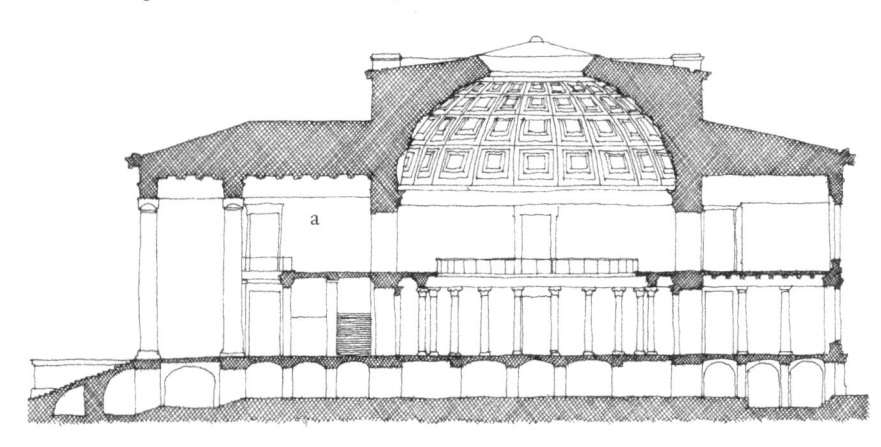

Na elevação frontal do Museu Altes, de Berlim (acima), projetado por Karl Friedrich Schinkel no século XIX, há uma galeria (a), que era aberta para o ar do exterior, contendo duas escadas que vão do térreo ao segundo pavimento com vista para a praça (a Lustgarten) em frente ao edifício. Antes de ser fechada por uma pele de vidro (no início da década de 1990), essa galeria – que é encontrada quando se percorre o museu e também no início e no fim da visita – funcionava como um lembrete do ar fresco e da amplidão do exterior, como um contraste com as galerias fechadas.

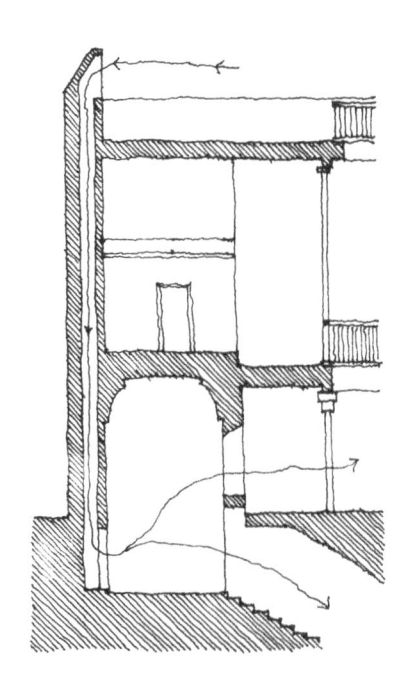

Som

Para identificar um lugar, o som pode ser tão potente quanto a luz. É possível distinguir os lugares pelos sons que eles fazem ou pela maneira como afetam os sons produzidos neles. As religiões usam os sons para identificar os horários e lugares de culto; por meio de sinos, gongos ou convocação à oração feita de um minarete.

*No Iraque, as casas tradicionais tinham coletores de vento (*badgir*) para ajudar a trazer ar para os cômodos dos pisos inferiores e o pátio interno.*

Para mais informações sobre casas tradicionais do Iraque:
John Warren e Ihsan Fethi – *Traditional Houses in Baghdad*, 1982.

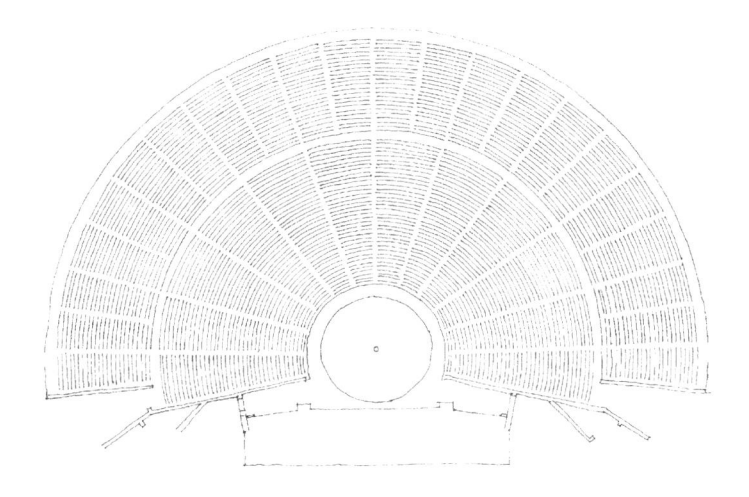

Se pararmos de pé no centro de um antigo teatro grego, qualquer som que fizermos será refletido de cada nível da arquibancada, estendendo-se como uma série de ecos que soa como uma metralhadora.

O som pode ser um importante componente da dramaticidade de um lugar:

"Ele escancarava a janela de seu quarto, mesmo quando as estrelas do inverno ainda estavam no céu, e se aquecia com os fraseados progressivos de belas árias de amor, até começar a cantar a plenos pulmões. Todos os dias, esperava-se que, quando ele cantasse o mais alto possível, o leão da Vila Borghese responderia com um rugido de estremecer a terra... Uma manhã, não foi o leão que respondeu. O tenor começou o dueto apaixonado de Otelo... e, do pátio interno, veio a resposta, em uma bela voz de soprano. O tenor continuou e as duas vozes cantaram toda a seleção, para a alegria de todos os vizinhos, que abriram suas janelas querendo santificar as casas com a torrente daquele amor irresistível".

Gabriel García Márquez – "O Santo", em *Strange Pilgrims*, 1994, pp. 41-2.

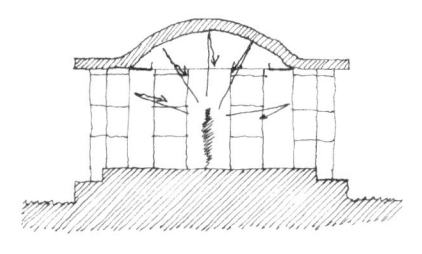

Se falarmos em voz alta no centro de uma das galerias desta edificação de Philip Johnson, nossas vozes serão refletidas pelas superfícies curvas das paredes e do teto, soando mais alto que nos demais locais.

Nos monastérios ortodoxos gregos, uma tábua de madeira é batida em horários significativos do dia para anunciar as missas. Também usam sinos que ressoam pela área. Um lugar pode ser distinguido pelo som do vento nas folhas das árvores ou pelo som de um fluxo ou fonte de água. O conforto de um quarto de hotel pode ser estragado pelo ruído constante do ar-condicionado. Um lugar específico de uma cidade pode estar associado à música de determinado artista de rua. Um lugar – como uma sala de exames, uma biblioteca ou o refeitório de um monastério – pode ser distinguido por seu silêncio; um restaurante, pela música de fundo.

Os lugares podem ser identificados pelo som, mas também pela maneira como afetam os sons produzidos em seu interior. Em uma catedral grande e com superfícies rígidas, o som ecoa. Em uma sala pequena com carpete, móveis com estofamento macio e janelas com cortinas, o som será abafado. Ao construir uma sala para apresentações de espetáculos musicais e teatrais, ou uma sala de audiências em que testemunhas, advogados e juízes precisam ser ouvidos, é necessário tomar muito cuidado com a qualidade do som que ela irá produzir. Na grande igreja que faz parte do monastério de La Tourette (a igreja com a claraboia retangular), Le Corbusier criou um espaço que parece ressonar à vontade: suas superfícies de concreto rígidas e paralelas refletem – e parecem inclusive amplificar – cada pequeno ruído, como um sapato arranhando o chão, uma porta que se fecha, alguém limpando a garganta ou sussurrando. Quando os monges cantam nesse espaço...

Às vezes, efeitos acústicos estranhos podem ser produzidos sem querer. No início da década de 1960, o arquiteto americano Philip Johnson projetou uma pequena galeria de arte como ampliação de uma casa. A planta baixa se baseia em nove círculos distribuídos dentro de um quadrado; o círculo central é um pequeno pátio interno; os outros oito círculos formam as galerias e o vestíbulo de entrada. Cada galeria é coberta por uma abóbada abatida (à direita). No centro de cada galeria, a voz parece ser amplificada, pois as superfícies circulares das paredes e a superfície esférica do teto abobadado a refletem diretamente. Um efeito similar ocorre em um antigo teatro grego. Quando alguém bate o pé no chão no foco central, o som é refletido em cada nível da arquibancada, produzindo um som "de tiro" muito rápido. Trata-se de um fenômeno que não corresponde à afirmação de que tais teatros (acima) têm acústicas boas; no entanto, a distribuição das fileiras de assentos realmente ajudava a plateia a ouvir os atores e o coro se apresentando na *orquestra* – a "pista de dança" circular no centro do teatro.

Alguns compositores fizeram músicas especialmente para explorar os efeitos acústicos de determinadas edificações. No século XVI, o compositor Andrea

Em geral, nos orientamos dentro de uma edificação pela visão. A "Casa das Paredes" (à esquerda) foi projetada por Akira Imafugi para ser percorrida pelo toque. É para um cego. As paredes são organizadas em linhas paralelas à distância de um braço, a fim de estarem sempre ao alcance. Todos os lugares principais dentro da casa – cozinha, mesa de jantar, roupeiro – estão distribuídos no interior dessas paredes ou em relação a elas, sendo encontrados com facilidade.

Para mais informações sobre a Casa das Paredes, projetada por Akira Imafugi: Japan Architect '92 Annual, p. 24–5.

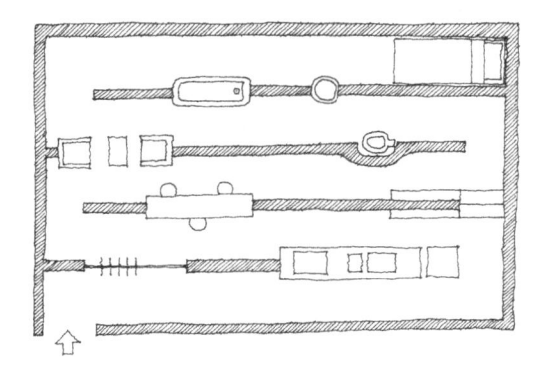

Gabrieli compôs músicas especialmente para a catedral de São Marcos, em Veneza. Na *Magnificat*, ele posicionava três coros e uma orquestra em partes diferentes da igreja, produzindo um efeito quadrofônico.

Em outras ocasiões, as vedações de edificações foram utilizadas como instrumentos musicais. Isso aparentemente aconteceu na inauguração de um prédio de artes da Universidade de Gotemburgo, na Suécia, no início da década de 1990, quando as barras de aço do guarda-corpo do balcão foram usadas como instrumentos de percussão.

Odor

O odor pode identificar um lugar; um cheiro pode criar um lugar. O odor pode ser agradável, mas também pode ser repulsivo. Um banheiro público tende a cheirar de uma maneira, um salão de beleza de outra, uma perfumaria de outra, uma peixaria de outra. A personalidade de uma antiga biblioteca em parte se deve ao cheiro de madeira polida e das capas de couro de alguns livros, com seu aroma almiscarado; já a do ateliê de um artista vem da tinta a óleo. As lancherias de lojas de departamento cultivam odores de café, queijos delicados e pão recém-saído do forno. As regiões que abrigam cervejarias têm cheiro de lúpulo. Os templos chineses são impregnados pelo perfume de incenso. Quando os depósitos de especiarias da área Shad Thames, em Londres, ainda funcionavam, era possível descobrir onde se estava de olhos fechados, devido ao aroma de cominho, cardamomo, coentro... Podemos distinguir o quarto de um adolescente pelo cheiro de meias sujas ou desodorante. O salão de um clube de cavalheiros pode ter o cheiro de velhas poltronas de couro encerado. É possível diferenciar as partes distintas de um jardim pelo perfume das rosas, madressilvas, jasmim, lavanda. Alguns desses odores resultam do acaso e da ocupação; porém, um arquiteto (seja de jardim ou edificação) pode planejar os cheiros de um lugar mediante o uso de materiais com perfumes particulares.

Textura e tato

A textura é uma propriedade visível – nesse aspecto, está relacionada à luz e ao sentido da visão; contudo, é uma característica que também podemos sentir – e, nesse aspecto, está relacionada ao sentido do tato. De ambos os modos, ela pode contribuir para a identificação de lugares. A textura pode ser obtida pelo acabamento das superfícies, com tinta, verniz ou tecido; mas também está intimamente relacionada às características inatas dos materiais e às maneiras com que podem ser tratadas e usadas.

"O momento foi mágico. Lá estavam a cama, suas cortinas bordadas com fios de ouro, a colcha e seus prodígios de passamaria, ainda dura com o sangue seco de seu amante sacrificado... O que mais me afetou foi, no entanto, o aroma inexplicável de morangos secos que permanecia em todo o quarto".

Gabriel García Márquez, "Os Fantasmas de Agosto" (1980), em *Strange Pilgrims*, 1994, p. 94.

"Os cômodos adjacentes ao grande salão eram protegidos por pesadas paredes de alvenaria, que os mantinham em uma sombra outonal. José Palácios adiantara-se e aprontara tudo. Com suas paredes rústicas cobertas por uma demão fresca de cal, o quarto era pouco iluminado por uma janela com venezianas verdes, com vista para o pomar. Ele mudara a posição da cama para que a janela com vista para o pomar ficasse aos pés, e não na cabeceira, pois, dessa forma, o General poderia ver as goiabas amarelas penduradas nas árvores e sentir seu perfume. O General chegou de braços dados com Fernando e acompanhado pelo padre da Igreja de la Concepción, que também era reitor da academia. Assim que passou pela porta, recostou-se contra a parede, surpreso com o aroma das goiabas caídas no pé de abóbora sob a janela, já que a fragrância exuberante saturava o quarto inteiro. Permaneceu de pé, com os olhos fechados, inalando o doloroso aroma de dias passados, até ficar sem fôlego".

Gabriel García Márquez, *The General in His Labyrinth*, 1990.

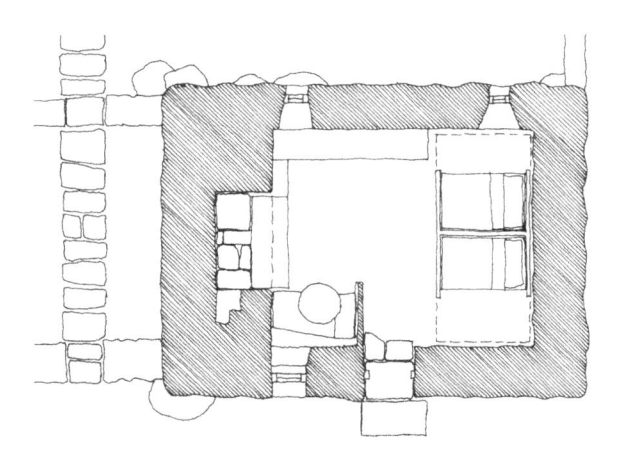

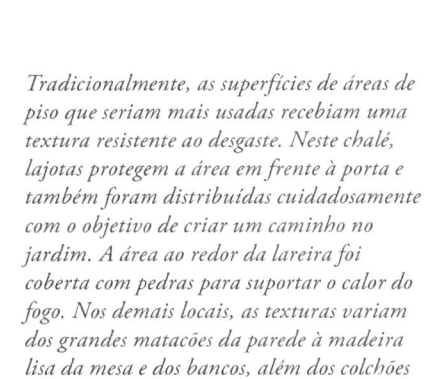

Tradicionalmente, as superfícies de áreas de piso que seriam mais usadas recebiam uma textura resistente ao desgaste. Neste chalé, lajotas protegem a área em frente à porta e também foram distribuídas cuidadosamente com o objetivo de criar um caminho no jardim. A área ao redor da lareira foi coberta com pedras para suportar o calor do fogo. Nos demais locais, as texturas variam dos grandes matacões da parede à madeira lisa da mesa e dos bancos, além dos colchões de plumas das camas.

Identificamos os lugares pela mudança de textura. Fazemos isso inconscientemente quando, ao passar repetidamente pelo mesmo percurso de um campo ou jardim, por exemplo, nós (ou algumas ovelhas) causamos a erosão do caminho. Fazemos isso conscientemente quando definimos um caminho com saibro, paralelepípedos, lajotas ou um piso de asfalto. Essas mudanças são aparentes aos nossos olhos, mas também sentidas pelo tato, por meio dos pés, e oferecem uma superfície mais resistente do que a terra. Em algumas estradas, as linhas brancas que marcam o acostamento têm bordas ásperas. Quando um carro desvia da faixa de rolamento, o motorista é advertido pela vibração e barulho dos pneus sobre as bordas; o lugar na rodovia não é identificado apenas visualmente, mas também pela vibração (e pelo som).

Mudanças de textura são úteis no escuro e para pessoas com visão limitada. Em alguns locais, os cruzamentos viários são indicados por uma mudança na textura de pavimentação. Nas casas antigas, quando a construção de pavimentos era uma atividade muito árdua, os pontos mais sujeitos ao desgaste pelo uso, junto às portas, costumavam ser identificados e protegidos por grandes placas de pedra ou soleiras de paralelepípedo.

Os pisos e pavimentos destacam-se ao discutirmos os modos como as texturas conseguem identificar lugares porque é por meio dos pés que estabelecemos nosso principal contato tátil com os componentes da arquitetura. Os carpetes mudam a textura dos pisos, tornando-os mais quentes e confortáveis, especialmente quando estamos descalços. Em alguns locais, o fato de se estar descalço é problemático; ao redor de uma piscina, há conflito entre a necessidade de conforto e a necessidade de uma textura antideslizante. A textura é importante em outros locais onde entramos em contato com a arquitetura. Ela pode ser uma combinação de estética e praticidade. Se a superfície superior de uma meia-parede for pensada como um assento casual, podemos mudar a textura de pedra, tijolo ou concreto para um tecido macio ou madeira, identificando-a, dessa forma, como um lugar para se sentar. A mudança é aparente aos olhos, mas também às outras partes do corpo. A textura também é importante quando as nossas mãos ou torsos tocam as edificações: maçanetas, balcões e camas, entre outros. As camas são, acima de tudo, uma questão de mudança de textura – criar um lugar confortável para deitar-se e dormir.

Escala

A ilustração à direita mostra um homem em pé sobre um palco relativamente pequeno. Entretanto, se nos disserem que tal homem é apenas um elemento do

Il Gesù (à esquerda) é uma igreja de Roma, projetada no século XVI por Vignola. Há uma janela alta, com vidros incolores, na fachada oeste. No final da tarde, a luz do sol entra como um canhão de luz, descendo pela nave central e iluminando o santuário e o altar. Como o Panteon e a igreja de La Tourette, de Le Corbusier, a edificação é um instrumento de controle do tempo, manifestado pelo controle do sol.

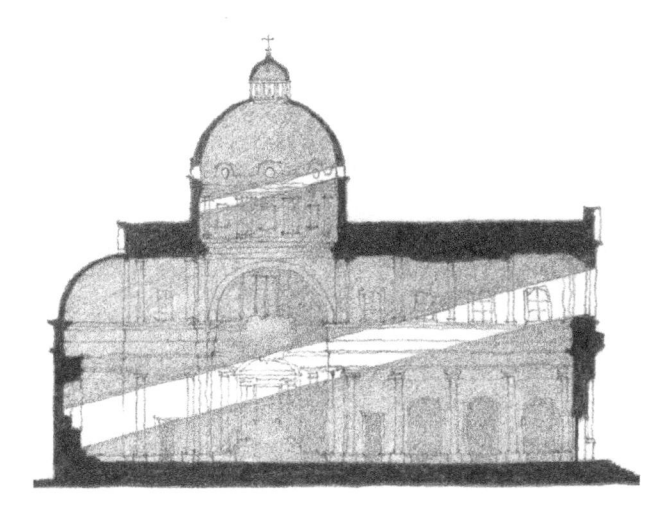

cenário e que o homem real sobre o palco é, na verdade, o ponto entre as pernas, a nossa percepção do tamanho do palco mudará radicalmente. A escala é uma questão de tamanhos relativos. Em um mapa ou desenho, ela indica os tamanhos das coisas mostradas com relação aos seus tamanhos reais. No caso de um desenho na escala de 1:100, uma porta que, na realidade, tem um metro de largura seria mostrada como tendo somente um centímetro.

Na arquitetura, escala tem outro significado, ainda relacionado com tamanhos relativos. Refere-se ao tamanho de algo com relação a uma pessoa – a "escala humana". A experiência de um lugar é radicalmente afetada por sua escala. Embora sejam áreas gramadas definidas, um campo de futebol e uma pequena faixa de grama em um quintal proporcionam experiências muito diferentes devido às suas escalas distintas.

(A escala será mais discutida posteriormente em *Geometrias Reais*, na seção "Medição".)

Tempo

Se a luz é o primeiro elemento a modificar as obras de arquitetura, o tempo provavelmente será o último. A luz fornece estímulos instantâneos, enquanto o tempo leva... tempo. Ele desempenha um papel na arquitetura de diferentes maneiras. Ainda que a arquitetura produza obras duradouras, nenhuma delas está imune aos efeitos do tempo. A luz que entra em um espaço muda conforme o sol se move no céu; os materiais mudam – desenvolvem uma pátina ou se deterioram até virarem ruínas; os usos originais se arraigam no interior do edifício ou são substituídos por outros; as pessoas reformam os lugares ou os alteram para servirem a novos usos; em uma guerra, ou atos de terrorismo, pessoas destroem os lugares que pertencem àqueles que consideram seus inimigos.

Os efeitos do tempo são positivos algumas vezes e negativos em outras. Geralmente, são considerados "naturais", uma vez que não estão sujeitos ao controle exercido por decisão humana; isso não significa, no entanto, que não possam ser previstos e usados de forma positiva. É possível escolher materiais, ou projetar em geral, tendo em mente seu aspecto patinado, ao invés de novo.

O tempo é um elemento modificador da arquitetura em outro sentido, que está mais sob controle do projetista, mas não totalmente. Embora leve tempo

As edificações são modificadas ao longo do tempo, conforme as demandas de uso mudam. Esta abertura de parede em Chania, Creta, foi alterada diversas vezes.

4 Corte

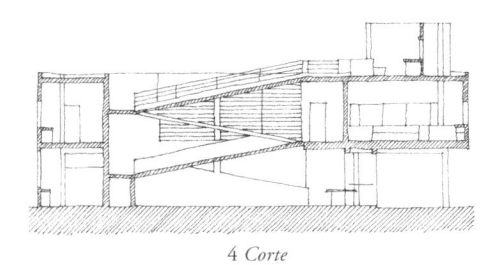

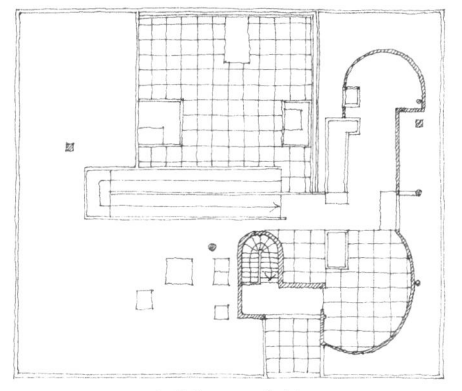

3 Cobertura, Solário

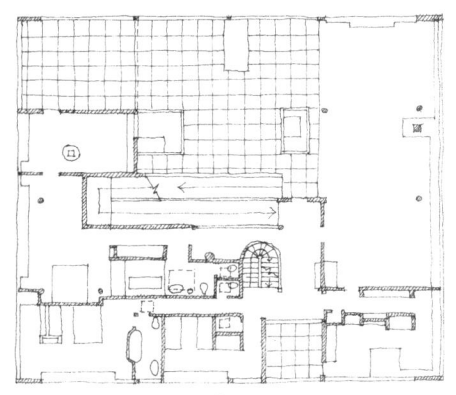

2 Segundo pavimento

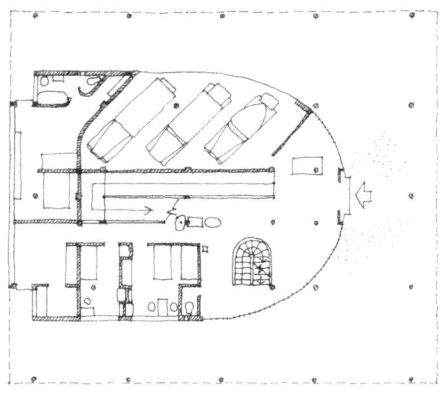

1 Pavimento térreo

para se compreender totalmente uma grande pintura, é possível ter uma impressão inicial em um piscar de olhos – literalmente. No caso de uma música, precisamos ouvi-la inteira mesmo para ter tal impressão inicial; para chegar a um entendimento mais profundo, provavelmente teremos de ouvi-la várias vezes. Também precisamos de tempo para assimilar a arquitetura. Ainda que boa parte das obras de arquitetura esteja ilustrada, na forma de imagens, em fotografias de livros e revistas, elas não foram criadas para serem apreciadas dessa maneira.

São muitas as etapas para se apreciar uma edificação em sua existência física. Há, por exemplo, a descoberta, a visão da aparência externa, a chegada, a entrada e a exploração dos espaços internos (sendo que esse último provavelmente leva mais tempo). Toda a arquitetura processional considera o tempo. Na antiga Atenas, havia procissões que saíam da ágora e subiam pela acrópole até chegar ao Partenon. O percurso levava tempo. As grandes igrejas e catedrais parecem controlar o tempo que se leva para ir da entrada ao altar, passando pela nave central; isso acontece em casamentos. A linha de produção de uma indústria de automóveis submete os carros a um processo de montagem, que leva tempo. Os proprietários de mansões rurais fazem os visitantes entrarem em suas casas por vias longas, e, às vezes, tortuosas, para que tenham tempo de admirar a propriedade e a riqueza. Geralmente levamos tempo para chegar ao escritório da gerência em um edifício comercial – e, mesmo depois de chegar, é necessário esperar.

Às vezes a arquitetura é discutida como se fosse uma arte meramente escultórica ou visual – alheia à passagem do tempo; todavia, alguns arquitetos se deram conta de sua dimensão temporal. Na Vila Savoye, em Poissy, perto de Paris (1929), Le Corbusier usou o tempo como um elemento modificador da arquitetura. Ele sabia que as pessoas levariam tempo para apreciar a casa e, por essa razão, organizou percursos através da construção. À direita, você pode ver as três plantas e um corte. Para chegar nela, adentrá-la e explorá-la, ele criou um percurso – um "passeio arquitetônico" [*promenade architecturale*]. O acesso é o mesmo a pé ou de carro. A entrada "frontal" da casa encontra-se à direita na planta-baixa do pavimento térreo (1); mas se chega nela pelos fundos. De carro, passa-se sob o edifício, seguindo a curva da parede de vidro que configura o vestíbulo. Ao entrar na casa, há uma rampa que leva o visitante, lentamente, até o segundo piso, onde fica a zona social principal. É possível ver a rampa no corte (4). Nesse pavimento (2), há o salão, cozinha, dormitórios, banheiros e um terraço de cobertura, que, por sua vez, funciona como um grande cômodo. A partir desse terraço de cobertura, a rampa segue para um segundo terraço de cobertura (3), onde existe um solário e uma "janela" logo acima da entrada, concluindo o caminho; como uma composição de música clássica (outra arte temporal), o passeio "melódico" pela Vila Savoye retorna, enfim, à "chave" doméstica.

Uma janela pode ter muitas funções ao mesmo tempo na arquitetura. Ela permite a entrada ou a saída de luz em um cômodo. Ela fornece uma vista externa ou interna. Ela pode estabelecer uma relação axial, como a "mira" de um rifle apontado para algo à distância. A formação de uma abertura cria um peitoril que pode servir de apoio para livros ou plantas. A janela pode ser um lugar de exibição. Tudo isso sem sequer considerar seu papel no padrão do leiaute geral de uma parede.

Os elementos que desempenham mais de uma função

"Compreenda o destino de uma Coluna, do templo egípcio funerário onde as colunas são organizadas para determinar o percurso do viajante, entre o períptero dórico por meio do qual são mantidos juntos o corpo da edificação, e a basílica paleoárabe onde elas suportam o interior, às fachadas do Renascimento onde elas se tornam um elemento que almeja à verticalidade."

Oswald Spengler, *The Decline of the West* (1918), 1926, p. 166.

Os elementos que desempenham mais de uma função

Na arquitetura, os elementos normalmente cumprem mais de uma função ao mesmo tempo. Por exemplo: a parede de empena de uma casa, que serve para configurar o interior da moradia, também pode ser um marco que identifica o lugar onde alguém mora (1).

O topo de um muro pode ser um caminho para uma criança ou um gato, assim como o passeio de um píer ou as ameias de um castelo (2).

E a superfície lateral de uma parede pode ser um lugar para exibição, como ocorre em um cinema ou galeria de arte; ou na maneira em que toda e qualquer edificação apresenta seu "rosto" ao mundo (3).

Essa capacidade do elemento de identificar diferentes lugares de diversas formas é, além de uma característica essencial, um dos aspectos mais intrigantes do projeto de arquitetura. Ela envolve os processos mentais de reconhecimento e criação de modo interativo – a criação de um lugar leva ao reconhecimento de outros – e funciona em todas as escalas.

São inúmeras as ocorrências. Veremos que se trata de uma estratégia que recorre continuamente nos exemplos usados neste livro.

Parte do motivo da importância dessa estratégia para o projeto de arquitetura é que arquitetura não funciona (ou não deveria funcionar) em um mundo hermético. Seu funcionamento (quase) sempre está relacionado a outras coisas que já existem nas condições ao redor.

Qualquer muro construído em um campo batido pelo vento, por exemplo, cria no mínimo dois lugares – um exposto, um abrigado. Se estiver brilhando, o sol também dividirá um lugar sombreado de outro ensolarado (4). É o mesmo que separar um local público de um privado, ou um lugar onde ficam as ovelhas de outro onde há um jardim.

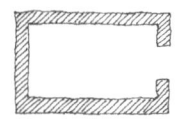

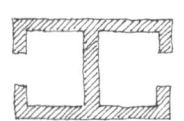

Quando forma um cercado ou célula, o muro divide o "interior" do "exterior", dando e tirando algo de ambos. Mesmo em um arranjo tão simples, podemos dizer que as paredes fazem muitas coisas. Além de separar um interior protegido dos demais lugares, elas provavelmente também sustentam a cobertura. Elas oferecem superfícies onde podemos pendurar coisas ou apoiar móveis. E a sua geometria, junto com a posição da porta, parece dar-lhes uma hierarquia de importância. A estratégia também se aplica à obra propriamente dita. Uma

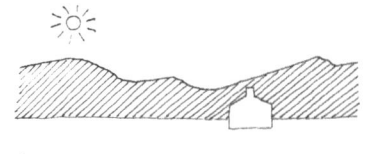

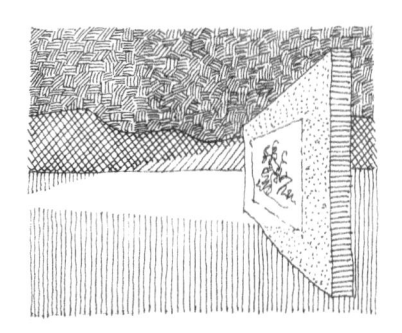

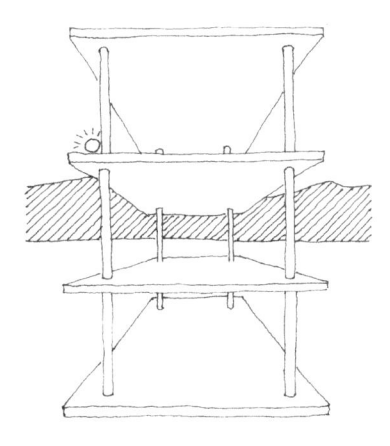

Uma cobertura também pode ser uma plataforma (acima, à direita). Uma sobreposição de coberturas/pisos resulta em um prédio de múltiplos pavimentos (acima).

Uma linha de colunas também define um caminho (à direita).

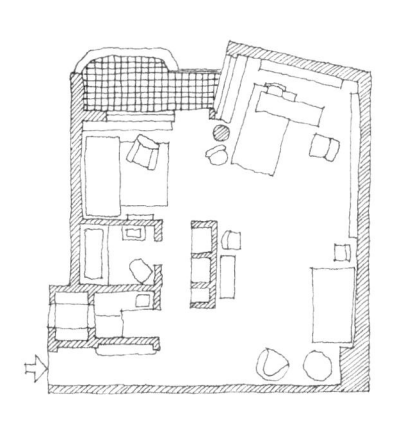

Neste pequeno apartamento projetado pelo arquiteto sueco Sven Markelius, vários elementos têm mais que uma função. Por exemplo: a única coluna estrutural (próxima à porta do balcão) ajuda a sugerir diferentes lugares dentro da planta geralmente livre; o banheiro e a cozinha foram agrupados e formam uma divisão entre o vestíbulo e o resto do apartamento.

Arranjos de paredes mal pensados podem resultar na criação de "não lugares" (à direita).

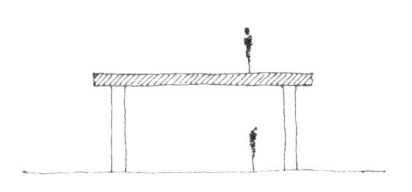

parede-meia ou parede interna também compõe dois cômodos, com a parede interna servindo a ambos igualmente.

Uma cobertura plana também é uma plataforma. O teto de um local é o piso de outro (acima). Uma sequência vertical de coberturas, que também são pisos, cria um prédio de múltiplos pavimentos (à esquerda).

Com frequência (mas nem sempre), as paredes são estruturais – elas sustentam uma cobertura; mas sua principal função na arquitetura é definir os limites de um lugar. Outros elementos estruturais podem ter essa mesma função. Uma linha de colunas também é capaz de definir um caminho.

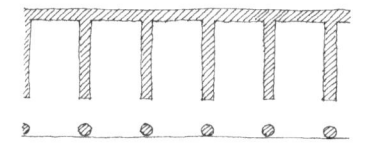

Nesta planta aparentemente simples (com variações encontradas na *stoa* de uma ágora da Grécia Antiga, no claustro de um monastério medieval, nas casas com loja da Malásia e nas ruas e praças urbanas de todo o mundo), alguns elementos estruturais básicos se unem para identificar uma série de lugares diferentes: as celas propriamente ditas, a rua ou praça no exterior; e o caminho coberto (definido pelas colunas e extremidades das paredes internas das celas), que também funciona como um espaço de transição entre a rua e o interior das celas.

Uma das habilidades indispensáveis a um arquiteto é apreciar as consequências da composição de elementos e estar ciente de que eles provavelmente terão mais de uma função. Essas consequências podem ser positivas: insira uma janela em uma parede e você terá uma vista e luz, além de um peitoril para colocar livros ou um vaso de flores; construa duas fileiras de casas paralelas e você terá uma rua entre elas. Mas elas também podem ser negativas: construa duas casas próximas

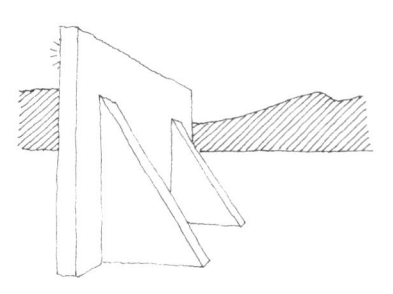

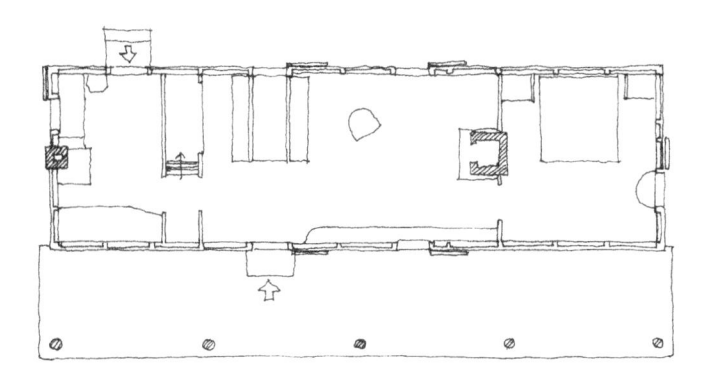

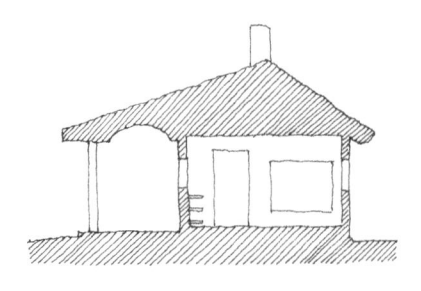

Os elementos que desempenham mais de uma função   55

Nesta pequena casa de veraneio (cuja planta e corte são mostrados acima), as cinco colunas, além de sustentar a cobertura, ajudam a definir os limites da varanda – um lugar para se sentar e admirar o lago próximo, em Muuratsalo, na Finlândia. Chama-se Vila Flora e foi projetada por Alvar e Aino Aalto em 1926.

demais, porém não unidas, e você criará um espaço inútil e desagradável no meio; construa uma parede para exposição e você poderá criar um "não lugar" atrás.

Esse é um dos aspectos mais importantes do projeto de arquitetura. É uma estratégia na qual a arquitetura pode ser extremamente sutil; mas também pode causar problemas, especialmente quando as consequências são imprevistas. Patinadores e esqueitistas urbanos são peritos, por exemplo, em encontrar usos adicionais (imprevistos) para elementos da cidade, tais como degraus, meios-fios, rampas e corrimãos.

Alguns problemas associados aos elementos com mais de uma função ficam evidentes na própria obra, e não no modo como ela é interpretada por outros. Em tais exemplos, parece que o arquiteto não se preocupou em solucionar os problemas do projeto – ou não conseguiu.

À direita, encontra-se a planta de uma casa inglesa do início do século XX. O pátio de entrada é uma praça com formas convexas em três de seus lados. A forma convexa que invade a casa pode ajudar a identificar o local de entrada, mas também gera problemas para o planejamento interno. Nos espaços mal resolvidos laterais à porta de entrada, o arquiteto colocou a despensa (à esquerda) e o banheiro e lavatório (à direita). Um problema similar ocorre na sala de estar, onde o mesmo recurso é usado para identificar a lareira; aqui, no entanto, também produz um jardim com forma estranha (no canto direito inferior da casa). Esses são exemplos de um elemento (uma parede com determinada geometria) que tem efeito positivo de um lado e negativo de outro.

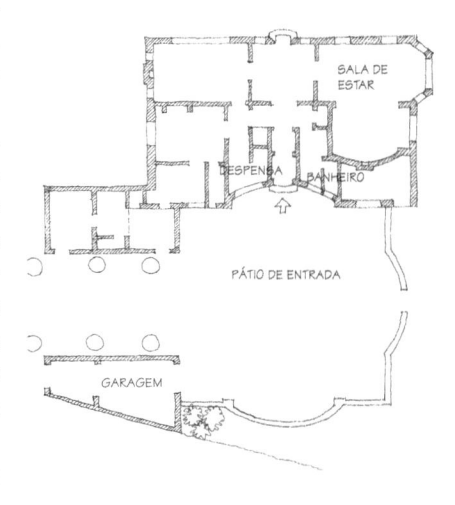

É fácil encontrar elementos cumprindo mais de uma função ao mesmo tempo (na verdade, na arquitetura, o difícil é encontrar elementos que estejam cumprindo apenas uma função!), mas, às vezes, encontramos elementos que estão cumprindo muitas funções. (Talvez essa seja um dos indicadores de qualidade, ou, no mínimo, de sofisticação, na arquitetura.)

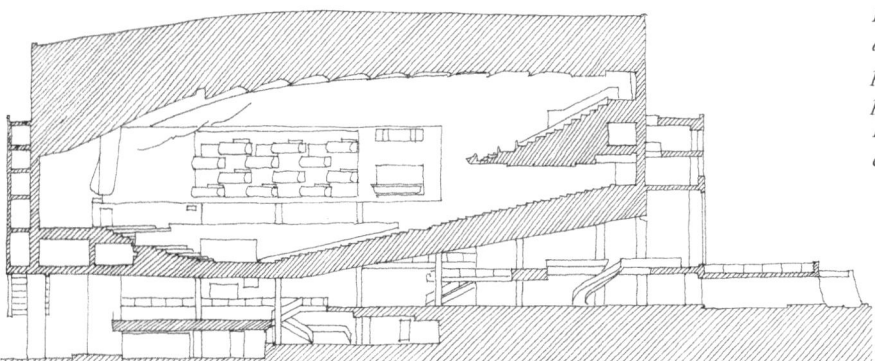

No Royal Festival Hall, em Londres, o piso da arquibancada do auditório também proporciona um teto inclinado diferenciado para o saguão. A edificação foi projetada por Robert Matthew, Leslie Martin e outros, e concluída em 1951.

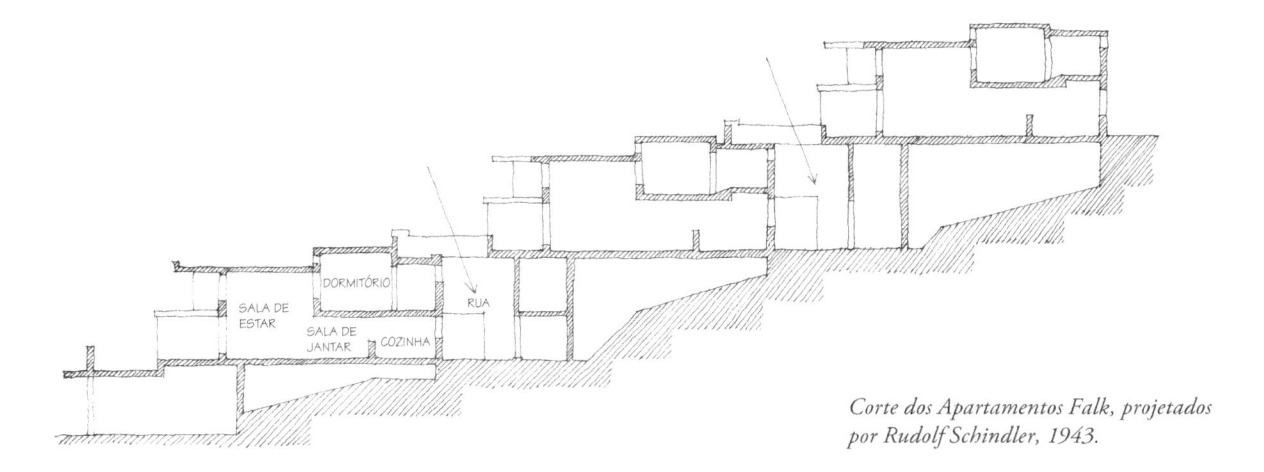

56 ANÁLISE DA ARQUITETURA

Corte dos Apartamentos Falk, projetados por Rudolf Schindler, 1943.

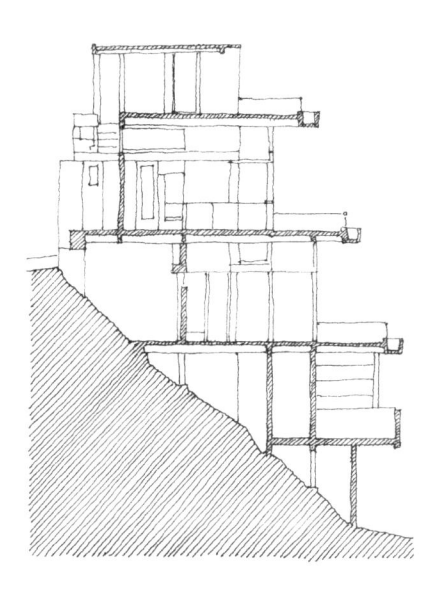

Neste corte de uma casa construída em uma colina – a Casa Wolfe (à esquerda) projetada por Rudolf Schindler em 1928 – podemos ver que as finas lajes de concreto horizontais, algumas delas ancoradas no terreno, não funcionam apenas como pisos e tetos, mas também como terraços e beirais. Suas bordas em balanço são protegidas por guarda-corpos, que também são floreiras.

Nos Apartamentos Falk, de 1943, também projetados por Schindler (acima e abaixo), os elementos e também o modo como estão posicionados cumprem mais de uma função. As paredes-meias entre os apartamentos foram inclinadas para que as salas de estar ficassem de frente para um lago. Contudo, esse recurso também tem outros efeitos. Permite que os terraços de cada apartamento sejam maiores; também confere mais privacidade a eles. Mais profunda na planta, cada parede inclinada abre espaço para uma escada, que, de outra forma, ficaria apertada. A geometria não ortogonal também permite que as extremidades dos apartamentos sejam maiores e diferentes das intermediárias na planta. Schindler tomou cuidado para não deixar que o desvio em relação aos ângulos retos criasse cômodos com formas estranhas; parece que praticamente todos os problemas que poderiam ter sido causados pela fuga da geometria retangular foram reduzidos a um pequeno armário triangular na extremidade direita do apartamento. Como a Casa Wolfe, esses apartamentos também foram projetados para uma colina, embora ela seja menos íngreme. O corte (acima) é escalonado para que a cobertura também possa ser um terraço. No corte de um apartamento individual, podemos ver que o dormitório é quase uma galeria interna dentro da sala de estar. Esse

Corte da Casa Wolfe, projetada por Rudolf Schindler, 1928.

Na planta baixa dos Apartamentos Falk (ao lado), o ângulo das paredes-meias cumpre mais de uma função. No corte (topo da página), as ruas entre os pavilhões dão acesso aos fundos dos apartamentos, além de proporcionar luz e ar. A implantação contra uma colina permite que um apartamento fique acima do da frente.

Mais informações sobre a arquitetura de Rudolf Schindler: Lionel March e Judith Scheine – *R.M. Schindler,* 1993.

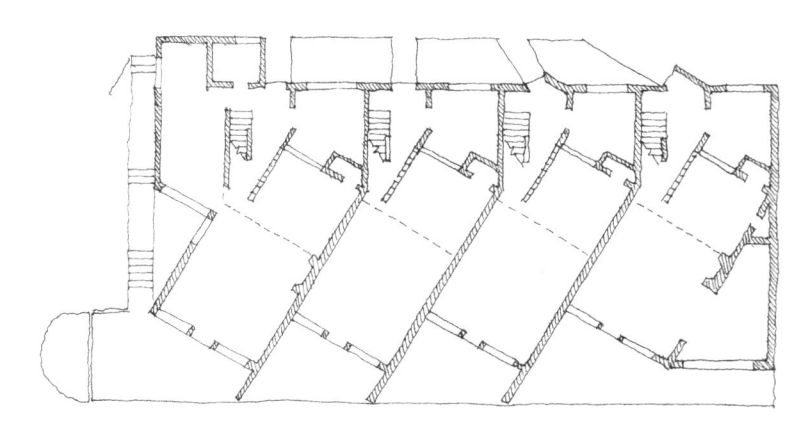

Os elementos que desempenham mais de uma função 57

Esta é a planta de uma aldeia na região do Ticino, na Suíça. Ela mostra casas celulares (com paredes hachuradas), muros baixos e algumas plataformas adjacentes às moradias. Em lugares assim, é difícil encontrar um elemento que não cumpra mais de uma função. A maioria dos muros e das paredes também define caminhos externos, jardins privados ou espaços públicos pequenos. O resultado é uma rede integrada de lugares, alguns privados, alguns públicos e outros híbridos. Não há espaços vagos, abertos, não específicos.

recurso também cumpre mais de uma função. Do dormitório, é possível olhar para a sala de estar abaixo; portanto, o dormitório é menos fechado do que os tradicionais. Contudo, a posição do dormitório em corte também cria dois pés-direitos, que estão relacionados aos locais cobertos por eles: um pé-direito mais alto sobre a sala de estar, tornando-a mais espaçosa; um pé-direito mais baixo acima da entrada e da cozinha. Além disso, a linha onde o pé-direito baixo dá lugar ao alto sugere uma divisão entre a área de estar e a área de jantar. A área de jantar é configurada pelo pé-direito mais baixo.

Uma das desvantagens das seções escalonadas é que os espaços internos próximos à colina podem ficar escuros. Nos Apartamentos Falk, Schindler resolve esse problema criando "ruas" entre os blocos. Esses caminhos cumprem pelo menos três funções: dão acesso aos apartamentos; fornecem luz aos espaços posteriores – cozinhas, corredores e banheiros; e proporcionam ventilação cruzada através dos apartamentos.

Em todo o mundo, muitas aldeias que vêm sendo habitadas e lentamente modificadas há séculos mostram as formas sutis em que elementos simples podem ser usados para cumprir mais de uma função. Por exemplo, além de cercar a parte interna privada das casas ou seus jardins, os muros ou paredes das moradias também costumam definir os caminhos, pequenas praças públicas e as ruas entre elas. Dessa forma, as aldeias têm uma inter-relação íntima entre os espaços, criando uma complexa rede de lugares que também parece ser uma metáfora para as comunidades unidas que vivem nelas.

Mais informações sobre aldeias suíças: Werner Blaser – *The Rock is My Home*, WEMA, Zurique, 1976.

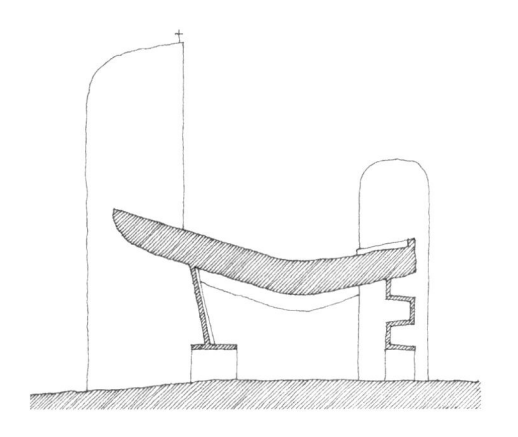

A capela de Ronchamp, projetada por Le Corbusier na década de 1950, parece se inspirar nas imagens de dolmens e antigas câmaras mortuárias – símbolos de locais de peregrinação, veneração e sacrifício.

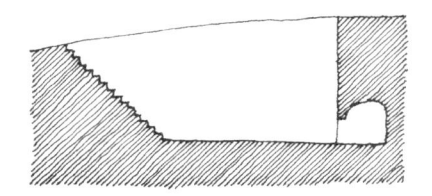

As tumbas pré-minoicas são como úteros escavados na rocha maciça.

Quando os arquitetos renascentistas construíam casas de campo com fachadas de "templos", não faziam apenas casas práticas, mas usavam a arquitetura para criar alusões alegóricas a um período específico da história que admiravam e com o qual desejam estar associados.

Quando arquitetos do século XVIII construíam cabanas rústicas, estavam fazendo uma alusão a um específico estilo de vida imaginado – o idílio rural romântico.

Alegoria e metáfora

Os elementos frequentemente cumprem mais de uma função, pois organizam o espaço e contribuem para a estabilidade estrutural e o desempenho ambiental de uma edificação. Contudo, também podem ser expressivos. A arquitetura é capaz de expressar significados, fazer alusões, evocar metáforas, contar histórias. O aspecto simbólico de uma obra de arquitetura pode elevá-la do nível pragmático e experimental ao da alegoria, no qual alguma mensagem é comunicada por meio da associação.

Algumas obras de arquitetura parecem metafóricas porque emergem das profundezas da psique humana. Três milênios atrás, os minoicos – habitantes da Ilha de Creta – abriram fendas profundas na rocha viva (à esquerda), com câmaras nas extremidades para depositar restos mortais. É difícil não interpretar essas tumbas como "ventres" metafóricos, aos quais se "retornava" após a morte.

Chefes de clãs pré-históricos ergueram grandes pedras para identificar seu território; elas tendem a ser interpretadas não apenas como marcos, mas também como símbolos dos próprios chefes de clãs e sua virilidade.

Tal simbolismo na identificação de lugares pode ter sido subconsciente, porém, ao longo da história, seguindo as ordens de seus clientes e em conluio com eles, os arquitetos usaram a alusão, a alegoria, a associação e a metáfora deliberadamente. Eles usaram a arquitetura para transmitir, de modo evidente ou subliminar, mensagens, significados, propagandas, status.

Quando pediam que suas casas de campo tivessem pórticos na forma de templos romanos, os ricos cavalheiros renascentistas não queriam apenas varandas práticas que ajudassem a proteger do clima, tampouco queriam somente ampliar a experiência de passar de fora para dentro de suas casas. Desejavam associar-se, por meio do estilo de suas casas, com uma época histórica que consideravam heroica.

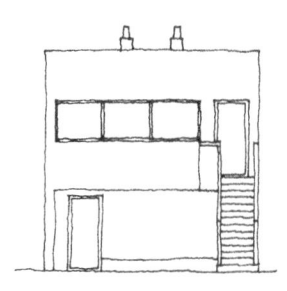

Os elementos que desempenham mais de uma função 59

Ao despojarem suas edificações de alusões históricas explícitas, os arquitetos modernos podem ter buscado evitar o simbolismo. Não obstante, sua obra simbolizava a rejeição da história, a postura vanguardista e as tentativas de reinventar a arquitetura com base em seus princípios fundamentais.

Quando construía casas para os trabalhadores rurais no estilo de cabanas rústicas, a burguesia inglesa do século XIX queria evocar a ideia da vida rural simples, além de, possivelmente, reafirmar o status social inferior dos funcionários por meio da arquitetura.

Quando decidiram dar as costas à história e explorar a arquitetura no nível de elementos básicos e modificadores, os arquitetos da primeira metade do século XX retiraram os ornamentos estilísticos de suas obras. Mesmo assim, podemos interpretar tais edificações como expressões simbólicas do "modernismo". Fazendo uma analogia com a moda: se a casa de campo renascentista vestia-se como um templo romano, e a casa dos trabalhadores rurais como uma cabana rural, então até mesmo o "naturismo" da casa modernista pode ser visto como uma tendência.

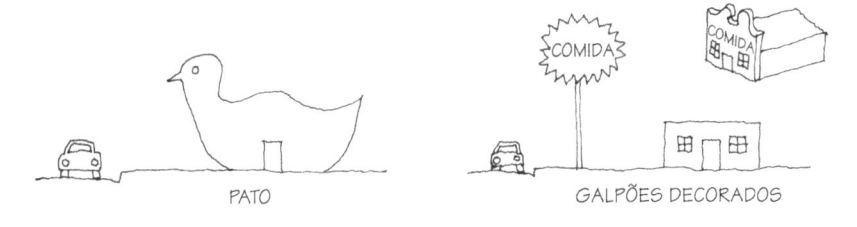

"Devemos enfatizar a imagem – a imagem mais do que o processo ou a forma – deixando evidente que a arquitetura depende da percepção e criação a partir de experiências passadas, bem como da associação emocional, e que esses elementos simbólicos e representativos podem, com frequência, contradizer a forma, a estrutura e o programa de necessidades com os quais se combinam na mesma edificação. Devemos explorar essa contradição em suas duas manifestações principais: 1. Onde os sistemas arquitetônicos de espaço, estrutura e programa de necessidades estão submersos e distorcidos por uma forma simbólica geral. Para nós, esse tipo de edifício transformado em escultura é o pato que presta uma homenagem ao drive-in em forma de pato, o 'Long Island Duckling', ilustrado em God's Own Junkyard, de Peter Blake. 2. Onde os sistemas de espaço e estrutura estão diretamente a serviço do programa de necessidades, e os ornamentos são aplicados independentemente deles. Chamamos isso de galpão decorado".

Há quem possa tentar fugir da dimensão simbólica da arquitetura por considerá-la volúvel, retórica, sujeita a interpretações variáveis. Talvez seja interessante interpretar o significado simbólico dos sonhos; no entanto, com frequência, interpretações divergentes de um mesmo sonho são possíveis e não há maneira de determinar qual interpretação (se é que há alguma) está "correta" (seja qual for o sentido). Assim como em outras mídias, o significado simbólico das obras de arquitetura pode estar aberto a diversas interpretações. Uma obra pode ser interpretada de formas diferentes por pessoas diferentes, inclusive quando o arquiteto não pensou em simbolismo algum. Mesmo quando o simbolismo é proposital, a mensagem transmitida pode receber interpretações diferentes de seus destinatários.

A volubilidade da interpretação é menor quando o simbolismo está profundamente arraigado na psique humana – como ocorre na tumba pré-minoica ou no dólmen pré-histórico – ou quando a "linguagem" do simbolismo está tão bem-estabelecida que passou a ser compartilhada e compreendida por todos (dentro de uma cultura particular) – como ocorre com a casa que se parece com um templo e com a outra que lembra uma cabana. Fazendo uma analogia com a linguagem: as palavras são símbolos; é por meio da familiaridade que conseguimos compartilhar a compreensão de seu significado, embora palavras novas ou estranhas ainda possam causar problemas. Na arquitetura, às vezes é problemático utilizar um simbolismo

Robert Venturi, Denise Scott Brown e Steven Izenour – *Learning from Las Vegas*, 1977 (2nd edition), p. 87.

que não está amplamente compartilhado. As pessoas que têm os recursos necessários para produzir obras de arquitetura podem utilizar uma "linguagem" simbólica diferente da que é aceita e compreendida por aqueles que irão se deparar com os seus edifícios, embora a brincadeira dialética possa ser dinâmica – com o tempo, o simbolismo desconhecido pode passar a ser amplamente aceito e compreendido.

O simbolismo desempenha um papel na identificação de lugares. Dentro de uma linguagem simbólica cultural comum, uma casa seguirá as expectativas daquilo que uma "casa" deve parecer, uma igreja terá a aparência que as pessoas esperam para uma "igreja", um banco terá ares de "banco". Cada um é lido como um símbolo de si mesmo; um símbolo que, como o "pato" de Venturi, identifica seu lugar e sua finalidade. O questionamento das expectativas sobre a aparência dos diferentes tipos de edificação é, sem dúvida, saudável e vital, mas geralmente gera reclamações quando causa confusão.

A dimensão simbólica da arquitetura é poderosa. Pessoas, corporações multinacionais, governos municipais e nacionais – todos se interessam por aquilo que seus edifícios têm a dizer sobre eles e podem usá-los para divulgar a imagem que desejam projetar. Construída na década de 1880, a Torre Eiffel tornou-se um símbolo de Paris e da cultura francesa, assim como o Partenon vem sendo símbolo de Atenas e da cultura da Grécia antiga há mais de dois mil anos, e a Basílica de São Pedro, um símbolo de Roma e do catolicismo romano há cinco séculos. Na década de 1970, a Ópera de Sydney (projetada por Jørn Utzon) transformou-se em símbolo cultural da Austrália. Na década de 1980, Richard Rogers revitalizou a imagem de seu cliente por meio do Edifício Lloyds, na cidade de Londres. E, na década de 1990, o destino da cidade de Bilbao, no norte da Espanha, foi alterado quando o Museu Guggenheim, de Frank Gehry, começou a atrair muita atenção. Em alguns casos (o Partenon e a Basílica de São Pedro, por exemplo), os arquitetos desses edifícios icônicos levaram a linguagem simbólica compartilhada da arquitetura a um novo patamar; nos outros, o poder simbólico adveio, em parte, da "novidade" chocante.

Não é possível cobrir adequadamente aqui as múltiplas dimensões dos elementos de arquitetura que cumprem mais de uma função. Eles são extremamente ricos e complexos. Essa é uma característica da arquitetura em todos os tipos e escalas, bem como de todos os períodos da história. Quando um antigo rei micênico pendurou seu escudo na parede estrutural do seu mégaron, fez um elemento arquitetônico cumprir duas funções ao mesmo tempo. Se a mesma parede também configurasse a lateral do seu leito, seriam três funções. O mégaron pode ter ficado parecido com o de seus ancestrais ou adquirido uma aparência radicalmente diferente (ainda que não na forma de um pato), mas tornou-se um símbolo da identidade que ele buscava apresentar para o resto do mundo.

Uma caverna empregada como moradia é arquitetura tanto quanto uma casa construída, uma vez que ambas são escolhidas como um lugar.

O aproveitamento das coisas preexistentes

"...os templos e as construções de apoio de seus santuários eram individualmente formados e distribuídos em relação à paisagem e entre si de modo a realçar, desenvolver, complementar e, às vezes, até contradizer o significado essencial que era sentido no terreno. Como consequência, templos e outras edificações são somente uma parte do que pode ser chamado de "arquitetura" de um terreno qualquer, e o templo por si só se desenvolveu na sua forma mais estrita como a melhor construção para atuar neste tipo de relação."

Vincent Scully – *The Earth, the Temple, and the Gods*, 1962, p. 3.

O aproveitamento das coisas preexistentes

Nesta pequena fenda, na face de um enorme rochedo (à direita, no Desfiladeiro Carnarvon, em Queensland, Austrália), uma família aborígene depositou o cadáver de uma criança pequena, enrolado em uma casca de árvore. Marcaram o lugar com os contornos de suas mãos, feitos com pigmentos. Esse túmulo é uma obra de arquitetura tanto quanto a Grande Pirâmide de Gisé (só que muito mais comovente). Trata-se de arquitetura *por opção*. Embora a arquitetura seja sempre uma atividade da mente, isso não significa que ela sempre envolva a construção física de algo. Em termos de identificação de lugares, a arquitetura pode ser apenas uma questão de reconhecer que determinado local pode ser distinguido como "um lugar" – seja a sombra de uma árvore, o abrigo de uma caverna, o topo de uma colina ou o mistério de uma floresta escura. No dia a dia, reconhecemos lugares constantemente, milhares deles, a qualquer momento. É assim que sabemos onde estamos, onde estivemos e aonde iremos. Ainda assim, não interagimos com muitos desses milhares de lugares; eles permanecem intocados, com exceção do reconhecimento em si, que pode ser fugaz e praticamente despercebido. Alguns lugares ficam na memória. São reconhecidos por causa de uma distinção específica: uma bela vista, um abrigo do vento, o calor do sol; ou por meio da associação com determinado evento: cair da bicicleta, brigar com um amigo, fazer amor, testemunhar um milagre, vencer uma batalha.

O próximo passo significativo no relacionamento com os lugares é o fato de podermos optar por usá-los com alguma finalidade – a sombra daquela árvore para um breve repouso durante uma caminhada longa e árdua, a caverna para nos escondermos, o topo da colina para observar o campo ao redor, a parte escura da floresta misteriosa para algum ritual espiritual. O reconhecimento de um lugar pode ser compartilhado com outras pessoas; as lembranças e usos associados a ele se tornam comunitários. Dessa forma, os lugares adquirem diferentes tipos de significação – prática, social, histórica, mítica, religiosa. Existem inúmeros lugares assim pelo mundo: a caverna do Monte Dikti, na ilha de Creta, onde dizem que nasceu o deus grego Zeus; o percurso da peregrinação muçulmana – a *hajj* – dentro e em volta de Meca; o monte no qual Cristo fez seu sermão; o trecho do bulevar em Dallas, Texas, onde o Presidente Kennedy levou um tiro; lugares no interior da Austrália que são identificados e lembrados nos "versos cantados" da cultura aborígene; e muitos outros.

Fatores como reconhecimento, memória, escolha, compartilhamento e aquisição de significação contribuem para o processo da arquitetura. Evidentemente, ela também envolve a construção, isto é, a alteração física de parte do mundo com o intuito de destacar ou reforçar sua função de lugar. O reconhecimento, a memória, a escolha e o compartilhamento atuam nos níveis rudimentares da identificação de lugares. A arquitetura faz mais diferença quando sugere e executa mudanças físicas no tecido do mundo.

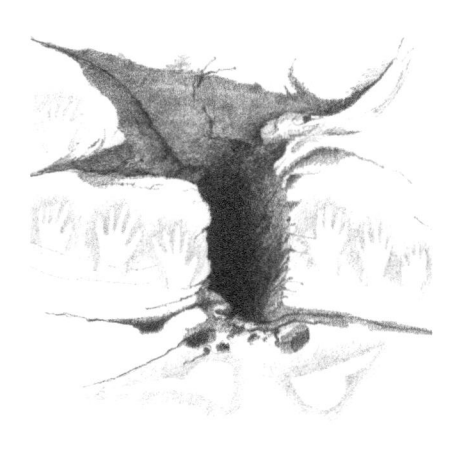

Até mesmo uma fenda na face de um rochedo pode se tornar uma obra de arquitetura sutil e comovente.

Ao longo da história, os construtores de castelos fizeram fortificações em terrenos que, apesar de extremamente exuberantes, eram escolhidos principalmente em função da facilidade de defesa. Mesmo quando reconstruídas de maneira idêntica em outro local, essas edificações nunca conseguiram ser exatamente iguais em termos de arquitetura.

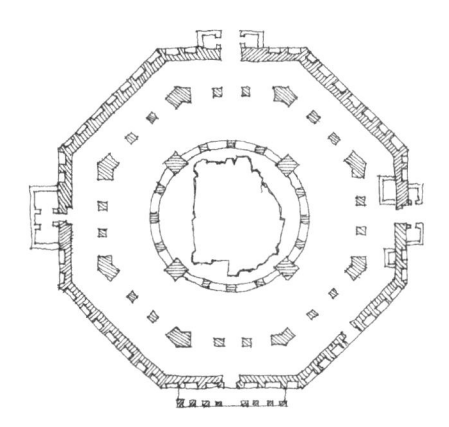

A Cúpula da Rocha, em Jerusalém, foi construída sobre uma rocha sagrada para judeus, cristãos e muçulmanos.

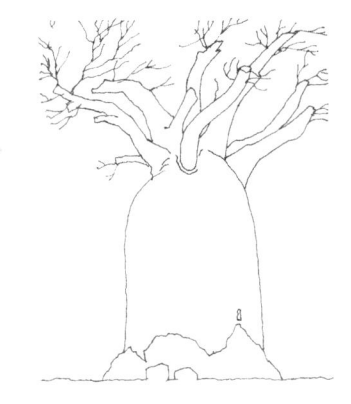

Os baobás africanos têm troncos grossos e uma madeira macia. Podem ser usados como habitações, desde que se abra um espaço em seu interior.

Simeão Estilita habitava uma caverna dentro de um dos cones vulcânicos do vale de Göreme, na Anatólia. As cavernas foram ampliadas e aprimoradas escavando-se a rocha. (Abaixo, vemos as plantas baixas dessas moradias.)

A arquitetura sempre depende de coisas preexistentes. Ela envolve o reconhecimento de seu potencial ou dos problemas que representam; talvez envolva lembrar-se de suas associações e significados; envolve a escolha do terreno e o compartilhamento com outros. Praticamente toda a arquitetura terrestre depende do terreno usado como base, algo que costumamos considerar como inevitável. Em uma paisagem plana e totalmente indistinta, a criação de um lugar seria uma decisão arbitrária; no entanto, depois de criado, ele agiria como catalisador para outros lugares. Com frequência, a forma irregular do terreno, junto com os cursos de água que passam por ele, o vento que sopra no local e as coisas que crescem ali, sob o sol, sugerem lugares que são as sementes da arquitetura. Desafios importantes incluem lidar com eles, aproveitá-los, amenizar seus efeitos e explorar suas características. Na paisagem virgem, a arquitetura pode envolver a utilização de colinas, árvores, rios, cavernas, penhascos e da brisa do mar – coisas que dizemos serem "fornecidas pela natureza".

São inúmeros os exemplos das formas como as características ou elementos naturais contribuem para a arquitetura. Eles podem ser estética ou intelectualmente interessantes devido à maneira como simbolizam uma relação simbiótica entre as pessoas e suas condições. As pessoas têm habitado cavernas desde tempos imemoriais. Elas as alteraram, nivelaram seus pisos, ampliaram-nas por meio de escavações, fecharam suas entradas e construíram em direção ao seu exterior para torná-las mais cômodas. Diz-se que os primeiros hominídeos desceram das árvores para o chão; pois as pessoas ainda constroem casas em árvores. Além disso, desde a antiguidade, as pessoas usam as paredes das cavernas e as faces dos penhascos como lugares para a exibição de imagens – pinturas e gravuras nas paredes. Ao longo da história, as pessoas encontraram maneiras de refrescar e secar suas moradias usando a brisa natural, bem como o sol para aquecê-las. Indivíduos dominantes ou assus-

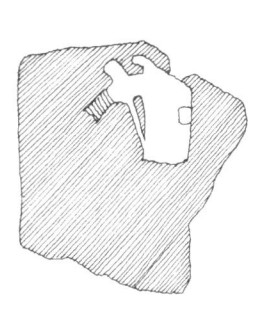

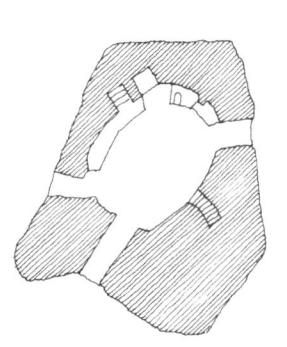

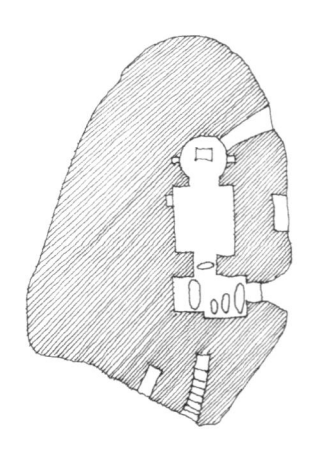

O APROVEITAMENTO DAS COISAS PREEXISTENTES   **65**

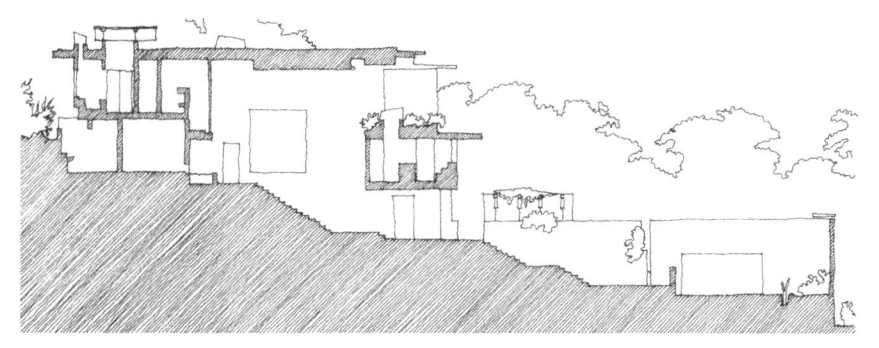

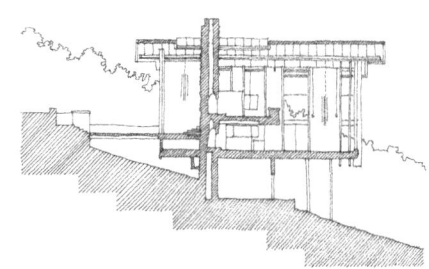

tados escolheram colinas e rochas escarpadas para construir fortalezas ou aldeias que pudessem ser defendidas. A necessidade constante de água e comida levou as pessoas a construir perto de rios e de terras férteis. Os exemplos são inúmeros.

Desde a antiguidade, muitos arquitetos tentaram resolver os problemas causados pela necessidade de construir em terrenos íngremes; já outros tiraram vantagem dela. Duas abordagens são ilustradas nas seções acima, ambas de edificações do século XX. Na Residência Lutz (Shell Knob, Missouri, 1978, acima à direita), a arquiteta Fay Jones criou uma plataforma sobre a qual a casa repousa. O visitante entra nela por meio de uma passarela, e, ao chegar do outro lado, já está elevado em relação ao solo. Por outro lado, Donovan Hill usa o terreno íngreme de modo diferente na Casa "C" (acima, Brisbane, Austrália, 1998). Aqui, os níveis no interior da casa acompanham a descida do terreno em uma série de terraços.

Todos os grandes edifícios da acrópole ateniense (abaixo) identificam (tiram partido de) um lugar que já estava na paisagem. O Partenon identifica o ponto mais alto do afloramento rochoso, dominando a cidade ao redor; o Templo de Erecteu está sobre um ponto sagrado associado a uma antiga oliveira; o Propileu marca o acesso mais fácil ao cume para quem vem debaixo; e cada teatro ocupa uma área rebaixada aconchegante, onde os espectadores provavelmente assistiam aos espetáculos antes mesmo da configuração formal do palco e assentos escalonados. Arqueólogos encontraram resquícios de templos muito mais antigos na acrópole, o que sugere que

No caso dos monastérios de Meteora, na Grécia, a escolha do terreno foi um ingrediente importante para a arquitetura. Os edifícios não seriam os mesmos em terreno plano. A escolha do terreno afeta a experiência – o modo como os monges entravam em uma cesta içada por uma corda, por exemplo – bem como a aparência impressionante.

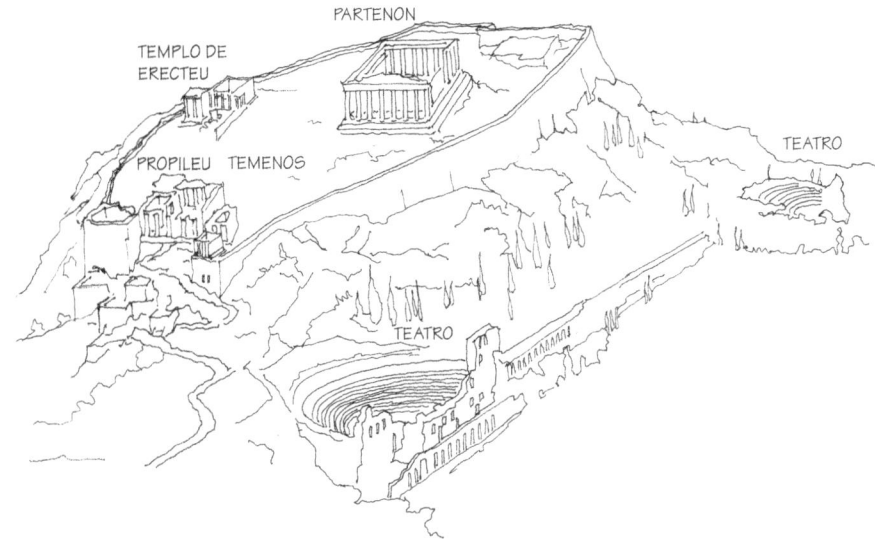

Mais informações sobre a arquitetura que utiliza formas naturais: Bernard Rudofsky – *Architecture Without Architects*, 1964. Bernard Rudofsky – *The Prodigious Builders*, 1977.

Mais informações sobre a Casa "C": Claire Melhuish – *Modern House 2*, 2000, p. 150.

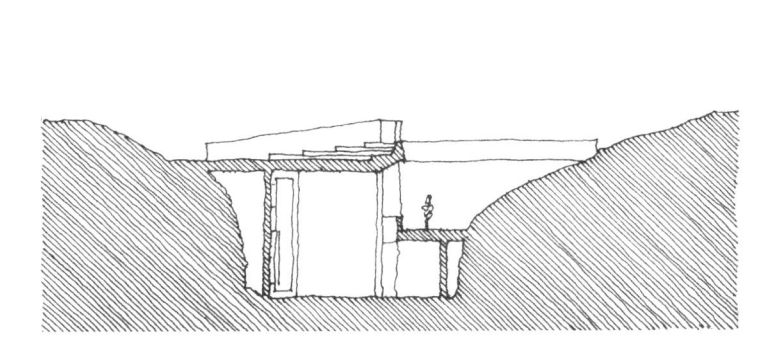

Em 1988, Sverre Fehn projetou uma pequena galeria de arte que foi inserida em uma grande fenda na rocha natural (acima à esquerda).

Mais informações sobre a galeria de arte de Sverre Fehn: Christian Norberg-Schulz e Gennara Postiglione – *Sverre Fehn: Works, Projects, Writings, 1949–1966*, 1997, p. 198–200.

Mais informações sobre o Chalé Stoneywell: W.R. Lethaby e outros – *Ernest Gimson, His Life and Work*, 1924.

Mais informações sobre o Centro Estudantil de Ralph Erskine: Peter Collymore – *The Architecture of Ralph Erskine*, 1985.

esta colina rochosa fora usada como local de refúgio, proteção e veneração centenas de anos antes da construção dos templos atuais – dois mil e quinhentos anos atrás.

Ao pé da Ayer's Rock, na região central da Austrália (acima à direita), há alguns nichos naturais, aparentemente resultantes da erosão causada pelo vento. Cada um deles oferece um local sombreado, pedras para se sentar e também uma superfície para desenhar. Alguns parecem ter sido usados como salas de aula.

Este chalé em Leicestershire (Reino Unido, abaixo) foi projetado na década de 1890 por Ernest Gimson. A construção está totalmente encravada em um afloramento rochoso natural, que proporciona um pouco de proteção à casa e também afeta o nível dos pavimentos. O terreno escolhido e inalterado é parte essencial da obra de arquitetura.

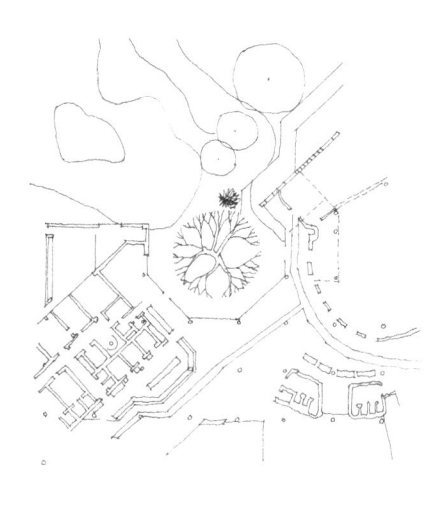

Ao projetar o prédio da União de Estudantes da Universidade de Estocolmo, na Suécia (à esquerda), construído no final da década de 1970, Ralph Erskine utilizou uma árvore particularmente bela, já encontrada no terreno, para determinar a posição de um espaço externo que parece ter sido arrancado da planta da edificação. Junto com os contornos do solo, a árvore ajuda a configurar o local e a criar vistas do interior do edifício.

A ilustração no topo da próxima página é um corte parcial de uma pequena moradia, no México, projetada por Ada Dewes e Sergio Puente. Ela foi construída em meados da década de 1980. Os projetistas usaram elementos básicos de arquitetura para criar uma série de lugares. Em compasso com a modificação de elementos e coisas que já se encontravam no terreno, eles foram usados para proporcionar uma experiência completa. A casa foi construída entre as árvores na lateral íngreme do vale de um rio caudaloso. O primeiro elemento da casa é uma plataforma horizontal construída a partir da colina, a qual é acessada por cima, por meio de degraus; há um caminho escalonado que vai dali até o rio abaixo. Essa plataforma

O APROVEITAMENTO DAS COISAS PREEXISTENTES

A forma construída desta pequena casa situada no México é elementar e minimalista. Para ficar completa, depende das árvores do entorno. A sala de estar, acima do dormitório, tem apenas uma parede construída. A floresta fornece as outras paredes e a cobertura.

também é definida por um anteparo único colocado contra a colina, com entrada na parte do meio. Acima dela há uma cobertura sustentada pelo anteparo e mais duas colunas. Os outros três lados da plataforma, que é um dormitório, são fechados apenas por um mosquiteiro; ele mantém os insetos do lado de fora, mas permite que se ouça o canto dos pássaros nas árvores. Os degraus da plataforma levam ao banheiro abaixo, onde há uma ducha. A cobertura do dormitório funciona como o piso da sala de estar acima. Esse "cômodo" tem somente uma parede, isto é, uma extensão vertical do anteparo permeável abaixo, por meio da qual é acessado; as outras "paredes" e sua "cobertura" são proporcionadas pela copa das árvores ao redor.

A casa abaixo foi construída em um terreno bem-arborizado, na França. O pavimento principal se encontra sobre colunas, um andar inteiro acima do solo. Em vez de derrubar as árvores, os arquitetos – da Lacaton Vassal – construíram a casa no meio delas e ao redor de seis árvores em especial, o que confere um aspecto diferente ao interior.

A utilização de coisas naturais preexistentes faz parte daquilo que Christopher Alexander chama de "maneira atemporal de edificar". Isso continua sendo relevante hoje, ainda que, em regiões do mundo que são habitadas há muitos

O corte da casa situada em Cap Ferret, perto de Bordeaux, concebida pela Lacaton Vassal, mostra como as árvores preexistentes foram preservadas e incorporadas no projeto.

Para mais informações sobre a casa mexicana:
(Dewes e Puente) – "Maison à Santiago Tepetlapa", em *L'Architecture d'Aujourd'hui*, junho de 1991, p. 86.

Para mais informações sobre a casa de Cap Ferret, perto de Bordeaux, pela Lacaton Vassal:
Clare Melhuish – *Modern House 2*, 2000, p. 190.

Para mais informações sobre a "maneira atemporal de edificar":
Christopher Alexander – *The Timeless Way of Building*, 1979.

68 ANÁLISE DA ARQUITETURA

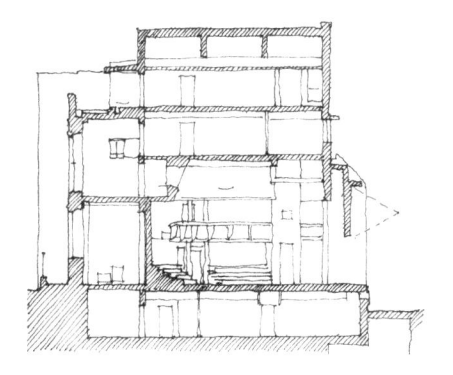

No início da década de 1990, quando ganharam o concurso para revitalizar a área de Temple Bar, em Dublin, os arquitetos do Group '91 projetaram uma série de intervenções que utilizavam as edificações, ruas e praças preexistentes, encaixando-se nelas. O resultado – que mistura edificações novas e antigas – tinha um aspecto mais rico que um projeto de renovação urbana completo; além disso, levava em consideração a história daquela parte da cidade. O desenho (acima, à direita) mostra a Meeting House Square com as plantas baixas das intervenções do Group '91. (Observe que pode ser usado como um cinema ao ar livre.)

O Arco, de Shane O'Toole e Michael Kelly (dois dos arquitetos do Group '91), na parte debaixo da planta (corte acima), possui um lugar para espetáculo que pode ser aberto para a praça no exterior.

Para mais informações sobre o Group '91 em Temple Bar: Patricia Quinn (ed.) – *Temple Bar: the Power of an Idea*, Gandon Editions, Dublin, 1996.

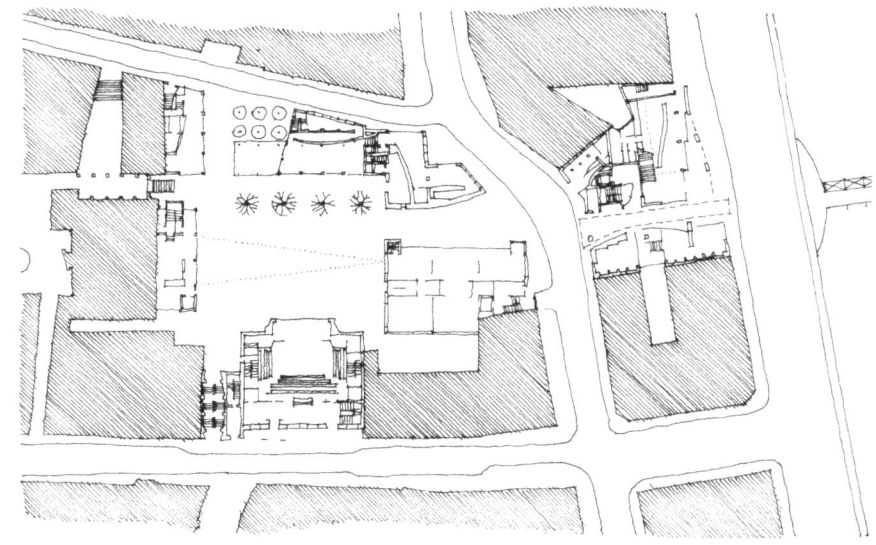

séculos, seja menos provável que tenhamos a oportunidade de usar características e elementos naturais, mas mais provável que precisemos nos relacionar com produtos preexistentes da arquitetura.

Em uma praia lotada, se houver um pequeno espaço entre as toalhas, para-ventos, churrasqueiras, cadeiras de praia, guarda-sóis, etc., das outras pessoas, você pode criar seu próprio assentamento, acomodando-se de acordo com o espaço disponível, a direção do sol e do vento, o caminho até o mar, da melhor maneira possível. Para fazer um projeto entre edificações preexistentes – em uma aldeia, uma cidade pequena ou uma cidade grande –, é necessário interagir com o que já estava ali. Nas cidades grandes, a tarefa é criar lugares em espaços entre edificações preexistentes e relacioná-los com os lugares ao redor. Quando projetou um novo Radio Centre para a BBC (abaixo, não construído), a Foster Associates se esforçou para inserir a edificação em seu terreno em Langham Place, em Londres – a junção entre a Regent Street e a Portland Place, assim como no percurso urbano entre o Regent's Park e Picadilly Circus, projetada por John Nash no início do século XIX. Além de ter a forma adequada para se encaixar no terreno como uma peça de quebra-cabeça, criando, portanto, muros que definem as vias adjacentes, a planta baixa também

O átrio do BBC Radio Centre proposto para Langham Place, em Londres (à direita), ficaria orientado na direção da Igreja de Todos os Santos, usando-a como foco do espaço.

Para mais informações sobre o BBC Radio Centre: (Norman Foster) – "Foster Associates, BBC Radio Centre", em *Architectural Design 8*, 1986, p. 20–27.

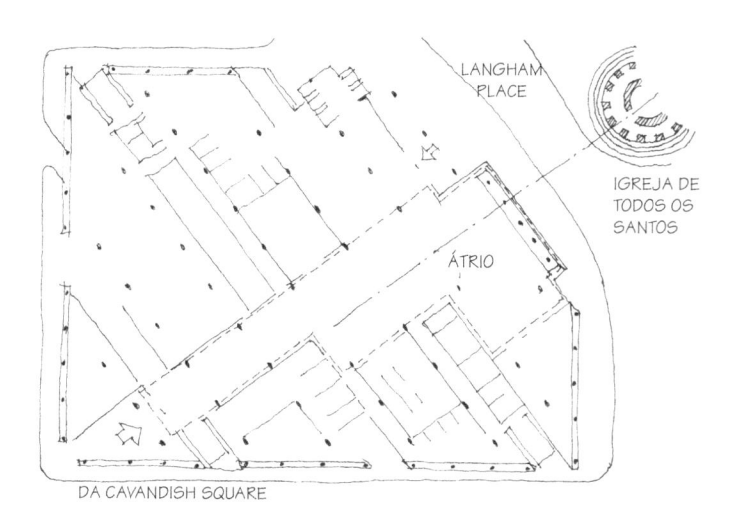

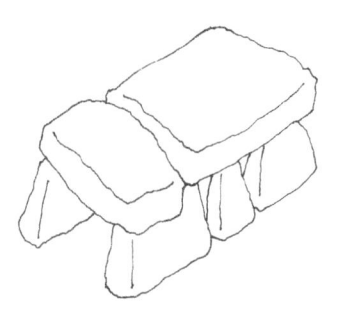

cria um caminho que atravessa a edificação, desde a Cavendish Square até Langham Place. O projeto tem um átrio de seus pavimentos no centro; este está orientado na direção da Igreja de Todos os Santos, de Nash, que fica do outro lado da rua; a grande parede de vidro emoldura a igreja como se fosse um quadro, usando-a para dar personalidade e identidade ao átrio que fica no interior da edificação.

Talvez edificações que já estejam no local sejam consideradas parte da natureza. Isso é ainda mais verdade no caso de prédios muito antigos. Na Bretanha, região noroeste da França, há uma pequena capela vinculada a uma igreja (acima e à direita). Chama-se *Chapelle des Sept-Saints* – a Capela dos Sete Santos – e fica próxima a Plouarer. É uma capela cristã, mas foi construída em torno de um antigo dólmen, isto é, uma câmara mortuária ou templo da Idade da Pedra, feito com enormes megálitos, ou pedras muito grandes (acima à esquerda). A capela usa o espaço (lugar) escolhido pelos primeiros construtores milhares de anos atrás. É curioso o fato de uma edificação pagã ser usada de tal forma. O uso de um espaço que já fora fechado pode ser uma questão de economia; mas talvez essa capela identifique um lugar que vem sendo continuamente usado para fins de veneração há muitos séculos, desde a era pré-cristã.

Às vezes, a arquitetura envolve o uso de uma edificação preexistente ou de suas ruínas. Quando foi contratado para projetar uma casa de caça para o Marquês de Bute, alguns quilômetros ao norte de Cardiff, o arquiteto vitoriano William Burges teve de usar as ruínas de um castelo normando como ponto de partida (abaixo à esquerda). Sua reinterpretação do castelo (abaixo à direita) originou-se de pouco mais que uma planta, que já estava no local em pedra. Usando esses vestígios como

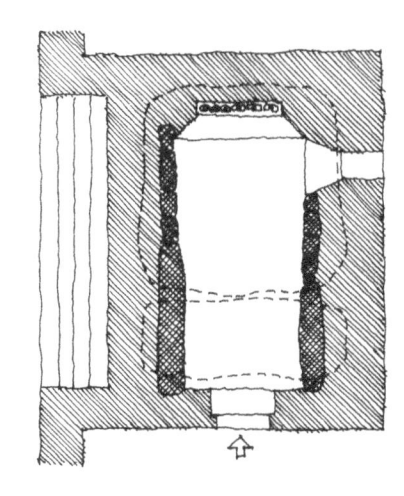

A Chapelle des Sept-Saints (acima) foi construída em torno de uma antiga câmara mortuária.

Mais informações sobre a Chapelle des Sept-Saints: Glyn Daniels – *Megalits in History*, 1972, p. 30.

Mais informações sobre o Castell Coch: John Mordaunt Crook – *William Burges and the High Victorian Dream*, 1981; David McLees – *Castell Coch*, Cawd: Welsh Historic Monuments, 2001.

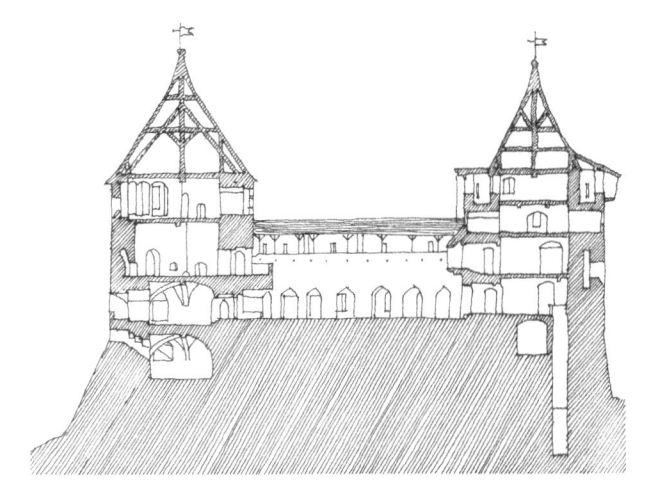

70 ANÁLISE DA ARQUITETURA

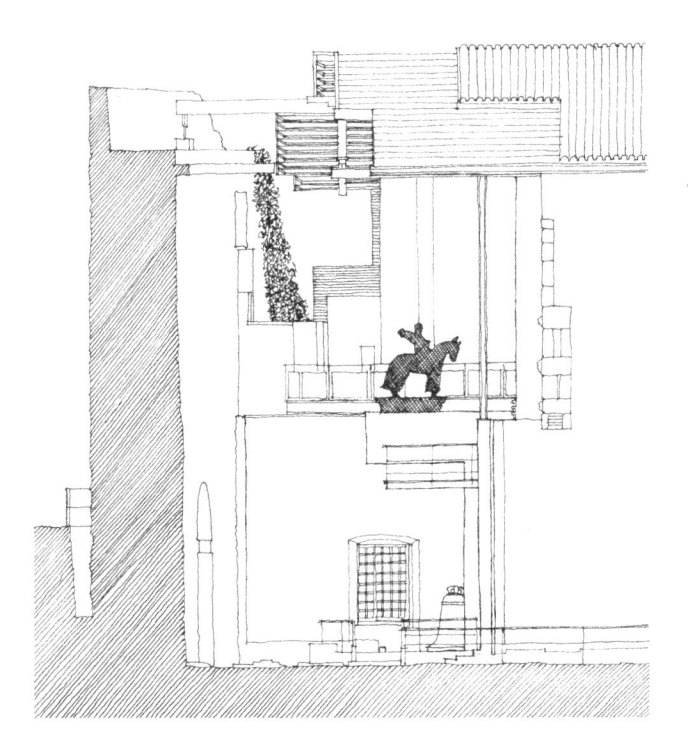

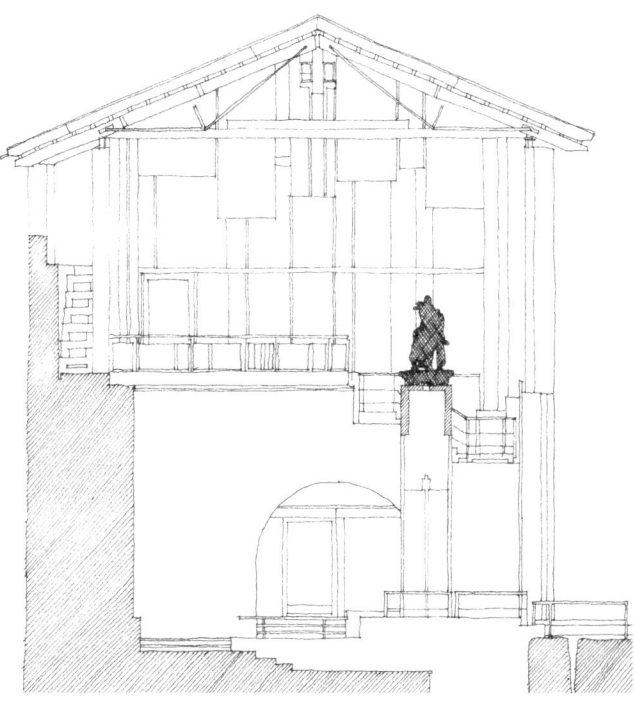

Espaço Cangrande, cortes

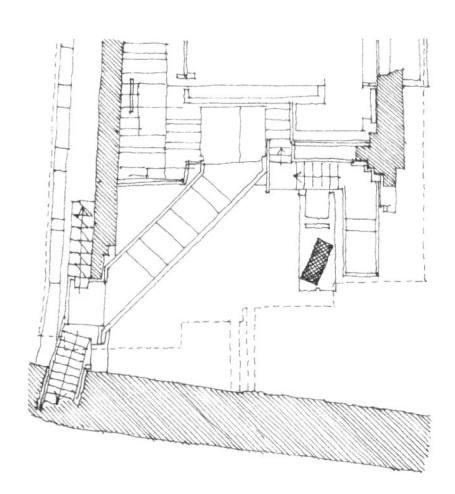

Planta do pavimento superior (em escala diferente)

Mais informações sobre o Castelvecchio: Richard Murphy – *Carlo Scarpa and the Castelvecchio*, 1990.

base, tanto física quanto criativamente, Burges projetou sua própria versão de um castelo medieval. O resultado é uma colusão do passado com o presente de Burges. O *Castell Coch* (Castelo Vermelho) não é uma reconstrução exata do castelo original. Na década de 1870, quando foi construído, era um edifício novo (isto é, com exceção das fundações), no qual Burges tirou partido daquilo que já estava no lugar. Sua imaginação foi beneficiada pelo fato de trabalhar com uma base e em um terreno (o castelo está voltado para o Vale Taff, que corre na direção norte a partir de Cardiff) herdados de sete séculos antes. Sua intenção era recriar um lugar medieval de maneira romântica, a fim de entreter seu cliente e ornamentar a paisagem.

No final da década de 1950 e início da década de 1960, o arquiteto italiano Carlo Scarpa foi contratado para reformar um edifício antigo e transformá-lo em uma nova obra de arquitetura. Sua base (que tinha mais vestígios do que Burges encontrou para o *Castell Coch*) era um castelo do século XIV – o *Castelvecchio* (Velho Castelo) – localizado na parte norte da cidade italiana de Verona. A postura de Scarpa em relação ao passado e a como usar seus vestígios na arquitetura foi diferente da de Burges. Sua meta não era apresentar uma imagem romântica do passado, mas sim usar os vestígios do passado como um estímulo para conferir interesse estético e interpretação poética. Ao lidar com o *Castelvecchio* e remodelá-lo, Scarpa criou uma experiência arquitetônica que é atual e, ao mesmo tempo, explora acidentes e colisões, justaposições e relações, que estavam na edificação antes de sua chegada. A isso, ele acrescentou intervenções baseadas em sua imaginação pessoal, como uma camada mais histórica – pertencente a meados do século XX – a um prédio que já tinha muitas outras de vários períodos anteriores. O resultado é mais complexo e poético do que uma restauração. O ponto mais impressionante do *Castelvecchio* de Scarpa é, provavelmente, o espaço "Cangrande", assim chamado em função da estátua equestre que abriga (acima e à esquerda). Esse local não existia antes no castelo, mas está profundamente condicionado pelo conjunto preexistente de antigas paredes de pedra e pela visão de Scarpa das mudanças históricas que ocorreram naquela parte específica da edificação.

O APROVEITAMENTO DAS COISAS PREEXISTENTES 71

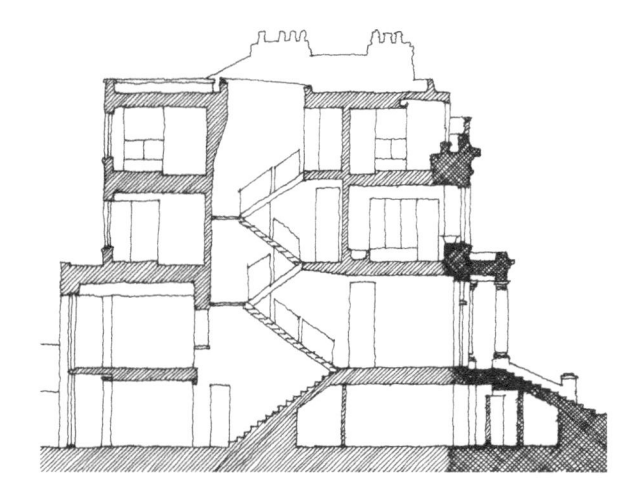

A maneira como algo preexistente é incorporado a uma obra de arquitetura pode expressar um conflito de ideologias entre as pessoas que influenciam o que será concluído. Quando projetou e construiu três moradias na aldeia inglesa de Haddenham, na década de 1960 (à direita), Peter Aldington se esforçou para explorar as paredes de pedra e as árvores preexistentes em sua própria composição. Já o projeto de Rick Mather para esta moderna casa em Hampstead, Londres (acima), com átrio branco de pé-direito alto e escadas de vidro, nos dá a impressão de que ele teria preferido não incorporar a elevação frontal vitoriana preexistente. Essa condição havia sido imposta a ele pelas autoridades de planejamento urbano para que o projeto não afetasse a rua preexistente nem incomodasse os vizinhos.

Frank Gehry adotou uma postura diferente quando adaptou sua própria casa (abaixo) em Santa Monica, no final da década de 1970. Ele começou com uma casa suburbana convencional e se pôs a subverter sua simplicidade. Criou anteparos e véus em volta da edificação, usando materiais incomuns para tal situação; distorceu a geometria com acréscimos não ortogonais; e ignorou os usos tradicionais dos cômodos. A nova cozinha está posicionada em frente a uma das *bay windows* da casa original e manteve, como piso, o macadame betuminoso da entrada de garagem que havia antes no local. Algumas partes lembram um cenário, outras parecem uma base militar. É possível interpretar o resultado como uma crítica espirituosa à cultura suburbana americana.

Em algumas obras de arquitetura, há uma profunda harmonia entre o que lá havia e aquilo que foi acrescentado. Quando contratou Jørgen Bo e Vilhelm Wohlert para projetar o Museu de Arte Moderna de Louisiana, ao norte de Co-

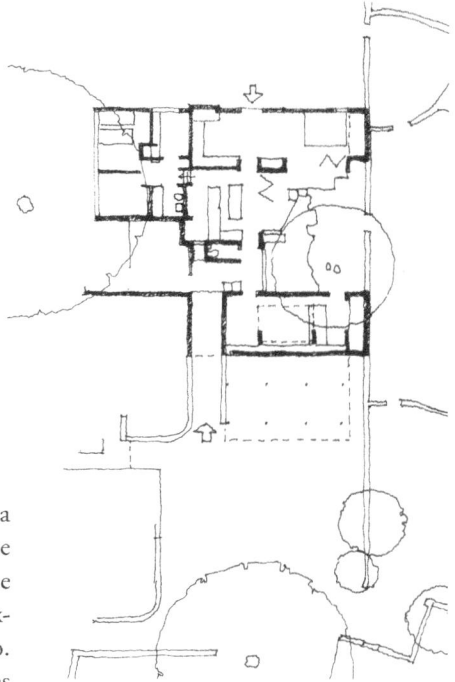

Esta é a planta da casa do próprio Peter Aldington, Turn End, em Haddenham, Inglaterra.

Mais informações sobre Turn End:
Jane Brown – *A Garden and Three Houses*, Garden Art Press, 1999.

Mais informações sobre a casa de Hampstead, acima à esquerda, projetada por Rick Mather:
Deyan Sudjic – *Home: the twentieth century house*, 1999, p. 186.

Mais informações sobre a casa Gehry, em Santa Mônica, abaixo:
Ibid, p. 88.

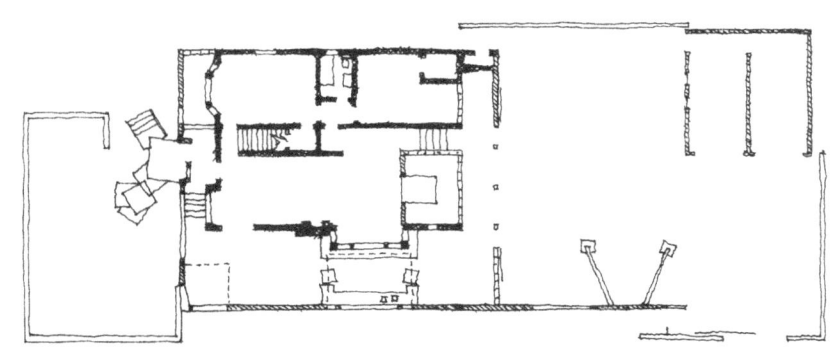

Casa Gehry, planta do pavimento térreo

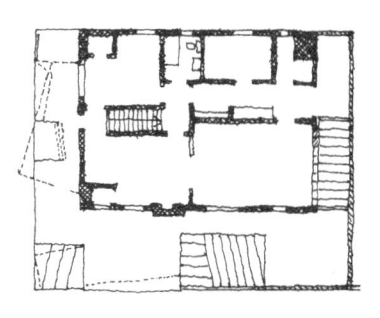

Casa Gehry, planta do pavimento superior

O CAFÉ SOBRE O PENHASCO, VOLTADO PARA O MAR, NA DIREÇÃO DA SUÉCIA

O LAGO

ÁRVORES

A CASA ANTIGA

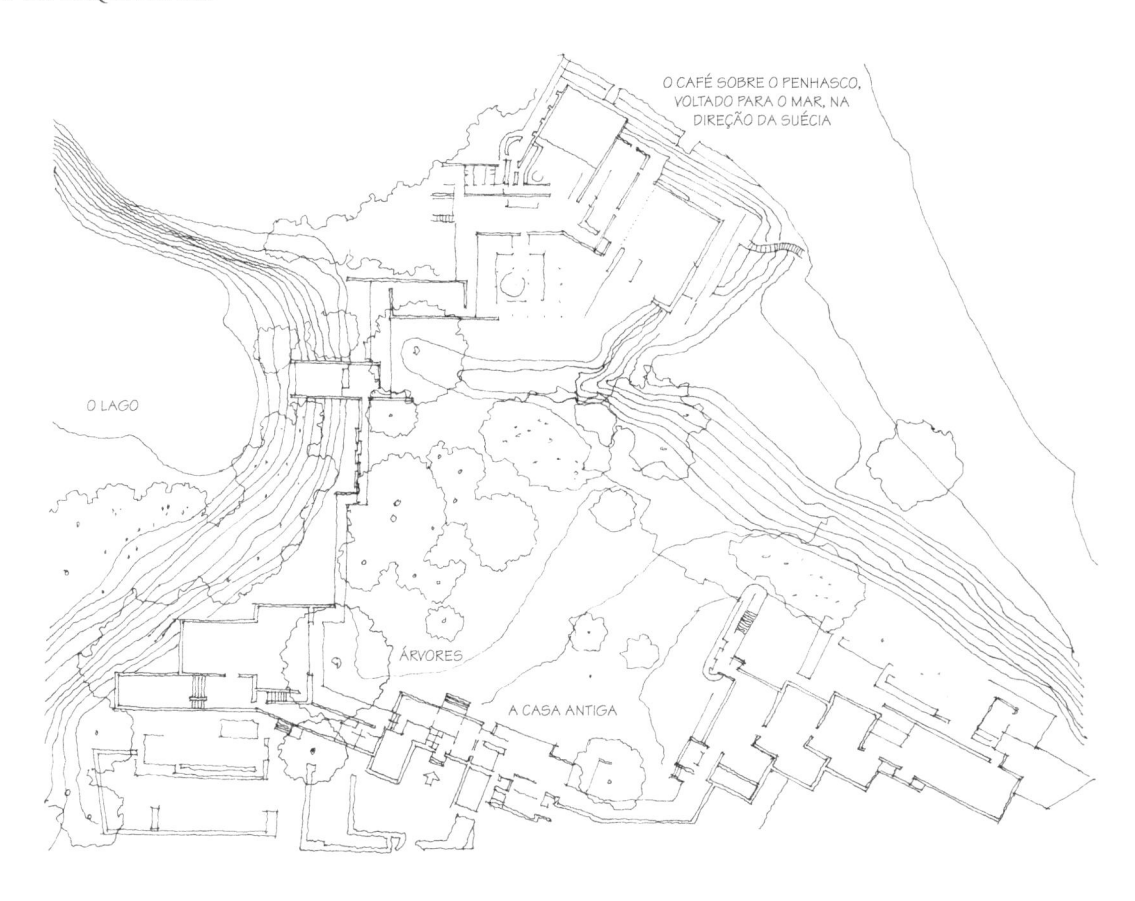

Planta baixa do Museu de Arte Moderna de Louisiana, na Dinamarca, projetado por Jørgen Bo e Vilhelm Wohlert. Uma casa antiga funciona como entrada; as galerias e a cafeteria foram adaptadas a outros pontos do terreno. Uma das galerias foi construída de modo a aproveitar a vista para o lago.

penhague, o industrialista dinamarquês Knud Jensen pediu que fossem aproveitadas no projeto várias características preexistentes do terreno.

Ele escreveu:

"Primeiramente, a casa antiga teve de ser mantida como entrada. Não importa quão elaborado o museu venha a ficar com o passar dos anos... Em segundo lugar, eu quis um cômodo... que se abrisse para a vista, aproximadamente 200 metros ao norte do casarão, voltado para o nosso vistoso lago. Em terceiro lugar, cerca de outros 100 metros para frente, no roseiral – sobre o penhasco com vista para o estreito e, à distância, para a Suécia – eu quis que ficassem a cafeteria e o terraço".

A primeira fase do museu de arte construído em resposta ao programa de necessidades de Jensen ocupa os dois terços à esquerda da planta (acima). Ela usa todas as características inatas do terreno identificadas por ele. A entrada principal é a casa antiga, na parte intermediária inferior da planta. O caminho que percorre o museu passa por algumas galerias e segue para o norte, acompanhando uma série de passarelas escalonadas que levam a uma galeria específica, que possui uma grande parede de vidro com vista para o lago. Ele atravessa mais galerias até chegar ao penhasco, onde há um refeitório de frente para o mar, na direção da Suécia. Os arquitetos também usaram outros elementos que já estavam no local, especialmente algumas árvores maduras e os desníveis do solo, bem como o lago e as vistas. Este edifício, cuja arquitetura leva os visitantes a um passeio pelo seu terreno e aos lugares que já estavam ali, não seria o mesmo em outro local. As ideias subjacentes – a criação de uma rota, o uso de pares de paredes para enquadrar vistas, etc. – poderiam perfeitamente ser aplicadas em outros lugares, mas produziriam uma edificação diferente em função das diferenças locais. Com suas árvores, lago, vistas e topografia, o terreno é essencial para a arquitetura específica produzida.

Mais informações sobre o Museu de Arte Louisiana: Michael Brawne – *Jørgen Bo, Vilhelm Wohlert, Louisiana Museum, Humlebaek*, 1993.

O antigo dólmen construído como um lugar para a deposição de restos mortais parece ter sido uma metáfora da arquitetura para uma caverna.

Tipos de lugares primitivos

*"O lugar tinha uma pedra redonda
– um Gilgal – que o marcava como
um santuário, e aí o jovem Eliphaz, o
salteador, não ousaria lhe importunar. No
centro do Gigal havia uma pedra peculiar
vertical, negra como carvão e com a forma
de um cone – obviamente caída do céu e
possuidora de poderes divinos. Sua forma
sugeria o órgão da procriação, portanto
Jacó piamente saudou a pedra com
olhos e mãos erguidas e depois se sentiu
extremamente revigorado."*

Thomas Mann, traduzido por Lowe-Porter –
Joseph and his Brothers (1933), 1970, p. 90.

Tipos de lugares primitivos

Com o passar do tempo, os lugares criados e utilizados pelas pessoas ficam mais diversificados, mais sofisticados e mais complexos em termos de inter-relações. Alguns tipos de lugares são antigos: a lareira enquanto lugar do fogo; o altar como lugar de sacrifício ou foco para o culto; o túmulo como lugar para os mortos. Outros tipos de lugares são mais recentes: o aeroporto; o posto de gasolina na estrada; o caixa automático.

Os tipos de lugares mais antigos são os relacionados aos aspectos fundamentais da vida: manter-se aquecido e seco; ir de um lugar ao outro; adquirir e armazenar comida e água, combustível e riquezas; cozinhar; sentar-se e comer; socializar; defecar; dormir e procriar; defender-se de inimigos; orar e realizar rituais; comprar ou trocar bens e serviços; contar histórias e representar; ensinar e aprender; exibir poder militar, político e comercial; discutir e debater; lutar e competir; dar à luz; submeter-se a ritos de passagem; morrer.

Os lugares conectam a arquitetura com a vida. Os lugares que as pessoas usam estão intimamente relacionados às suas vidas. Viver envolve, necessariamente, a organização conceitual e a distribuição física do mundo em lugares: lugares para trabalhar, lugares para descansar; lugares para ser visto, lugares para ver; lugares que são "meus", lugares que são "seus"; lugares que são agradáveis, lugares que são horríveis; lugares que são aconchegantes, lugares que são frios; lugares que são admiráveis, lugares que são entediantes; lugares que protegem, lugares para expor; e assim por diante.

Como a linguagem, a arquitetura não é imutável. Tanto a linguagem quanto a arquitetura (enquanto identificação de lugar) existem por meio do uso e estão sujeitas a mudanças históricas e variações culturais. As instituições sociais evoluem; as crenças diferem-se quanto à importância relativa de facetas particulares da vida e, portanto, o mesmo acontece com os lugares que as acomodam. As aspirações se tornam mais ou menos ambiciosas; alguns lugares se tornam redundantes; a necessidade de novos tipos de lugares fica aparente; modas vêm e vão; as conexões (físicas e eletrônicas) entre os lugares se tornam mais sofisticadas. Na linguagem, um significado particular pode ser transmitido de diferentes maneiras usando-se palavras diferentes em construções diferentes. As palavras e seus padrões têm de estar de acordo com o significado pretendido, senão, perdem qualquer sentido ou surge um significado diferente e imprevisto. As várias maneiras de dizer alguma coisa podem ser diferentes, mas as variações de vocabulário e construção também podem acrescentar sutileza, ênfase, nuance estilística ou qualidade estética. O mesmo acontece na arquitetura: lugares com objetivos semelhantes podem ser identificados arquitetonicamente de diferentes maneiras.

Os lugares são identificados pelos elementos básicos e modificadores da arquitetura. É possível identificar um lugar de apresentação de diversas formas: por

Os tipos de lugares primitivos estão evidentes em uma das histórias mais antigas. A Odisseia, *de Homero, que foi escrita há quase três mil anos, mas que provavelmente era contada oralmente, ao redor do fogo, muitos anos antes. Os lugares primitivos usados por Homero são, fundamentalmente, os mesmos que usamos hoje:*

Assento: *"Então, ele a levou a uma cadeira entalhada, sobre a qual esticou um tapete, e sentou-a lá com um banco para os pés. Para si mesmo, puxou uma poltrona marchetada". "Os anciões abriram caminho para ele quando assumiu o assento de seu pai".*

Túmulo: *"Nenhuma colina seria digna de seus restos mortais".*

Lugar para cozinhar: *"Depois de assarem os pernis e provarem a parte interna, eles desossaram o resto em pedaços pequenos, os perfuraram com pequenas facas e levaram as extremidades pontiagudas dos espetos ao fogo, até assar".*

meio de uma plataforma, um foco de luz, um círculo de pedras, uma quantidade de postes delimitando uma área do terreno. Um lugar de aprisionamento pode ser uma pequena cela escura, uma ilha, uma vala profunda ou o canto de uma sala de aula. A identidade de um lugar também depende de nossa capacidade de o reconhecermos como tal. As pessoas precisam ter condições de reconhecer um lugar como sendo um lugar; do contrário, tal lugar não existirá para elas. Um lugar pode ter muitas interpretações. Uma pessoa talvez perceba um muro como uma barreira, outra o veja como um assento, outra como um passeio sobre o qual pode caminhar; outra, ainda, talvez o perceba como essas três coisas ao mesmo tempo.

Os lugares podem se sobrepor. Um dormitório tem um lugar para dormir (a cama), mas também tem lugares para se levantar, para sentar-se e ler, para vestir-se e despir-se, para olhar-se no espelho, para posicionar-se e olhar pela janela, talvez para fazer flexões. Esses lugares não são distintos; eles se sobrepõem dentro do quarto e talvez mudem sua identidade periodicamente. Em uma escala maior, uma praça pode ser um mercado, um estacionamento, um lugar para comer, conversar, realizar espetáculos, perambular – tudo isso ao mesmo tempo.

Tipos de lugares primitivos

Em meio a essa complexidade, alguns tipos de lugares adquiriram nomes próprios – como *lareira, teatro, túmulo, altar, forte, trono* – que remontam ao princípio da história. Seus nomes antigos são testemunho de seus papéis antiquíssimos nas vidas e na arquitetura das pessoas ao longo do tempo. Embora tais tipos de lugares sejam antigos e tenham uma identidade conceitual consistente relacionada ao seu objetivo, sua arquitetura (ou seja, a organização conceitual por meio do uso de elementos básicos e modificadores) pode variar significativamente. Um objetivo não determina, necessariamente, a arquitetura do lugar; muitos objetivos, até mesmo os mais antigos, já foram acomodados arquitetonicamente de maneiras bastante diferentes.

O relacionamento entre a arquitetura e os nomes dos tipos de lugares com objetivos antigos pode ser confuso. A palavra *túmulo* talvez traga um exemplo específico à mente; porém, ao longo da história, a arquitetura dos túmulos tem variado bastante. Na arquitetura, os nomes dos tipos de lugares podem parecer claros e, ao mesmo tempo, serem vagos. Se dissermos que um lugar "parece um teatro", podemos estar certos, porque talvez incorpore um lugar para espetáculo com um lugar para a plateia; arquitetonicamente, no entanto, pode tratar-se de um anfiteatro, um pátio interno, uma rua ou de um palco, com ou sem arco de proscênio.

Com frequência, existe uma relação imediata e precisa entre a arquitetura e as palavras por meio das quais ela é discutida. Palavras que são específicas em

Lareira: *"Ele encontrou a senhora das belas pedras em casa. Um grande fogo ardia na lareira e o cheiro das toras incandescentes de junípero e cedro partidas era sentido do outro lado da ilha"*.

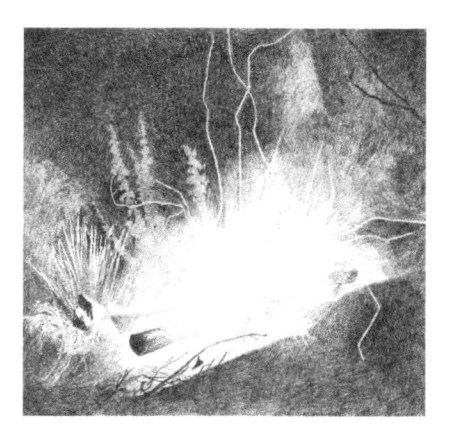

um contexto podem ser imprecisas e analógicas em outro. Palavras como *lareira, teatro, túmulo, altar, forte, trono* não são necessariamente específicas nas formas de arquitetura a que se referem.

Gottfried Semper identificou a lareira *como um dos quatro elementos fundamentais da arquitetura, junto com a* terraplenagem, *a* cobertura *e o* anteparo permeável. *Quanto a esses "Quatro Elementos", no presente livro, a* lareira *é categorizada como um "tipo de lugar primitivo", a* terraplenagem *e o* anteparo permeável *como "elementos básicos" da* parede *ou* barreira, *e a* cobertura, *como "elemento básico" de* cobertura.

Lareira – o lugar do fogo

A lareira tem um significado tradicional em muitas culturas, como centro da casa ou foco da comunidade – uma fonte de calor, para cozinhar, um ponto de referência em torno do qual a vida acontece. Seu componente essencial é o fogo propriamente dito, mas as formas de identificar o lugar do fogo podem variar muito. Até mesmo uma simples lareira ao ar livre pode ser formada por diferentes configurações de elementos de arquitetura básicos (alguns dos quais também são encontrados em estruturas maiores). O círculo de terra queimada pode estar dentro de um círculo de pedras; o fogo pode ser aceso de encontro a uma pedra grande que o proteja do vento excessivo e armazene parte do seu calor; ou pode estar ladeado por dois muros paralelos de pedra que canalizam o vento e servem de plataforma para as panelas.

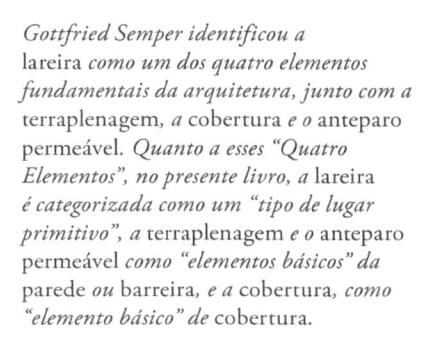

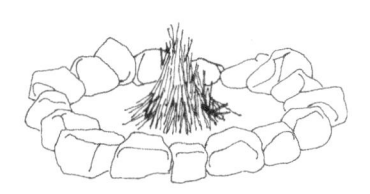

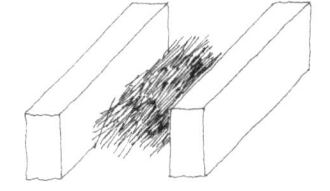

Também é possível identificar o lugar do fogo de maneiras mais elaboradas: ele pode ter um tripé para se pendurar uma panela, mas que também age como

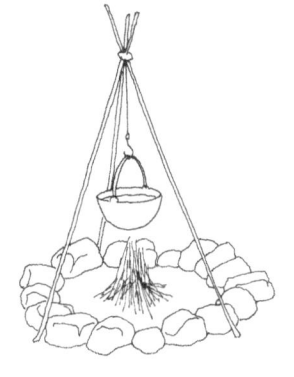

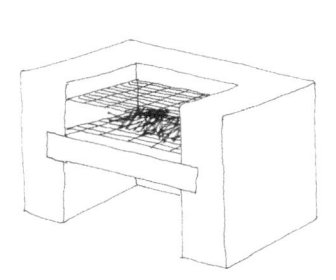

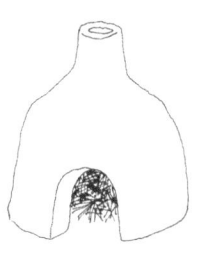

Este fogo está no meio de uma sala natural; a luz e o calor parecem estar cercados pelas pedras ao redor e a copa das árvores acima.

uma edícula, enfatizando a lareira; ou talvez esteja inserido em uma construção mais sofisticada, como um assento ou mesa que o tire do chão por questões de conveniência; ou, ainda, pode ter uma edificação pequena própria.

Além de ocupar um lugar próprio, o fogo também cria um lugar onde as pessoas podem ocupar sua esfera de luz e calor. A extensão dessa esfera pode variar. Talvez seja definida por um pequeno círculo de pessoas ao redor de uma fogueira em uma noite fria ou o extenso círculo de visibilidade criado por um farol no alto de uma colina, visto a quilômetros de distância no campo.

Ao longo da história, a função arquitetônica da lareira como identificador de lugar de ocupação humana tem se relacionado com o modo de definir, conter ou controlar sua esfera de luz e calor. No campo – a paisagem da família primitiva ou de quem acampa atualmente – o fogo cria um lugar próprio por meio da luz e do calor. Entretanto, quando queremos fazer fogo, é necessário escolher um lugar. Ao fazer isso, podemos levar em conta vários fatores relacionados ao objetivo do fogo. Se houver um pequeno vale, protegido do vento e dotado de pedras para servirem de assentos, e se o objetivo do fogo for criar um lugar para cozinhar e foco para comer e conversar em uma noite de verão, ele provavelmente será escolhido como lugar para a lareira. Dessa forma, o pequeno vale se torna um recipiente da esfera de luz e calor do fogo. Também se torna um cômodo no qual amigos podem conversar enquanto cozinham e comem.

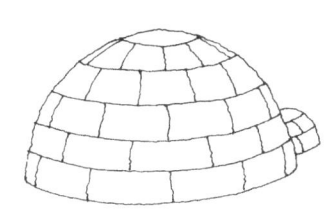

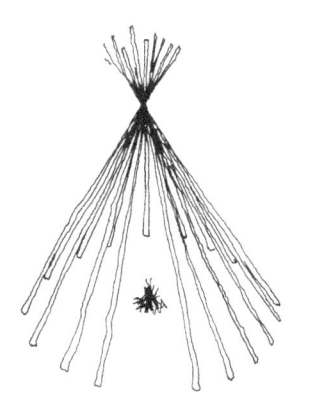

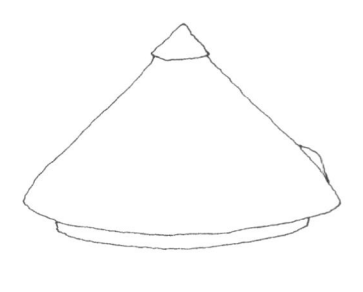

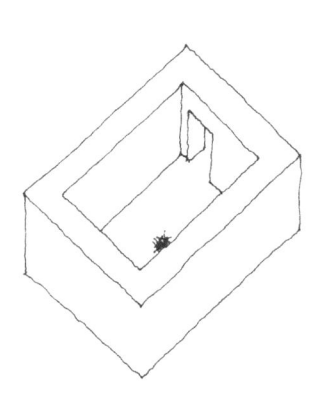

Em muitas culturas, principalmente nas regiões frias do mundo, a arquitetura das moradias se preocupa principalmente em fechar o espaço do fogo e conter sua esfera de luz e calor. O iglu contém a esfera (ou hemisfério, quando o fogo está sobre a superfície plana da terra) literalmente – com uma cúpula. Não é tão

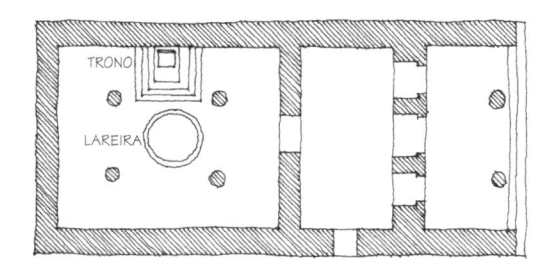

Em um mégaron da antiga Micenas (à esquerda, na planta baixa), o lugar do fogo era identificado por um círculo no chão, pelas quatro colunas que sustentavam a cobertura e também pela forma retangular da própria sala, que era o lugar do trono do rei.

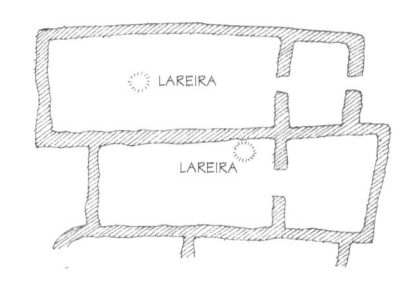

Em algumas casas antigas, a posição da lareira pode parecer arbitrária (acima).

fácil fazer uma cúpula com materiais mais difíceis de moldar que o gelo; portanto, a tenda cônica dos índios norte-americanos (a tepi) limita o hemisfério com um cone. A casa redonda primitiva é parecida. Já uma sala ortogonal converte o hemisfério de calor em um volume de espaço retangular.

No interior de um cômodo de habitação, a arquitetura da lareira afeta a organização do espaço ao redor em lugares subsidiários. Como fonte de calor e luz, o fogo é o centro da vida – mas também pode ser um obstáculo. Nos vestígios de algumas moradias primitivas, arqueólogos encontraram lareiras posicionadas arbitrariamente no piso, com pouca relação organizacional entre sua posição e o espaço ao redor (à direita). Outros vestígios antigos sugerem arranjos mais organizados e formais. No mégaron do palácio de Micenas (cerca de 1500 a.C., acima), há uma relação clara entre a lareira e o trono, a entrada e a estrutura da sala. Sentado lá, o rei da antiga Micenas, Agamemnon, estava entronado em seu próprio "lar".

As consequências de mudar a localização da lareira, de uma posição central para uma periférica, podem ser vistas em duas casas de madeira norueguesas tradicionais. Suas plantas baixas (à direita) são parecidas, com exceção da posição da lareira. Na planta superior, o espaço da sala de estar é dominado pela lareira central. Os lugares secundários – para sentar-se e comer, para armazenar – estão organizados ao redor desse foco central. Para mover-se dentro da sala, é necessário mover-se ao redor do fogo. Na planta inferior, a lareira ocupa um campo da sala e foi construída como uma pequena sala de pedra não inflamável a fim de proteger a madeira das paredes externas. A consequência dessa mudança é que, embora o fogo já não ocupe a posição central simbolicamente importante, o movimento dentro da sala é menos restrito. O piso fica mais aberto para ocupação humana – um "salão de dança".

A lareira descentralizada não precisa estar posicionada em um canto da sala. Nesta pequena cabana do País de Gales (abaixo, à esquerda), a lareira ocupa uma parede quase inteira. Uma das consequências de colocar a lareira na periferia da sala é que seus planos (e os da chaminé que ela possui) contribuem para a vedação e a estrutura do local; eles assumem outra função na arquitetura, agindo como uma parede. Em outro exemplo galês (abaixo, à direita), é a lareira que divide a cela da casa em dois cômodos. Na verdade, neste exemplo, a chaminé da

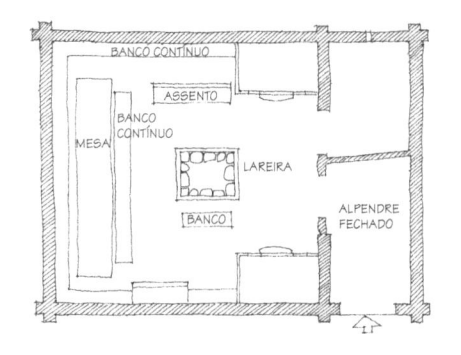

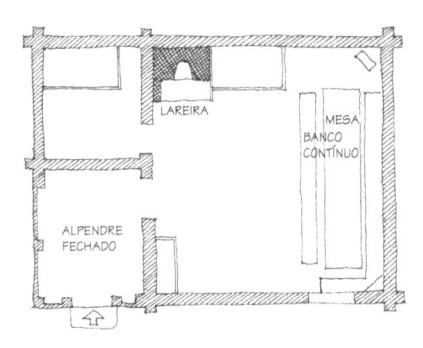

É possível alterar consideravelmente a forma como o espaço é utilizado ao mudar a posição da lareira (acima).

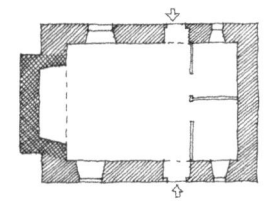

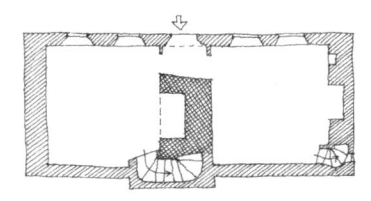

As chaminés são elementos que definem o espaço de maneira significativa (à esquerda).

80   ANÁLISE DA ARQUITETURA

Nesta casa de veraneio, projetada e construída em 1940, Walter Gropius e Marcel Breuer usaram a chaminé para separar a área de estar da sala de jantar.

lareira faz mais que isso. Seus quatro lados fornecem paredes para quatro lugares: os dois cômodos já mencionados, um vestíbulo de entrada e uma escada que leva ao pavimento superior, que, da mesma forma, a chaminé divide em dois.

Em outro exemplo do País de Gales (abaixo, ao centro), a função de definição de espaço da lareira e de sua gigantesca chaminé é mais significativa, pois os quatro lados influenciam a composição de cada uma das quatro partes da casa – três alas de acomodação e um alpendre de entrada. Aqui, a lareira continua sendo central para a casa, mas de um modo arquitetonicamente diferente com relação à lareira aberta no centro da sala. A chaminé central gera quatro espaços como aros que irradiam de um eixo. A mesma ideia é ainda mais significativa no exemplo ao lado, uma vez que ela é formalizada em uma planta baixa quadrada e fecha os quatro espaços de quina, transformando-os em cômodos. Esses recintos não têm lareiras e o caminho de um a outro reintroduz o mesmo tipo de problemas de circulação gerados pela lareira que fica no centro do piso, ainda que em uma ordem diferente.

Na casa mostrada na parte de cima da próxima página, outra edificação de Rudolf Schindler, projetada (mas nunca construída) quando ele era aprendiz de Frank Lloyd Wright, a lareira desempenha vários papéis já mencionados. Ela cria o foco da casa e é sua principal ancoragem estrutural. Separa a sala de estar da sala de trabalho. Também fornece uma parede para o vestíbulo de entrada. Contudo, o quarto lado é mais curioso. O fogo propriamente dito não é aceso debaixo da chaminé, mas sobre uma plataforma baixa entre a chaminé e a parede externa. Aparentemente, o objetivo era que o fogo conseguisse aquecer os dois cômodos dessa maneira.

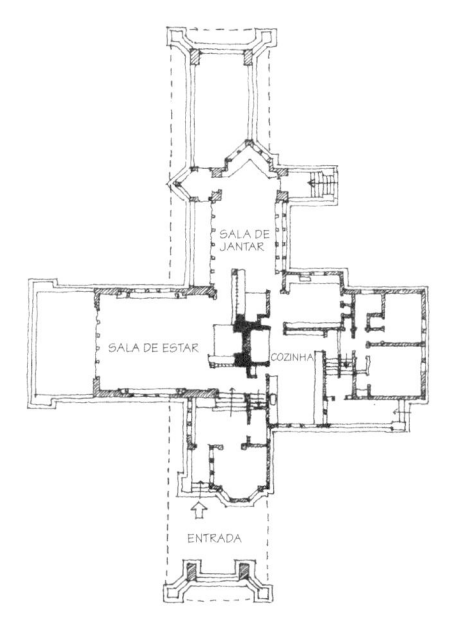

Na Casa Ward Willits (acima), projetada por Frank Lloyd Wright em 1901, a chaminé central desempenha um papel crucial na organização da acomodação em quatro alas. (Compare a organização desta planta com a da pequena cabana no País de Gales ao centro.)

Para mais informações sobre as casas rurais do País de Gales:
Peter Smith – *Houses of the Welsh Countryside*, 1975.

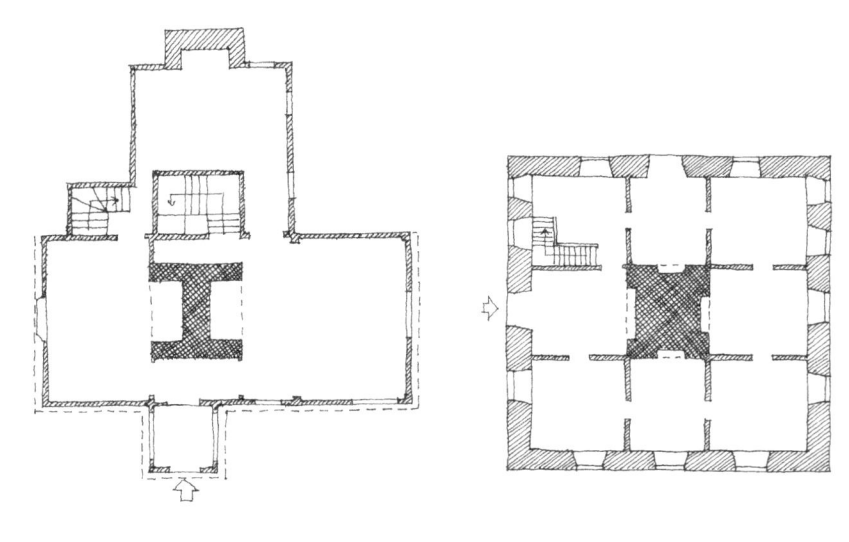

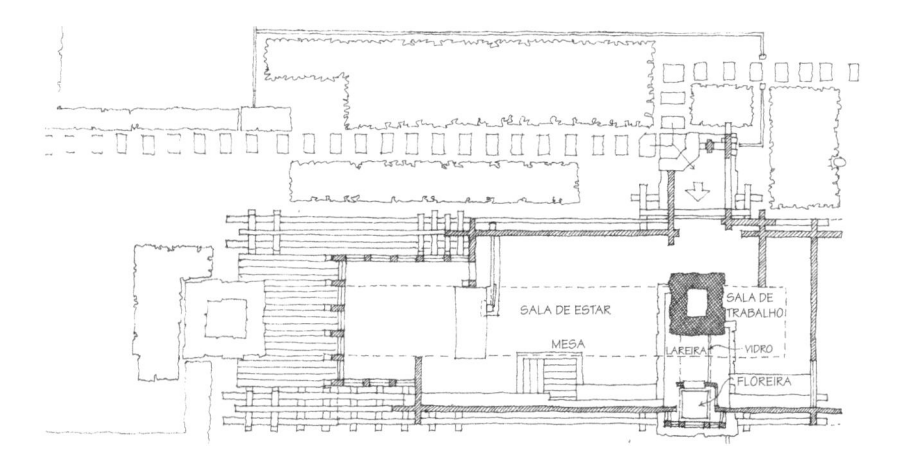

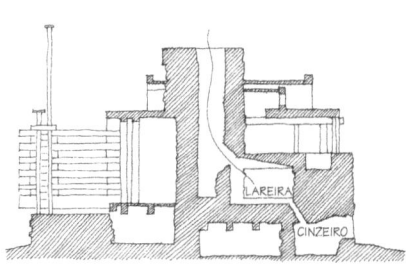

TIPOS DE LUGARES PRIMITIVOS **81**

Nesta cabana de Rudolf Schindler, uma lareira aquece dois cômodos. Ela também é dotada de um cinzeiro que pode ser esvaziado a partir do exterior.

Em grandes recintos, um fogo consegue aquecer somente uma parte do espaço; a esfera de calor não chega às paredes. Nessas circunstâncias, o fogo, como um fogo aceso ao ar livre, identifica um lugar pequeno próprio dentro de um lugar maior. Às vezes, isso também é reconhecido em termos de arquitetura. Abaixo, encontra-se a planta baixa de duas dentre várias "moradias cooperativas" projetadas por Barry Parker e Raymond Unwin (em 1902, aproximadamente) para "uma cidade de Yorkshire". Se tivessem sido construídas, fariam parte de um quadrado de casas similares, também dotadas de recintos de uso comum para atividades sociais. Na planta baixa à direita, é possível perceber que o lugar ao redor da lareira é identificado arquitetonicamente como um "nicho de lareira". Observe, também, como Parker e Unwin identificaram outros "lugares secundários" dentro da sala de estar: um lugar para se sentar junto à janela; um lugar à mesa para comer; um lugar para o piano; um lugar para estudar.

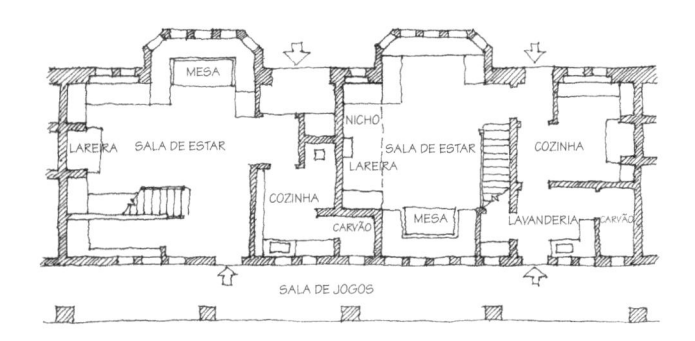

Em casas com calefação central, a lareira perde importância enquanto fonte de calor, mas pode conservar sua função como foco de um lugar específico para sentar-se e ler, conversar, tricotar ou, talvez, cochilar. Em vez de precisar preencher o interior da célula, o hemisfério de calor pode ser usado simplesmente para aquecer e – mais importante – fornecer um centro vital para uma pequena parte do espaço no interior da célula, deixando que o restante seja aquecido pelo sistema de calefação central ao fundo. No projeto de Le Corbusier para a Casa Citrohan, feito em 1920 (à direita), a lareira é o foco de uma pequena parte da sala de estar, sob o balcão do quarto de vestir, e se assemelha a um nicho de lareira simplificado. O resto da casa seria aquecido por radiadores alimentados por uma caldeira posicionada sob a escada externa que leva à laje de cobertura, que, portanto, não contribuiu para a organização conceitual dos espaços de estar da casa.

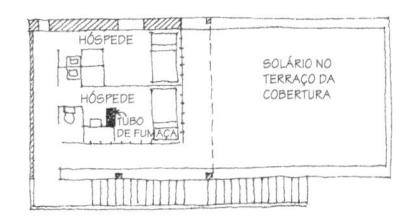

terceiro pavimento

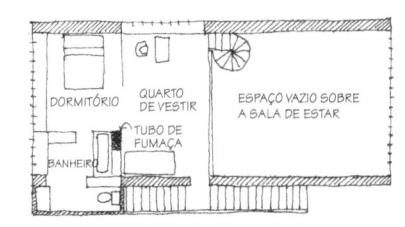

segundo pavimento

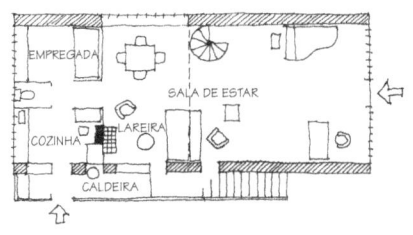

pavimento térreo

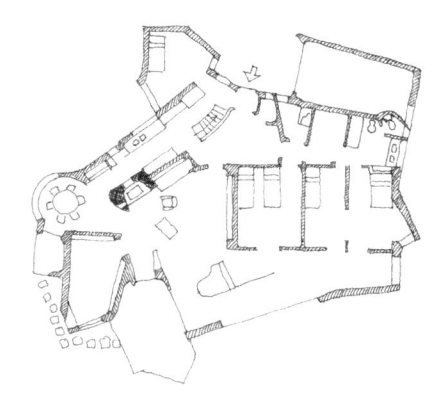

Nesta casa de Hugo Häring, a lareira é um centro estável dentro da geometria irregular dos outros espaços.

A Casa Schindler Chase (abaixo), projetada por Rudolf Schindler, possui lareiras externas que deixam claro que as salas ao ar livre no jardim são espaços de estar, assim como os cômodos encontrados no interior da moradia.

Com a calefação central, a lareira se torna praticamente redundante dentro da moradia ou, pelo menos, deixa de ser necessária para aquecer todo o espaço. Sua função na organização do espaço pode mudar nessas circunstâncias. Ela pode adotar mais o papel de uma lareira inserida em uma paisagem interna.

Nesta casa de Hugo Häring (acima, 1946), a lareira está quase que completamente desvinculada das paredes restantes. A partir de sua posição central, outros lugares – definidos pelas atividades que acomodam – são irradiados com uma irregularidade que associamos mais à paisagem externa. A próxima planta baixa é de duas casas projetadas por Rudolf Schindler, em 1922, para o próprio arquiteto e sua esposa, além de outro casal. Implantados no clima razoavelmente confortável do sul da Califórnia, os jardins são tratados como cômodos ao ar livre. Os espaços de estar externos, bem como os internos, contam com lareiras. As três chaminés estão posicionadas entre as salas cobertas e as descobertas. Abaixo, há uma planta da *Casa da Cascata*, de Frank Lloyd Wright (1935). Esta casa é bem-conhecida por ter sido construída sobre uma cachoeira. Suas lajes de piso e coberturas planas reproduzem as camadas geológicas horizontais. O poder simbólico da lareira era importante em muitas das casas de Wright. Embora não forneça todo o calor, ela funciona como foco social e centro da casa. Inserida na rocha natural, a lareira dá a impressão de ter escapado do espaço fechado da célula e retornado ao seu lugar na natureza.

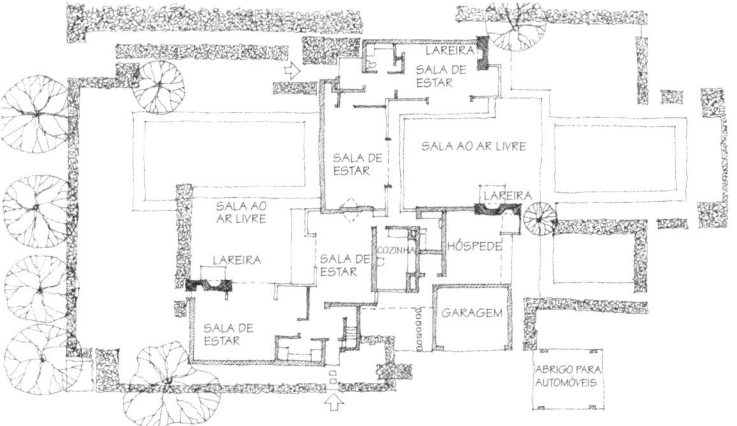

Na Casa da Cascata, parece que a lareira retornou à paisagem.

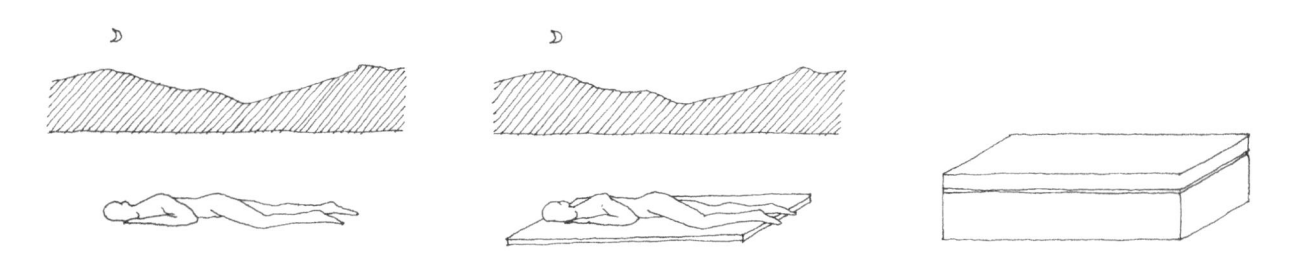

Cama – um lugar para o sonho, o sexo, a enfermidade

A cama não é apenas um móvel; conceitualmente, é um lugar. Poderíamos afirmar que o objetivo mais fundamental de uma casa é proporcionar um lugar seguro para dormir. O dormitório é sua parte mais íntima, mais privada e mais protegida. Trata-se de um lugar onde as pessoas precisam se sentir suficientemente seguras para dormir ou se recuperar de uma doença, além de ter privacidade suficiente para o sexo. As casas mais antigas continham pouco mais que o dormitório, pois a maioria das outras atividades associadas à moradia ocorria no exterior; isso ainda acontece com as casas mais primitivas. O desenvolvimento da moradia ao longo da história envolve a invenção do dormitório separado e seu isolamento progressivo em relação às outras áreas de estar internas a fim de aumentar a privacidade e a segurança. O dormitório se tornou um cômodo na periferia conceitual – e, com frequência, física – da moradia: no pavimento superior ou segregado das salas de estar, privado ao proprietário e, muitas vezes, considerado menos importante que as salas onde ocorre a recepção.

Uma cama pode ser um item de mobiliário separado, com uma forma autônoma própria, ou pode estar fixada na arquitetura da moradia. Como a lareira, a cama pode ser apenas uma área do terreno ocupada por alguém adormecido. Ou, ainda, pode ser identificada como uma área definida por um material que a torna mais confortável – folhas, grama macia, um lençol no chão, um colchão de espuma, uma toalha, um tapete. Pode ser uma plataforma, que separa a superfície onde se dorme do chão e possui uma, duas, três ou quatro paredes.

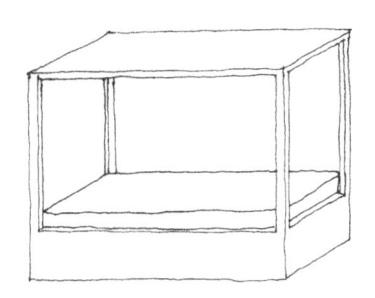

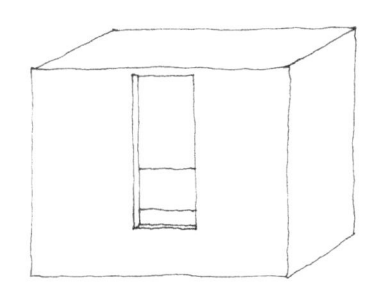

A cama pode receber uma cobertura apoiada em colunas próprias, o que a transforma em uma edícula para dormir. Pode, inclusive, ser um dormitório completo por si só – uma célula com cama.

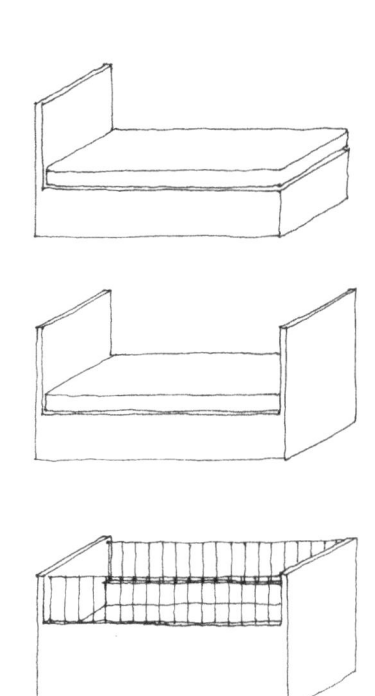

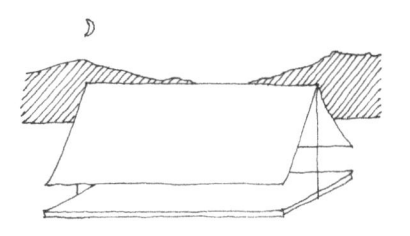

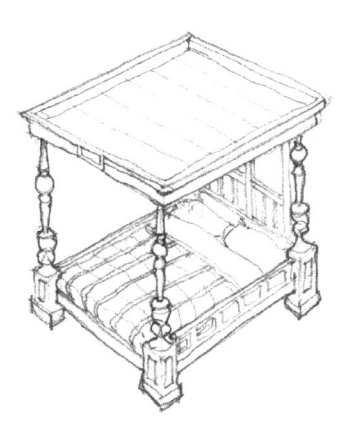

Uma cama pode ser uma edícula, que possui uma cobertura própria apoiada em colunas ou paredes.

No Castelo de Powis, no País de Gales, existe um apartamento suntuoso que é organizado espacialmente como um teatro com arco de proscênio: a cama é o palco e está inserida em uma alcova emoldurada por um arco de proscênio, sendo que, fora dele, há uma área para aqueles que desejam ter uma audiência.

Cama: *"Nestor providenciou para que Telêmaco dormisse no próprio palácio, em uma armação de cama de madeira no pórtico correspondente... Já o rei retirou-se para dormir em seu quarto, nos fundos da edificação alta".*

Além de terem uma arquitetura própria, as camas também contribuem para a composição de lugares mais complexos. Uma barraca de campismo, como uma barraca primitiva feita de galhos e folhas, é uma cobertura para a cama – uma pequena edificação.

Em edificações mais complexas, a cama não ocupa todo o espaço interno, mas, mesmo assim, tem importância para a organização dos espaços em lugares.

Segundo os relatos de Homero, de cerca de três mil anos atrás, os reis da Grécia Antiga dormiam em camas que ficavam dentro de mégarons (abaixo, à esquerda), enquanto os visitantes dormiam nos pórticos, assim como, atualmente, é possível dormir na varanda.

Algumas casas pequenas antigas tinham mezaninos para dormir construídos entre as paredes laterais na extremidade de um salão aberto; neles, a cama ficava elevada, aproveitando o ar mais quente que é coletado nos níveis superiores de qualquer espaço aquecido e liberando mais espaço no pavimento térreo. Abaixo, à direita, encontra-se o corte longo de uma minúscula cabana do País de Gales.

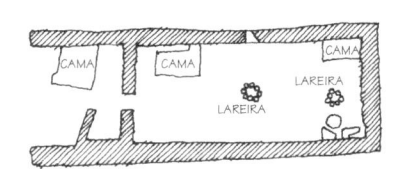

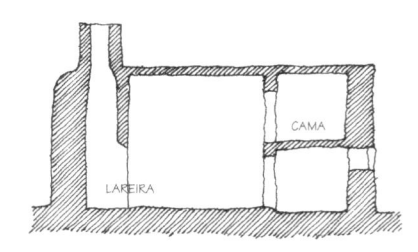

Algumas tinham camas embutidas – celas para dormir parecidas com armários e construídas ao longo da lareira. Abaixo, encontra-se a planta baixa de

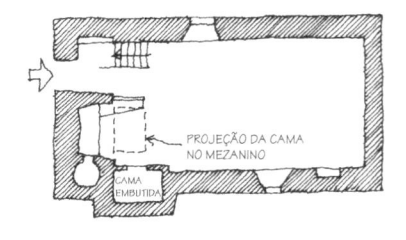

TIPOS DE LUGARES PRIMITIVOS   **85**

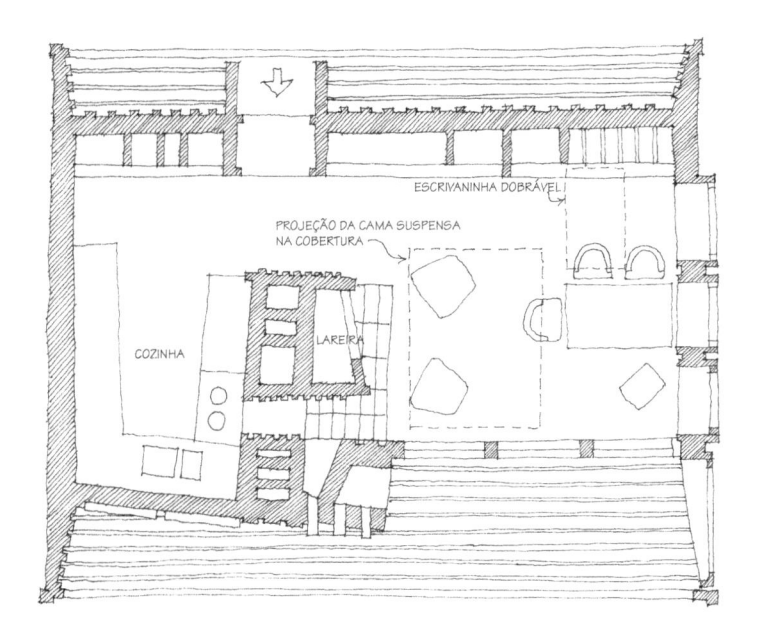

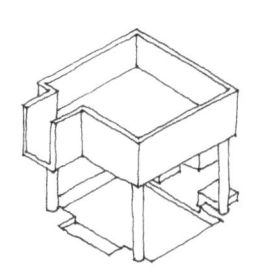

Nesta casa (à esquerda), que Ralph Erskine construiu para si mesmo ao se mudar para a Suécia, poupa-se espaço pendurando no teto os móveis que podem ser guardados, como a cama.

Em algumas de suas casas, Charles Moore fez "edículas para camas" com áreas de assentos na parte debaixo (acima).

uma casa cujo interior foi ilustrado anteriormente neste livro (no capítulo *A Arquitetura como Identificação de Lugar*). A cama do andar de cima tem mais de uma função: também cria um espaço em forma de caixa no forro abaixo, que se mantém quente e serve para armazenar e defumar carnes.

Na pequena casa do bosque (acima) que Ralph Erskine construiu para si mesmo quando se mudou para a Suécia durante a Segunda Guerra Mundial, a cama ficava suspensa no teto durante o dia, para poupar espaço.

Em algumas casas projetadas por Charles Moore, a cama é uma plataforma sobre uma edícula, com o espaço definido abaixo sendo usado como área de assentos com lareira própria (acima, à direita).

Até mesmo uma cama "comum" – um item de mobiliário móvel – contribui para a arquitetura do cômodo. No livro *The English Gentleman's House* [A Casa do Cavalheiro Inglês] (1865), o arquiteto vitoriano Robert Kerr utilizou quatro páginas e meia para discutir as posições relativas das janelas, portas, lareira e cama em um dormitório, além de comparar os leiautes ingleses, nos quais a cama é um item de mobiliário independente posicionado a fim de evitar correntes de ar (abaixo, à esquerda), com os dormitórios franceses, nos quais a cama ficava em uma alcova própria (abaixo, à direita).

Para mais informações sobre Ralph Erskine:
Peter Collymore – *The Architecture of Ralph Erskine*, 1985.

Para mais informações sobre Charles Moore:
Charles Moore e outros – *The Place of Houses*, 1974.

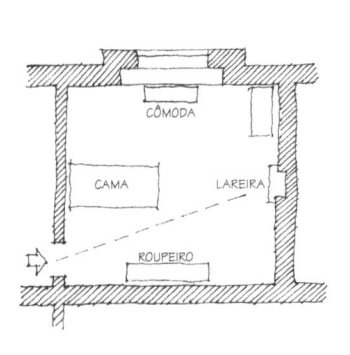

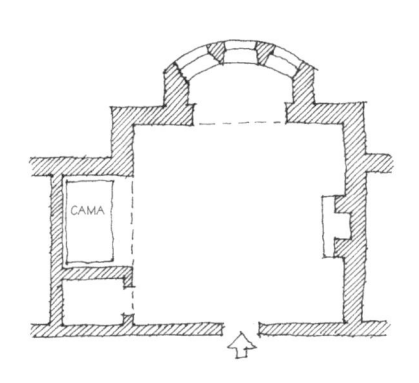

Segundo o arquiteto vitoriano inglês Robert Kerr, o dormitório do cavalheiro inglês deveria ser organizado de modo que a cama evitasse as correntes de ar; era necessário poder traçar uma linha reta da porta à lareira sem que ela fosse interrompida pela cama (mais à esquerda). Nos exemplos franceses (à esquerda, ao lado), de acordo com ele, as camas eram protegidas das correntes de ar pelo fato de possuírem alcovas próprias, planejadas dentro dos dormitórios.

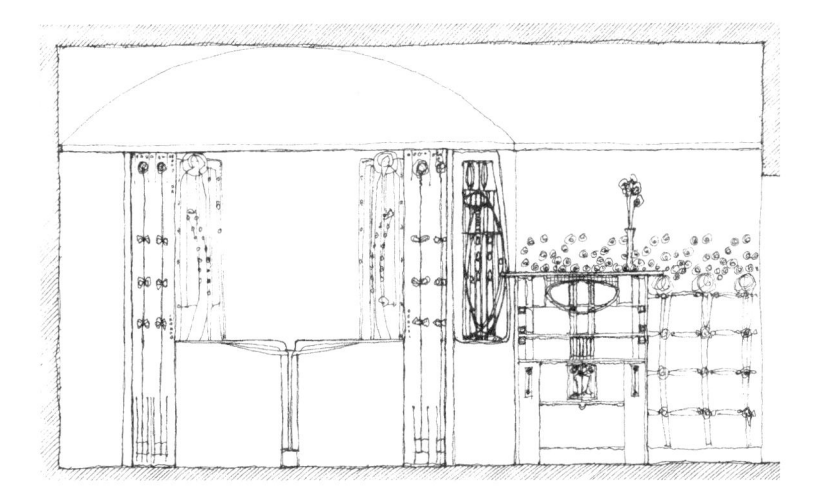

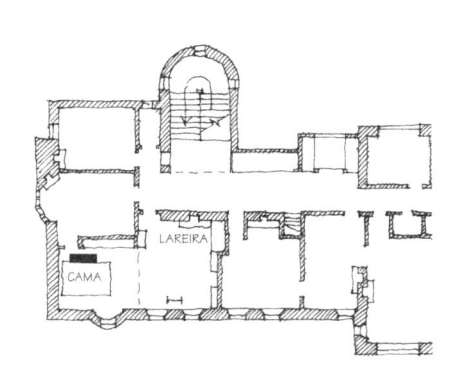

No dormitório principal da Casa da Colina (acima, corte e planta baixa), o arquiteto Charles Rennie Mackintosh colocou a cama em uma alcova própria, com teto arqueado.

Cama: *"Enquanto isso, no salão sombreado, os Pretendentes se agitaram e cada homem expressou a esperança de poder compartilhar sua cama".*

Na Casa Farnsworth, de Mies van der Rohe (ao lado), os lugares das camas não são identificados pelos cômodos, mas sim de maneiras mais sutis.

Para mais informações sobre Mackintosh:
Robert Macleod – *Charles Rennie Mackintosh, Architect and Artist,* 1968.

Para mais informações sobre Mies van der Rohe:
Philip Johnson – *Mies van der Rohe,* 1978.

A Casa da Colina foi construída em Helensburgh, Escócia, em 1903, com projeto do arquiteto Charles Rennie Mackintosh. O dormitório principal está na parte inferior esquerda da planta (acima, à direita), que mostra parte do segundo pavimento da moradia. Apesar da simplicidade aparente, Mackintosh dividiu sutilmente o cômodo em vários lugares para fins específicos. Há uma lareira com um assento. O lavatório fica na parte interna da porta. Há uma área de vestir perto das duas janelas, sendo que, entre elas, encontra-se um espelho vertical. A cama ocupa uma generosa alcova própria, com teto abobadado. Originalmente, Mackintosh pretendia definir ainda mais a alcova da cama usando duas laterais decoradas para compor uma entrada; todavia, elas não chegaram a ser construídas. O desenho acima mostra essas laterais, a cama, o lavatório e o esquema de decoração para as paredes do dormitório.

Na Casa Farnsworth (abaixo), de Mies van der Rohe, os lugares das duas camas não são identificados de maneira tão definida pela arquitetura. Embora suas posições sejam sugeridas pela organização do espaço da casa, elas assumem seus próprios lugares – em vez destes lhes serem atribuídos pela arquitetura. Nesta casa, em contraste com as casas tradicionais, os únicos lugares definidos como cômodos com paredes ao redor são aqueles que exigem privacidade: os banheiros.

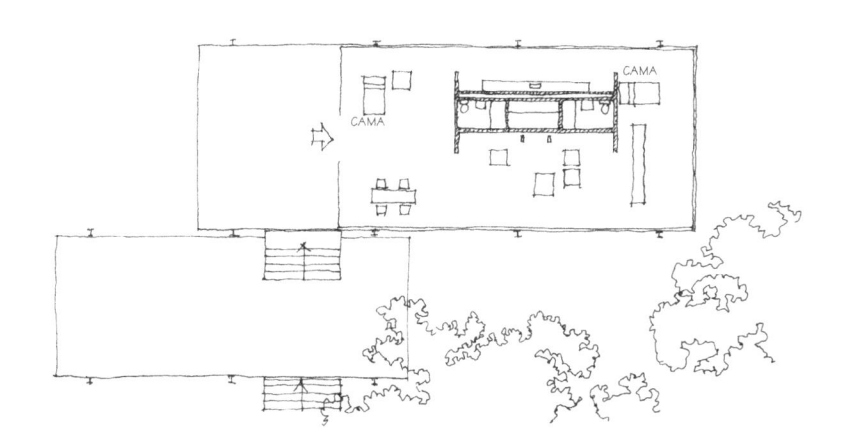

TIPOS DE LUGARES PRIMITIVOS **87**

No Stonehenge, o lugar do altar é identificado por um círculo e uma ferradura de pedras verticais. O altar não está posicionado exatamente no centro geométrico do círculo, mas sim deslocado em resposta ao acesso ao círculo e ao lado aberto da ferradura.

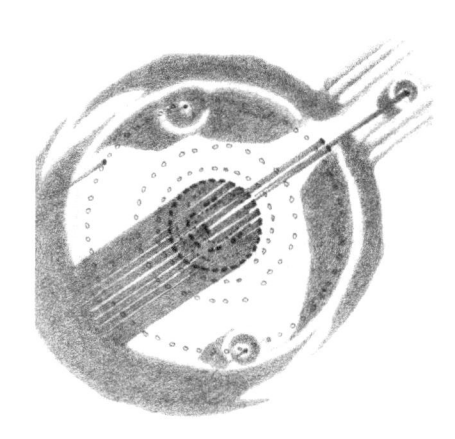

Altar – um lugar para o sacrifício ou o culto

A arquitetura de um altar pode ser mais consistente que a de uma lareira ou de uma cama. Trata-se quase sempre de uma mesa (plataforma) para um ritual ou sacrifício simbólico – ou que desempenhe o papel de foco para o culto.

No Antigo Egito, os altares eram mesas nas quais se colocavam alimentos e bebidas para os faraós mortos. Os altares ficavam escondidos nos cômodos mais recuados dos templos funerários anexados às bases das pirâmides. Embora não estivessem ao alcance da visão do público e fossem frequentados apenas pelos sacerdotes, geralmente eram posicionados no eixo leste-oeste da pirâmide e no maior eixo do templo. Acima, à direita, há um pequeno exemplo primitivo da pirâmide de Meidum.

Os mesmos princípios de organização do espaço se aplicam em um exemplo muito maior e mais complexo: a pirâmide de Quéfren (que faz parte do famoso grupo de Gisé, à direita). O templo funerário fica na base da pirâmide (no topo do desenho); o altar é uma pequena câmara perto da pirâmide; o espírito do faraó chegaria à comida por meio da *imagem* de uma porta que, aparentemente, levava para o interior da pirâmide.

Na Grécia Antiga, os altares ficavam posicionados fora dos templos. Já a imagem do deus encontrava-se no interior. O altar e o deus dentro do templo estão conectados pelo longo eixo que compartilham. Como nas pirâmides egípcias, normalmente era o eixo leste-oeste.

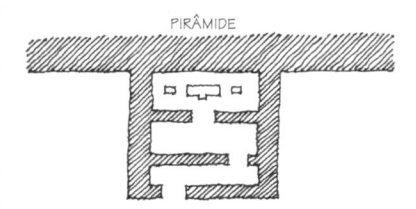

No templo da pirâmide de Quéfren (abaixo, à esquerda), o altar está escondido no final dos corredores em forma de labirinto. O espírito do rei deus viria coletar o alimento através de uma porta falsa que "conectava" a câmara com o interior da pirâmide (no topo do desenho).

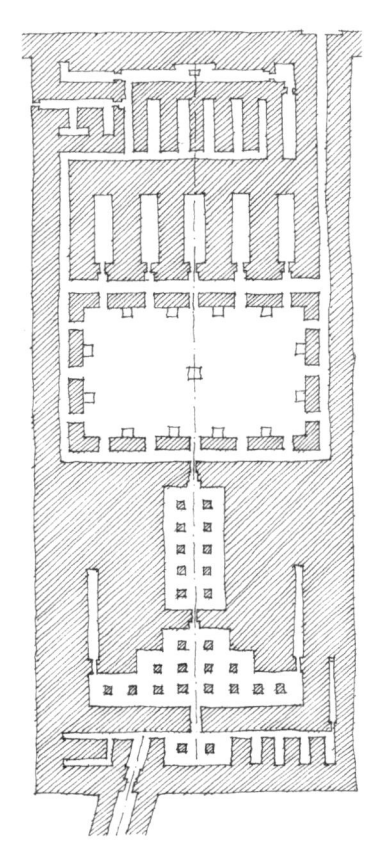

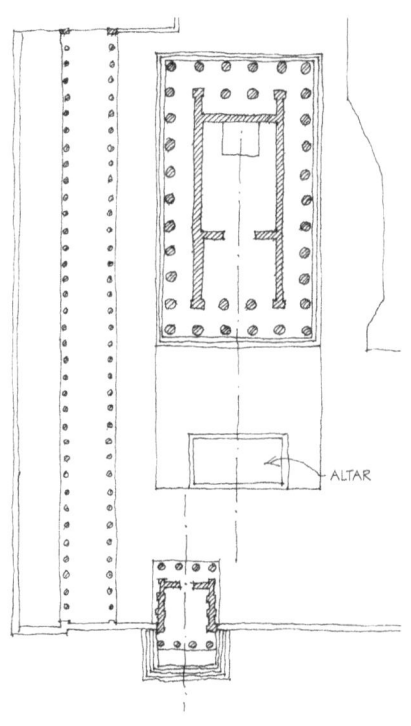

O altar de um santuário da Grécia Antiga (acima) era colocado do lado de fora do templo. Este é o templo de Atena Polias em Priene.

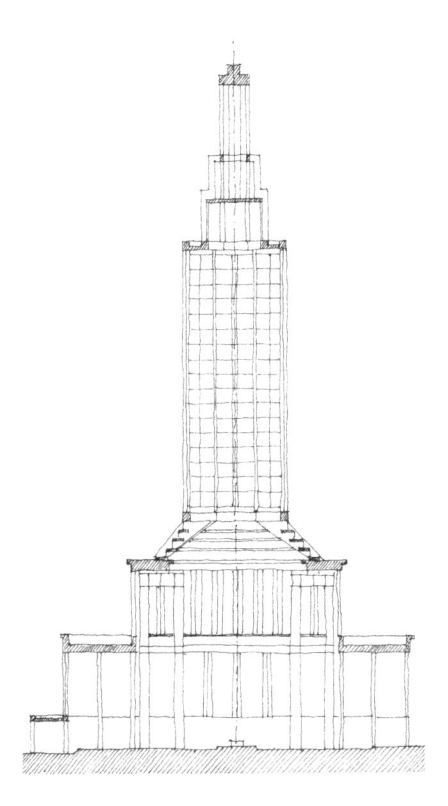

A flecha de uma igreja tradicional funciona como um marcador, identificando o lugar do altar de uma maneira que pode ser vista a quilômetros de distância.

Nas igrejas e catedrais medievais, o altar fica na parte de dentro. O altar de Santa Maria del Mar, em Barcelona (abaixo, à esquerda), está relacionado com um eixo leste-oeste que serve de estruturador para a edificação inteira. O principal objetivo de todas as igrejas cristãs é identificar o lugar do altar. Aqui, é evidente a maneira como a estrutura da edificação está focada nele.

Durante o Renascimento, alguns arquitetos e teólogos puseram-se a refletir sobre a posição do altar no centro da igreja, e não em uma de suas extremidades. Na Basílica de São Pedro, em Roma (abaixo, à direita), o altar alto se localiza no centro da parte principal da edificação. Uma ampliação da nave central impede que a edificação se torne uma igreja totalmente centralizada. Algumas igrejas do século XX também possuem plantas baixas centralizadas. À esquerda, encontram-se o corte e a planta baixa de uma igreja em Le Havre, França, projetada por Auguste Perret e construída em 1959. A igreja é, essencialmente, uma grande flecha que – como as flechas das igrejas medievais tradicionais – também iden-

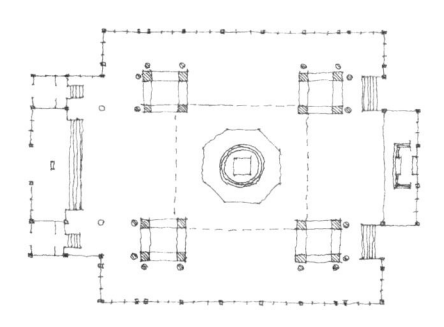

Esta igreja (acima, planta baixa e corte), projetada por Auguste Perret, é uma grande flecha. O altar ocupa uma posição central, diretamente abaixo da flecha.

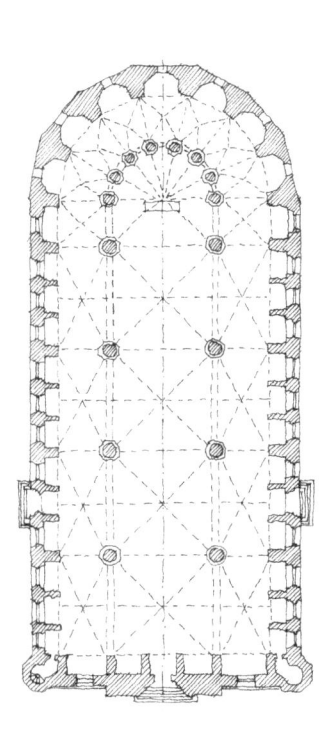

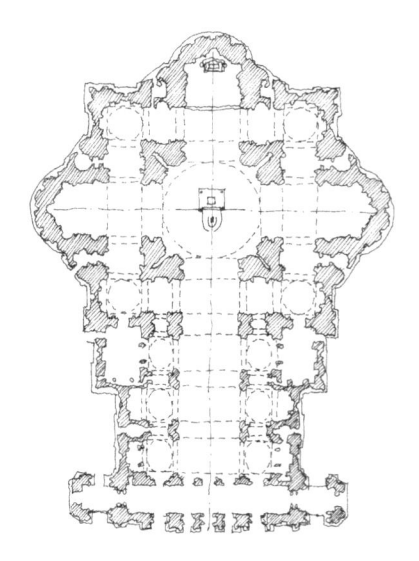

Na igreja de Santa Maria del Mar, em Barcelona (à esquerda), a geometria da estrutura se concentra no altar no centro. Na Basílica de São Pedro, em Roma, o altar está perto do foco de dois eixos (acima).

TIPOS DE LUGARES PRIMITIVOS **89**

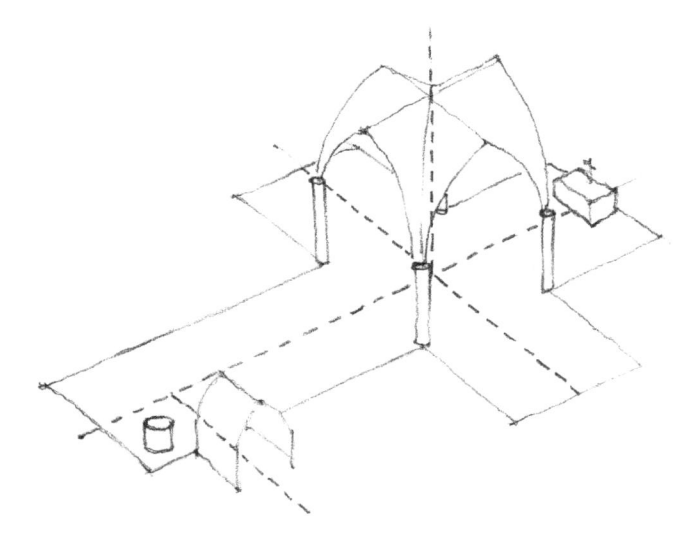

Em uma igreja tradicional, o lugar do altar é identificado pelo eixo da edificação. Com frequência, a entrada fica posicionada para que as pessoas que entram na igreja não acessem esse eixo diretamente.

tifica o lugar do altar. Na igreja de Perret, o altar ocupa três eixos: os dois eixos horizontais e o vertical.

Também é possível identificar o lugar do altar pelo efeito da perspectiva de um espaço longo. Esse efeito funciona porque o altar se encontra sobre o eixo maior da edificação. Esses eixos são extremamente poderosos, tanto simbólica quanto arquitetonicamente, fazendo com que as entradas das igrejas muitas vezes sejam posicionadas de modo a evitar o acesso direto. Tal leiaute – que costumamos associar com as igrejas e catedrais cristãs – parece remontar ao início da história, com os templos funerários nas bases das pirâmides egípcias. Como o arranjo simétrico já havia se tornado bastante ortodoxo no século XX, muitos arquitetos estavam ávidos a explorar outras formas de posicionar o altar dentro da igreja.

O eixo de uma igreja faz parte de uma perspectiva que foca o altar.

Altar: *"Um vento uivante soprava e nossos navios percorriam esplendidamente as artérias de peixes, chegando a Geraestus durante a noite. E colocamos muitos pernis de bois no altar de Poseidon depois de cruzar aquela faixa cansativa de água".*

Altar: *"Então, ela puxou uma mesa polida em sua direção, e uma governanta séria trouxe um pouco de pão e colocou ao seu alcance, junto com uma porção de guloseimas, servindo-os tudo que pôde oferecer. Enquanto isso, um funcionário lhes cortou fatias de várias carnes que escolheu dentre as que ele trazia na bandeja; ao lado deles, pôs taças de ouro, que um garçom encheu de vinho ao passar por ali em suas frequentes voltas".*

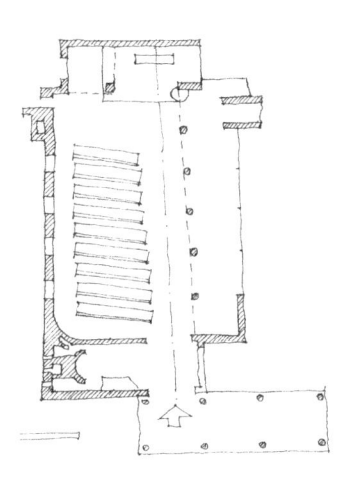

Na Capela do Cemitério de Turku, Erik Bryggman testou um arranjo assimétrico em torno do eixo do altar.

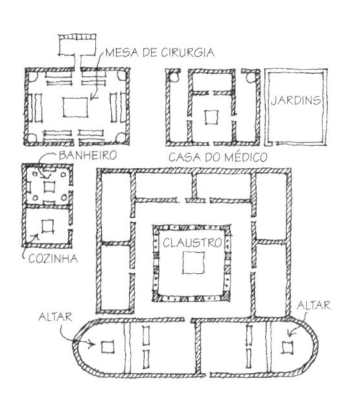

Na Abadia de Saint Gall (parte da planta está acima), a sala de cirurgia tinha um leiaute similar ao de uma capela, fazendo da mesa de cirurgia um altar. A antiga planta, de onde foi extraída esta parte, está exposta em seu próprio "altar", na Stiftbibliotek em Saint Gallen, Suíça.

A Capela do Cemitério de Turku, na Finlândia (acima), projetada por Erik Bryggman e construída em 1941, tem planta assimétrica, mas o altar permanece sendo o foco da edificação. O destaque se dá graças ao eixo da entrada e o caminho que leva até ele (como nas plantas de igrejas mais tradicionais); porém, ao criar um leiaute assimétrico, o arquiteto reconheceu a relação entre o interior e o exterior da igreja. O contexto da igreja é assimétrico: o leiaute permite que o sol entre para iluminar o nicho do altar e que a congregação olhe para o exterior através da parede de vidro ao sul.

Na arquitetura, isso também ocorre com coisas que não são altares propriamente ditos. Esta é uma parte da antiga planta da Abadia de Saint Gall, na Suíça (esquerda). Ela data do século IX d.C. e mostra a enfermaria prevista. A mesa de cirurgia e o cômodo têm o mesmo tipo de relação arquitetônica que o altar e sua capela.

Muitas coisas comuns do cotidiano podem funcionar como altares. Quando alguém dedica uma mesa a objetos comemorativos do time de futebol preferido, ela pode funcionar como um altar (1). O curador de um museu pode colocar objetos preciosos em altares próprios (2). Uma avó poderia colocar fotografias

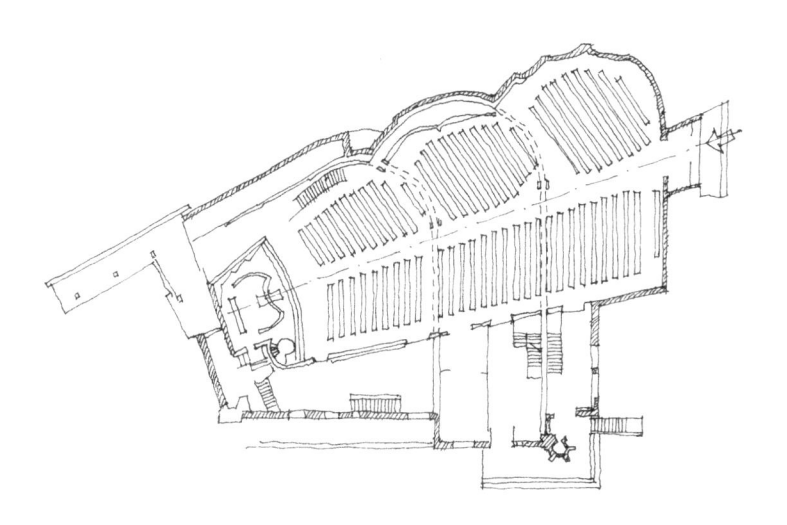

O projeto de Alvar Aalto para a Igreja de Vuoksenniska, em Imatra, na Finlândia, tem planta assimétrica. Ainda assim, de várias maneiras, o edifício está focado no altar.

TIPOS DE LUGARES PRIMITIVOS   **91**

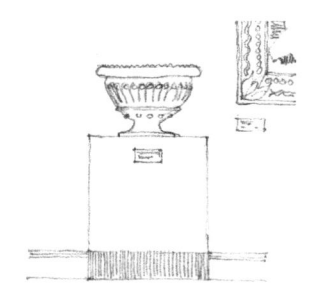

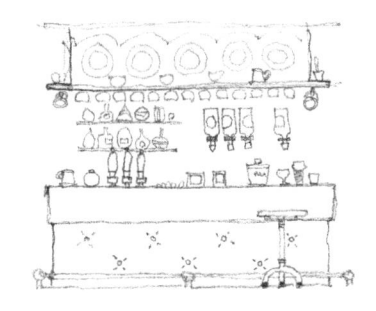

sobre o piano, transformando-o em um altar à sua família (3). Algumas pessoas podem considerar um bar como sendo um altar à bebida (4), uma mesa, à comida (5). O forno da cozinha pode ser como um altar ao ato de cozinhar (6). O consolo da lareira pode ser um altar ao fogo e também um suporte para os ornamentos (7). O toucador é um altar para o uso próprio de um indivíduo (8). Muitos jogos são disputados em "altares": a máquina de jogos é um altar à aquisição de dinheiro pela sorte, uma mesa de sinuca é um altar ao jogo mítico de habilidade e sorte (9). Uma mesa de cirurgia pode ser vista como um altar sobre o qual os pacientes são tratados pelo "grande sacerdote", o cirurgião (10); a mesa mortuária é um altar para os fracassos dele (11).

Enquanto plataforma, o altar coloca o que quer que esteja carregando em um plano acima do ordinário e, dessa forma, torna seus objetos especiais e merecedores de atenção. As mesas de desenho e telas de computador em que os arquitetos trabalham são altares aos misteriosos processos do projeto de arquitetura.

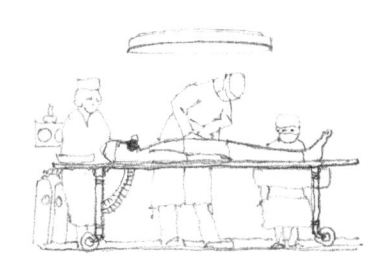

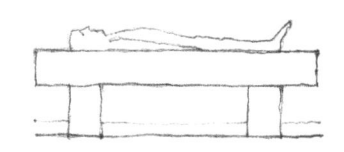

Quando um palhaço se apresenta em uma área de terreno, ela se transforma em um palco.

Lugar para apresentação: *"Então, eles varreram a pista de dança e abriram um anel amplo o suficiente para a apresentação... O menestrel avançou, em seguida, até o centro; um grupo de dançarinos experientes, todos no auge da juventude, assumiram seus lugares ao redor dele; e seus pés tocaram o piso sagrado com movimentos cintilantes que encheram Odisseu de admiração enquanto assistia".*

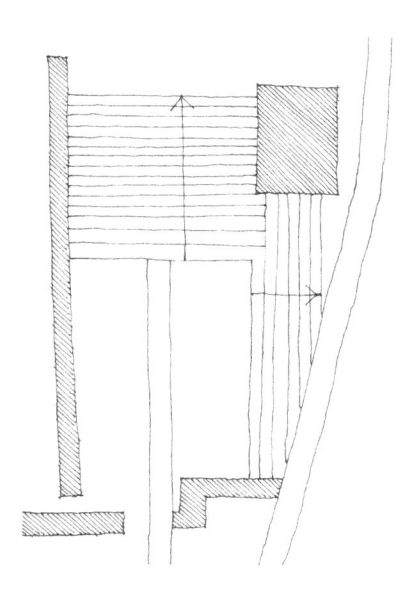

Do lado de fora do Palácio de Cnossos, existe um pequeno lugar para apresentação definido por arquibancadas distribuídas em torno de um pavimento plano (acima).

Teatro – um lugar para apresentação

Uma apresentação precisa de espaço: para o ritual religioso, a dança, a música, o teatro, o futebol. Não é um lugar tão centralizado quanto uma lareira ou um altar. Um lugar para apresentação também precisa estar protegido da intrusão dos que não estão envolvidos nela, que podem ser espectadores.

Quando um palhaço se apresenta em um campo, este se torna um palco. Ele define a área por meio de seus movimentos e ao posicionar seus acessórios. Ele a protege da intrusão pela força de sua presença e personalidade artística. O círculo de espectadores que ele atrai também contribuiu para a identificação do lugar, para a arquitetura de seu teatro improvisado.

Em tempos primitivos, um lugar para a apresentação de rituais pode ter sido apenas uma clareira na floresta ou uma área de relva pisoteada. Todavia, por meio dos poderes da arquitetura, os lugares para apresentação podem ficar mais formais e permanentes.

Nas culturas minoica e micênica, há cerca de 3500 anos, a "pista de dança" – *orquestra* – era um lugar específico. À direita, há um exemplo do Palácio de Cnossos, na ilha mediterrânea de Creta. Acredita-se que foi construído por Dédalo, arquiteto do Rei Minos, como um lugar para sua filha Ariadne dançar. No entanto, também pode ter sido um lugar para exibir os touros antes que estes fossem levados ao pátio interno do palácio, onde lutavam com jovens minoicos. Essa pequena pista de dança é uma área pavimentada plana, quase retangular, com degraus baixos para se sentar nas duas laterais. O escalonamento dos degraus aproveita o caimento natural do terreno.

Aproximadamente mil anos mais tarde, os arquitetos conseguiram formalizar o teatro externo no teatro da Grécia Antiga, que era muito maior e mais organizado geometricamente, mas que também tirou partido dos desníveis do terreno.

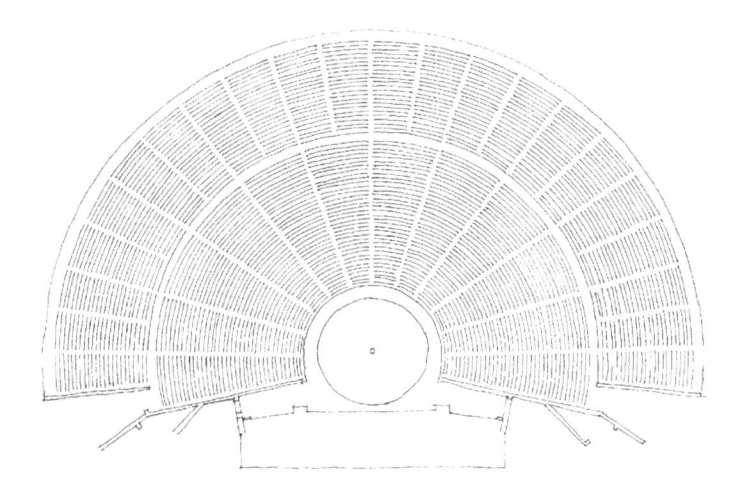

O antigo anfiteatro grego é a formalização dos locais de apresentação na paisagem.

Em um teatro, o arco de proscênio é uma janela metafórica entre o mundo comum e um mundo imaginário. O efeito da separação é realçado pelo contraste entre a luz do auditório e a luz do palco. Efeitos parecidos podem ocorrer em situações mais cotidianas: uma janela voltada para a rua; um banco no parque colocado sob a sombra, mas voltado para as pessoas que passam por um caminho iluminado; uma varanda que dá para o mar sempre em movimento.

No teatro grego, havia um edifício – o *skene* – atrás da *orkestra*, que, na dramaturgia grega, servia de fundo para a ação. No decorrer dos períodos romano e moderno, esse edifício começou a ser usado como local para o próprio espetáculo – um palco. E, assim como o altar, ele foi trazido para dentro. No teatro grego, a magia do local de apresentação era definida pelo círculo da *orkestra*. Nesse tipo de teatro, o mundo especial dos atores e o mundo comum da plateia eram separados pela plataforma do palco e por sua abertura retangular – uma janela para um mundo de faz de conta. Com o desenvolvimento do cinema e da televisão, a janela para outros mundos tornou-se mais abrangente, e a transgressão, impossível.

Alguns arquitetos tentaram projetar locais de apresentação onde a separação entre os artistas e os espectadores fosse menor. Ao projetar a Filarmônica de Berlim (1956, abaixo à direita), Hans Scharoun estava determinado a não ser ortogonal. Nesta planta, ele colocou os artistas sobre o palco, não em frente à plateia, mas cercados por ela. Os ouvintes sentam-se em assentos escalonados, como se estivessem na encosta de um pequeno vale. A santidade do local de apresentação é preservada pela plataforma, embora diminua a distância entre a plateia e os músicos.

Muitos lugares podem ser vistos como locais de apresentação. Como o palhaço na arena, os teatros de rua criam seus próprios palcos nos espaços públicos possíveis de uma cidade. As cerimônias religiosas e missas são realizadas no interior de igrejas, mesquitas, templos, etc. Quadras esportivas, arenas de touradas e ringues de pugilismo são palcos de confrontos competitivos. Para aquele que está sentado à janela de um café, a vida que se passa na calçada do lado de fora é como uma peça sutil, com muitos atores inesperados. Os cômodos de uma casa são os cenários de rituais diários e dramas domésticos.

*   *   *

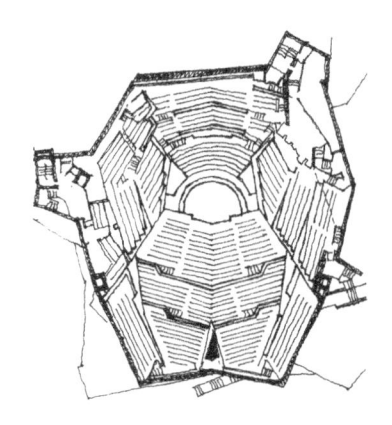

Na Filarmônica, uma sala de concerto localizada em Berlim e projetada por Hans Scharoun, os músicos ficam cercados pela plateia. O efeito é similar a uma paisagem interna cercada por colinas ao redor de uma clareira, onde a orquestra se apresenta.

Há muitos outros tipos de lugares primitivos – tipos demais para que possamos cobrir aqui: lugares para cozinhar, lugares para guardar coisas (garagens, depósitos de barcos, depósitos de lenha e madeira, bibliotecas, despensas, cristaleiras, roupeiros, museus, arquivos); lugares organizados por pessoas para discutir assuntos (câmaras de vereadores, parlamentos, salas de reunião); santuários; tronos; lugares para vender e trocar algo (lojas, bancos); lugares para trabalhar (ateliês, oficinas, escritórios); lugares para ficar de pé e falar; lugares para banhar-se.

Um lugar para ficar de pé e falar pode ser apenas uma pedra proeminente acima do local onde fica a plateia, como a rocha na qual subiu o oráculo Sibila no santuário de Delfos. Pode ser um balcão em uma conferência de negócios ou a

94   ANÁLISE DA ARQUITETURA

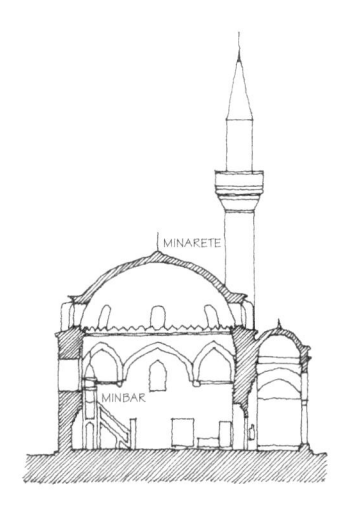

Banho: *"Enquanto isso, a bela Policasta, filha caçula do Rei Nestor, banhou Telêmaco. Depois de lavá-lo e passar óleo de oliva em seu corpo, deu-lhe uma túnica e pôs um fino manto sobre seus ombros, para que ele saísse do banho com a aparência de um deus imortal".*

O tradicional hamam *(abaixo, desenho superior) e as termas de Zumthor, em Vals, na Suíça (abaixo, desenho inferior) são composições de lugares onde se pode ter uma variedade de experiências sensuais.*

mesa de um auditório ou sala de aula; o púlpito de uma igreja ou o *minbar* de uma mesquita.

Um lugar para banhar-se pode ser o mar, um rio ou um corpo de água fresca e cristalina sob uma estrondosa cachoeira. Pode ser a banheira comum encontrada em um banheiro doméstico ou o complexo de cômodos de uma terma romana ou um *haman* turco (à direita), onde se pode fazer uma sauna e receber uma massagem. Nas termas de Vals, na Suíça (abaixo à direita), projetadas por Peter Zumthor e construídas em 1996, há cômodos para satisfazer cada sentido humano. Há piscinas para banhar-se: uma no exterior (para onde é possível nadar vindo do interior) e outra no interior. Também há piscinas menores ocultas naquilo que parecem ser enormes pilares estruturais; uma piscina de água fria; uma piscina térmica; uma piscina com a fragrância de pétalas de rosa boiando na água; uma piscina em uma câmara de pedra murmurante, que é acessada a nado através de um túnel. Além disso, há banhos turcos, duchas, salas de massagem e uma capela onde é possível beber as águas termais. Parcialmente encravadas na colina, e parcialmente voltadas para um vale suíço nas montanhas em frente, as termas de Vals atingem um nível de sofisticação que agrada a sensualidade primitiva do ser humano.

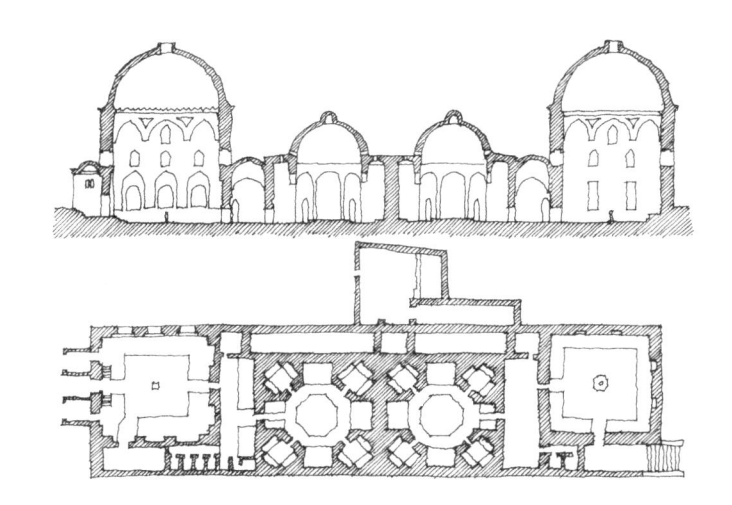

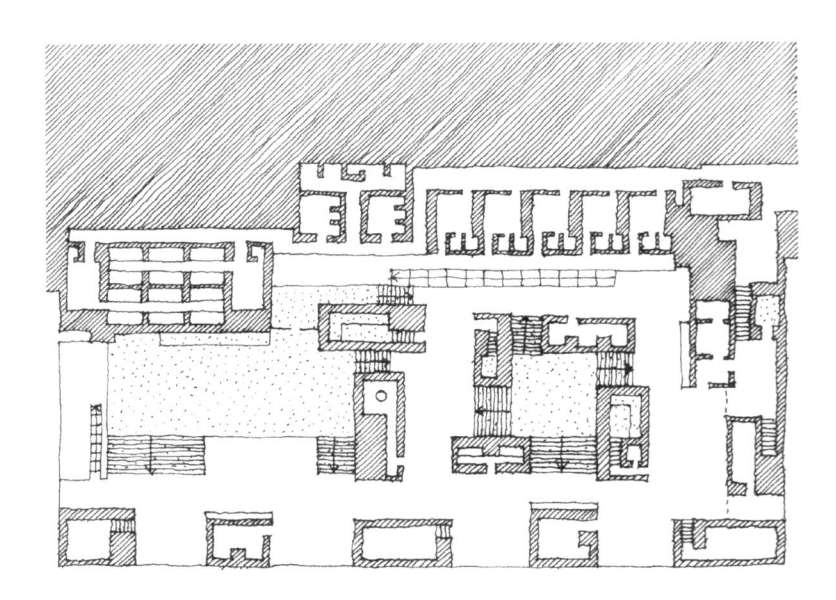

Nessa escultura, a imagem de uma pessoa (chamada Rhodia) está emoldurada pela representação de uma edificação. Além de ser uma composição pictórica e um memorial, ilustra o reconhecimento de que edificações são "molduras" nas quais as pessoas vivem, e podem ser identificadas pelas pessoas que nelas habitam. (A escultura é uma estela funerária do Egito, e tem cerca de 1.200 anos de idade.)

A arquitetura como a arte de emoldurar ou estruturar

"Quando uma criança nascia em uma casa de coral, os membros femininos do núcleo familiar realizavam um ritual que determinava a posição social da criança. O bebê era levado ao redor da casa e em cada cômodo se contava à criança quem lá dormia ou trabalhava, o quê aquelas pessoas possuíam e qual era a sua relação com a criança. É claro que a criança nada entendia, mas as mulheres do grupo aprendiam ou reforçavam suas posições hierárquicas e as de todo mundo... As áreas da casa e os objetos associados a elas se tornavam referências de como se comportar com os indivíduos que ocupavam tais espaços. Esse ritual era necessário para deixar a relação de poder clara para todo mundo na casa... À medida que a criança crescia no lar, ela aprendia o seu lugar na casa e na sociedade."

Linda W. Donley-Reid – "Uma estrutura estruturadora: a casa Swahili", em Susan Kent, editora – *Domestic Architecture and the Use of Space*, 1990.

A arquitetura como a arte de emoldurar ou estruturar

Arquitetura se assemelha mais com a criação de uma moldura que com a pintura de um quadro; é mais uma questão de fornecer um acompanhamento para a vida do que propriamente viver.

Certamente, a arquitetura é capaz de emoldurar "quadros" – como o retângulo de uma janela emoldura a vista das colinas distantes; a porta, a silhueta de uma pessoa; um arco, o altar de uma igreja.

Também é possível compor obras de arquitetura, na paisagem urbana e natural, como se elas próprias fossem os objetos de um quadro, talvez para serem vistas de um ponto específico ou prontas para serem pintadas por um artista.

Entretanto, o fim primordial da arquitetura não é conseguir composições "pitorescas" (ainda que, às vezes, seja apresentado desse modo); tampouco o poder de emoldurar se limita a colinas distantes ou a alguém parado a uma porta. As dimensões da arquitetura incluem mais que as duas da moldura de um quadro. Incluem, evidentemente, a terceira dimensão espacial, mas também há a dimensão do tempo – que envolve movimentos e mudanças – e as dimensões mais abstratas e sutis: padrões de vida, trabalho e ritual. Os produtos da arquitetura podem emoldurar deuses; podem emoldurar os mortos; podem até mesmo emoldurar o animal de estimação da família. Porém, talvez seu objetivo mais nobre seja emoldurar a vida.

Pensar na arquitetura como a arte de emoldurar ou estruturar é concebê-la como identificação de lugares. As molduras definem limites. Elas fazem uma

Uma janela emoldura a vista de uma sala. Mas a própria sala emoldura a vida que acomoda. A porta emoldura as pessoas que entram e saem. A cadeira é uma moldura esperando que alguém se sente nela. O armário emoldura posses. A mesa emoldura refeições. Até mesmo o pequeno vaso emoldura sua única flor. E a televisão emoldura imagens do mundo distante lá fora.

Estamos acostumados a ver o mundo por meio de molduras: as molduras das janelas, dos quadros, das telas de televisão, as molduras e submolduras das telas de computadores. Poderíamos afirmar que, como emolduram lugares distantes, constituem uma arquitetura abstrata e suprarreal. A Internet, por exemplo, é uma forma de arquitetura que reinterpreta ou se sobrepõe ao mundo físico.

Uma imagem fotográfica exibe a edificação como um objeto, mas não nos permite percebê-la como uma moldura. Nossas experiências de uma edificação na realidade – quando ela nos emoldura em vez de estar contida dentro da moldura de um quadro – são muito diferentes de quando a vemos em uma fotografia.

Com frequência, as fotografias representam as edificações não como molduras, mas como objetos. Essa é uma consequência do processo da fotografia, que envolve a colocação de uma moldura bidimensional ao redor de algo. O processo nos priva de perceber as edificações como molduras, transformando-as em objetos que, por sua vez, são emoldurados. O mesmo problema afeta a representação de edificações no computador.

As fotografias também mentem. Nos periódicos de arquitetura, elas costumam ser compostas ou cortadas para mostrar o melhor aspecto das edificações e, possivelmente, eliminar aspectos desagradáveis do entorno.

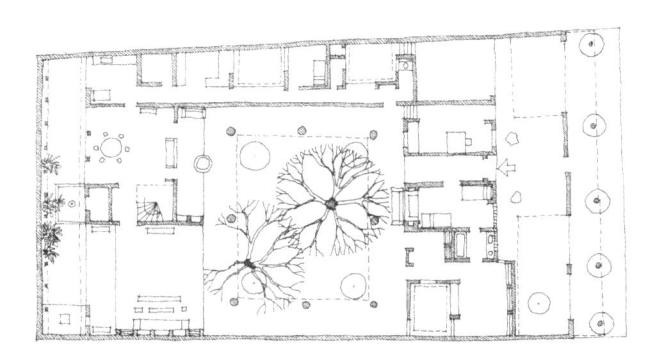

mediação entre aquilo que está emoldurado e o "mundo exterior". Os produtos da arquitetura são molduras multidimensionais e com diversas camadas; as salas onde trabalhamos, os campos onde praticamos esportes, as ruas pelas quais nós dirigimos, a mesa em que a família come, os jardins em que nos sentamos, as pistas em que dançamos, são "molduras". Juntas, constituem uma *estrutura* complexa e extensa dentro da qual nós vivemos e que, apesar de vasta, pode ser como o acompanhamento musical que determina a métrica de uma canção, sendo, ao mesmo tempo, um apoio e uma disciplina.

A planta baixa acima mostra como uma obra de arquitetura emoldura a vida. Trata-se de uma casa em Colombo, no Sri Lanka, projetada pelo arquiteto Geoffrey Bawa e construída em 1962. A casa como um todo é emoldurada pela parede externa junto à divisão do terreno, mas também contém muitas outras molduras. As salas de estar e dormitórios emolduram atividades sociais e o ato de dormir; a mesa de jantar emoldura as refeições; os pátios internos emolduram as árvores, plantas, fontes e as grandes pedras que contêm; até mesmo a banheira é uma moldura – e a garagem emoldura o carro.

Em inglês, a palavra *frame* [moldura, marco, estrutura] vem da palavra inglesa antiga *framian*, que significa "ser útil". Uma moldura é "útil" porque fornece suporte. A estrutura física de algo – um tear, um corpo, uma edificação – é sua estrutura; sem ela, não teria forma. A moldura também "ajuda" ao definir espaço: ela cria demarcações e uma relação ordenada entre os "interiores" e os "exteriores". A moldura é um princípio de organização. Seja uma moldura de quadro, um cercado para ovelhas ou um cômodo, raramente (ou nunca) é suficiente por si só (exceto, talvez, na figura poética da "estrutura vazia"). Ela possui uma relação com aquilo que emoldura (na realidade ou de forma potencial) e com aquilo que está no "exterior", colocando algo no lugar. O "algo" pode ser um quadro ou um objeto, ou, ainda, uma pessoa (o ermitão em sua caverna, a "Sra. Clark" em sua casa, São Jerônimo em seu gabinete, alguém em seu quarto), uma atividade (tênis na quadra de tênis, a fabricação de um carro na fábrica), um animal (um porco em sua pocilga, um pássaro na gaiola), um deus (Atena no Parthenon, Vishnu em seu templo).

Esta pintura (à esquerda) é de *São Jerônimo em seu Gabinete*. Foi feita no século XV pelo pintor italiano Antonello da Messina. Por ser um quadro, tem moldura; porém, no interior da pintura, São Jerônimo é emoldurado, física e simbolicamente, pela arquitetura da edificação em que se encontra.

A moldura pode ser uma estrutura e um limite, mas sua utilidade também advém do fato de ser uma estrutura *de referência*, de acordo com a qual conseguimos compreender onde estamos. Os quadrados de um tabuleiro de xadrez, os pavimentos de um edifício de apartamentos ou as ruas de uma cidade criam

A ARQUITETURA COMO A ARTE DE EMOLDURAR OU ESTRUTURAR 99

A planta baixa desta aldeia africana não é apenas um diagrama da vida comunitária que ela acomoda: a própria aldeia é uma estrutura conceitual que responde à ordem nas vidas de seus habitantes.

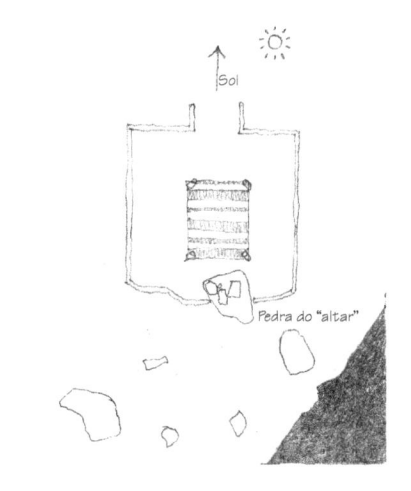

molduras que condicionam o modo como as peças, pessoas ou veículos se movem; por meio de referência a eles, é possível descrever sua localização.

Em um sentido abstrato, a moldura pode ser uma teoria. (A intenção deste livro, por exemplo, é ser "útil" ao oferecer uma estrutura de conceitos para a análise da arquitetura.) A arquitetura envolve considerar como as coisas devem ser estruturadas, tanto teoricamente (filosoficamente) quanto fisicamente. Para projetar um museu, é necessário pensar como os objetos serão exibidos e quais percursos as pessoas poderão fazer em suas galerias. Mas também envolve a adoção de uma postura teórica sobre a noção de um museu e sua função na cultura. Para projetar uma ópera, é necessário pensar como o espetáculo, e as pessoas vestidas com roupas elegantes que vêm vê-la, podem ser exibidos, o que depende de uma teoria da cultura da ópera. Até mesmo o projeto de um canil impõe o problema teórico de como se deve emoldurar um cachorro.

Em casos mais complexos, o projeto de uma casa exige teorizarmos sobre como as vidas que ela acomodará podem ser vividas e, então, produzirmos uma moldura adequada. O projeto de uma igreja pede a compreensão da liturgia – a teoria de como será usada para orações e rituais. Em todos esses casos, a arquitetura envolve a responsabilidade de sugerir uma estrutura física e teórica dentro da qual a arte pode ser vista, a ópera assistida, as danças dançadas, os deuses adorados, as carnes comidas, os produtos vendidos e assim por diante.

Nós nos emolduramos na praia ao passar tempo à beira-mar; talvez apenas com uma toalha ou traçando uma linha ao redor de uma área do terreno.

A moldura de um quadro, o expositor de um museu ou um antigo templo grego mantém algo estático, algo para o qual o tempo parou. No entanto, por meio da arquitetura, as pessoas também fazem molduras para os movimentos e as mudanças. O campo de futebol é uma moldura na qual se disputa uma batalha artificial; a rua emoldura os movimentos do trânsito; os trilhos de uma montanha russa descrevem a passagem de suas vagonetes; a igreja emoldura um percurso cerimonial, do átrio ao altar. As molduras (físicas e teóricas) são usadas para dar alguma ordem ao mundo – ou, pelo menos, à parte dele. Estas páginas, que também são molduras, foram organizadas em retângulos bidimensionais – a

Os 64 quadrados de um tabuleiro de xadrez definem a estrutura do jogo. O tabuleiro é simples e fixo, assim como a estrutura de regras, mas as partidas que podem ser jogadas podem variar de maneira quase infinita.

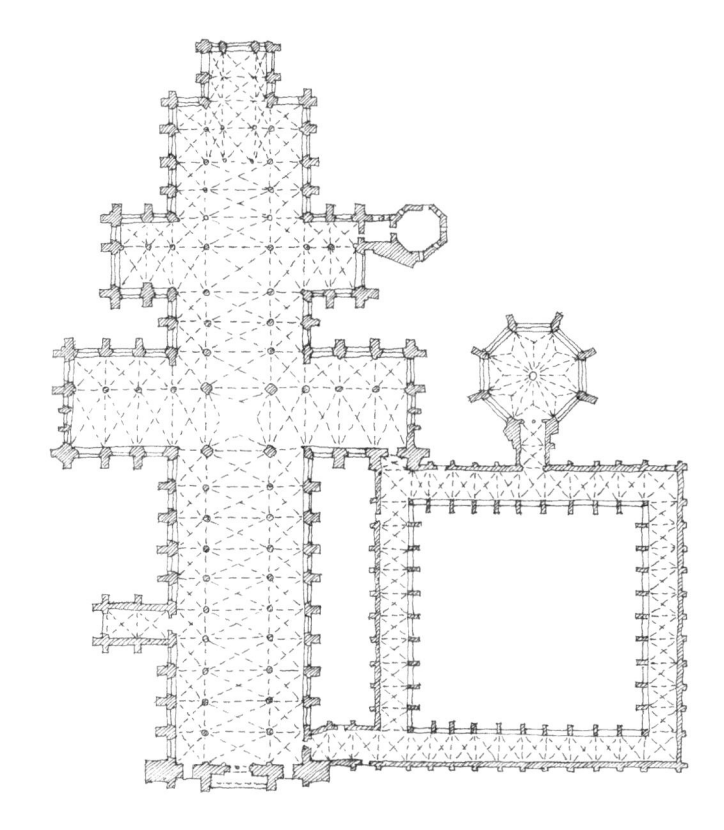

A Catedral de Salisbúria é composta por várias molduras que têm fins diferentes: o átrio delimita a entrada; a catedral delimita o altar; o altar delimita a cerimônia de preparação para a comunhão; o claustro quadrado delimita um lugar de contemplação; a casa do capítulo octogonal delimita um lugar para discussão comunitária.

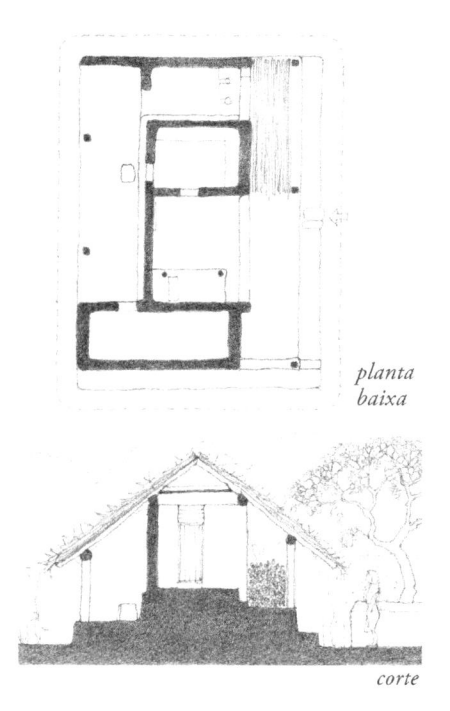

planta baixa

corte

Esta casa simples, porém requintada, em Kerala, na Índia, emoldura ou delimita a vida da senhora que mora nela.

"arquitetura" gráfica da página. Alguns programas de computador se baseiam no uso de molduras para tarefas diferentes. A variedade de tipos de molduras na arquitetura é enorme; nem sempre são simples ou retangulares.

Um dos requisitos conceituais para uma moldura é o fato de ter algo para emoldurar, mesmo se isso estiver temporária ou até mesmo permanentemente ausente. Uma cadeira não está sempre ocupada. Um cenotáfio é, literalmente, um túmulo vazio, que, apesar dessa condição, serve como uma moldura para a "ideia" da morte. Não é necessário que uma moldura contenha sempre algo, mas sua relação com o conteúdo, e com o extrínseco, é essencial.

Geralmente pressupomos que a moldura de um quadro é muito menos importante que a obra de arte que ele contém. Da mesma forma, pressupomos que o estojo de vidro que protege, por exemplo, o busto de Nefertiti no Museu Egípcio de Berlim é menos importante que o busto propriamente dito. Porém, é difícil determinar se os produtos da arquitetura são menos ou mais importantes que as coisas que emolduram.

A resposta moderada é que ambos têm uma relação simbiótica. Talvez a moldura seja secundária em relação ao conteúdo, mas o conteúdo também se beneficia da moldura – com a proteção que ela confere, a acomodação que ela proporciona, a amplificação que ela dá à sua existência. Uma sala presta serviço como moldura; o mesmo acontece com a cadeira, a estante de livros, o púlpito, o hangar de aeronaves, inclusive o abrigo de ônibus. Todos protegem, acomodam e reforçam a existência de seu conteúdo (ou seus habitantes). O relacionamento entre o conteúdo e a moldura é de reciprocidade.

Na maioria das vezes, a arquitetura é uma questão de emoldurar o comum e o cotidiano; no entanto, exemplos famosos se destacam e são memoráveis. A simples garagem azul de Laugharne, no litoral sul do País de Gales, é a moldura

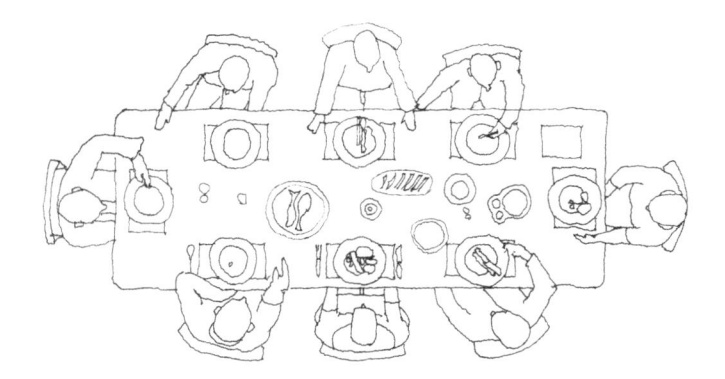

Uma mesa, em seu espaço, delimita a vida de uma refeição. Ela delimita, inclusive, as pessoas sentadas ao redor, embora estas estejam fora de seu retângulo.

da poesia escrita por Dylan Thomas; o novo palácio de Bucareste, na Romênia, pretendia emoldurar e amplificar o poder político do ditador Nicolae Ceausescu; a Cúpula da Rocha, em Jerusalém, emoldura um lugar sagrado; o campo de concentração de Auschwitz emoldurou a morte de um milhão de pessoas.

Se pensarmos dessa forma, percebemos que os seres humanos estão cercados de molduras, por meio das quais organizam seu mundo em termos de arquitetura. Ao sentar-me para escrever este livro, sou rodeado por muitas molduras: a moldura das ruas do bairro planejado onde moro; a moldura da nossa porção de terreno, nossa casa, meu gabinete. No gabinete, existem estantes que emolduram livros (que, por sua vez, emolduram ideias e fatos, histórias e outros mundos); uma mesa que emoldura uma superfície para trabalhar; uma mesa de desenho; janelas; uma porta; uma lareira; lâmpadas; quadros; armários; e computadores, que emolduram muitas imagens e informações de todo o mundo.

As molduras da arquitetura são inúmeras, e inúmeras são as maneiras como podemos usá-las. Existem molduras simples (uma edícula) e complexas (a rede de percursos em um terminal aéreo moderno). Existem molduras pequenas (um buraco de fechadura) e grandes (a praça de uma cidade). Existem, basicamente, molduras bidimensionais (uma mesa de sinuca), tridimensionais (uma estrutura de múltiplos pavimentos), com quatro dimensões (um labirinto, que inclui a dimensão do tempo) e com inúmeras dimensões (a Internet).

As molduras não precisam ser feitas com materiais tangíveis – um canhão de luz pode emoldurar um ator sobre o palco – e conseguem atingir outros sentidos além da visão. Uma bela mulher pode estar emoldurada por uma aura de perfume. O ar quente de uma abertura para ventilação pode emoldurar um grupo de pessoas que tentam se manter aquecidas em um dia frio. Uma mesquita, ou até mesmo a religião muçulmana como um todo, pode ser emoldurada, de certa forma, pelo som do *muezzin* convocando os fiéis.

As bonecas russas

Na arquitetura, as molduras frequentemente se sobrepõem ou se encaixam. Elas podem se assemelhar às bonecas russas, já que cada uma delas tem, em seu interior, uma boneca um pouco menor – até que isso se torne impossível.

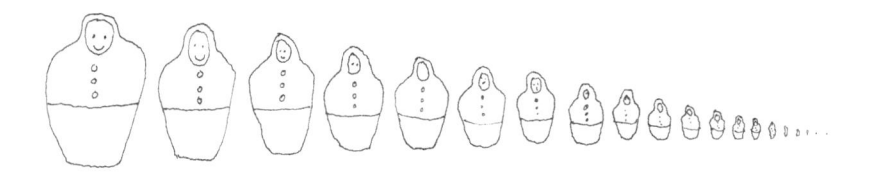

A edícula do Albert Memorial, em Londres, emoldura uma estátua do Príncipe Albert, bem como a lembrança do monarca.

O Castelo de Beaumaris, na ilha de Anglesey, litoral norte do País de Gales, consiste em uma série concêntrica de barreiras defensivas.

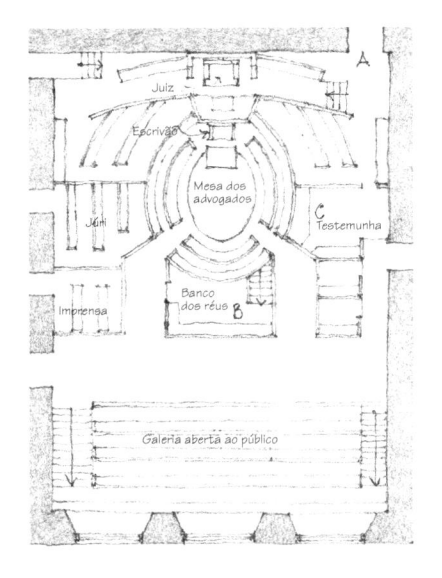

Um fórum tradicional é uma composição cuidadosamente organizada de bancos, assentos e mesas. O juiz é emoldurado pela cátedra, tendo o escrivão logo abaixo; os advogados são emoldurados em suas mesas; a testemunha, no banco das testemunhas; os jornalistas, no banco da imprensa; e o júri, no banco do júri. O acusado é emoldurado em seu banco, enquanto o público assiste da galeria.

Uma das características da civilização romana era a clara estrutura de molduras com objetivos distintos de suas cidades e de suas casas. Esta é a Casa de Pansa, em Pompeia. Ela é praticamente destituída de elevação com relação às ruas que a circundam; os cômodos e átrios são internalizados na quadra, cercada por lojas e outras moradias.

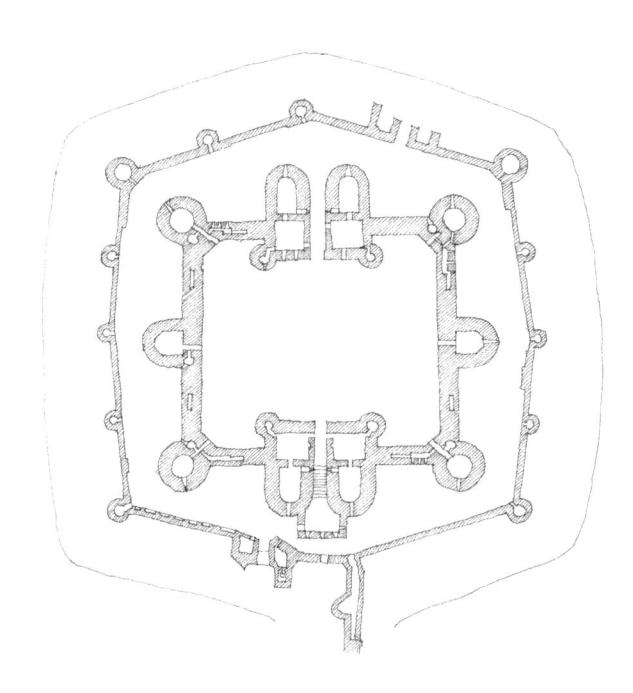

Isso pode acontecer com algumas obras de arquitetura. A planta baixa do Castelo de Beaumaris (acima), na ilha de Anglesey, apresenta cinco camadas concêntricas: o fosso, a muralha de defesa externa, o pátio externo, a muralha de defesa interna e o pátio interno do castelo.

Quando se trata de arquitetura, é raro que as molduras sejam simplesmente concêntricas como as bonecas russas. As molduras se sobrepõem, se combinam de formas complexas e às vezes contraditórias, intrometem-se umas nas outras e funcionam em escalas tremendamente variáveis, desde o buraco da fechadura até a cidade grande.

Imagine uma cidade murada. A "primeira" moldura é o próprio muro; em seguida, há os portais nos muros; então, a rede de ruas, seja geométrica ou orgânica; cada casa, igreja ou edifício cívico é uma moldura por si só, mas juntos definem um mercado ou praça; na praça, pode haver uma fonte inserida em uma moldura de água própria; dentro de cada casa, existem vários cômodos, sendo que todos eles contêm diferentes tipos de molduras – mesas, cadeiras, lareiras, armários, cômodas, camas, banheira, pia, até mesmo um carpete pode emoldurar um lugar; a mesa pode ser arrumada para a refeição, enquanto o lugar de cada pessoa é delimitado pela cadeira e por alguns talheres; a mesa pode ser emoldurada pela luz; a escrivaninha, por sua vez, pode emoldurar o trabalho; a televisão emoldura imagens do mundo exterior; e assim por diante.

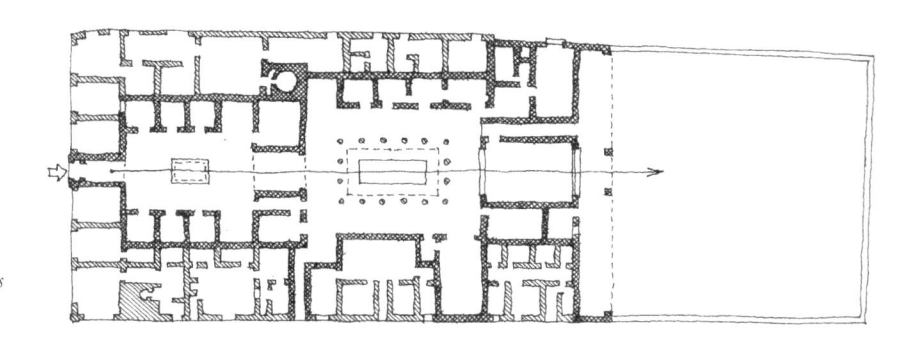

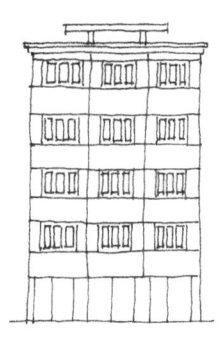

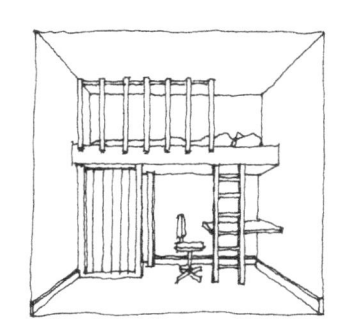

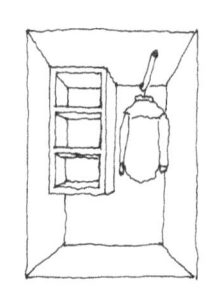

A ARQUITETURA COMO A ARTE DE EMOLDURAR OU ESTRUTURAR   **103**

Os edifícios podem ser marcos do ponto de vista estrutural, mas a arquitetura também cria marcos conceituais. À direita está o diagrama de uma casa projetada pelo arquiteto americano Charles Moore para si mesmo e construída na Califórnia em 1961. Não é uma moradia grande, mas contém duas edículas, similares a templos pequenos. Cada uma define seu próprio lugar: a maior, uma área de estar; a menor, a banheira e o chuveiro. As duas edículas são iluminadas por claraboias; portanto, ambos os lugares também são definidos pela luz. A edificação como um todo é definida pelas vedações externas, mostradas tracejadas no diagrama. Os demais lugares no interior da casa são definidos por uma combinação das edículas com as vedações externas, junto com a mobília. No geral, a casa é uma complexa matriz de marcos sobrepostos.

Um café situado em um pátio interno (abaixo) é outra complexa composição de molduras sobrepostas. O pátio interno propriamente dito é a moldura principal, mas os cômodos contíguos também são molduras. Os guarda-sóis definem as mesas – por sua vez, molduras ao redor dos quais as pessoas, definidas por suas cadeiras, tomam seus sorvetes (definidos em suas tigelas ou casquinhas) – na sombra. A cozinha define os cozinheiros e lavadores de pratos. O corpo de água define o chafariz (que dá nome a este café de Malta). Entre todas essas molduras, os garçons executam sua complicada coreografia.

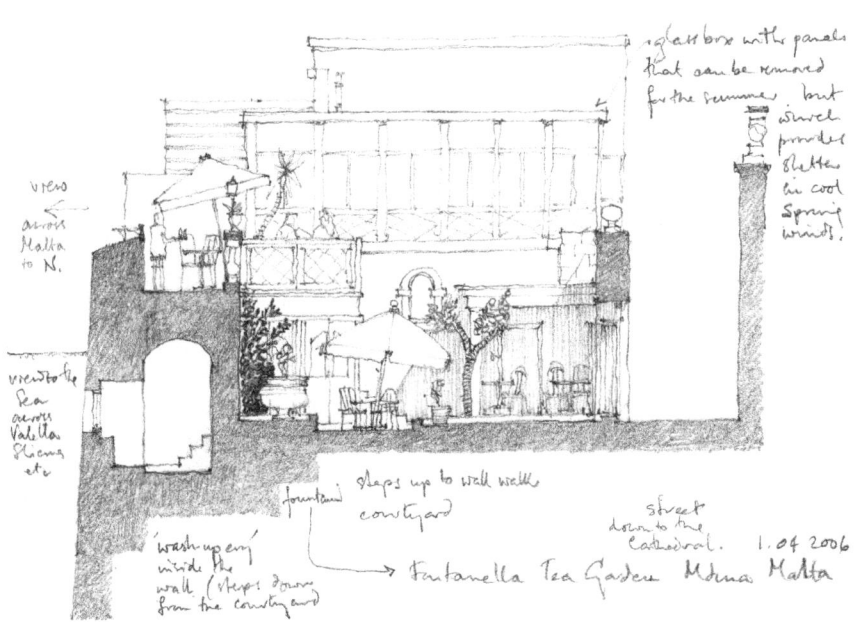

Um condomínio define vários apartamentos que definem cômodos, sendo que cada cômodo contém uma série de molduras menores.

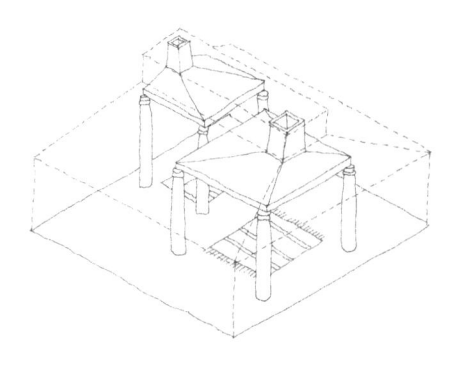

Uma das casas que o arquiteto americano Charles Moore projetou para si mesmo (acima) contém duas edículas: uma identifica o lugar da área de estar; a outra, a área do banho. Ambas são iluminadas por pequenas claraboias.

Este café em um pátio interno em Malta (à esquerda) é uma complexa composição de muitas molduras arquitetônicas.

Mais informações sobre a Casa Moore: Charles Moore e outros – *The Place of Houses*, 1974.

104 ANÁLISE DA ARQUITETURA

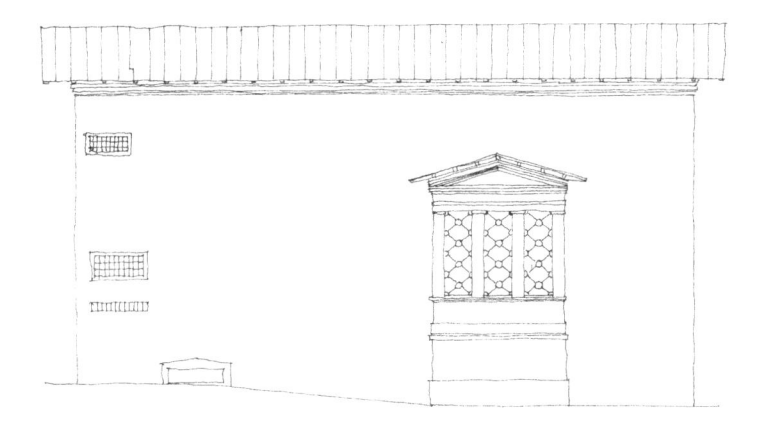

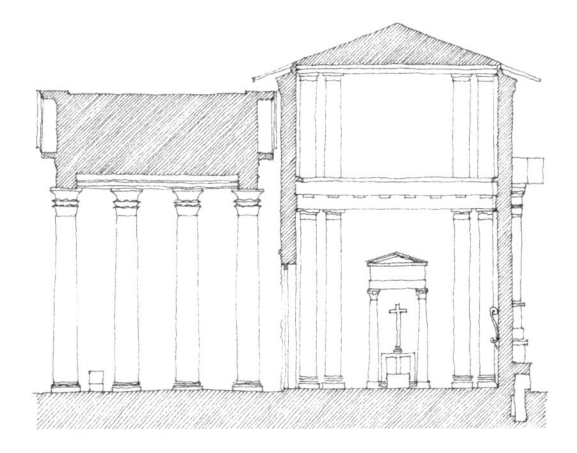

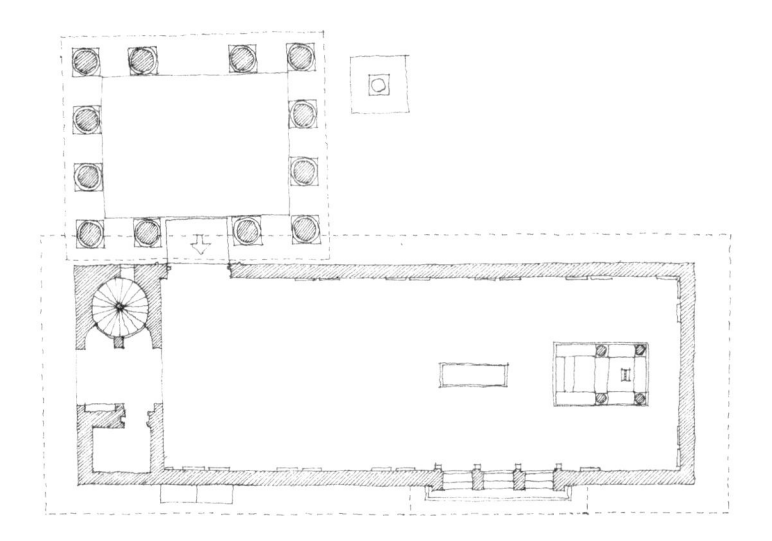

A Capela da Ressurreição, projetada por Sigurd Lewerentz, é composta por várias molduras de arquitetura. O pórtico levemente oblíquo enquadra a entrada; a edícula enquadra o altar; o catafalco enquadra o ataúde, e esse, o corpo, sendo demarcado pela luz que entra pela janela voltada para o sul. O volume desadornado da capela parece emoldurar a própria morte.

A Capela da Ressurreição (acima) foi projetada por Sigurd Lewerentz em 1925. Ela se situa no terreno do Crematório do Bosque, perto de Estocolmo. É outra edificação onde edículas "aninhadas" de escalas diferentes são usadas para demarcar lugares. Aqui, os lugares se relacionam com a morte e o luto. A entrada ao norte é marcada por um grande pórtico de doze colunas que sustentam um frontão; tal pórtico não está ligado à parte principal da edificação. O edifício da capela propriamente dita é bastante simples, como uma tumba austera. Nas paredes internas, há pilastras em baixo relevo, dando a esta célula a aparência de uma edícula com ares de templo. Dentro da capela, posicionada com extremo cuidado, há uma edícula menor e mais elaborada, que identifica o lugar do altar e enquadra a cruz. Em frente a essa edícula encontra-se o catafalco, que enquadra o ataúde durante as cerimônias fúnebres. O ataúde emoldura o corpo, evidentemente. Juntos, o ataúde e os enlutados, além do altar e da cruz em sua própria edícula, são enquadrados pela própria capela. A Capela da Ressurreição é composta por muitas molduras arquitetônicas. A janela da parede voltada para o sul (acima) também possui a forma de uma edícula. Sua função principal não é enquadrar uma vista do exterior, mas sim ser a única fonte de luz natural da capela, permitindo que o sol adentre a célula para emoldurar o ataúde, sobre o catafalco, em uma faixa iluminada.

Mais informações sobre a Capela da Ressurreição: Janne Ahlin – *Sigurd Lewerentz, architect, 1885–1975,* 1987.

O uso de camadas

Às vezes as molduras são sobrepostas umas às outras, produzindo camadas complexas. Isso pode ocorrer nas duas molduras bidimensionais formadas pela arquitetura, mas também acontece em três ou quatro dimensões. A fachada de San Giorgio Maggiore, em Veneza, projetada por Andrea Palladio em meados do século XVI, marca a entrada da igreja (à direita). O projeto deriva de templos romanos, mas Palladio precisou criar uma fachada para o interior composto por nave central e duas naves laterais com coberturas mais baixas. A forma simples do templo não servia para isso, levando Palladio a adotar a estratégia de compor a fachada como uma combinação de dois templos sobrepostos.

O uso de camadas também se aplica a molduras espaciais. O Palácio Minoico de Cnossos, na Ilha de Creta, foi construído 3.500 anos atrás, aproximadamente, mas seus arquitetos já enxergavam o projeto espacial de modo complexo e sutil. Nos apartamentos reais (abaixo à esquerda), criaram camadas de espaço usando pátios centrais com colunatas para ajudar a ventilar durante o clima quente. Algumas camadas têm cobertura e outras ficam a céu aberto, permitindo a entrada de luz no núcleo da edificação. Ao apreciar esses espaços, percebe-se a hierarquia da privacidade e um padrão discreto de camadas de luz e sombra.

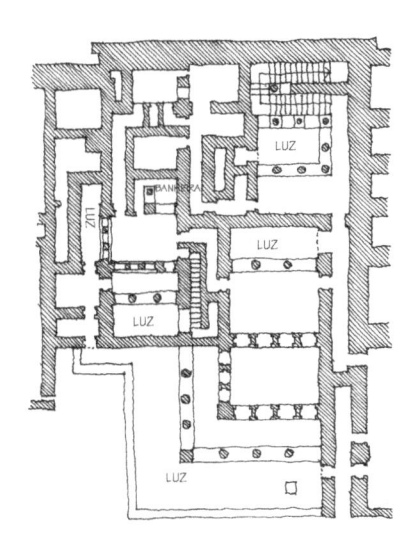

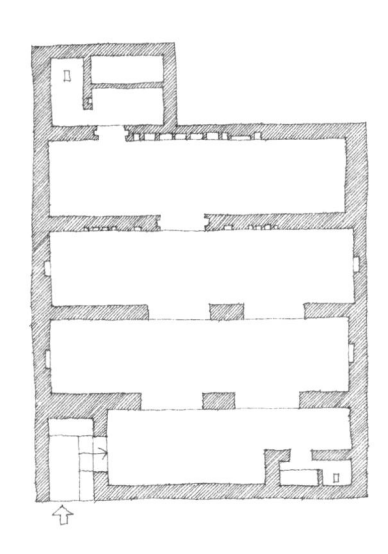

A fachada de San Giorgio Maggiore, de Palladio, em Veneza (acima), consiste em duas camadas de fachadas de templo.

Nesta casa swahili (primeira à esquerda), há duas camadas de espaço, distribuídas ao longo da seção escalonada, indo dos espaços mais públicos aos mais privados. Diferentes membros da família ocupam as diferentes camadas.

Mais informações sobre a casa swahili: Susan Kent (editora) – *Domestic Architecture and the Use of Space*, 1990, p. 121.

A Primeira Igreja de Cristo Cientista, em Berkeley, Califórnia, é uma agregação de muitas edículas sobrepostas. Ela foi projetada por Bernard Maybeck e construída em 1910.

Mais informações sobre a Primeira Igreja de Cristo Cientista: Edward Bosley – *First Church of Christ, Scientist, Berkeley*, 1994.

Algo parecido teria ocorrido na casa romana mostrada no início deste capítulo, com camadas de espaço – algumas claras, outras escuras – visíveis ao longo do eixo desde a entrada até o jardim, produzindo uma progressão hierárquica até o cômodo de recepção mais importante da moradia.

O uso de camadas tornou-se parte do repertório de estratégias de composição usadas pelos arquitetos do século XX. O jogo de camadas produz complexidade e refinamento estético. Ao projetar a Primeira Igreja de Cristo Cientista em Berkeley, Califórnia, construída em 1910, Bernard Maybeck criou diversas camadas na edificação. A elevação (acima) utiliza camadas de maneira similar à San Giorgio Maggiore, de Palladio, com a diferença de que aqui a composição é mais tridimensional e apresenta mais fachadas de "templo". A igreja de Maybeck está menos relacionada com o projeto de elevação e mais com o cruzamento de edículas tridimensionais, começando com as marquises da entrada e culminando na grande estrutura cruciforme que cobre a congregação no salão principal. Além disso, as camadas de paredes externas são complementadas pelas pérgolas que sustentam trepadeiras. O resultado é a desmaterialização das paredes, fazendo com que a igreja pareça mais uma floresta do que uma edificação.

Richard Meier possui um repertório distinto de ideias em sua obra. Suas edificações são brancas e têm formas geométricas complexas. Também costuma usar camadas nas paredes de seus edifícios, o que resulta em três, e não duas, dimensões. Às vezes, usa os espaços entre as camadas para fins específicos, mas, quase sempre, com o objetivo de aumentar o refinamento estético das edificações. Ao lado está a planta do pavimento superior da Casa em Palm Beach, projetada por ele em meados da década de 1970. Praticamente não há parede que não apresente algum tipo de camada.

Mais informações sobre a Casa em Palm Beach: Paul Goldberger e outros – *Richard Meier Houses*, 1996, p. 110.

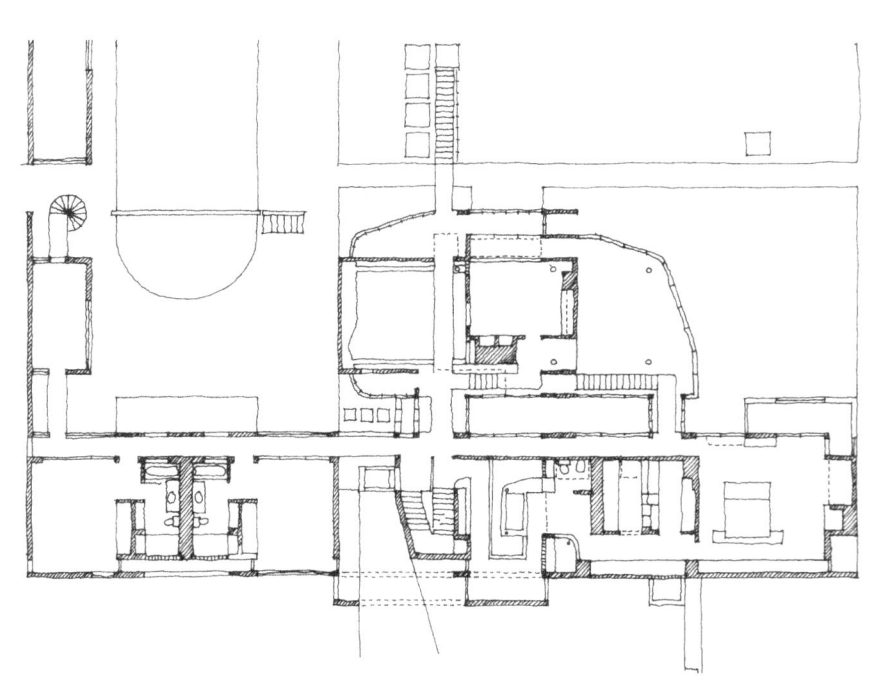

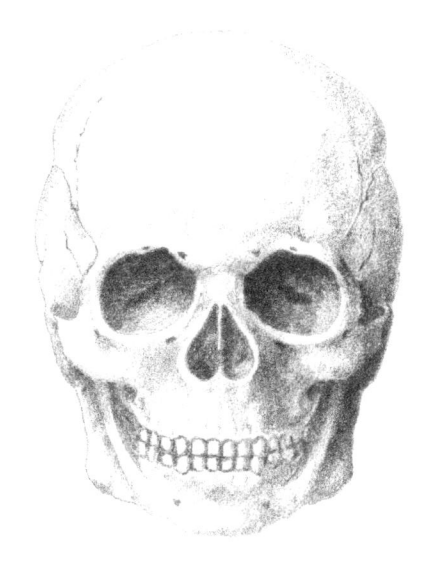

A forma e o caráter de nossa arquitetura são condicionados por nossas posturas em relação ao mundo em que vivemos e aos seus vários componentes.

Templos e cabanas

*"Ser ou não ser, eis a questão:
Seria mais nobre em nosso espírito
sofrer pedras e flechas Com as quais a
Fortuna, enfurecida, nos alveja, Ou
tomar armas contra um mar de apuros
E lutar até seu fim?"*

William Shakespeare – *Hamlet*, Ato III.i.

Templos e cabanas

Em sua relação com o mundo, as pessoas às vezes aceitam o que ele lhes oferece ou faz, e, em outras ocasiões, tentam mudá-lo para concretizar uma visão do que ele deveria ser – como o mundo poderia ser mais confortável, mais bonito ou mais organizado do que é.

Nossa interação com o mundo pode ser definida como uma mistura dessas duas respostas: aceitá-lo ou mudá-lo. Hamlet não foi o único a se preocupar com esse dilema; essa questão está especialmente viva na arquitetura, onde a mente que projeta precisa se envolver diretamente com o mundo.

Não é possível mudar tudo por meio dos poderes da arquitetura. Tampouco é viável deixarmos tudo como está. Nossa família pré-histórica mudou o mundo simplesmente fazendo uma fogueira. A arquitetura envolve, portanto, a aceitação e também a mudança. A mente que projeta precisa responder a duas perguntas: "O que devemos tentar mudar?" e "O que devemos aceitar da forma que é?".

Nessa questão, a arquitetura é uma filosofia (no sentido convencional). Tem a ver com tentar entender como o mundo funciona e qual deve ser a resposta. Não existe uma única resposta certa, mas uma mistura de questionamento e afirmação, de considerações sobre quais fatores afetam uma situação e como lidar com eles.

As duas citações a seguir – ambas de escritores interessados em arquitetura – exemplificam diferentes posições filosóficas referentes à como a mente que projeta deve se relacionar com o mundo. A primeira foi extraída de *Os Dez Livros Sobre Arquitetura*, escritos pelo arquiteto romano Vitrúvio para o Imperador Augusto no século I a.C. (ele faz uma paráfrase de Teofrasto, um escritor grego anterior):

"O homem instruído [...] pode olhar sem medo para os incômodos incidentes da sorte. Porém, aquele que julga estar a salvo não pelo aprendizado, mas sim pela sorte, percorre caminhos escorregadios, lutando ao longo da vida de modo incerto e inseguro".

A segunda é de *The Poetry of Architecture*, primeira obra publicada pelo crítico britânico John Ruskin, no século XIX. Ele está imaginando a cabana perfeita na montanha:

"Tudo que se refere a ela deve ser natural, dando a impressão de que as influências e forças que agiram ao seu redor eram intensas demais para que se conseguisse resistir a elas, e fazendo com que fossem completamente inúteis todas as tentativas artísticas de limitar seu poder ou de ocultar a evidência de sua ação [...]. Jamais pode estar implantada de maneira muito modesta nas pastagens do vale, nem se encolher de modo demasiado submisso nos vales das colinas; deve parecer que pede clemência às chuvas e proteção às montanhas; deve parecer que deve à sua fraqueza, e não à sua força, o fato de não ser sobrepujada por uma nem esmagada pela outra".

As posturas expressas pelos dois autores estão em extremos opostos. Vitrúvio sugere que a arquitetura trata de mudar o mundo para o benefício das pessoas – e que tal mudança acontece por meio do uso do intelecto e da imposição do desejo humano. Ruskin, por outro lado, refuta essa ideia simples sugerindo que a função dos seres humanos não é lutar contra a natureza, mas sim reconhecer que fazem parte dela (não estando separados) e aceitar sua autoridade, na fé de que a natureza "é sábia" e que irá prover e proteger. (Ruskin publicou a passagem anterior inicialmente em 1837 com o pseudônimo "*KATA PHUSIN*", expressão grega que significa "de acordo com a natureza".)

Seria incorreto sugerir que essas duas passagens representam todo o ideário fornecido por Ruskin e Vitrúvio. Além de não pertencerem somente a esses dois autores, as posturas apresentadas vêm se repetindo em muitos outros ao longo da história. Contudo, tais passagens identificam os polos de um dilema eterno para os arquitetos.

Em uma seção anterior deste livro, sugerimos que, para compreender os poderes da arquitetura, é necessário estar ciente das condições nas quais eles podem ser empregados. As condições apresentadas pelo mundo podem ser categorizadas de diversas maneiras. Eis uma maneira que parece apropriada para discutir a arquitetura. Em termos gerais, temos de lidar, na arquitetura, com alguns ou todos os fatores abaixo, que são extrínsecos à mente que projeta:

- O *terreno*, com a terra, rochas, árvores – sua estabilidade ou instabilidade, suas mudanças de nível, sua umidade, seu nivelamento ou acidentes topográficos
- A *gravidade* – sua verticalidade constante
- O *clima* – sol, brisa, chuva, vento, neve, relâmpagos
- Os *materiais* disponíveis para a construção – pedra, argila, madeira, aço, vidro, plástico, concreto, alumínio, etc., e suas características
- O *tamanho* das pessoas e outras criaturas – seu alcance, seus olhos, como se sentam, como se movem
- As *necessidades e funções corporais* das pessoas e outras criaturas – calor, segurança, ar, comida, descarte de lixo, etc.
- O *comportamento* das pessoas, individualmente ou em grupos – padrões sociais, crenças religiosas, estruturas políticas, cerimônias, rituais, etc.
- *Outros produtos da arquitetura* (outras edificações, espaços, etc.) que existem ou são sugeridos
- *Exigências pragmáticas* – a organização social necessária para várias atividades
- O *passado* – história, tradição, lembranças, narrativas, etc.
- O *futuro* – visões de "Utopia" ou do "Apocalipse"
- O *processo do tempo* – a mudança, o desgaste, a pátina, a deterioração, a erosão, a ruína

Com relação a todos ou a qualquer desses fatores, a mente que projeta pode adotar (consciente ou inconscientemente) diferentes posturas, talvez em circunstâncias diferentes. Por exemplo: criar um abrigo para se proteger do vento frio ou desfrutar os benefícios de uma brisa refrescante; tentar controlar os padrões de comportamento ou permitir (ou, ainda, aceitar, cultivar ou incorporar) sua contribuição para a identidade dos lugares; esculpir e polir os materiais ou aceitar suas características inatas ou a textura que adquiriram nos processos de obtenção (como é o caso da pedra quebrada na pedreira); combater (ou ignorar) os efeitos do tempo ou antecipar (ou explorar) a patinação de materiais pelo sol, vento e desgaste; tomar providências relativas às necessidades e funções corporais ou ignorá-las por não serem dignas de consideração da arquitetura; aceitar o tamanho humano como base da escala da arquitetura ou criar uma regra hermética para a proporção, uma que não se refira a nada além dela mesma; seguir os precedentes da história (até mesmo submeter-se à "autoridade" da tradição) ou buscar o novo – fazendo com que o futuro seja diferente do passado.

Todo produto da arquitetura (por exemplo, uma edificação, um jardim, uma cidade, um parque infantil, um bosque sagrado, etc.) é influenciado por tais posturas e, portanto, as expressa. Se um arquiteto deseja combater a força da gravidade, isso se refletirá na forma da edificação produzida (por exemplo: a abóbada de uma catedral gótica ou um dos balanços do projeto de Frank Lloyd Wright para a chamada "Casa da Cascata"). Se ele busca controlar o comportamento das pessoas, isso se refletirá na forma da edificação (por exemplo, em uma prisão vitoriana "panóptica", onde todas as celas podiam ser vigiadas a partir de um único ponto central). Se ele quer refrescar o interior de uma casa com a brisa, isso afetará a forma da edificação.

As obras de arquitetura combinam a aceitação de alguns aspectos com a modificação de outros. Entretanto, não existe uma regra geral que determine quais aspectos são aceitos e quais devem ser modificados ou controlados. Essa incerteza fundamental está no centro de muitos dos grandes debates da arquitetura ao longo da história e no presente: os arquitetos devem seguir a tradição ou devem buscar novidades e originalidade; os materiais devem ser usados no estado em que são encontrados ou devem ser submetidos a processos de manufatura que alteram suas características inatas; os arquitetos devem determinar o leiaute dos lugares onde as pessoas vivem ou as cidades devem crescer organicamente, sem um plano diretor? As pessoas encontram respostas diferentes para estas e muitas outras perguntas igualmente complicadas.

As mentes que projetam combinam a *mudança* e a *aceitação* em graus variados. Em algumas obras de arquitetura, a postura da mudança e do controle pare-

O templo está isolado do mundo, sendo uma manifestação de controle, privilégio e, quem sabe, arrogância.

ce predominar; em outras, a postura da aceitação e da sensibilidade parece prevalecer. O "templo" arquetípico e a "cabana" arquetípica ilustram essas diferenças.

O "templo" arquetípico

O "templo" arquetípico é uma ideia, e não um templo real. A ilustração nesta página mostra uma edificação que parece um templo da Grécia Antiga, mas, como veremos mais tarde, existem outras edificações que podem ser classificadas como "templos" no sentido filosófico.

Podemos caracterizar este templo em termos das maneiras como os arquitetos lidam com os vários aspectos do mundo. Não será preciso analisar o templo em termos de todos os aspectos listados antes; bastará observar o tratamento de alguns deles para ilustrar a questão.

Este templo se apoia em uma plataforma que substitui o *terreno* irregular por uma superfície controlada, que passa a ser a fundação da edificação. Essa plataforma plana (ou, em alguns exemplos históricos, sutilmente curva – como a do Parthenon, na acrópole de Atenas) é um nível de partida (isto é, um plano de referência) para a disciplina geométrica do templo propriamente dito e o separa do mundo conforme encontrado. Mesmo se não houvesse um templo, a plataforma definiria um lugar especial, distinto em função de sua horizontalidade e da separação com a paisagem ao redor por meio da altura e suas arestas (limites e soleiras).

O templo oferece abrigo do *clima* para proteger seu conteúdo (a imagem de um deus), mas sua forma faz poucas concessões para as forças climáticas. Ele se encontra sozinho, em destaque em um local exposto.

Seus *materiais* são talhados em formas abstratas ou geométricas e cuidadosamente acabados – são alisados, pintados e recebem delicadas molduras. A pedra provavelmente não é a que está disponível de imediato no local, tendo sido trazida de alguma distância em função de sua qualidade, o que resulta em despesas e esforços substanciais.

A escala do templo não está relacionada ao *tamanho* usual dos seres humanos, mas sim à estatura indeterminadamente maior do deus ao qual foi dedicado. O módulo que serve de base para o tamanho do templo existe apenas nas dimensões da edificação. O templo possui seu próprio sistema ideal de proporções no interior de suas vedações. Isso contribui para separá-lo do mundo natural.

Por ser a morada de um deus, o templo não atende às *necessidades ou funções corporais* dos mortais.

O templo é completo por si só e não responde a *outras obras de arquitetura*. É mais provável que as outras obras de arquitetura se relacionem com ele, tendo-o como foco e ponto de referência. O templo representa um centro estável. Embora não responda às outras edificações no seu entorno, ele provavelmente se relaciona – talvez por meio de um eixo – com algo distante e extraordinário: um lugar sagrado no topo de uma montanha distante, uma estrela ou talvez o sol nascente.

Como é um santuário, o templo possui uma função simples que não se complica por causa de *exigências pragmáticas* confusas. Sua forma é ideal, determinada pela geometria e pela simetria axial, e não pelos espaços necessários para uma mistura de atividades.

A forma dos templos clássicos gregos resultou de aprimoramentos feitos no decorrer de muitos séculos; no entanto, enquanto ideia, o "templo" é atemporal – pertencendo igualmente *ao passado* e *ao futuro*.

Apesar de estarem atualmente em ruínas, os templos antigos não foram construídos com esse fim. A intenção era que resistissem aos *processos do tempo*, em vez de serem vencidos por ele. (Mais tarde, no período romântico, a decadência de tais ícones da autoconfiança – ou arrogância – humana está carregada de significação poética, ou seja, de um sentimento de retribuição.)

A "cabana" arquetípica

Como o "templo", a "cabana" arquetípica é uma ideia, não uma edificação real. Enquanto o "templo" manifesta o distanciamento humanista em relação ao mundo encontrado, a "cabana" combina com o contexto de diversas maneiras. O desenho desta página mostra o que parece ser uma cabana britânica (de origem um tanto obscura), mas existem muitas outras edificações (e jardins) que ilustram a ideia de "cabana".

Diferentemente do templo grego, que mantém um distanciamento, esta cabana está implantada no *terreno*. Os desníveis do local são incorporados à sua forma. As paredes, que não estão separadas da paisagem, podem se estender no entorno como muros.

A cabana oferece um refúgio do *clima* para pessoas e animais. Seu arquiteto respondeu ao clima. Construída para invernos frios, ela possui uma grande lareira. Tem um telhado em vertente para escoar a chuva e está localizada de forma a aproveitar a proteção oferecida pelas árvores e pela declividade do solo. Sua relação com o sol não envolve a definição de um eixo significativo, sendo, possivelmente, uma questão de tirar proveito de seu calor.

A cabana é construída com *materiais* que estão à disposição. Embora estejam sujeitos à construção e acabamentos rústicos, eles são usados no estado em que foram encontrados ou obtidos da pedreira.

A escala da cabana está diretamente relacionada com o *tamanho* real das pessoas e, talvez, com o do gado. Isso fica evidente especialmente nas portas, cuja altura corresponde à estatura humana.

A cabana está inserida no mundo; ela é submissa – uma manifestação de sensibilidade, humildade e, possivelmente, de carência.

"*Em termos de moradia, Barton Cottage, apesar de pequena, era confortável e compacta. Em termos de cabana, porém, era insuficiente, pois a edificação era regular, o telhado feito de telhas, as persianas das janelas não eram verdes, nem as paredes estavam cobertas de madressilvas*".

Jane Austen – *Razão e Sensibilidade* (1811), 1995, p. 24–5.

Ao construir em um terreno acidentado, é interessante fazer uma plataforma para criar um piso nivelado.

A cabana atende às *necessidades e funções corporais*. Seu principal objetivo é abrigar pessoas que dedicam seu tempo a trabalhar para se manterem vivas. O fogo serve para aquecer e, ao redor dele, há lugares para sentar, preparar alimentos, comer e dormir.

A cabana e os lugares ao seu redor acomodam muitas *exigências pragmáticas* diferentes. Para responder a elas, o leiaute não é formal, mas sim complexo e irregular.

A cabana é mutável e aceita os *processos do tempo* – o desgaste e a idade. É impossível dizer que ela foi concluída: pode ser ampliada quando se precisa de mais espaço ou diminuída quando se torna redundante. As paredes adquirem uma pátina que fica mais forte com o passar do tempo. Líquens crescem nas pedras e plantas brotam livremente, inserindo-se nas frestas das paredes.

Enquanto o "templo" se distancia do mundo, a "cabana" cresce a partir dele.

Postura

Embora as descrições acima sejam análises das imagens de edificações aparentemente reais e plausíveis – um "templo" e uma "cabana" –, a questão, para a mente que projeta, é a postura a adotar. A mente que pratica a arquitetura precisa ter uma ou várias posturas com relação às condições importantes. As posturas podem ser assumidas de maneira impensada ou conscientemente, mas sempre afetam as características da obra produzida. Não existe uma postura que influencie toda a arquitetura; a variedade nas obras de arquitetura resulta da variedade nas abordagens filosóficas dos arquitetos.

Em geral, as posturas adotadas pelas mentes que projetam existem em uma dimensão que vai da submissão à dominação, passando pela simbiose. Podemos nos submeter às condições prevalecentes, tentar trabalhar em harmonia com elas ou buscar dominá-las. Entretanto, a postura tem muitos outros matizes mais sutis: ignorância, desconsideração, indiferença, aceitação, resignação, aquiescência, sensibilidade, mitigação, melhora, exagero, exploração, agressão, contenção, subversão, subjugação, controle, etc., sendo possível combinar todos eles de diversas maneiras e com muitas permutas ao lidar com os vários aspectos diferentes do mundo que parecem condicionar a produção de obras de arquitetura.

Com relação ao clima, por exemplo: em um terreno específico, o arquiteto talvez desconheça um vento que sopra com uma força possivelmente destrutiva no mesmo mês todos os anos; ou talvez ele saiba disso e decida desconsiderá-lo; talvez tente mitigar ou até mesmo explorar seus efeitos para o benefício ambiental dos usuários (com uma turbina eólica, quem sabe); ou talvez sugira um para-vento para desviá-lo ou controlá-lo. Algumas das opções podem ser negligentes,

"A casa dos Hamilton cresceu de acordo com a família. Foi projetada para permanecer incompleta, de forma que 'puxados' pudessem ser acrescentados na medida do necessário. A sala e a cozinha originais logo desapareceram em uma confusão de tais puxados".

John Steinbeck – *East of Eden*, 1952, p. 43.

imprudentes ou absolutamente estúpidas; outras podem ser sutis, poéticas e inteligentes; outras, ainda, podem estar em uma zona intermediária. Todavia, as opções de postura estão sempre presentes, para serem adotadas no que diz respeito aos diferentes aspectos das condições, conforme julgarmos melhor.

As posturas – sejam adotadas conscientemente ou de forma impensada – se manifestam nas características da obra de arquitetura produzida. Se adotarmos uma postura de dominação, ela estará presente na obra; se for uma postura de submissão, ela estará presente também. As posturas podem ser estabelecidas pessoalmente pelos arquitetos ou herdadas por eles a partir da cultura; nesse caso, as obras não manifestam apenas posturas pessoais, mas também as da cultura ou subcultura.

A representação da postura em obras de arquitetura também está sujeita à manipulação: por aqueles que desejam usar a arquitetura como meio de expressão poética; por aqueles que desejam usá-la como meio de propaganda ou símbolo de status nacional, pessoal ou comercial. Na Alemanha da década de 1930, os arquitetos do Terceiro Reich de Hitler utilizaram a arquitetura como símbolo de poder; para tanto, escolheram um estilo arquitetônico (baseado na arquitetura clássica e em seus "templos") que evocava uma postura de controle. Quando os nazistas quiseram sugerir que sua política era a "do povo", insistiram em um estilo popular (baseado na "cabana") que parecia indicar a aceitação e a celebração de tradições nacionais profundamente enraizadas na história. Nesses exemplos, o estilo clássico e o tradicional não resultaram de uma postura de aceitação; ambos foram empregados com a intenção de manipular os sentimentos e aspirações das pessoas para fins políticos.

A manipulação da aparência das obras de arquitetura para sugerir que elas derivam de posturas particulares nem sempre está associada a uma propaganda política cínica ou obscura. Também é uma faceta do potencial poético da arquitetura. Nesse sentido, a outra face da propaganda é o romance; seja o romance do heroísmo da Roma Antiga, de uma vida rural idílica, da alta tecnologia ou da harmonia ecológica, é possível fazer com que as obras de arquitetura pareçam derivar das posturas apropriadas.

Embora a afirmação possa parecer cínica, às vezes a postura sugerida superficialmente pela aparência de uma obra de arquitetura pode não ser a mesma que está realmente associada à sua concepção e realização.

Existe uma postura que não é compatível com a função do arquiteto: abdicar. O arquiteto pode aceitar, responder ou mudar (o perfil do terreno, por exemplo), mas, se ele abdicar da decisão ou tentar sugerir que a força inspiradora está em outro lugar (na natureza, nação, história, no clima, função, etc., como fizeram muitas figuras polêmicas na arquitetura), acaba deixando, em resumo, de ser um arquiteto. A natureza, a sociedade, a história, o clima, a gravidade, o objetivo, a

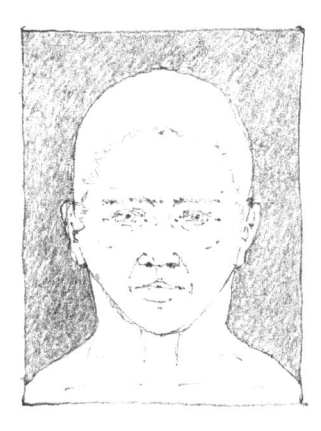

O rosto humano é um "templo" ou uma "cabana"?

escala humana, etc., não *determinam* o resultado de uma obra de arquitetura. Isso depende da postura do arquiteto ante tais fatores e das decisões que ele tomou – ainda que isso possa ser limitado e condicionado pela cultura em que trabalha.

A "cabana" e o "templo" enquanto ideias

A "cabana" e o "templo" são ideias de arquitetura que não se limitam a cabanas e templos. A diferença fica mais evidente visualmente em termos de formalidade e irregularidade.

Paradoxalmente, é bastante fácil encontrar cabanas (isto é, moradias pequenas) que são, de certo modo, "templos" (arquitetonicamente falando), assim como templos (isto é, templos e igrejas, em termos gerais) que são arquitetonicamente "cabanas". Essas ideias de arquitetura não estão restritas às funções nominais de "templo imponente para um deus" e "moradia humana humilde". As ideias de arquitetura não são necessariamente específicas para um fim.

Devido à composição irregular das formas, esta igreja da pequena ilha de Corfu (acima, à direita) é um templo, funcionalmente, e uma "cabana", arquitetonicamente.

Por outro lado, as cabanas de alvenaria e madeira à esquerda, com ordem geométrica e simetria axial, elevando-se sobre seus pequenos plintos, são arquitetonicamente "templos".

Até mesmo esta casa de alvenaria e esta cabana de madeira podem ser consideradas "templos".

Da mesma forma, as ideias de "cabana" e "templo" podem ser aplicadas ao projeto de jardins. No jardim das cabanas (e das "cabanas") inglesas tradicionais, deixam-se os grupos irregulares de plantas aparentemente crescer de maneira inata, sem organização formal. Já no jardim ornamental de um castelo francês, por exemplo, as plantas são distribuídas em padrões geométricos e podadas em formas artificiais. É possível perceber essas diferenças como diferenças de postura. O jardim da cabana inglesa sugere a aceitação do determinismo da natureza, a apreciação das características inatas das diferentes espécies de planta e o aproveitamento de um efeito estético que não parece depender da decisão e do controle humanos. Por outro lado, o jardim geométrico do castelo francês celebra um controle humano mais aberto sobre a natureza; as plantas não crescem em suas formas naturais, sendo podadas em formas regulares.

Muitas obras de arquitetura não são apenas "cabanas" nem apenas "templos", mas uma mistura de ambos. Partes de uma casa com volumetria complexa podem ser pequenos "templos", como o pórtico de entrada, a lareira, a cama de baldaquino, o portal, a janela de sacada e a trapeira na perspectiva cortada (abaixo).

Em um jardim "inglês" (acima, à esquerda), parece que as plantas podem crescer onde querem e com suas próprias formas. Em um jardim "francês" (acima, no centro), as plantas são podadas em formas geométricas e controladas em canteiros simétricos. Em um jardim "japonês" (acima, à direita), há um belo equilíbrio entre a natureza e a mente.

A ideia arquitetônica de um templo fica evidente nesta planta baixa. Ela se baseia em ordem, geometria e na disciplina do eixo (abaixo).

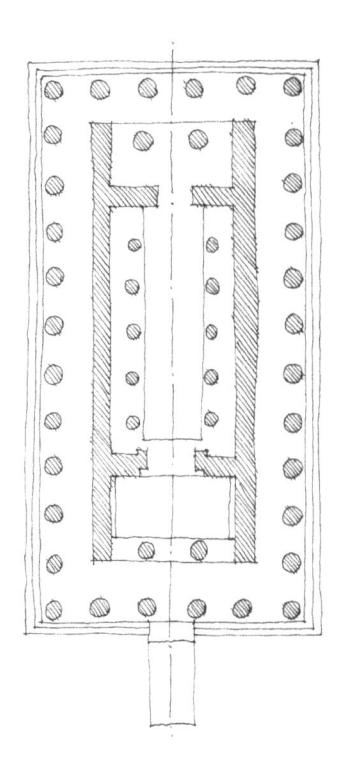

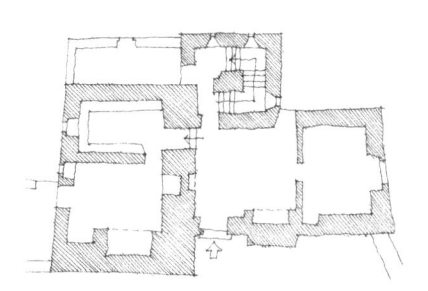

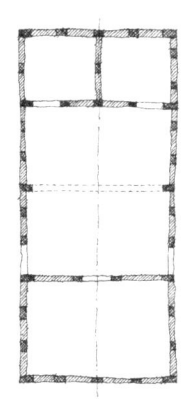

As ideias arquitetônicas de "templo" e "cabana" estão evidentes nas plantas baixas de obras de arquitetura, bem como em suas aparências externas. Na página anterior, encontra-se a planta baixa do antigo templo grego de Afaia, na ilha de Egina. Ela mostra características abstratas, como simetria axial e geometria regular, que estão associadas à ideia arquitetônica de "templo". Já a irregularidade e a ausência de geometria estritamente ortogonal na planta baixa desta casa de campo galesa (Llanddewi Castle Farm, Glamorgan, acima, à esquerda) são típicas da ideia de "cabana": a planta baixa não é regular; algumas das paredes fecham fragmentos de espaço externo, enquanto outras se prolongam em direção à paisagem; os cômodos não foram lançados formalmente, mas mais como uma adição de lugares para fins diferentes.

O Templo de Erecteu, situado na acrópole de Atenas (abaixo), possui uma planta assimétrica irregular e se relaciona com o perfil do terreno ao se adaptar aos diferentes níveis do solo. É composto por partes de três "templos" combinadas, mas, no que tange à sua relação com o solo, também tem algumas características de "cabana".

Em algumas de suas características, esta cabana galesa (acima) é, arquitetonicamente, um "templo". Tem planta baixa e corte simétricos e fica sobre uma plataforma, separada do perfil natural do terreno. Porém, este templo (à direita) tem algumas características, em termos de arquitetura, de uma "cabana".

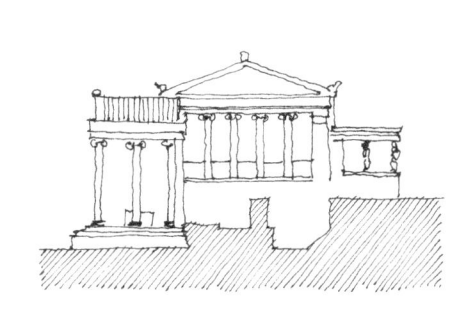

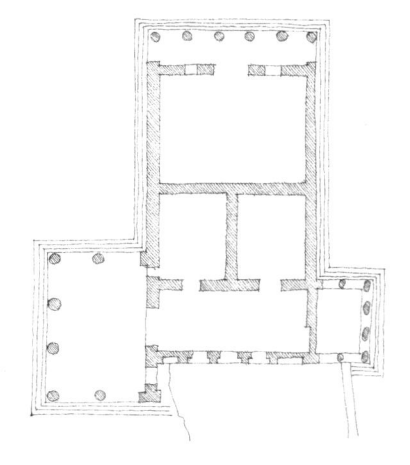

Por outro lado, a casa de campo galesa acima, à direita, exibe algumas das características estruturais de um "templo". Tem planta baixa regular, seu corte é simétrico e ela se afasta do terreno irregular sobre uma plataforma plana. No entanto, ao usar madeira rústica, especialmente na curva dos principais elementos estruturais (*crucks* – cujos pares são obtidos cortando-se ao meio árvores com curva natural) e na imprecisão de sua geometria, também tem características arquitetônicas de uma "cabana".

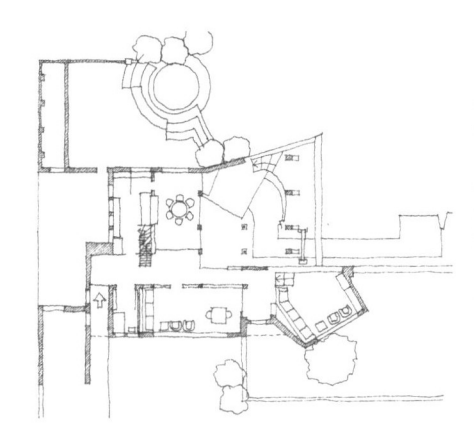

Esta casa (à esquerda) de Hans Scharoun é uma "cabana", em termos de arquitetura.

Mais informações sobre a Nationalgalerie (centro da página): Fritz Neumeyer – "Space for Reflection: Block versus Pavillion", em Franz Schulze – *Mies van der Rohe: Critical Essays*, 1989, p. 148–171.

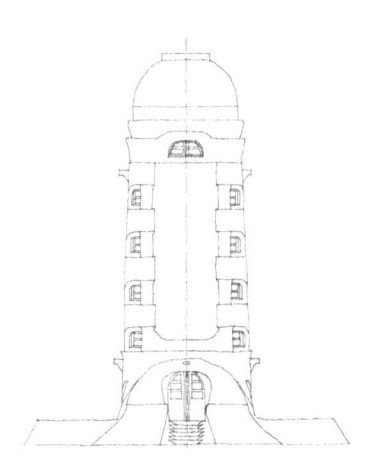

Até agora, ao discutirmos o "templo" e a "cabana" enquanto ideias de arquitetura, nós analisamos apenas exemplos do passado distante. Essas ideias são antigas na produção da arquitetura, mas também estão aparentes no século XX.

A Nationalgalerie, em Berlim, foi construída de acordo com os projetos de Mies van der Rohe na década de 1960. Abaixo, encontra-se o nível de entrada da edificação: a maioria das galerias está dentro do plinto sobre o qual ele se eleva (não mostrado). A estrutura desse grande pavilhão é de aço, e suas paredes são quase que completamente de vidro. Julgando pela planta e forma geral, é claramente um "templo" (à arte): fica sobre uma plataforma no nível do solo natural; sua planta é um quadrado perfeito; e é axialmente simétrica. É uma reinterpretação em aço da arquitetura dos antigos templos de pedra gregos.

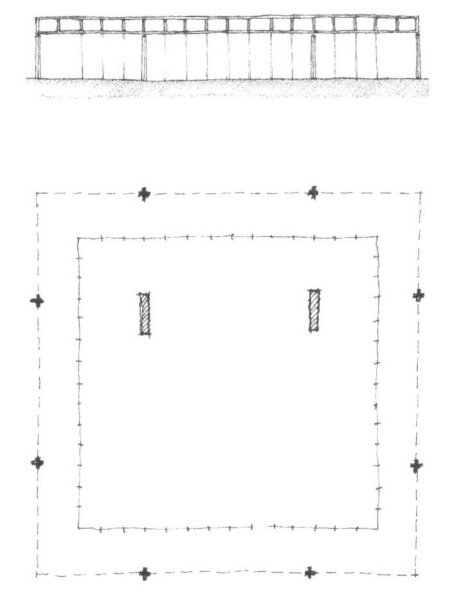

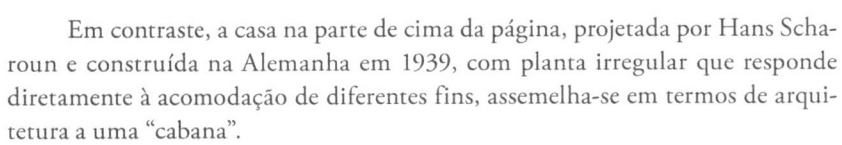

Em contraste, a casa na parte de cima da página, projetada por Hans Scharoun e construída na Alemanha em 1939, com planta irregular que responde diretamente à acomodação de diferentes fins, assemelha-se em termos de arquitetura a uma "cabana".

A Torre Einstein (1919, à direita), projetada por Erich Mendelsohn, é, mesmo com suas formas curvas, um "templo" (à ciência). Fica sobre uma plataforma

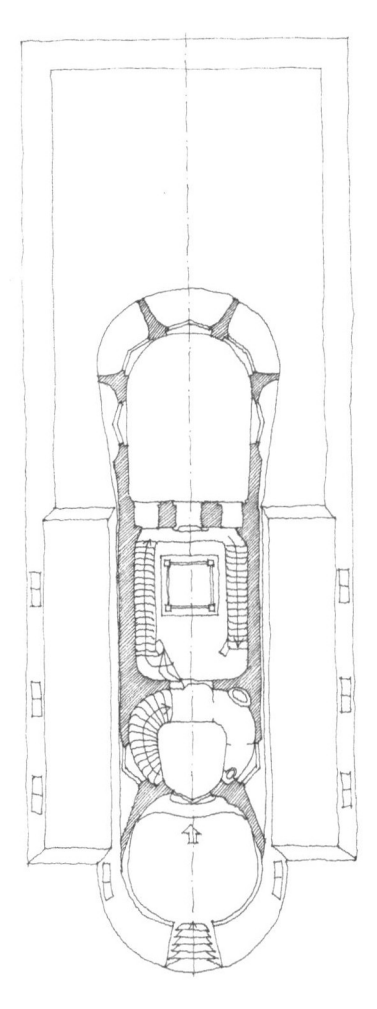

Tanto a Nationalgalerie (centro) quanto a Torre Einstein (acima) são "templos".

A Prefeitura de Säynätsalo (à direita) é uma "cabana" em termos de arquitetura.

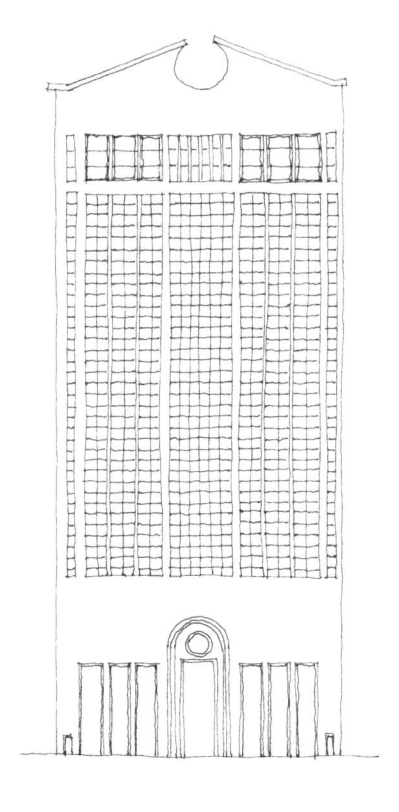

O Edifício da AT&T, projetada por Johnson (acima), é um "templo", em termos de arquitetura, assim como a Fábrica Inmos, projetada por Rogers (abaixo).

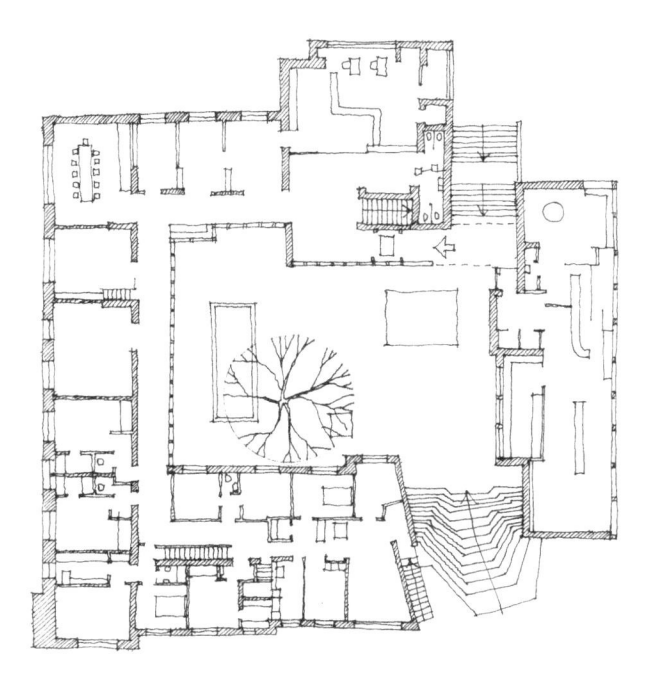

e suas superfícies rebocadas e lisas, bem como sua cor, destacam-na na paisagem do entorno. (No entanto, ela não consegue resistir aos efeitos de pátina do tempo sem limpeza, conserto e novo revestimento de suas fachadas repetidas vezes.)

O centro cívico de Säynätsalo, Finlândia (acima), projetado por Alvar Aalto (1952), com seu planejamento cuidadoso, porém irregular, e sua resposta a diferentes níveis do solo e incorporação de lugares externos, está mais próximo da "cabana" arquitetônica (com conotações políticas correspondentemente apropriadas).

O Edifício da AT&T, em Nova York, projetado por Philip Johnson e John Burgee e construído em 1982 (ao lado), é um "templo" alto (ao dinheiro).

Do mesmo ano, o Centro de Pesquisas Inmos, perto de Newport, Gwent (abaixo), projetado por Richard Rogers, é um templo "enorme" (à tecnologia da informação e comunicação).

Dificuldades

É possível que haja uma tentação de interpretar a dimensão "templo"–"cabana" como uma dicotomia entre o desejo humano e a providência natural. A definição de cabana de montanha feita por Ruskin e apresentada no início deste capítulo praticamente sugere que a cabana é uma criação natural, um produto de suas condições, e não do intelecto de um ser humano. A implicação é que as pessoas

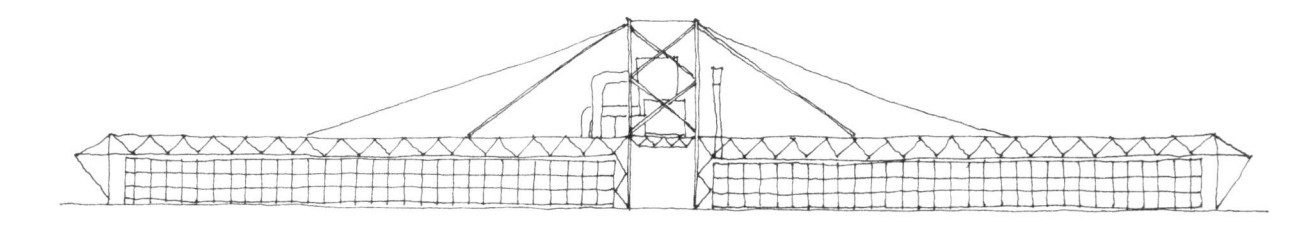

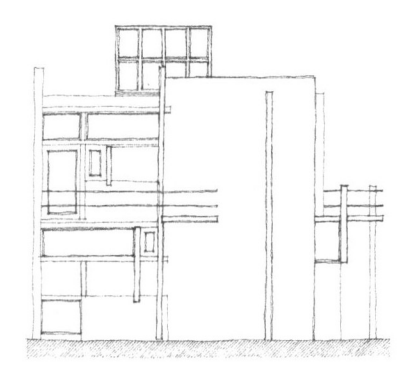

A Casa Schroeder, em Utrecht, projetada por Gerrit Rietveld (1923), pode ter composição irregular, mas é um "templo", sem sombra de dúvida. Sua composição abstrata, geometricamente complexa, porém precisa, como uma tela de Mondrian transformada em escultura, parece estar solta com relação ao seu entorno mundano.

que vivem nela estão, como Adão e Eva antes do Pecado Original, "em sintonia com a natureza", em vez de separadas dela.

Se quiséssemos identificar exemplos nos dois extremos dessa dimensão, poderíamos sugerir que o "templo" extremo é um módulo lunar, e o "cabana" extremo, uma caverna. O módulo lunar é, totalmente, um produto do intelecto humano. Encontra-se em seu próprio mundo autossuficiente, independente de todas as condições, com abastecimento de ar e controle ambiental próprios, livre inclusive dos condicionantes da gravidade. Além de estar sobre uma plataforma, consegue separar-se por completo do solo, de modo radical. Por outro lado, a caverna permanece completamente como a natureza a criou, sem influência do desejo humano. Sua forma foi escavada na rocha pelas forças da erosão natural, pelo vento e pela água corrente, mas não por esforço humano. Ela não está diretamente sobre a terra; está encravada nela como o ventre dentro de uma mulher.

Nessa dimensão, podemos nos posicionar no meio do caminho. Talvez nos sintamos inclinados (ou persuadidos pela mídia ou por um guru) a "descer" em tal dimensão, na direção de uma vida mais "natural" em uma caverna, um tepi no interior do País de Gales, ou, quem sabe, um sítio na Virgínia; ou "subir" na dimensão, para uma vida tecnologicamente mais sofisticada, talvez uma "cápsula de morar" de alta tecnologia em uma torre urbana ou, ainda (no futuro), nas cidades autossuficientes Arcosanti imaginadas por Paolo Soleri na década de 1970 (como as "arquiecologias" do jogo de computador SimCity) ou as desenhadas pela firma de arquitetura Archigram na década de 1960.

Os comentários da mídia caracterizam, alternadamente, os dois extremos dessa dimensão como moralmente "bons" e moralmente "ruins". É uma dimensão que engloba muitos aspectos culturais, desde a modificação genética de alimentos vegetais, clonagem de embriões e eutanásia às guerras contra o terrorismo e a tirania, bem como questões políticas mais mundanas, tais como a necessidade de novas estradas e os currículos escolares. O extremo "templo" (humanista, científico, caprichoso, controlador) é descrito como "heroico" (bom) e "extremamente arrogante" (ruim); o extremo "cabana" (responsiva, submissa, tolerante, levada pela fé) como "sustentável" (bom) e "ingênua" (ruim). Na cultura popular, consideramos as representações de ambas "utópicas" e "distópicas", de *Darling Buds of May* a *Bladerunner*. Constantemente, a publicidade nos empurra nas duas direções, dependendo daquilo que se deseja vender – pães ou carros velozes. É uma dicotomia que frequentemente gira em torno da questão "devemos ou não devemos?", oriunda do Jardim do Éden, quando a sugestão implícita era de que não devíamos.

Na arquitetura, a dimensão sugerida pelas ideias "templo" e "cabana" está relacionada a muito mais do que a formalidade simétrica regular ou a informali-

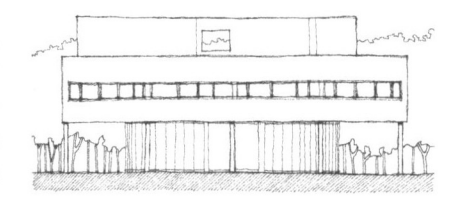

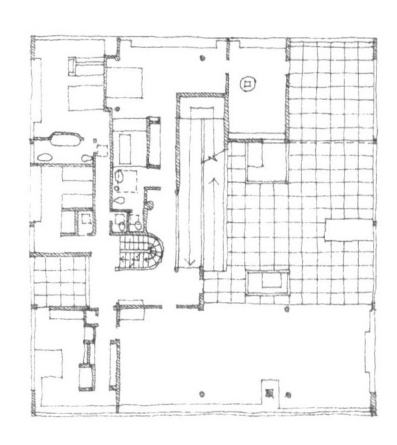

Há edifícios do século XX que parecem combinar características de "templo" com características de "cabana". Vista de fora, a Vila Savoye, de Le Corbusier (1929), é um "templo" (embora seja uma casa). Os espaços habitáveis principais estão elevados em relação ao solo natural, não sobre uma plataforma sólida, mas sobre uma série de pilares, chamados por Le Corbusier de "pilotis". A forma extrema é geralmente simétrica, embora com pequenos desvios, e está ordenada de acordo com proporções geométricas. Porém as plantas, ainda que estejam baseadas em uma grelha estrutural regular, são uma composição irregular de espaços distribuídos sem referência à simetria axial, mas, aparentemente, considerando as necessidades e relações pragmáticas.

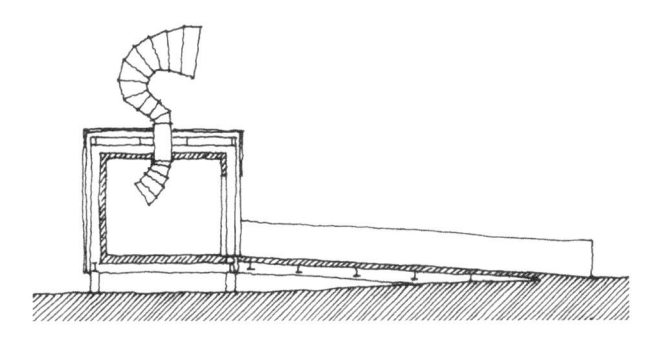

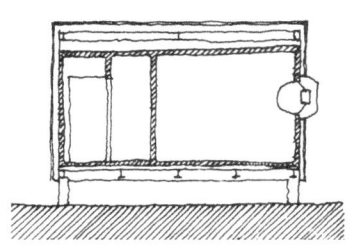

No Parque Histórico de Kalkriese, Alemanha, os arquitetos suíços Gigon e Guyer construíram pequenos templos para ouvir e ver.

Mais informações sobre o Parque Histórico de Kalkriese: (Gigon e Guyer) – *Architectural Review*, Julho de 2002, p. 34–41.

dade irregular na aparência das edificações, embora seja reduzida a esse nível com frequência. A irregularidade de muitas obras de arquitetura é tão artificial quanto a simetria de um templo grego, podendo ser uma tentativa dissimulada de elevar a moral para sugerir outras coisas.

São muitos os aspectos da profissão de arquiteto que lutam contra a adoção de uma postura próxima do extremo "cabana" da dimensão. O controle e a previsibilidade dos resultados são essenciais aos serviços que os arquitetos prestam para os seus clientes. Desde o antigo Egito, a arquitetura tem sido um instrumento de poder, seja político ou pessoal, plutocrático ou aristocrático.

É razoável concluir que a "cabana", nos termos descritos acima, é um mito. Faz parte do sonho de retornar ao Éden anterior ao Pecado Original, antes de a humanidade ter sido forçadamente separada de seu estado "natural". Ao fazerem aquela fogueira na paisagem para definir um lugar, os povos pré-históricos expressaram seu desejo; começaram a impor sua própria estrutura intelectual no mundo, a mudar para satisfazer seus próprios desejos. O primeiro fogo foi, na verdade, um "templo".

Entretanto, há algo mais a considerar. A arquitetura não pode, certamente, estar condenada à arrogância por sua própria natureza. É razoável dizer que a arquitetura se preocupa, por meio da identificação e definição de lugares, em tornar o mundo sensível, confortável, belo, organizado... Em benefício dos seres humanos na busca de suas aspirações, atividades, cuidado e proteção de suas posses, celebração e adoração de seus deuses, etc. Esse objetivo não se preocupa apenas com a aparência das obras de arquitetura. Ele envolve a consideração cuidadosa e inteligente dos aspectos do mundo que, ao encontrar, pode tirar proveito, utilizar de forma benéfica, explorar, cultivar.

A arquitetura não é uma questão de, como pensava Hamlet, "pegar em armas contra um oceano de problemas e acabar com eles por meio da oposição"; tampouco é uma questão de, como sugere a Bíblia, "transformar uma linha reta no deserto em uma estrada"... Ela também envolve celebrar a bela árvore que levou décadas para crescer, aproveitar o sol quente e a brisa refrescante, desfrutar as texturas e perfumes inatos da pedra e da madeira que mudam com o passar do tempo. Ao fazer isso, os seres humanos não se submetem ao poder da tempestade nem exercem seu domínio de modo extremamente insolente; na realidade, buscam um tipo de harmonia. A atitude dicotômica e as ideias de arquitetura relacionadas associadas ao "templo" e à "cabana" atravessam todas as dimensões da arquitetura. Um arquiteto pode impor uma ordem abstrata ao mundo ou responder àquilo que o mundo lhe oferece. Em geral, a arquitetura envolve ambos ao mesmo tempo.

A geometria é inata em muitos aspectos da arquitetura. Ela influencia a maneira como fazemos as coisas e como ocupamos o espaço.

As geometrias reais

"Tirar as medidas do homem na dimensão que lhe cabe gera a planta baixa de uma moradia. Tirar a medida das dimensões é o elemento dentro do qual a acomodação humana tem sua segurança, por meio da qual ela sem dúvida perdura. Tirar a medida é o que há de poético na moradia. Poesia é mensurar. Mas o que é medir?"

Martin Heidegger, – "...poetically man dwells..." (1951), em *Poetry, Language, Thought*, 1975, p. 221.

As geometrias reais

A geometria é importante para a arquitetura de muitas maneiras diferentes. O capítulo anterior – *Templos e Cabanas* – discutiu algumas das posturas distintas que a mente que projeta pode adotar perante as condições nas quais a arquitetura é praticada. Foi identificada a tensão que pode existir entre as características inerentes ao mundo físico e as ideias impostas no mundo pela mente. É possível discutir os usos arquitetônicos da geometria nos mesmos termos. Existem maneiras de usar a geometria que derivam das condições existentes e outras que podem ser impostas ou sobrepostas ao mundo (pela mente). A última, conhecida como geometria "ideal", é tema do próximo capítulo; este capítulo discute algumas das geometrias "da existência".

A palavra "geometria" – enquanto matéria na escola, por exemplo – sugere círculos, quadrados, triângulos, pirâmides, cones, esferas, diâmetros, raios e assim por diante. Esses itens são importantes para a arquitetura. Por se tratarem de ideias abstratas, pertencem à categoria da geometria ideal – sua perfeição pode ser imposta à malha física do mundo como forma de identificar lugares (veja o próximo capítulo). Entretanto, as geometrias também surgem quando lidamos com o mundo. A geometria pode derivar de uma postura de aceitação da maneira como o mundo funciona, assim como de uma postura de controle e imposição. As geometrias reais são o núcleo da identificação de lugares.

Os círculos de presença

As pessoas e os objetos introduzem a geometria no mundo pelo mero fato de existirem. Ao redor de cada corpo, existe o que chamamos de "círculo de presença", que contribui para sua própria identificação de lugar. Quando um corpo se relaciona com outros, seus círculos de presença se afetam. Quando ele é colocado em um recinto ou cela, seu círculo de presença também é fechado e, possivelmente, moldado.

Um objeto inserido em uma paisagem plana ocupa um espaço próprio, mas também cria círculos de presença concêntricos com os quais consegue se relacionar. Se deixarmos de lado as ondas eletrônicas e de rádio, o círculo de presença mais amplo será raio de alcance no qual o objeto pode ser visto. Tal círculo pode chegar até o horizonte ou ser limitado por uma floresta ou muro. Em termos de

A Torre Eiffel exerce seu círculo de presença por toda a cidade de Paris.

Círculo distante da visibilidade

Círculo íntimo do alcance por meio do tato

Círculo de lugar

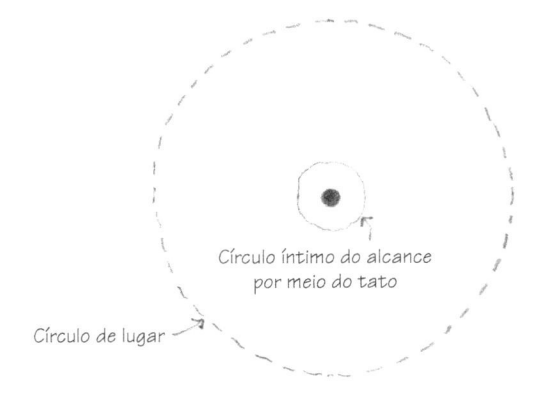

Todo objeto (como uma árvore, uma pedra vertical, a estátua de um deus) tem três círculos de presença que podem ser trabalhados pela arquitetura: o círculo íntimo do alcance por meio do tato (ou talvez do abraço); o círculo distante da visibilidade, que pode chegar até o horizonte; e o círculo do "lugar", que é mais difícil de determinar, mas, ainda assim, é importantíssimo.

som, esse grande círculo de presença seria a distância em que o som que emana de um objeto pode ser ouvido; o cheiro, sentido; as ondas de rádio, recebidas.

Por outro lado, o círculo de presença menor e mais íntimo – fisicamente – é descrito pela distância na qual podemos tocar, e talvez abraçar, um objeto.

O círculo de presença mais difícil de determinar racionalmente é o intermediário, ou seja, aquele no qual sentimos que estamos "na presença" do objeto. Poderíamos dizer que tal círculo é responsável por definir e delimitar o *lugar* do objeto.

Uma árvore define um de seus círculos de presença pela extensão de sua copa. Uma vela ou farol descreve seu círculo de presença pela luz que emite. Uma fogueira – conforme sugerido no capítulo intitulado *Tipos de Lugares Primitivos* – identifica um lugar por sua esfera de luz e calor. Uma pedra vertical, como uma estátua, se impõe na paisagem como uma afirmativa da presença da pessoa que motivou sua colocação no lugar em questão.

A árvore define um dos seus círculos de presença pela extensão de sua copa.

Uma pedra vertical impõe seu círculo de presença na paisagem e estabelece o lugar daqueles que o colocaram lá.

Uma vela (ou farol) descreve seu círculo de presença pela intensidade da luz.

A arquitetura usa todos os três: o amplo círculo de visibilidade, o círculo íntimo do tato e o círculo intermediário do lugar. Desde os tempos pré-históricos até o presente, grande parte da arquitetura tem tratado da imposição, definição, amplificação, modelagem ou controle dos círculos de presença. É possível que a arquitetura seja mais rica e mais sutil no modo como trabalha com eles. Os círculos de presença raramente são círculos perfeitos, sendo afetados quase sempre pelas condições e pela topografia do local. Em geral, como o mundo é tão cheio de objetos, os muitos círculos de presença se sobrepõem, interferem ou talvez reforcem uns aos outros de maneiras complexas que, por vezes, são difíceis de analisar. Os círculos de presença são manipulados pela arquitetura desde a Antiguidade, com diferentes objetivos.

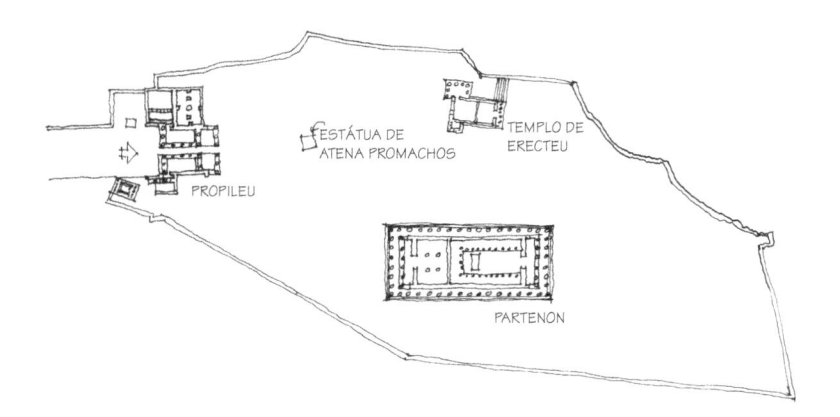

A maioria das edificações da Acrópole de Atenas foi construída durante o período clássico da cultura da Grécia Antiga, no século V a.C. O topo dessa colina rochosa na planície de Ática já era um lugar sagrado para a deusa Atena desde os primórdios da humanidade. Tais lugares elevados eram sagrados em parte por terem uma identidade clara, por serem refúgios em momentos de perigo. Também possuíam amplos círculos de presença – podiam ser vistos (e, a partir deles, era possível ver) de longas distâncias na paisagem. A colina da acrópole preserva esse círculo de presença na Atenas moderna.

Por meio da arquitetura, os antigos gregos manipularam os círculos de presença do lugar sagrado de Atena. A amplidão do círculo de presença em torno do terreno sagrado era definida, em parte, pela área razoavelmente plana do terreno sobre a colina, mas foi aumentada e definida com mais clareza pelos enormes muros de arrimo que ainda demarcam a área sagrada – *temenos* – em volta dos templos. A planta baixa desse *temenos* não é circular, mas sim um meio-termo entre o círculo de presença do terreno sagrado e a topografia da colina.

Existiam duas estátuas importantes de Atena na acrópole ateniense. A gigantesca *Athena Promachos* ficava ao ar livre, perto da entrada do *temenos*, projetando círculos de presença próprios na cidade, os quais chegavam aos navios no mar a quilômetros de distância. A outra estátua ficava dentro do templo principal, o Parthenon, que tinha (e ainda tem) um círculo de visibilidade próprio por toda a cidade e que ampliava a presença oculta da imagem ao mesmo tempo em que controlava seu círculo de lugar (acima) e protegia o círculo íntimo de alcance pelo tato – ambos provavelmente frequentados apenas pelos sacerdotes.

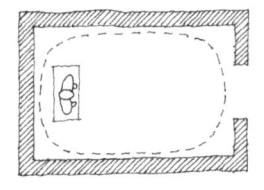

Dessa forma, a acrópole exemplifica algumas das maneiras como os círculos de presença afetam a arquitetura. Os muros de arrimo do *temenos* definem o "círculo" do terreno sagrado; o Parthenon amplifica a presença da estátua que contém; e sua cela controla e protege os círculos de lugar e alcance pelo tato da estátua.

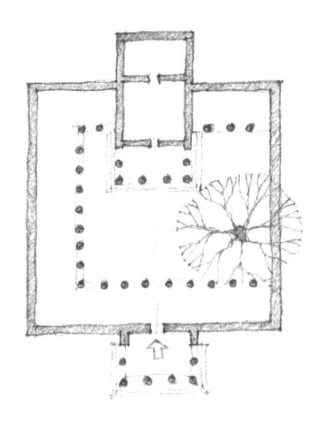

A estátua de Atena Promachos impunha o círculo de presença da deusa por toda a cidade antiga de Atenas.

O círculo de presença de um objeto significativo pode ser limitado e distorcido pelo abrigo ou cela no qual se encontra.

Em Dodona, também na Grécia, existe um carvalho antiquíssimo. Dizem que é um oráculo; é possível interpretar os conselhos a partir do farfalhar das folhas. A árvore se encontra dentro de um recinto protegido por um muro e "supervisionado" por um pequeno templo a Zeus (acima). Ao acessarmos o recinto, entramos no círculo de presença da árvore mágica e do deus oculto em seu templo.

Ficamos intrigados quando a paisagem parece conter alinhamentos.

Linhas de visão

Nós, seres humanos, parecemos ser fascinados pelo fato de enxergarmos em linhas retas. Esse fascínio fica evidente quando alinhamos, distraidamente, a ponta do sapato com um ponto no carpete ou – de maneira mais consciente – quando apontamos para um objeto distante com o intuito de destacá-lo. O fascínio pelas linhas de visão também está evidente na arquitetura.

O alinhamento de três ou mais itens, sendo um deles o próprio olho, parece ter certa importância peculiar. O alinhamento preciso do sol, da lua e da terra durante um eclipse solar ou lunar sempre foi considerado um evento significativo. Os construtores de Stonehenge aparentemente ergueram a pedra Hele com o objetivo de alinhar o centro do círculo com o sol nascente no horizonte durante o Solstício de Verão (abaixo).

Parados sobre um píer, percebemos quando um navio cruza a linha projetada pelo píer no mar. Ao dirigirmos pelo interior, notamos quando um item distante está perfeitamente alinhado com a estrada na qual dirigimos. O alinhamento confere importância ao objeto distante e também ao observador. A "mira" – seja a ponta do dedo ou a pedra Hele – é um elemento mediador, como um fulcro na mecânica ou um catalisador na química, que estabelece uma conexão entre o observador e o objeto. O alinhamento implica em uma linha de contato – um eixo – entre a pessoa e o objeto distante, provocando no observador uma sensação de reconhecimento da conexão (que se torna ainda mais forte quando "os olhares se encontram em uma sala lotada").

Aparentemente, na Antiguidade, a construção de edificações importantes às vezes buscava alinhá-las com as montanhas sagradas.

Para mais informações sobre o alinhamento de templos e palácios com montanhas sagradas na Grécia Antiga:
Vincent Scully – *The Earth, the Temple, and the Gods*, 1962.

A pedra Hele alinhava o centro do Stonehenge com o sol nascente durante o Solstício de Verão.

As geometrias reais **129**

O arquiteto Clough Williams-Ellis seguiu precedentes antigos ao criar uma linha de visão que conectasse seu próprio jardim em Plas Brondanw, no norte do País de Gales, com uma montanha cônica distante chamada Cnicht (à esquerda). O poder do eixo é tamanho que, ao nos depararmos com ele pela primeira vez enquanto andamos pelo jardim, sentimos a necessidade de sentar. Williams-Ellis gentilmente nos ofereceu um assento.

Na arquitetura como identificação de lugar, uma linha de visão estabelece o contato entre os lugares. Na Antiguidade, este era um dos recursos usados pelos arquitetos para unir os lugares ao mundo ao redor deles, definindo-os como fragmentos de matrizes, com lugares sagrados específicos nos nós. Tal poder é importante no projeto de edificações religiosas e lugares para espetáculos, onde o relacionamento entre os atores e os espectadores depende da visão. Também pode ser importante para o projeto de museus de arte, onde as linhas de visão podem influenciar o posicionamento das exposições e os percursos feitos pelos visitantes.

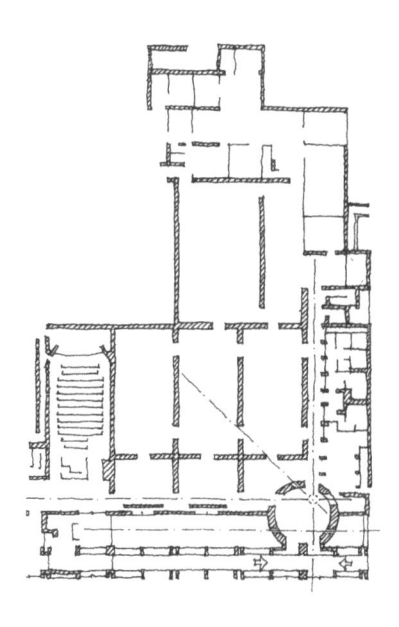

Linhas de percurso

Na Física, uma das leis da dinâmica diz que um corpo permanece em estado de repouso ou se desloca em linha reta a uma velocidade uniforme a menos que esteja sujeito a uma força que modifique tal estado. Isso também é um pressuposto frequente na arquitetura. As linhas de percurso geralmente são consideradas

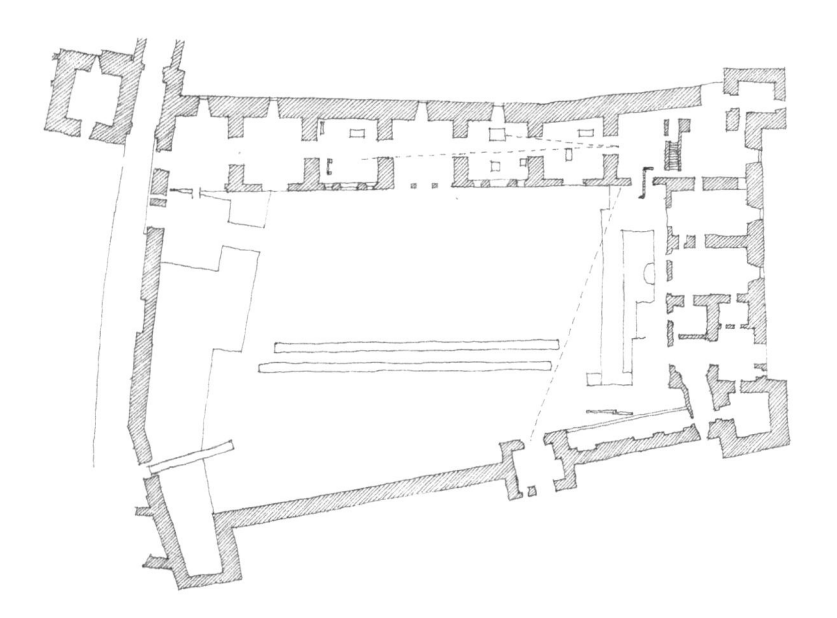

No Renewal Museum, em Seatlle (1997, acima), o arquiteto Olson Sundberg criou linhas de visão que irradiam de um saguão circular para as galerias e passagens.

Para mais informações sobre o Renewal Museum:
Architectural Review, *Agosto de 1998, p. 82.*

Ao reformar o Castelvecchio em Verona, Carlo Scarpa desenhou linhas de visão nas plantas baixas. Emanando de pontos particularmente importantes da edificação – o portal de entrada ou uma porta entre as galerias –, elas influenciariam suas decisões sobre as posições de exposições ou exemplares de paisagismo.

Para mais informações sobre a intervenção de Carlo Scarpa no Castelvecchio:
Richard Murphy – Carlo Scarpa and the Castelvecchio, *1990.*

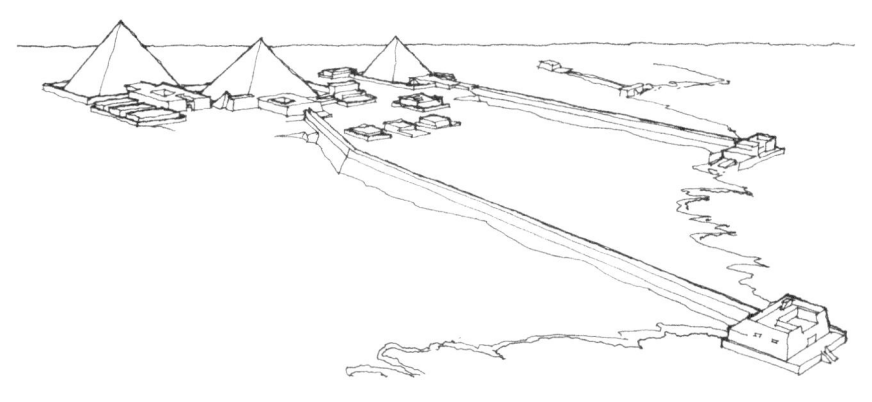

Para mais informações sobre as pirâmides do Antigo Egito:
I.E.S. Edward – *The Pyramids of Egypt*, 1971.

O percurso de um caminho na paisagem muitas vezes resulta da tendência das pessoas e dos animais a se deslocarem em linhas retas, desviando em função de mudanças na superfície do terreno.

No desenho (ao lado), o objetivo (a entrada) é claro, mas o acesso é deslocado em relação à linha de visão.

retas, exceto quando afetadas por alguma "força". Na maioria das vezes, uma pessoa sensata se desloca em linha reta entre um ponto de partida e uma meta, a menos que exista algum obstáculo que torne o movimento indesejável ou impossível. Ao organizar o mundo em lugares, a arquitetura também estabelece linhas de passagem entre eles, usando-os como ingredientes de experiências em série.

As antigas pirâmides do Egito estavam conectadas às edificações do vale do Rio Nilo por longas passagens elevadas (acima). Às vezes, eram retas; em outras ocasiões, precisavam levar em consideração as condições locais do terreno ou talvez mudanças nas plantas baixas durante a construção e, portanto, desviavam-se da linha direta.

Frequentemente, existe um jogo entre as linhas de percurso e as linhas de visão. Ao enxergar nosso objetivo, nossa inclinação natural é seguir diretamente até ele. As linhas de percurso muitas vezes estão relacionadas às linhas de visão, mas ambas nem sempre são congruentes. Uma linha de percurso pode estabelecer ou reforçar uma linha de visão, como ocorre quando a estrada se alinha com um item dis-

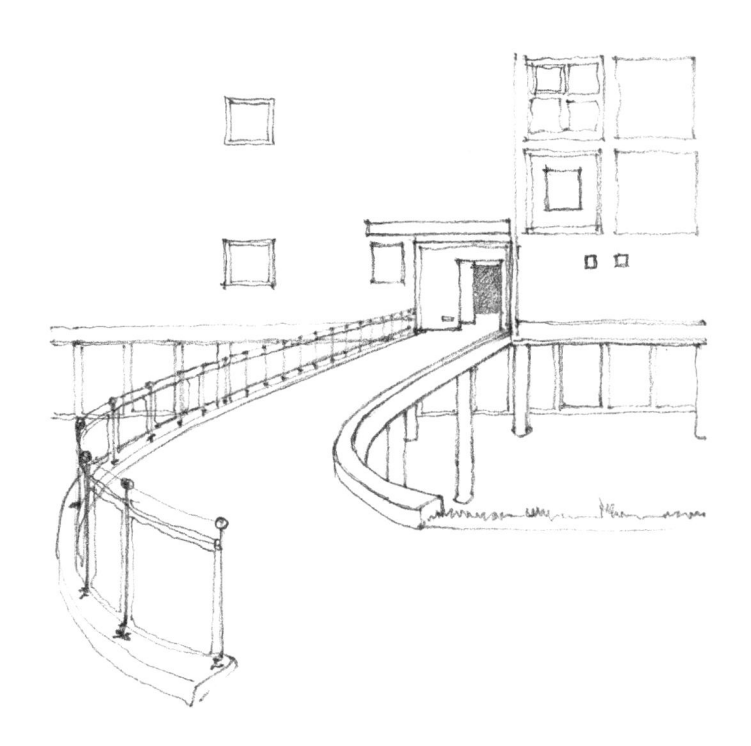

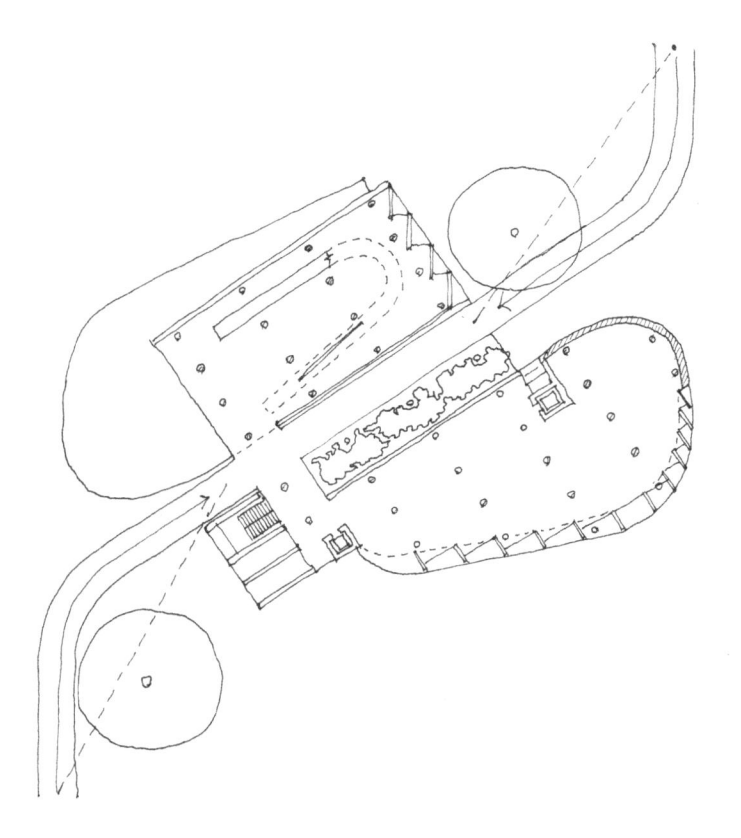

O acesso ao Carpenter Center for the Visual Arts, na Harvard University (1964, por Le Corbusier), pode ser feito a partir de duas quinas diagonalmente opostas do terreno. As rampas que levam à entrada são curvas. Na base de cada uma, a linha de percurso até a entrada não segue a linha de visão.

tante na paisagem; mas elas não coincidem necessariamente. Às vezes, a arquitetura pode jogar com o alinhamento de uma linha de percurso com uma linha de visão, como é o caso da nave central de uma igreja (veja a seção sobre "Altar" no capítulo *Tipos de Lugares Primitivos*). Outras vezes, porém, a linha de percurso se afasta da linha de visão, fazendo com que o caminho não seja o percurso mais direto entre o ponto de partida e o objetivo, como no Carpenter Center, de Le Corbusier (acima).

Em algumas ocasiões, a linha de percurso não possui um objetivo óbvio que possa ser visto. O jogo entre as linhas de visão e as linhas de percurso consegue criar uma sensação de mistério na experiência de uma obra de arquitetura (à direita, acima).

Às vezes, uma obra de arquitetura oferece opções de linhas de passagens, sendo necessário avaliar todas por meio da visão (à direita, abaixo).

Os jogos feitos entre as linhas de percurso e as de visão podem reforçar o poder da arquitetura de identificar lugares, além de criar mistério e suspense, guiando as pessoas por um labirinto de espaços.

Um percurso curvo pode despertar a curiosidade (acima).

Às vezes, temos muitas opções para determinar o caminho a seguir (abaixo).

Medição

A palavra "geometria" deriva de duas palavras gregas: terra (*geo*) e medida (*metron*). A medição do mundo é essencial para a vida. As pessoas medem seu ambiente o tempo todo e de muitas maneiras diferentes. Medir com uma régua ou fita métrica é apenas uma das maneiras – além de ser um recurso artificial. A maneira mais imediata de medirmos o mundo é com nossos próprios corpos.

Medimos a distância caminhando. Podemos fazê-lo conscientemente, ao contar nossos passos, mas também subconscientemente, simplesmente andando

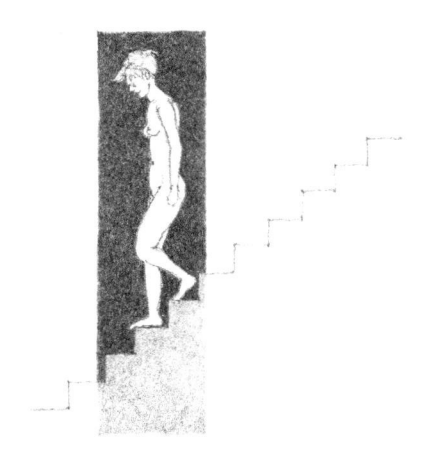

"Ela pensa sobre como as pessoas ocupam mais espaço vivas do que mortas; sobre como a ilusão de tamanho está contida em gestos e movimentos, no ato de respirar".

Michael Cunningham – *The Hours*, 1999.

Uma escada mede a diferença entre os níveis em passos iguais.

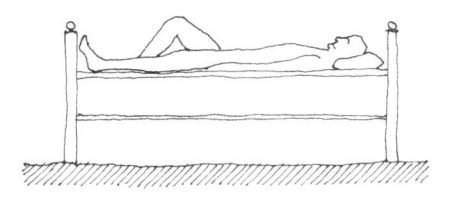

As pessoas medem o mundo com seus movimentos, seus corpos e seus sentidos.

de um lugar ao outro. Em conjunto com o ato de caminhar, estimamos a distância ou a altura de um degrau com o olhar e, então, avaliamos o esforço necessário para cobrir a distância ou subir o degrau. Estimamos a largura das portas e passagens para decidir se há espaço suficiente para passar. Estimamos as alturas das aberturas para avaliar se teremos ou não de nos curvar para entrar.

Temos consciência do tamanho de um cômodo e conseguimos estimar o que ele irá acomodar. Fazemos isso principalmente por meio da visão, embora a acústica de um espaço também possa indicar seu tamanho. De modo subconsciente, calculamos como o tamanho de um cômodo e as distâncias entre o mobiliário podem influenciar as inter-relações sociais no local. Podemos estimar a altura de um muro para decidir se poderia servir de assento; ou de uma mesa para avaliar seu uso como bancada de trabalho. Medimos, literalmente, a extensão de nossos próprios corpos em nossas camas.

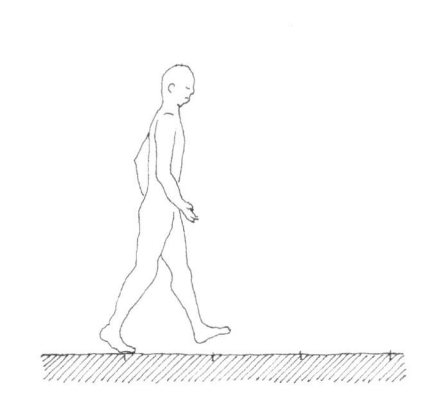

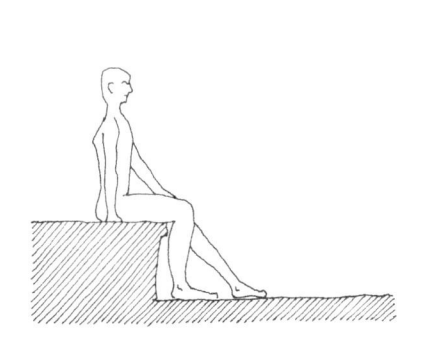

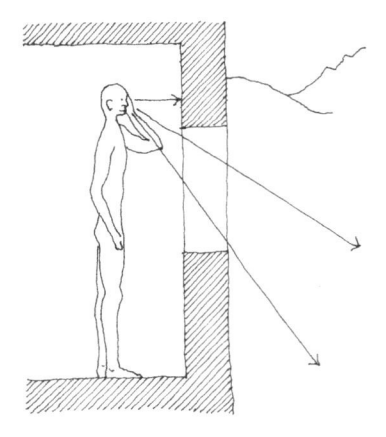

Uma pessoa se posiciona em frente a uma janela consciente das alturas do peitoril e da verga, assim como do fato de ser possível ou não ver o horizonte. As pessoas estabelecem a escala de uma obra de arquitetura em comparação com sua própria estatura enquanto seres humanos e com as maneiras em que seus corpos podem se deslocar. Todas essas são transações entre as pessoas e as obras de arquitetura. As pessoas estabelecem a medida das edificações que utilizam, enquanto estas estabelecem a medida das vidas que acomodam. As pessoas medem as obras de arquitetura que habitam e usam as medidas para fazer diferentes tipos de avaliação. Por exemplo: uma porta grande exagera o status do anfitrião e diminui o status do visitante (acima); uma porta pequena diminui o status do anfitrião e aumenta o status do visitante; uma porta em escala humana confere o mesmo status ao anfitrião e ao visitante.

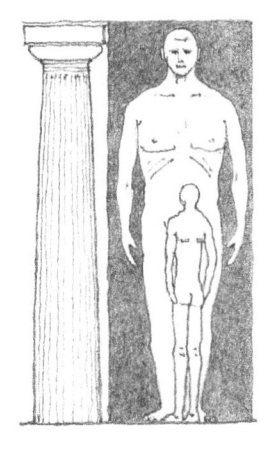

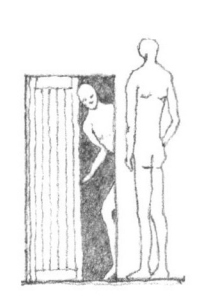

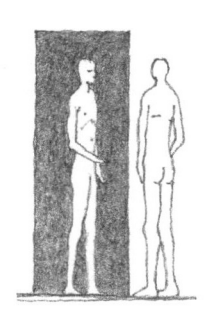

No final do século XV, Leonardo da Vinci elaborou um desenho (acima, à direita) que mostra as proporções relativas de um corpo humano ideal como determinado pelo autor romano de arquitetura Vitrúvio. Ele sugere que, em sua forma ideal, o corpo humano corresponde às proporções geométricas e que as medidas de tal corpo estão relacionadas às da natureza e às do universo. Também sugere que as obras de arquitetura devem ter a mesma integridade geométrica. Em meados do século XX, Le Corbusier idealizou um sistema mais complexo de proporções, que relacionava as proporções do corpo humano com as de outras criações naturais. Como Leonardo, usou uma proporção denominada Seção Áurea. Seu sistema – conhecido como *O Modulor* – aceitava as diferentes posturas adotadas pelo corpo humano: sentado, apoiado, trabalhando a uma mesa (abaixo). No início do século XX, o artista e dramaturgo alemão Oskar Schlemmer reconheceu que o corpo humano também mede o mundo por meio de seus movimentos e, portanto, projeta sua medida no espaço em volta (à direita). Leonardo da Vinci, Le Corbusier, Oskar Schlemmer (e outros) reconheceram as relações possíveis entre a arquitetura e a medida da forma humana.

Seis direções e um centro

O ser humano possui a parte da frente, a parte de trás e dois lados. Em geral, o solo fica abaixo dele e o céu, acima. Cada pessoa se encontra de pé (ou sentada ou

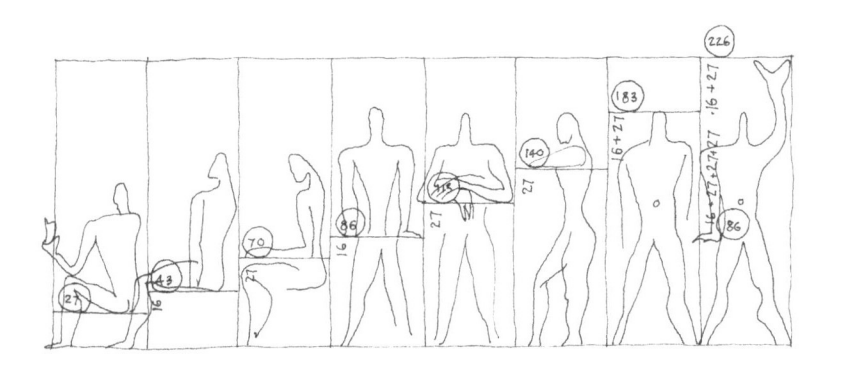

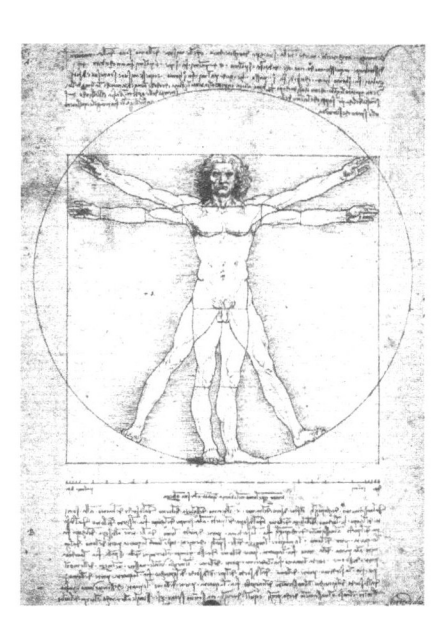

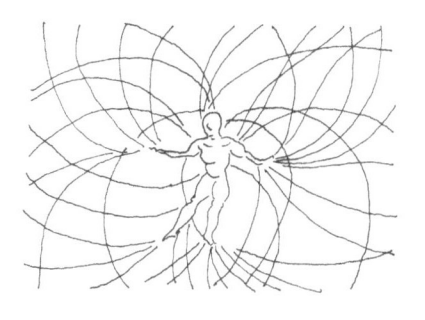

Oskar Schlemmer estava interessado na geometria da ocupação do espaço pelos seres humanos por meio do movimento e da dança (acima).

Le Corbusier explorou as maneiras como partes de uma edificação podem se relacionar com as dimensões da forma humana (ao lado).

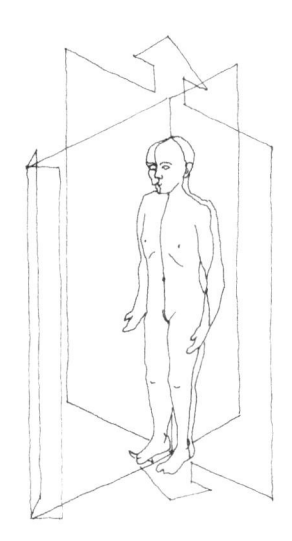

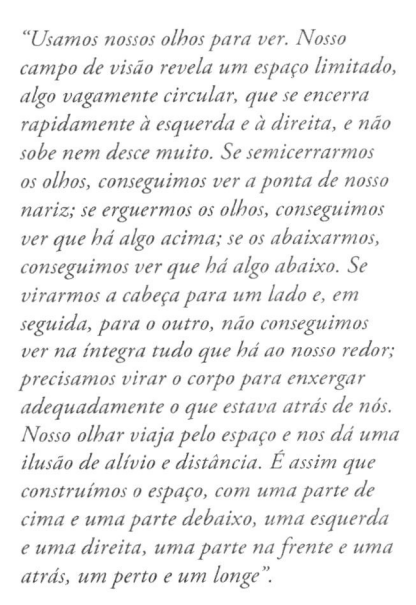

"Usamos nossos olhos para ver. Nosso campo de visão revela um espaço limitado, algo vagamente circular, que se encerra rapidamente à esquerda e à direita, e não sobe nem desce muito. Se semicerrarmos os olhos, conseguimos ver a ponta de nosso nariz; se erguermos os olhos, conseguimos ver que há algo acima; se os abaixarmos, conseguimos ver que há algo abaixo. Se virarmos a cabeça para um lado e, em seguida, para o outro, não conseguimos ver na íntegra tudo que há ao nosso redor; precisamos virar o corpo para enxergar adequadamente o que estava atrás de nós. Nosso olhar viaja pelo espaço e nos dá uma ilusão de alívio e distância. É assim que construímos o espaço, com uma parte de cima e uma parte debaixo, uma esquerda e uma direita, uma parte na frente e uma atrás, um perto e um longe".

Georges Perec – *Species of Spaces,* 1974.

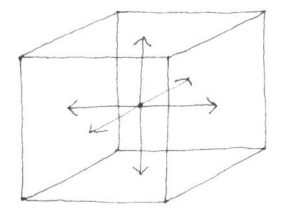

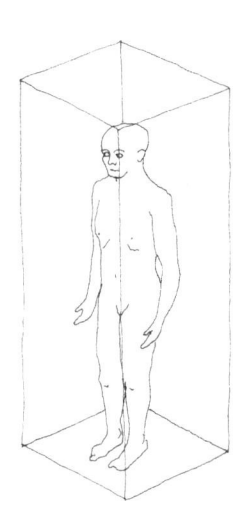

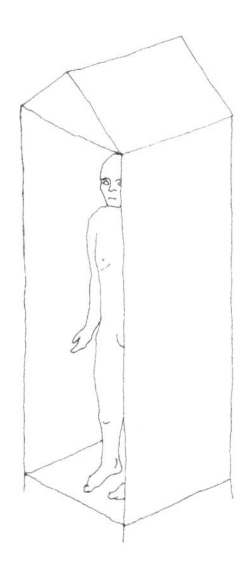

deitada) no centro de seu próprio conjunto formado por essas seis direções. Tais observações parecem óbvias demais para serem comentadas; contudo, trata-se de verdades simples que têm ramificações fundamentais para a arquitetura. As seis direções condicionam nosso relacionamento com o mundo, no qual cada pessoa é seu próprio centro de movimento. Elas condicionam nossa percepção da arquitetura – como encontramos e ocupamos os lugares e como nos relacionamos com outros lugares – e influenciam a concepção da arquitetura, oferecendo uma matriz para os projetos.

Uma das maneiras de relacionar a arquitetura com as seis direções e um centro é estabelecendo uma ressonância entre um recinto e seu usuário, transformando-o em um lugar que responda a cada uma das seis direções (ou lide com elas, de algum modo). Uma cela comum, com quatro paredes, teto e piso, responde a esses requisitos. Em tais lugares, todos nós podemos comparar a orientação de nossas seis direções e a posição de nosso próprio centro com os do recinto, o que nos leva a encontrar lugares em que nossas seis direções estão em relação formal ou estabelecendo um jogo informal com as do local. Por meio de seus seis lados, um lugar (uma sala, uma edificação, um jardim) consegue estabelecer uma estrutura ortogonal bi ou tridimensional, cujo poder está na capacidade de provocar em nós uma sensação de ressonância e relação.

Ao nos relacionarmos com um lugar que tem uma parte anterior (a frente), uma posterior (a de trás), duas laterais (a esquerda e a direita), uma parte superior (a de cima) e está posicionado sobre o chão (abaixo), sentimos que, de alguma forma, estamos nos relacionando com algo que se parece conosco e que, até esse ponto, foi criado à nossa própria imagem. Podemos responder a ele por meio da comparação com as nossas próprias seis direções e um centro.

A aparente concordância entre conjuntos de seis direções e um centro pode contribuir muito para a identificação de um lugar, especialmente quando a arquitetura define um centro que uma pessoa, a representação de um deus na forma humana ou um objeto significativo pode ocupar. Nesses casos, uma das seis direções é dominante – geralmente a frontal, como é o caso da guarita de um soldado, que permite uma visão da frente ao mesmo tempo em que protege a parte posterior e as laterais de ataques, a parte de cima da chuva e do sol, e os pés da lama ou do frio do solo.

Ou no caso de uma sala do trono, onde a posição do trono contra uma das quatro paredes, e não no centro geométrico da sala, permite que a direção em frente ao monarca domine o espaço (acima). Essa manifestação de direção pode ser reforçada de outras maneiras, talvez posicionando o trono em frente à entrada ou delimitando um percurso – com um tapete vermelho, quem sabe – que identifique o percurso do monarca até o trono e a partir dele, além de enfatizar a direção dianteira dominada pelo trono (acima, à direita).

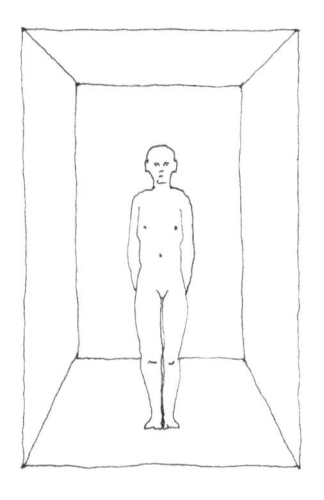

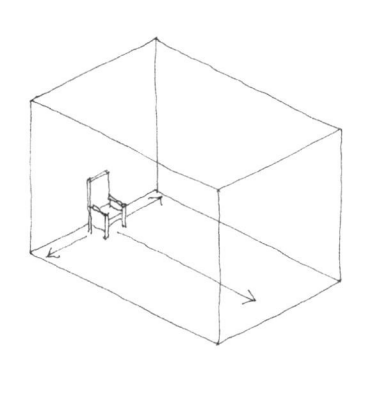

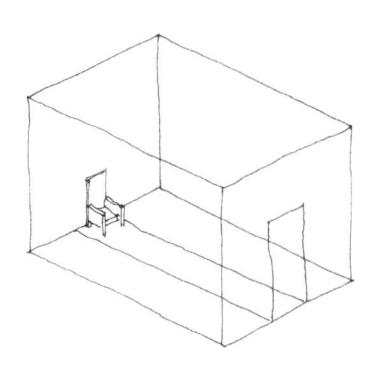

A arquitetura de espaços e recintos pode responder às seis direções evidentes na forma humana. As seis dimensões também se manifestam no mundo ao redor. No solo, onde passamos a maior parte de nossas vidas, com o céu acima e a terra abaixo. Entretanto, as quatro direções horizontais também têm características próprias. Cada ponto cardeal da bússola está relacionado ao movimento do sol. O sol nasce no leste e se põe no oeste; no hemisfério sul (norte), está a pino no norte (sul) e nunca entra no quadrante sul (norte).

As obras de arquitetura podem estar orientadas de acordo com as direções terrestres, assim como com a forma antropomórfica. Desse modo, as edificações são geometricamente um meio-termo entre os seres humanos e suas condições sobre a terra. Toda e qualquer edificação com quatro lados existente sobre a superfície da terra está relacionada de alguma forma, seja aproximada ou exata, com os quatro pontos cardeais. É provável que toda edificação com quatro lados tenha um lado que receba o sol da manhã, um lado que receba o sol do meio-dia e um

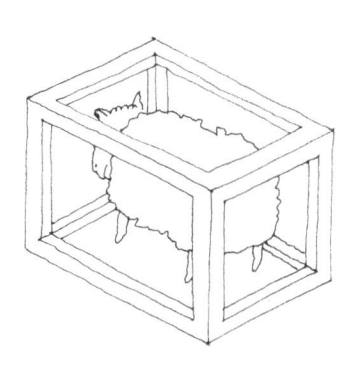

O tanque, na obra Longe do Rebanho, *de Damien Hirst, forma uma estrutura ortogonal tridimensional ao redor da ovelha. Cada face do tanque sugere uma elevação do animal.*

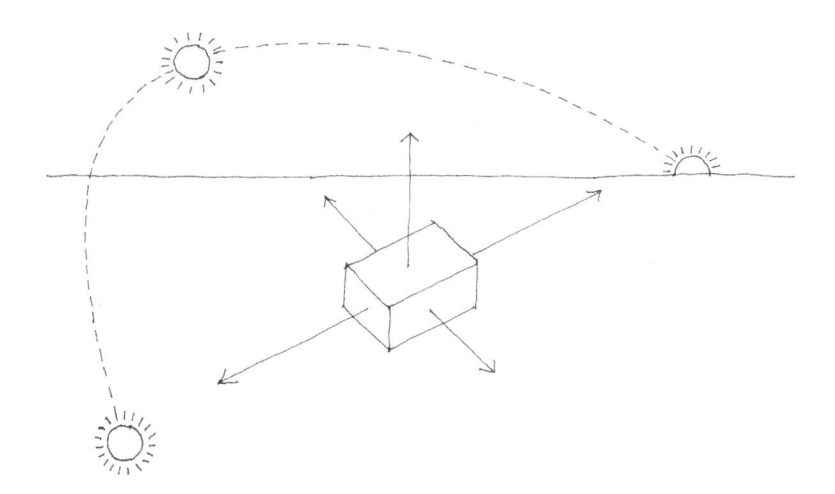

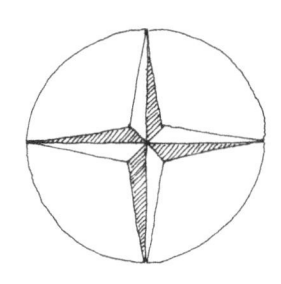

Todos os pontos cardeais, as quatro direções horizontais do mundo, têm características próprias.

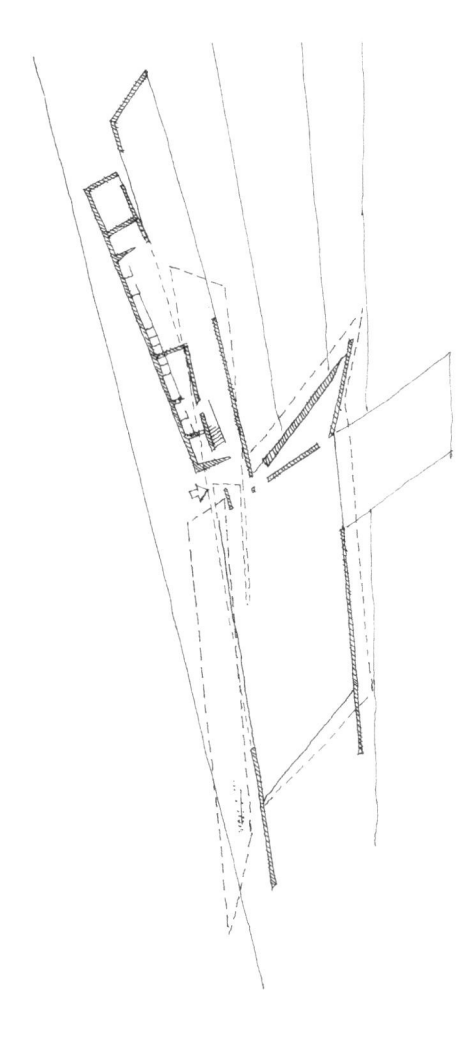

Esta é a planta baixa do projeto de Zaha Hadid para um posto de bombeiros na fábrica de móveis Vitra, na Suíça. Ela desafia a autoridade das quatro direções horizontais, em ângulos retos uma em relação à outra, por meio da distorção. O mesmo acontece com a dimensão vertical.

Para mais informações sobre o Posto de Bombeiros de Vitra:
"Vitra Fire Station", em *Lotus 85*, 1995, p. 94.

lado voltado para o sol poente; também terá um lado voltado para o norte, que receberá pouca ou nenhuma luz do sol. Essas quatro direções horizontais têm consequências na habitabilidade das edificações, mas também vinculam a arquitetura à matriz de direções que cobrem a superfície da terra (e que são formalmente reconhecidas na retícula de paralelos e meridianos, que permite que qualquer posição sobre a superfície da terra seja exclusivamente indicada por coordenadas).

A edificação de quatro lados está diretamente relacionada às direções sobre a superfície da terra, conforme ela gira com o passar do tempo. Cada lado tem características diferentes em horários diferentes do dia. Mas essa edificação também pode ser significativa de outra maneira. Afinal, se considerarmos que as seis direções estão em congruência com a da terra – seus quatro lados voltados para as quatro direções terrestres sugeridas pelo movimento do sol e sua verticalidade está de acordo com o eixo de gravidade que corre até o centro da terra –, então poderemos considerar que a própria edificação identifica um centro – um lugar significativo que parece reunir as seis direções da terra nas suas próprias e fornece um centro que a superfície da terra não oferece.

Assim, é possível perceber que a geometria das seis direções e um centro é inerente aos três níveis da existência: em nós mesmos, enquanto seres humanos; na natureza original do mundo onde vivemos; e nos lugares que criamos por meio da arquitetura, que fazem uma mediação entre nós e o mundo.

As seis direções e um centro são um condicionante da arquitetura. Por isso, estão suscetíveis às posturas de aceitação e controle mencionadas no capítulo sobre *Templos e Cabanas*. Podemos aceitar sua pertinência e influência ou podemos tentar transcendê-los por meio da exploração de geometrias abstratas e mais complexas ou trabalhando com conceitos difíceis, como o espaço não euclidiano ou com mais de três dimensões. Algumas pessoas talvez afirmem que submeter a superfície do mundo ao controle das quatro direções, ou três direções, seja uma simplificação; que o movimento do sol no céu é mais complexo do que as direções cardeais sugerem e, portanto, que a arquitetura não deve necessariamente se submeter de modo exato à matriz que as seis direções e um centro sugerem, ou que deve procurar indicações mais sutis para o posicionamento e a orientação das edificações. Outras podem achar que a forma retangular é tediosa. Mesmo assim, a noção de seis direções e um centro é útil para a análise de exemplos de arquitetura, de muitos tipos e com muitas características.

Seu poder é encontrado em exemplos que variam desde as formas como direções, eixos e retículas podem ser introduzidas na paisagem a fim de nos ajudar a saber onde estamos e como é possível ir de um lugar ao outro – até mesmo uma pedra bruta, assentada ereta, como uma pessoa, consegue introduzir as seis direções na paisagem (acima, à direita) – passando pelo vasto repertório de obras de arquitetura ortogonais, até chegar a tentativas de evitar ou testar os limites da arquitetura retangular, como nas obras de Hans Scharoun ou Zaha Hadid. Embora pareçam ter sido distorcidas pela força de algum evento no campo gravitacional, as quatro direções horizontais mantêm seu poder na planta baixa do Posto de Bombeiros de Vitra, projetado por Hadid (do lado oposto).

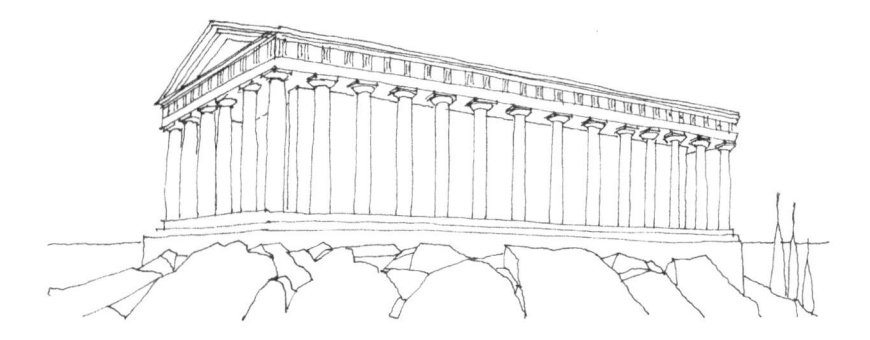

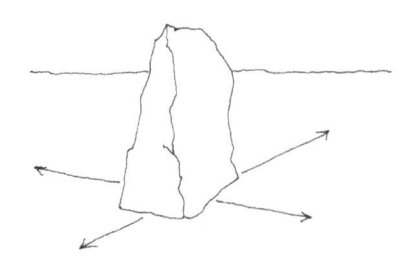

O templo grego e as seis direções e um centro

Muitas obras de arquitetura estão relacionadas com as quatro direções horizontais, com a parte de baixo e a de cima, bem como com o conceito de centro, de forma simples e direta. O templo grego é um exemplo particularmente claro (acima). As seis direções e um centro funcionam em vários níveis conceituais, inclusive em edificações cuja forma é aparentemente simples, como esta.

Em primeiro lugar, funcionam como um objeto na paisagem. A edificação tem seis faces: uma voltada para o solo, uma (a cobertura) para o céu e quatro lados, todos voltados para cada uma das quatro direções horizontais. Nesse sentido, o templo se estabelece como um centro.

Em segundo lugar, funcionam como um lugar interno: a cela do templo possui um piso e um teto, além de quatro paredes que se relacionam diretamente com as quatro direções horizontais, sugeridas pela imagem do deus ou da deusa que ocupa o local e é sua razão de existir.

Em terceiro lugar, funcionam na relação entre o espaço interno e o mundo externo: a porta (o principal vínculo entre ambos) permite que uma das quatro direções horizontais (a da face da deidade, que é reforçada pelo eixo longitudinal do templo) saia do interior e se relacione com um altar externo e, talvez (como linha de visão), com algum objeto significativo remoto – o sol nascente ou o pico sagrado de uma montanha distante.

As seis direções e um centro são inerentes à arquitetura do templo de três maneiras que ajudam a reforçar sua função enquanto identificador de lugar. O próprio templo é uma cela e um marco, mas sua forma ortogonal canaliza as maneiras como ele identifica o lugar da imagem sagrada, transformando-o também em um centro que irradia sua presença.

Todavia, essa edificação relativamente simples se relaciona com as seis direções e um centro de uma quarta maneira – especialmente importante para pensarmos na arquitetura como identificação de lugar. Refere-se à maneira como as direções da edificação se relacionam com as de um visitante ou fiel. Se considerarmos sua forma externa como um corpo, sabemos (contanto que conheçamos

Até mesmo uma pedra bruta erguida na paisagem pode indicar as quatro direções horizontais e, ao fazê-lo, começa a impor alguma ordem (sentido) ao mundo.

"A forma intuída do espaço, que nos cerca onde quer que estejamos e que, portanto, sempre erguemos ao nosso redor e consideramos mais necessária que a forma de nosso próprio corpo, consiste nos resíduos de experiências sensoriais para as quais as sensações musculares de nosso corpo, a sensibilidade de nossa pele e a estrutura de nosso corpo, contribuem. Assim que aprendemos a perceber a nós mesmos apenas como centro desse espaço, cujas coordenadas se cruzam em nós, encontramos o precioso núcleo – o investimento de capital inicial, digamos – no qual a arquitetura se baseia, mesmo que, no momento, nos pareça algo tão banal quanto uma moeda da sorte. Depois que a imaginação ativa toma posse de tal gérmen e o desenvolve de acordo com as leis dos eixos direcionais inerentes inclusive nos menores núcleos de toda ideia espacial, o grão de mostarda parece se transformar em uma árvore e somos cercados por um mundo inteiro".

August Schmarsow – "The Essence of Architectural Creation" (1893), em Mallgrave e Ikonomou, tradutores – *Empathy, Form and Space*, 1994.

a edificação e estejamos em sua presença) quando estamos nos fundos, na frente ou em alguma das laterais. Com relação à edificação, nós sabemos onde estamos. Contudo, além dessa relação, também estamos cientes de que existem lugares significativos criados pelo poder da geometria ortogonal da edificação: lugares que podem nos atrair até eles. O mais importante deles é a direção proeminente que emerge da estátua do deus, passa pela porta e continua na paisagem. Sabemos quando nos encontramos sobre esse eixo e percebemos que ele é especial; ele promove em nós a sensação de conexão entre nossas próprias direções e as do deus.

Esse eixo poderoso é estabelecido pela arquitetura do templo. Não somos apenas espectadores indiferentes, pois nos envolvemos com a arquitetura da edificação, nos tornamos parte dela. É exatamente o mesmo poder – o do eixo dominante – que provoca a prática de nos inclinarmos com respeito ao cruzar o eixo do altar em uma igreja cristã ou um templo budista. É o mesmo poder que nos compele a parar no centro exato de um espaço circular (o Pantenon de Roma, sob a cúpula da Catedral de São Paulo, em Londres, ou no teatro de Epidauro, na Grécia). Esses usos simples das seis direções e um centro são básicos, rudimentares e, aparentemente, reconhecidos em todo o mundo por constituírem um dos poderes mais importantes da arquitetura.

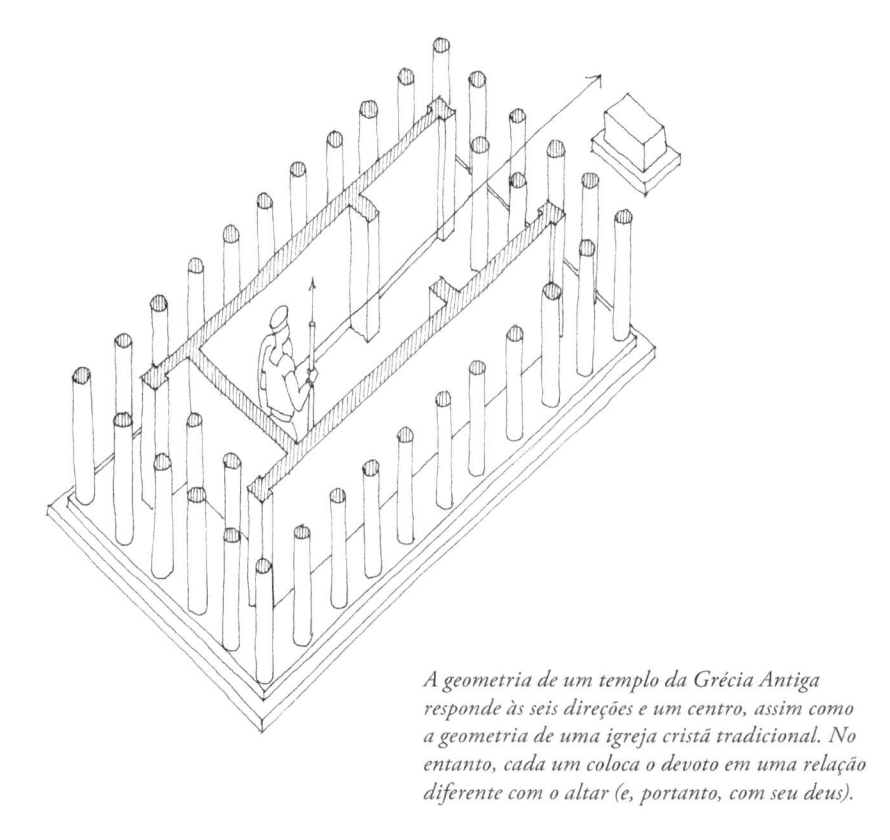

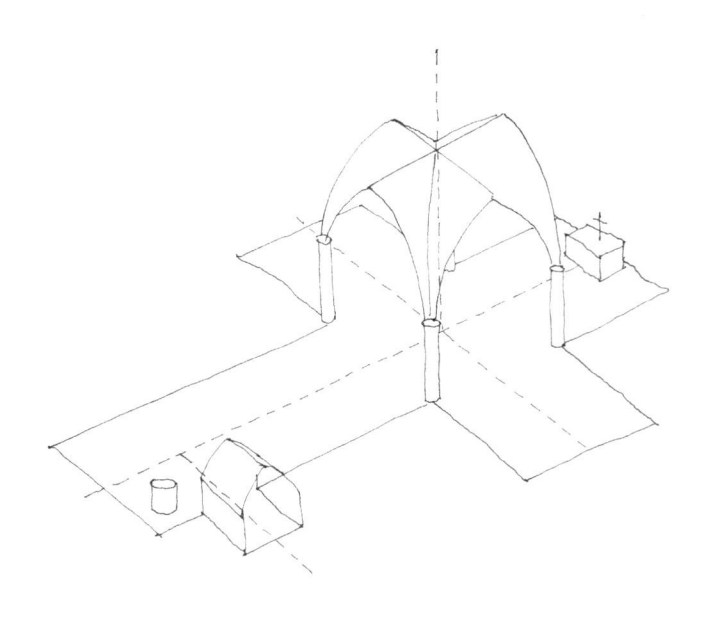

A geometria de um templo da Grécia Antiga responde às seis direções e um centro, assim como a geometria de uma igreja cristã tradicional. No entanto, cada um coloca o devoto em uma relação diferente com o altar (e, portanto, com seu deus).

A geometria social

A geometria das interações sociais entre as pessoas é uma função das seis direções e um centro que todos possuem. Em geral, estamos voltados para alguém quando conversamos e nos sentamos ao lado de nossos amigos. Dessa e de outras maneiras parecidas, nossa interação social tem caráter arquitetônico.

Ao se reunirem, as pessoas se organizam de formas específicas e, assim, geram geometrias sociais. Enquanto processo de identificação de lugar, esta é uma forma de arquitetura por si só. A arquitetura pode consistir apenas em pessoas, antes de levar à construção. Porém, enquanto consiste apenas em pessoas, a existência de tal forma de arquitetura é transiente.

As obras de arquitetura podem responder às geometrias sociais, ordená-las e tornar sua concretização física mais permanente. As pessoas podem se sentar em círculo ao redor de uma fogueira feita ao ar livre. Em um nicho com lareira (em uma casa do movimento Artes e Ofícios, por exemplo), essa geometria social se transforma em um retângulo acomodado dentro da estrutura de paredes externas da moradia.

Quando assistem a uma briga entre dois colegas, os meninos fazem um círculo. Quando há uma luta formal entre dois boxeadores, a área do embate é definida por uma plataforma retangular com cordas no perímetro. Apesar de quadrado, em língua ingle-

As pessoas sentadas ao redor de uma fogueira formam um círculo social. Um nicho com lareira formaliza a geometria da interação social em volta do fogo. O exemplo abaixo foi desenhado por Barry Parker e é encontrado no livro que ele produziu junto com seu sócio na arquitetura, Raymond Unwin – The Art of Building a Home, *1901.*

140   Análise da Arquitetura

Existe uma geometria social no espaço de confronto e no da união.

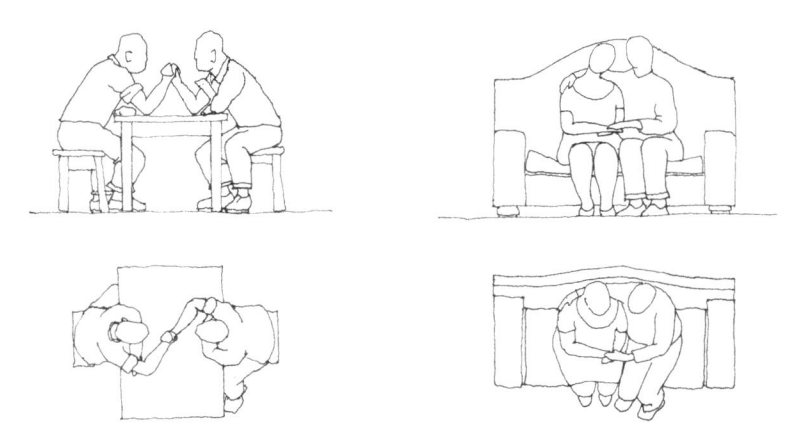

sa, esse espaço é chamado de *ring* (anel); os espectadores se sentam ao redor e o confronto dos boxeadores é representado pela posse de quinas opostas.

A distribuição radial dos espectadores nos barrancos de um vale, assistindo a esportes ou peças de teatro, foi arquitetonicamente traduzida pelos antigos gregos no teatro inserido na paisagem, com planta baixa um pouco mais que semicircular que consiste em muitas fileiras de degraus concêntricos para sentar-se.

Embora talvez não seja exatamente um exemplo de geometria "social", o leiaute em grelha dos túmulos em um cemitério é uma função da geometria do corpo humano e da maneira como a forma retangular do espaço necessário pode formar uma retícula sobre o solo.

Em uma discussão, as pessoas se colocam uma em frente à outra. Quando são amigas, sentam-se lado a lado. Ambos podem ter manifestações na arquitetura. Na política britânica, o confronto entre a Situação e a Oposição é representado fisicamente nos bancos da Câmara dos Comuns (abaixo), que ficam um de frente para o outro em lados opostos do salão, enquanto o Orador (ou condutor do debate) ocupa o eixo no meio.

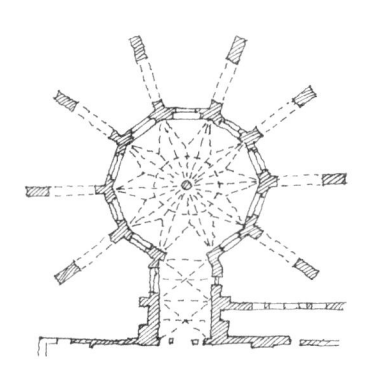

A geometria social da Câmara dos Comuns inglesa (ao lado) é uma manifestação da relação de confronto entre a Situação e a Oposição. A da casa do capítulo de um monastério medieval (acima) sugere uma estratégia mais consensual à tomada de decisões, com base na igualdade.

Algumas câmaras usadas para discussões não são projetadas para o argumento e a discussão, mas sim para um debate coletivo. Às vezes, isso fica evidente na arquitetura. Uma casa do capítulo (ao lado) é uma sala de reuniões anexada a uma catedral ou monastério. Com frequência, tem planta baixa circular ou talvez poligonal que, pelo menos em termos de arquitetura, não favorece o confronto e a hierarquia. Até mesmo a coluna central que sustenta o teto abobadado parece bloquear a oposição direta e diametral dentro da câmara.

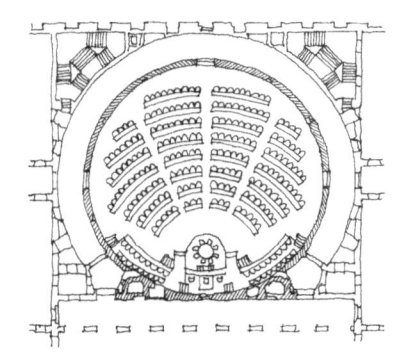

Ainda que a câmara de debates do parlamento finlandês tenha sido projetada, por motivos simbólicos, como um círculo, sua geometria não acomoda facilmente a geometria da distribuição de assentos. O conflito entre as duas geometrias fica evidente nos corredores estranhos em volta da câmara.

Não se sabe com certeza se tais arranjos de arquitetura mitigam o comportamento de membros do parlamento ou de capítulos. Todavia, alguns países optaram por realizar seus debates parlamentares em câmaras de debate circulares e não confrontáveis, mesmo que apenas por motivos simbólicos. Um exemplo é a câmara de debate do parlamento finlandês, em Helsinque (acima, à esquerda), que foi projetada por J.S. Siren e construída em 1931.

O círculo é um dos símbolos mais poderosos da comunidade humana. Em termos de arquitetura, parece indicar que as pessoas são iguais e compartilham da mesma experiência. Uma das funções das seis direções implícitas na forma humana – decorrente do desejo de ver os demais – é o padrão gerado, *grosso modo*, pelas pessoas sentadas ao redor de uma fogueira, é o padrão gerado pelas pessoas sentadas em um piquenique e é o padrão associado ao ato de conversar. Além disso, quando há algo específico para ver, é o padrão formado pela multidão que se aglomera em volta de uma celebridade ou assiste a um evento teatral ou cerimonial. No capítulo posterior sobre *Espaço e Estrutura*, veremos, porém, que pode haver um conflito entre essa poderosa manifestação da geometria social e outras geometrias reais, com destaque para a geometria da construção, que é o tema da próxima seção deste capítulo.

Com relação ao caráter ortogonal das seis direções e um centro, muitos arquitetos aceitaram de imediato as geometrias simples sugeridas pelas reuniões sociais e tentaram acomodá-las ou inseri-las nas estruturas espaciais de sua arquitetura. Outros optaram por uma abordagem sutilmente mais sensível. Embora tenha evitado muitos outros tipos de geometria em seus projetos, até mesmo o arquiteto alemão Hans Scharoun aceitou a adequação do círculo como moldura para o evento social de uma refeição. Na Casa Mohrmann, construída em Berlim em 1939 (à direita), a sala de jantar é o único lugar da planta baixa que possui uma forma geométrica regular: uma mesa circular está posicionada centralmente em uma janela alta semicircular entre a cozinha e a sala de estar. Entretanto, em outras partes da planta baixa, ele utilizou arranjos mais sutis que respondem, por exemplo, à geometria de sentar-se ao lado da lareira para admirar a vista, ou à geometria de tocar piano e, ao mesmo tempo, conseguir manter contato visual com os convidados, ou, até mesmo, à geometria de sentar-se para falar ao telefone.

São muitas as sutilezas de relacionar o espaço de arquitetura com as geometrias da interação social. Elas entram em jogo no projeto de qualquer obra de arquitetura que busque acomodar pessoas, o que inclui praticamente todas as edificações, jardins, cidades, etc.

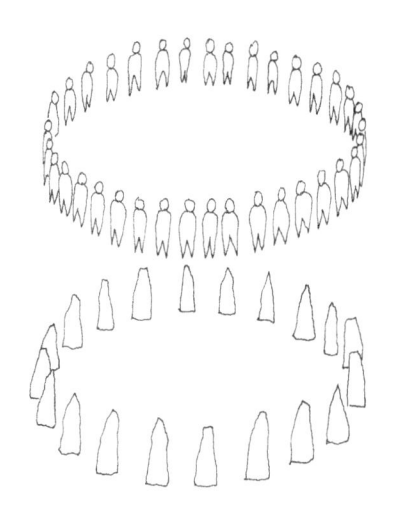

Um círculo de pedras faz com que um padrão humano se torne permanente.

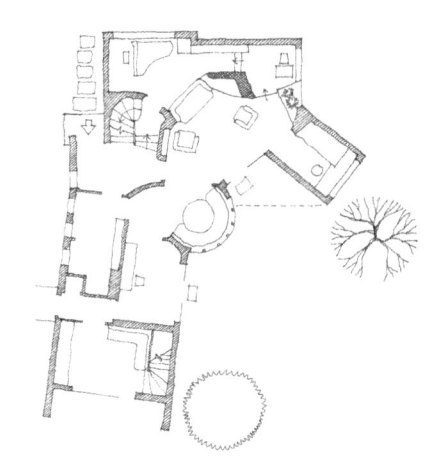

Ao projetar a Casa Mohrmann (acima), Scharoun reconheceu a geometria implícita da interação social quando criou um espaço para refeições semicircular.

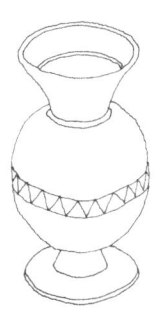

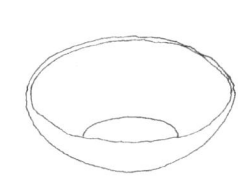

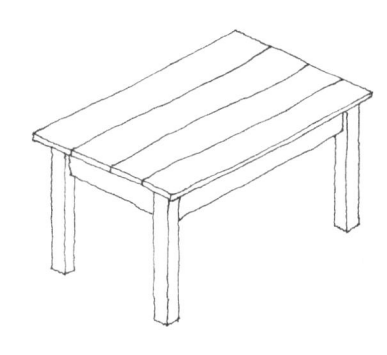

A geometria da construção

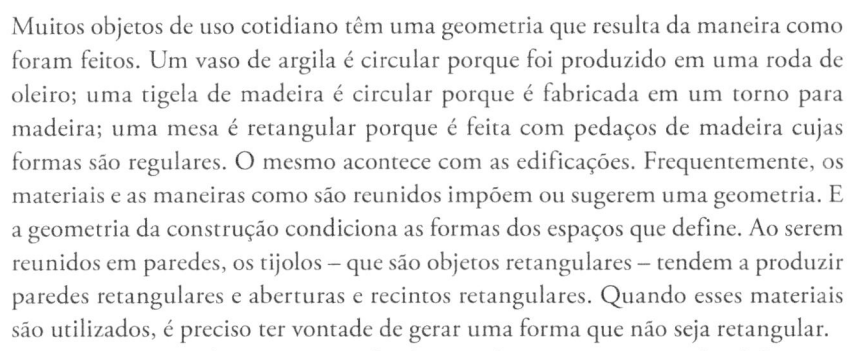

Muitos objetos de uso cotidiano têm uma geometria que resulta da maneira como foram feitos. Um vaso de argila é circular porque foi produzido em uma roda de oleiro; uma tigela de madeira é circular porque é fabricada em um torno para madeira; uma mesa é retangular porque é feita com pedaços de madeira cujas formas são regulares. O mesmo acontece com as edificações. Frequentemente, os materiais e as maneiras como são reunidos impõem ou sugerem uma geometria. E a geometria da construção condiciona as formas dos espaços que define. Ao serem reunidos em paredes, os tijolos – que são objetos retangulares – tendem a produzir paredes retangulares e aberturas e recintos retangulares. Quando esses materiais são utilizados, é preciso ter vontade de gerar uma forma que não seja retangular.

A geometria da construção é fundamental para a construção de edificações. Nesta casa de madeira tradicional da Noruega (abaixo), como em muitas casas tradicionais de todo o mundo, existe um jogo entre a geometria social e a geometria da construção. A geometria social condiciona os tamanhos e os leiautes dos espaços, embora as formas destes também sejam determinadas pelos materiais disponíveis e suas características intrínsecas, bem como pelas práticas de construção atuais. A edificação está impregnada da geometria da construção, apesar de ela nem sempre ser exata e regular. A construção das paredes e a estrutura da cobertura são influenciadas pelos tamanhos das madeiras disponíveis e por sua resistência. Os tamanhos das telhas influenciam o projeto da cobertura.

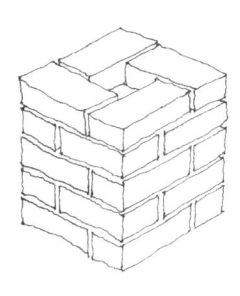

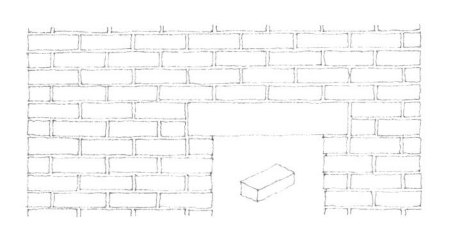

A geometria dos tijolos condiciona a geometria das coisas que são construídas com eles.

As edificações tradicionais tendem a se adequar à escala humana (medidas), à geometria social e à geometria da construção. Seus arquitetos tentam equilibrar as influências divergentes de cada uma. Este desenho está baseado em um desenho incluso em:
Tore Drange, Hans Olaf Aanensen e Jon Braenne – *Gamle Trehus* (Oslo), 1980.

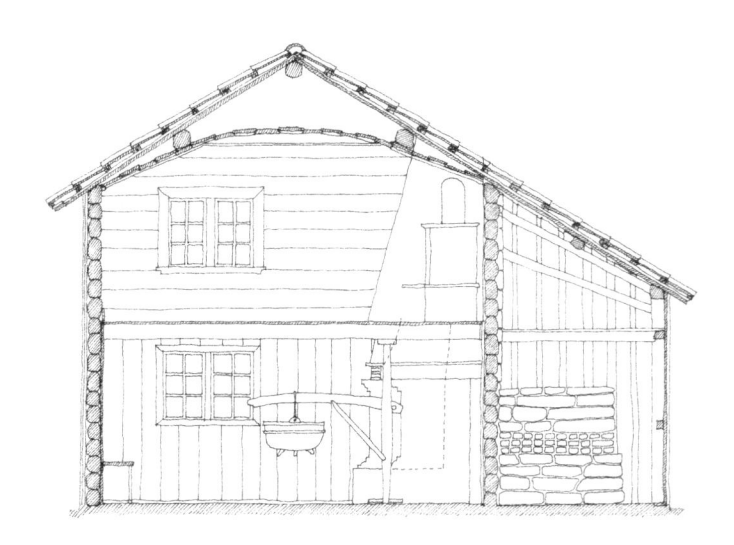

As geometrias reais   143

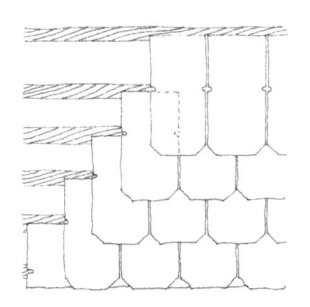

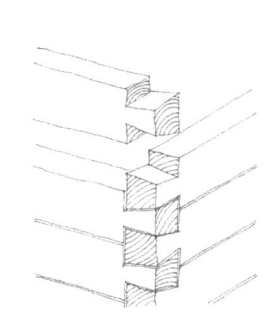

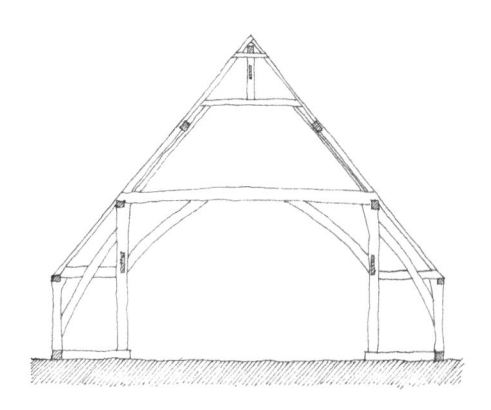

As pequenas vidraças das janelas são condicionadas pelos tamanhos das chapas de vidro. Até mesmo as pequenas alvenarias são condicionadas pelas formas dos tijolos e pelas geometrias sutis e complexas das pedras disponíveis. Até o suporte que segura o caldeirão tem uma geometria espacial própria que descreve um loco que se torna parte de um círculo ao balançar em volta do fogo.

A geometria da construção não é tanto um poder da arquitetura, e sim uma força que condiciona as edificações. A força não é ativa: ela está latente nos materiais disponíveis para a construção e em estratégias plausíveis para reuni-los em uma edificação que é influenciada pela gravidade. Assim, a geometria da construção está sujeita, na arquitetura, à série de estratégias mencionadas no capítulo sobre *Templos e Cabanas*. Pode-se dizer que, ao construir uma "cabana" arquetípica, a geometria da construção (junto com as geometrias associadas à escala humana, ao comportamento e à interação social) é aceita; por outro lado, em um "templo" arquetípico, ela (e algumas ou todas as demais) pode ser transcendida. Nessa dimensão, os arquitetos podem adotar uma entre várias posturas com relação à geometria da construção: estratégias que podem buscar refinar a geometria da construção em quadrados, cubos, etc., perfeitos; ou estratégias que celebrem as texturas rústicas e formas irregulares dos materiais conforme foram encontrados na natureza ou depois de submetidos apenas a uma preparação rudimentar. O arquiteto escocês Charles Rennie Mackintosh, por exemplo, desenhou muitos móveis. Em alguns deles, explorou a geometria da construção, refinando-a de acordo com sua sensibilidade estética. À direita, há uma banqueta desenhada por ele em 1911. Ela está de acordo com a geometria da construção, mas foi aprimorada e se transformou em uma matriz de cubos perfeitos. Também encontramos a geometria da construção nos prédios de estrutura e revestimento de madeira que foram projetados pelo arquiteto americano Herb Greene (ao lado), embora ela seja levada quase ao limite e distorcida em formas quase animalescas. Este desenho mostra parte da Casa do Prado, construída em 1962, cujas placas de madeira revestem a estrutura como as penas de uma galinha.

A geometria da construção inclui a geometria da estrutura, seja a estrutura de madeira de um celeiro de grãos medieval ou a estrutura de aço de uma fábrica de equipamentos eletrônicos. Dizem que a geometria da estrutura é suscetível a cálculos matemáticos, ainda que pareçam ser infinitas as maneiras de organizar uma estrutura a fim de cobrir determinado espaço. Algumas são consideradas eficientes porque utilizam os materiais de modo econômico e sem elementos redundantes; outras têm uma qualidade extra, a elegância. Não se sabe com certeza se existe uma correlação direta entre a eficiência e a elegância. A geometria da

A geometria está presente no telhamento de uma cobertura e no modo como os pedaços de madeira são unidos. Ela também é encontrada nas formas como os materiais são reunidos em uma estrutura.

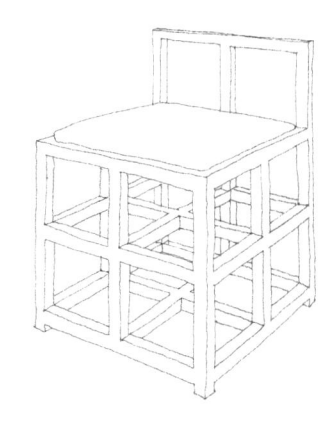

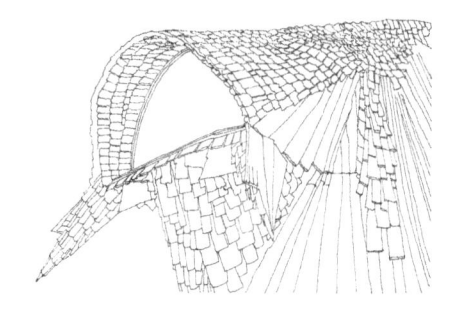

Para mais informações sobre os móveis de Mackintosh:
Charles Rennie Mackintosh and Glasgow School of Art: 2, Furniture in the School Collection, 1978.

Para mais informações sobre a arquitetura de Herb Greene:
Herb Greene – *Mind and Image*, 1976.

A geometria da construção disciplina a modulação dos componentes de sistemas de edificação industrializados.

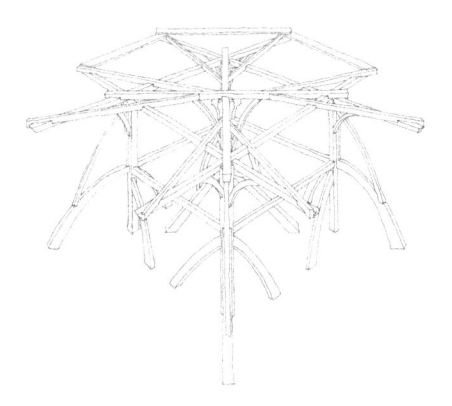

A geometria tridimensional de certas carpintarias medievais é bastante complexa. Acima, vemos parte da estrutura de apoio da flecha da Catedral de Salisbúria. O desenho se baseia em uma ilustração feita por Cecil Hewett no livro English Cathedral and Monastic Carpentry, *1985.*

O engenheiro Santiago Calatrava desenvolve e aprimora a geometria da construção estrutural em suas obras. Este é um corte de seu projeto para a Cidade das Artes e Ciências em Valência, Espanha, construída durante a década de 1990.

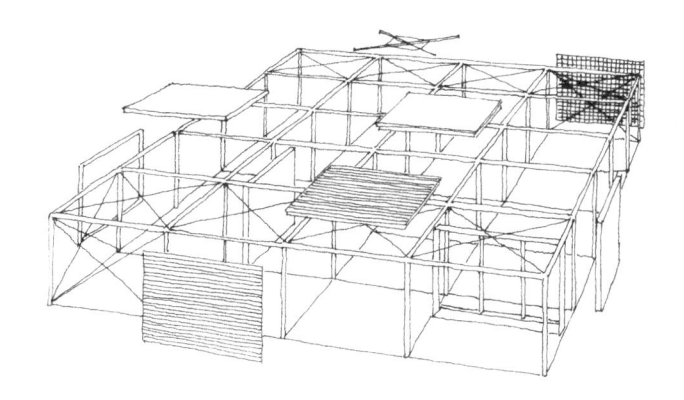

construção não se aplica somente a materiais tradicionais como tijolo, pedra e madeira; aplica-se também a edificações com estrutura de aço ou concreto, assim como a edificações com grandes paredes de vidro.

A geometria da construção também é a disciplina que controla os sistemas industrializados de construção. Tais sistemas consistem em componentes padronizados que podem ser feitos em oficinas como um conjunto de peças para montar *in loco*. As peças incluem componentes estruturais e vários tipos de painéis de revestimento não estruturais que formam as vedações da edificação. A coordenação dimensional que permite fabricar componentes padronizados, transportá-los a um canteiro de obras e usá-los para montar uma edificação depende da consideração cuidadosa e disciplinada da geometria da construção.

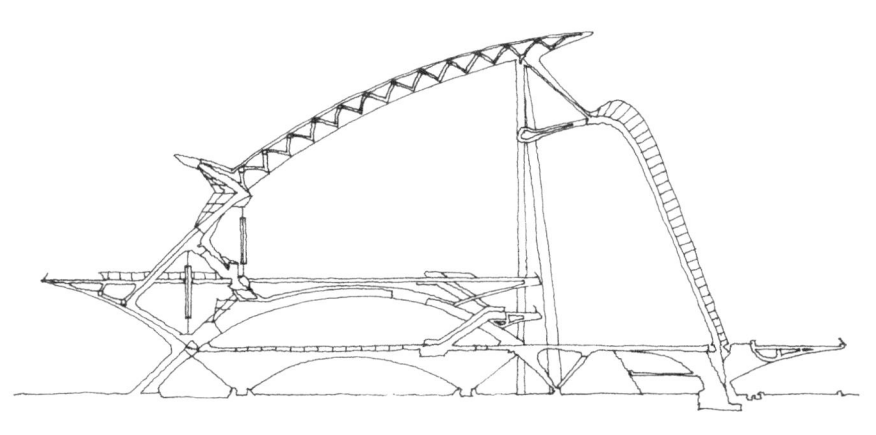

Para concluir este capítulo: as geometrias reais são inerentes às nossas vidas. Em praticamente tudo que fazemos, nós medimos, alinhamos e aprumamos: ao viajar, jogar, compor músicas ou poemas, colocar a mesa para refeições, construir máquinas e edificações e organizar nosso ambiente. As geometrias inatas exercem uma forte influência na forma como lidamos com o mundo. Podemos ignorá-las ou contradizê-las, e podemos nos esforçar para transcender aquilo que sugerem. Com frequência, porém, o mais sensato é nos submetermos à sua atração "gravitacional". As geometrias reais são um parâmetro para a arquitetura; nós fugimos delas apenas quando optamos por isso. Estar em harmonia com elas é "nadar a favor da correnteza", criando lugares fáceis de construir e utilizar. Entrar em conflito com elas torna a vida mais difícil, mas, talvez, um objetivo transcendente faça tal dificuldade valer a pena.

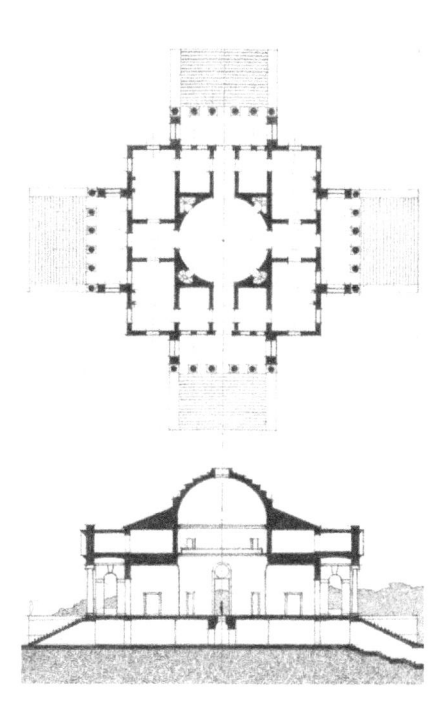

A geometria ideal não pertence totalmente a esse mundo. Ela oferece a sedutora, porém inalcançável, promessa de perfeição.

A geometria ideal

"Mas ao decidir a forma do fechamento, a forma da cabana, a implantação do altar e de seus acessórios, ele seguiu por instinto os ângulos retos, os eixos, o quadrado, o círculo. Afinal, ele não podia criar coisa alguma de outro modo, que lhe desse a impressão que criava. Afinal, todas essas coisas – eixos, círculos, ângulos retos – são as verdades da geometria e são efeitos que nosso olho pode medir e reconhecer; enquanto que, de outro modo, seria acaso, anomalia, arbitrariedade. A geometria é a linguagem do homem."

Le Corbusier, – *Towards a New Architecture* (1923), 1927, p. 72.

A geometria ideal

Um dos maiores arquitetos e teóricos da arquitetura na Itália do século XV foi Leon Battista Alberti, que iniciou o primeiro de seus *Dez Livros Sobre Arquitetura* afirmando que a geometria, no projeto da aparência das edificações, independe dos materiais usados na construção. Ao fazê-lo, ele chamou atenção para o fato de que um outro tipo de geometria se aplica na arquitetura, e precisa ser distinguido daquilo que chamamos, no capítulo anterior, de "geometrias reais":

"Comecemos, portanto, assim: a essência toda da edificação é composta por alinhamentos e estrutura. O objetivo e a finalidade dos alinhamentos consistem em encontrar a maneira correta e infalível de unir e encaixar as linhas e ângulos que definem e fecham as superfícies da edificação. Por conseguinte, a função e dever dos alinhamentos é prescrever e adequar o local, números exatos, uma escala apropriada e uma ordem graciosa para edifícios inteiros e para cada uma de suas partes constituintes, de modo que a forma e a aparência da edificação possam depender dos alinhamentos propriamente ditos. Tampouco os alinhamentos têm algo a ver com o material, pois são de tal natureza que conseguimos identificar os mesmos alinhamentos em várias edificações diferentes que compartilham a mesma forma, ou seja, quando as partes, bem como a implantação e a ordem, correspondem uma à outra em toda e qualquer linha e ângulo. É perfeitamente possível projetar formas inteiras na mente sem recorrer ao material; basta designar e determinar uma orientação e conjunção fixas para as diversas linhas e ângulos. Sendo esse o caso, que os alinhamentos sejam o esboço exato e correto, concebido pela mente, composto por linhas e ângulos e aperfeiçoados pelo intelecto desenvolvido e pela imaginação".*

Alberti voltou seu foco para ideias de "perfeição" que somente podem ser concretizadas por uma mente bem-educada ("pelo intelecto desenvolvido e pela imaginação"). A perfeição depende, sugeriu ele, daquilo que chamaremos aqui de "geometria ideal", a fim de diferenciar das "geometrias reais". A geometria ideal é a geometria abstrata, separada da física. É a geometria das aulas de matemática da escola. Seus elementos são a reta, o círculo, o quadrado, o triângulo... Bem como suas formas tridimensionais: o plano, a esfera, o cubo, o cone, o tetraedro, a pirâmide... A geometria ideal inclui ângulos retos, simetria axial e proporções: as razões exatas simples de 1:2, 1:3, 2:3... E razões mais complexas, como 1:√2 (um à raiz quadrada de dois) e a chamada Seção Áurea, que é, aproximadamente, 1:1,618. Nas suas formas mais intricadas, a geometria ideal inclui a geometria das curvas e superfícies complexas geradas por fórmulas matemáticas (usando-se computadores, por exemplo). Todos esses tipos de geometria ideal são utilizados na arquitetura.

A simetria axial dita que um lado da elevação de um edifício (ou sua planta) deve ser uma imagem espelhada do outro, ainda que tal arranjo seja uma forma sensata de se lidar com as exigências pragmáticas. Em geral, a aplicação da geometria ideal implica que, na composição, a aparência visual regular e ordenada, em conjunto com a disciplina, é mais importante do que a organização prática ou social, superando a geometria da construção ou elevando-a a um nível mais disciplinado em busca da perfeição.

* Leon Battista Alberti – *On the Art of Building in Ten Books* (c. 1450), 1988, p. 7.

A geometria ideal de uma pirâmide do antigo Egito introduz a certeza da morte nas areias instáveis do deserto. Independentemente do significado simbólico que tinham para aqueles que as construíram, as pirâmides são emblemas das conquistas físicas e intelectuais humanas, bem como da imposição do homem.

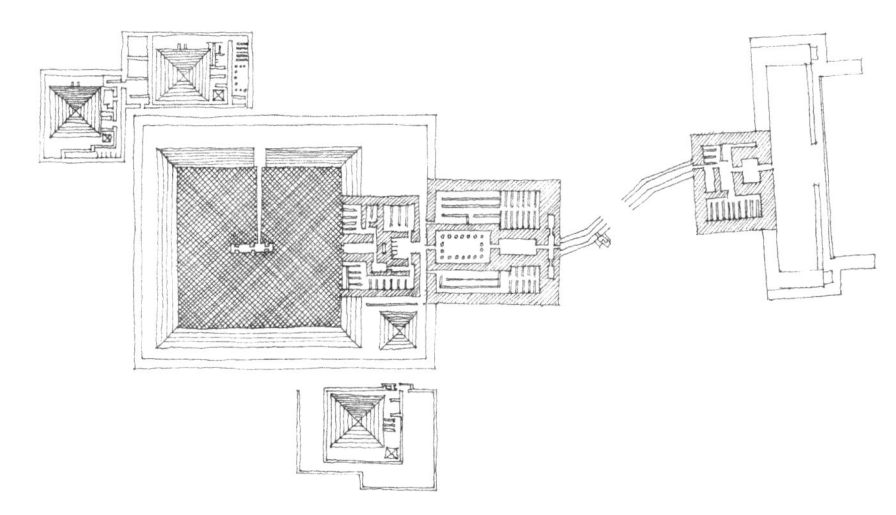

A geometria ideal é a geometria em seus próprios termos, funcionando por meio do intelecto humano e na esfera hermética da matemática. É difícil dizer exatamente *onde* reside a geometria ideal, já que não se pode afirmar que ela pertence ao mundo físico, nem é uma simples presunção do intelecto. No século XVI, o matemático John Dee identificou a arquitetura como um dos meios da matemática (geometria), após decidir que a matemática encontrava-se em algum lugar entre o mundo real e o divino.

"Todas as coisas presentes ou passadas pertencem a uma diversidade tripla geral. Pois, são consideradas sobrenaturais, naturais ou uma terceira coisa... As coisas da matemática... estão (de certa maneira) no meio, entre coisas sobrenaturais e naturais, não são tão absolutas e excelentes quanto as coisas sobrenaturais, nem tão básicas e grosseiras quanto as coisas naturais, mas são coisas imateriais e, ainda assim, podem ter algum significado por meio de coisas materiais".*

Ao longo de toda a história, desde as pirâmides egípcias, pelo menos, a arquitetura tem sido uma das "coisas materiais" por meio das quais as "coisas matemáticas" (geométricas) podem ter "algum significado". A geometria ideal é transcendente, parece mágica, fascinante. Em geral, é representada no papel ou em outra superfície de desenho (que Walter Gropius chamou de "mesa de desenho *platônica*"**) – a areia de uma praia, uma tábua de pedra, uma tela de computador – em uma esfera própria. Nesse sentido, parece associar-se à arquitetura desenhada à mão, que, antes de ser concretizada por meio da construção, também reside em sua própria esfera abstrata intermediária. Podemos falar em uma "simbiose" entre a geometria ideal e a arquitetura desenhada no papel, com retas, réguas, esquadros, etc., ou com um programa de computador, que depende de fórmulas matemáticas.

Uma questão de imposição

A mente humana parece gostar da geometria ideal e de aplicá-la ao mundo. Desde a época do antigo Egito, ela vem sendo usada por topógrafos para mapear o solo e projetar edificações. No século XVII, por meio da obra de Descartes, tornou-se a base do método que identifica pontos no espaço – a Grelha Cartesiana. Muitos mapas têm uma grelha (uma rede abstrata) de quadrados por meio da qual podemos identificar lugares com precisão de acordo com as coordenadas leste-oeste e norte-sul, funcionando como uma forma de entender o mundo (de dar-lhe uma

---

* John Dee – *Mathematical Praeface to the Elements of Geometrie of Euclid of Megara*, 1570.

** Walter Gropius – *Scope of Total Architecture*, 1956, p. 274.
A palavra "platônica" se refere à filosofia de Platão, filósofo da Grécia antiga que dizia que o mundo é apenas uma representação imperfeita de essências perfeitas ou ideais. (Por exemplo, por trás de todos os tipos diferentes de cachorro, há – não neste mundo, mas filosoficamente – a essência ou ideia ideal de um "cachorro".) Na arquitetura, sugere Gropius, a mesa de desenho (ou, hoje em dia, a tela de computador) é a esfera onde as obras de arquitetura encontram sua forma "platônica" perfeita, imaculada pelas imperfeições da concretização (aqueles tijolos levemente desalinhados e bolhas no reboco) e pelos efeitos da realidade (clima, desgaste, etc.). Na "mesa de desenho platônica", tudo é ideal.

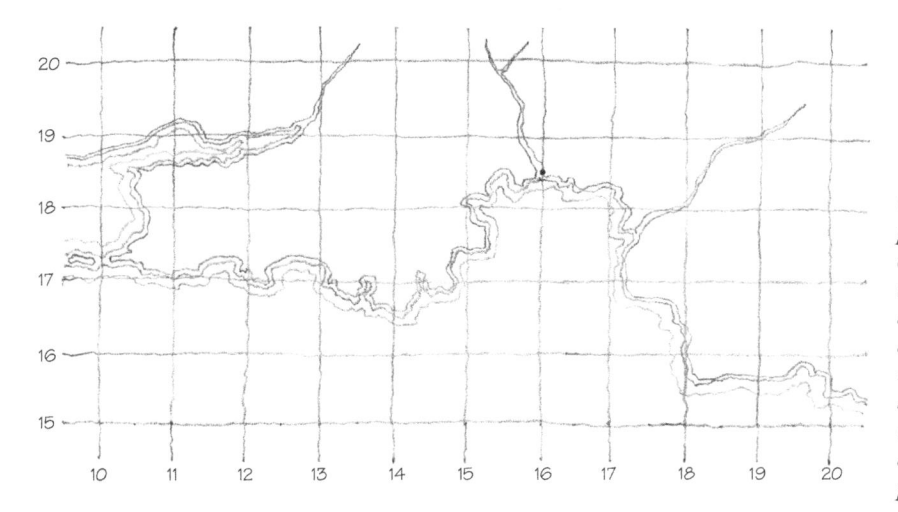

Os mapas têm grelhas sobrepostas para que possamos identificar lugares por meio de coordenadas. Em vez de identificar o ponto marcado como "na foz do rio que corre até a grande baía", que seria um método descritivo, posso dizer apenas 16 18,5, o que não daria margem a erro. Com frequência, as obras de arquitetura são desenhadas com base em grelhas parecidas. Os programas de desenho em computador já as fornecem prontas, porque precisam delas, com um grão bastante fino, para funcionar. A grelha confere ordem e consistência às obras desenhadas nela.

arquitetura). Comparando essa forma de identificar lugares por meio de números abstratos (universalmente, a mesma para todos) com a forma como identificamos lugares em relação a nós mesmos, é possível ver a diferença entre a geometria ideal e a geometria real. O mundo propriamente dito não possui uma grelha; ela foi imposta a ele. Também podemos comparar a Grelha Cartesiana com uma maneira de identificar lugares nos Versos Cantados da cultura aborígine australiana. Por meio deles, as pessoas identificam lugares de acordo com as histórias míticas do Dreamtime, e não por coordenadas abstratas.

A geometria ideal tem sido usada por cientistas para teorizar sobre o funcionamento do universo físico e também para assimilá-lo, sugerindo que a própria natureza funciona com base em princípios geométricos. Alguns sugerem que a geometria é a linguagem e, portanto, a prova da existência de algum "criador". Outros dizem que, se a geometria é a linguagem por meio da qual Deus projetou o universo, também deve ser a linguagem por meio da qual os arquitetos projetam suas edificações e planejam cidades. Há algo certo, imutável e, por conseguinte, reconfortante no círculo e no quadrado. Eles são confiáveis. As obras de arquitetura projetadas com auxílio da geometria ideal parecem ter uma harmonia satisfatória e uma noção do que é certo; ou, no mínimo, oferecem a possibilidade de "erro" – partes que não seguem a disciplina imposta pela geometria.

O intelecto humano impõe a geometria ideal ao mundo como uma rede, um filtro, uma estrutura de referência. A geometria ideal é diferente das geometrias reais, que (conforme descrevemos no capítulo anterior) derivam da antologia do mundo, isto é, da condição de *ser/estar*. Além de emergir do modo como nos relacionamos com o mundo, as retas, os círculos, os quadrados, etc. são figuras matemáticas puras, com suas próprias regras e fórmulas.

Em um mundo irregular e dinâmico, a certeza eterna dos valores matemáticos intriga a mente. Transmitindo uma autoridade estética ou simbólica derivada de sua aparente certeza, eles parecem oferecer uma perfeição atingível – como no círculo *perfeito*, no quadrado *perfeito*, na simetria *perfeita*. Os arquitetos usam a geometria ideal para infundir em sua obra uma disciplina e uma harmonia que independem das geometrias orgânicas. A transcendência da geometria ideal com relação às considerações materiais é considerada uma pedra de toque de sua nobreza. Fala de um nível mais alto, mais perfeito (nas palavras de Alberti, mais "erudito") de interação com o mundo, no qual o desejo triunfa sobre a desorganização e as atribuições da realidade mundana.

O arquiteto americano Louis Kahn disse que "um tijolo sabe o que deseja ser". Robert Venturi, outro arquiteto americano, respondeu: "Louis Kahn referiu-se àquilo que "uma coisa deseja ser", mas o oposto está implícito nessa declaração: aquilo que o arquiteto deseja que as coisas sejam. Na tensão e no equilíbrio entre ambos se encontram muitas das decisões do arquiteto". Uma das maneiras encontradas pelos arquitetos para impor aquilo que "as coisas desejam ser" é sujeitá-las à geometria ideal.

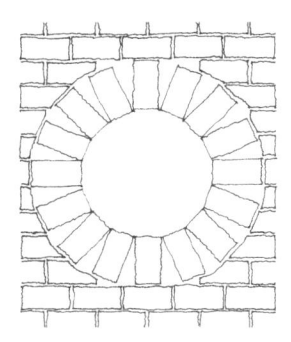

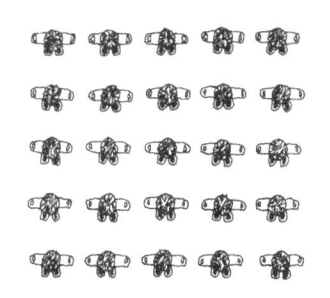

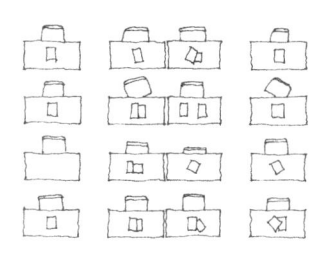

Não é fácil (não parece "natural") construir uma abertura perfeitamente circular em uma parede de tijolos; é necessário cortar os tijolos em formas estranhas e – salvo se feito com muita habilidade – isso pode resultar em juntas feias e irregulares. Tampouco é fácil (ou "natural") encaixar, na abertura circular, uma esquadria que contenha pedaços retangulares e retos de madeira; seria necessário cortar peças curvas a partir das retas, o que resultaria em desperdícios substanciais. Também precisamos de habilidade para cortar um círculo de vidro. Mas seria a dificuldade um motivo para não fazê-lo? A conquista não poderia ser um símbolo da vontade e da habilidade que transcenderam as características inatas dos tijolos, da madeira e do vidro?

Quando soldados são forçados a ficar em formação ou marchar em formas geométricas, simboliza-se a disciplina à que são submetidos. Suas diferenças individuais estão subordinadas a uma única unidade geométrica. A geometria é um símbolo do seu poder enquanto força de combate e também da sua obediência à autoridade.

As pessoas discutem sobre se é ou não adequado distribuir as carteiras escolares em ordem geométrica. As diferenças podem ser práticas, mas talvez o simbolismo – de que a individualidade da criança está subordinada à uniformidade – seja mais preocupante.

A precisão militar das árvores podadas em formas geométricas perfeitas pelos jardineiros dos parques de Paris parece expressar o humanismo da postura francesa em relação à vida, bem como o desejo de controlar a natureza. Essa forma contrasta com a das árvores que conseguem crescer livremente (do lado oposto).

Posturas em relação à geometria ideal

São muitas as posturas associadas à função da geometria ideal na arquitetura:
- a crença de que a aplicação da geometria ideal produz beleza e harmonia;
- a convicção de que a geometria ideal é "correta" na medida em que promete a forma perfeita;
- a submissão à autoridade da geometria ideal com relação às decisões de projeto;
- o uso da geometria ideal como uma expressão de controle e da submissão do material (e até mesmo das pessoas) a um princípio ordenador que desconsidera suas características inatas (padrões de comportamento);
- a dependência da disciplina da geometria ideal, sua legibilidade, previsibilidade e consistência;
- a gratidão pela estrutura ideal "pré-fabricada" oferecida pela geometria ideal;
- o uso da geometria ideal como um contraponto à irregularidade, seja no interior da obra ou entre a obra e seu contexto;
- a atribuição de uma importância simbólica ou mística à geometria ideal;
- o encanto com a dificuldade e os custos de dar uma forma física à geometria ideal, assim como sua expressão de poder, sacrifício, status;
- uma brincadeira com a geometria ideal, seus alinhamentos e coincidências, como se fosse um jogo.

Em todas essas posturas, a geometria ideal está separada da experiência fenomenológica do mundo. Podemos experimentar andar ao longo de uma linha de passagem, fazer parte de um círculo social; enxergamo-nos como os centros das nossas seis direções e da geometria de reunir tijolos em uma parede ortogonal. Ainda assim, não podemos *experimentar* um círculo ou quadrado perfeito. Podemos imaginá-los, vê-los e medi-los, mas eles se mantêm fora de nosso alcance.

Uma contribuição puramente humana

A geometria parece nos fascinar por ser especial, um aspecto do mundo que temos a impressão de que apenas os seres humanos conseguem apreciar. É verdade que as aranhas fazem teias com formas geométricas e as abelhas constroem favos com células hexagonais, mas essas formas são funções da geometria de sua construção. Somente os seres humanos veem virtude em fazer coisas com formas geométricas perfeitas, independentemente das possíveis dificuldades de agir dessa maneira. Uma linha irregular riscada em um muro ou na areia é uma dentre um número infinito de linhas irregulares possíveis; já uma linha perfeitamente reta – seja qual for seu comprimento ou espessura – é sempre uma *linha reta*. Um anel irregular é um dentre um número infinito de anéis irregulares possíveis; já um círculo perfeito, seja qual for seu tamanho, é um *círculo*. Ele é especial, é único. Da mesma forma, um quadrado, uma composição de quadrados, um Retângulo Áureo, também são especiais.

A incidência da geometria ideal em obras de arquitetura é antiquíssima. A falta de controvérsia aparente fascina o intelecto humano há muito tempo, assim como, possivelmente, o desafio técnico de concretizá-la em forma construída. O poder das pirâmides do Egito deriva, em parte, do estabelecimento da geometria ideal nas dinâmicas areias do deserto, simbolizando a permanência em um mundo instável – a permanência e a eternidade da morte. Independentemente daquilo que suas formas podem ter significado para aqueles que as construíram, as pirâmides se mantêm como emblemas da conquista humana titânica, tanto intelectual como física, expressa por meio da geometria.

A geometria ideal *versus* as geometrias reais

As diferenças entre a geometria ideal e as geometrias reais são sutis, porém profundas. Às vezes, não sabemos com certeza qual é qual. Se, por exemplo, eu construir uma cela de tijolos com forma retangular, sendo que cada parede tem um número inteiro de tijolos na largura e na altura, estou trabalhando em harmonia com aquilo que, no capítulo anterior, chamamos de "geometria da construção" – meus componentes retangulares (os tijolos) me permitem construir minhas paredes retangulares. No entanto, se eu quiser que a minha cela tenha a forma de um cubo perfeito, com todas as faces perfeitamente quadradas, então, embora possa ainda estar de acordo com a geometria da construção, introduzo um fator adicional: o desejo de construir uma forma geométrica perfeita – o cubo. Ou, se eu decidir construir minha cela de tijolos na forma de um cilindro com planta circular, posso fazê-lo para acomodar a geometria social (de ser/estar) de pessoas sentadas em

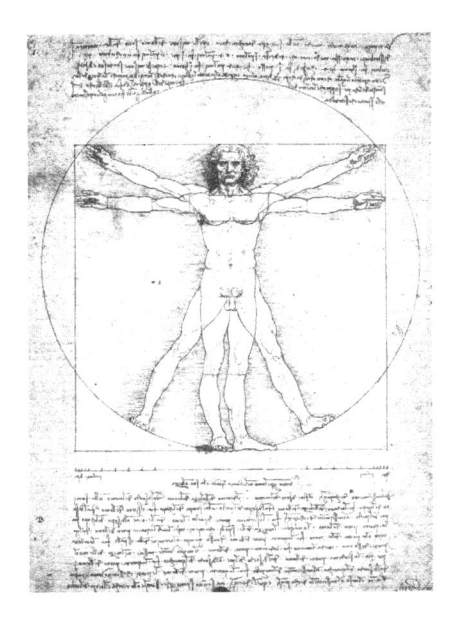

Na Itália renascentista, artistas e arquitetos tentaram determinar a geometria ideal inerente às formas humanas, especialmente a cabeça e o corpo humanos. Também tentaram identificar a geometria ideal dos elementos de arquitetura. Nisso, foram auxiliados pelos escritos do arquiteto romano Vitrúvio, datados do século I a.C. Leonardo da Vinci fez muitos esboços para analisar ou determinar a geometria ideal da forma humana (acima) e da cabeça (acima à direita).

"...no corpo humano, o ponto central é, naturalmente, o umbigo. Pois, se um homem se deitar de costas, com as mãos e pés estendidos, e um compasso for colocado em seu umbigo, todos os dedos das mãos e dos pés tocarão a circunferência do círculo traçado... E, assim como produz um contorno circular, o corpo humano pode produzir uma figura quadrada. Afinal, se medirmos a distância das solas dos pés ao topo da cabeça, e, então, aplicarmos tal medida aos braços estendidos, descobriremos que a largura é igual à altura, como acontece com superfícies planas que são perfeitamente quadradas".

Vitrúvio, *traduzido por Hickey-Morgan – The Ten Books on Architecture (first century BC),* 1960.

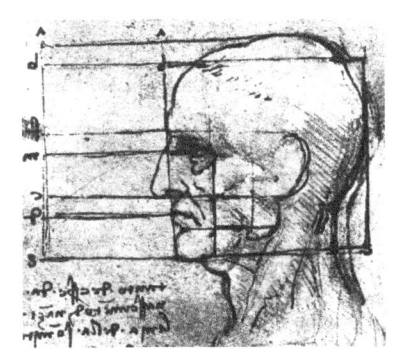

um círculo – ainda que comprometa a geometria da construção, pois não é fácil construir essa forma curva a partir de tijolos retangulares, ou posso ser movido pelo desejo de produzir a geometria ideal do círculo perfeito. Em tais decisões, há um jogo entre a geometria ideal e as geometrias reais. Em parte porque existe uma esfera que ignora as geometrias reais; a afirmativa e a concretização da geometria ideal na forma construída podem ser uma expressão da capacidade puramente humana de libertar-se das condições naturais e transcendê-las. Na dimensão que se estende da "cabana" ao "templo" (ou da caverna ao módulo lunar), a geometria ideal é uma característica do extremo "templo". A geometria ideal manifesta a disciplina humana e a aspiração de atingir uma forma perfeita que não é encontrada na natureza. A geometria ideal é um símbolo do humanismo: a capacidade humana de se elevar acima das condições, a autodeterminação. Por meio da afirmativa da geometria ideal, os seres humanos impõem seu desejo sobre o mundo.

A armadura fundamental do universo

A relação entre a geometria ideal e as geometrias reais fica confusa devido à sugestão de que a geometria ideal é a armadura fundamental dos processos e produtos naturais, assim como as elipses que os planetas fazem ao redor do sol, o espaçamento dos galhos de uma árvore ou o arranjo dos traços no rosto de uma pessoa. Inspirado em Vitrúvio, Leonardo da Vinci, trabalhando na Itália do século XV, fez muitos estudos no qual tentou extrair a estrutura geométrica fundamental da forma natural (acima). Essas observações sugerem que a geometria matemática ideal influencia o funcionamento e as formas do universo, podendo ser apropriada para instruir, também, o trabalho criativo da mente humana. No livro *Architectural Principles in the Age of Humanism* (1952), Rudolf Wittkower explorou as formas como os arquitetos renascentistas usaram as figuras geométricas ideais, a simetria e as razões em seus projetos. Também falou a respeito daquilo que os levou a acreditar que tais figuras e razões eram poderosas. Um dos argumentos era que as criações naturais, tais como as proporções e a simetria do corpo humano, as relações entre os planetas ou os intervalos das harmonias musicais, pareciam seguir razões geométricas, e que, para possuírem a mesma integridade conceitual, os produtos da arquitetura também deveriam ser projetados utilizando-se figuras perfeitas, simetria e proporções matemáticas harmônicas. Outro argumento era que, por meio da arquitetura, uma perfeição geométrica somente sugerida em criações naturais poderia ser atingida em criações do intelecto. A aplicação da geometria era vista como uma forma de os seres humanos melhorarem o mundo imperfeito onde viviam. Portanto, a pureza geométrica era vista como uma manifestação da capacidade – ou talvez da obrigação – humana de tornar o mundo um lugar melhor. O resultado foi o uso de figuras perfeitas, simetria axial e razões geométricas no projeto de edificações.

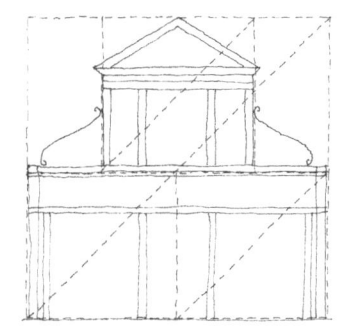

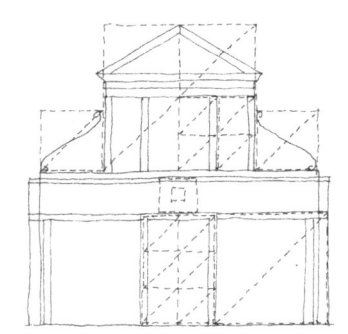

Aqui, por exemplo (acima), encontram-se dois diagramas, feitos por Wittkower, da composição geométrica da fachada da igreja de Santa Maria Novella, em Florença, projetada por Alberti e construída no século XV. Eles mostram que a fachada do edifício pode ser analisada como uma composição de quadrados bidimensional e axialmente simétrica. No projeto, os quadrados têm uma função que independe da geometria da construção do edifício. A geometria é exibida como uma propaganda na parede frontal da igreja, que funciona como uma tela. Podemos traçar uma linha descendente direta a partir dessa edificação, com a imposição de uma geometria transcendente (não funcional e não construtiva), até os edifícios do final do século XX projetados por Peter Eisenman (Casas I–VI), com estruturas geométricas tridimensionais (à direita) que têm precedência em relação às considerações construtivas e funcionais. (A Casa VI de Einseman é analisada em um dos *Estudos de Caso* ao final deste livro.)

Plantas geométricas

Muitos arquitetos projetaram edificações onde as acomodações se inscrevem dentro de uma planta quadrada. Isso é diferente de projetar uma fachada com um padrão bidimensional de quadrados, pois envolve a terceira dimensão e, possivelmente, também a quarta – o tempo. Uma planta quadrada nem sempre resulta da aceitação da geometria da construção. Um espaço quadrado não é o mais fácil de delimitar com uma estrutura; é necessária uma intenção objetiva, derivada de algo mais que a mera praticidade, para fazer uma planta perfeitamente quadrada.

Arquitetos podem projetar uma planta quadrada por diferentes motivos: talvez pelas razões filosóficas apontadas acima; talvez porque um quadrado pareça identificar um centro fixo, relacionado às seis dimensões mencionadas no capítulo *Geometrias Reais*; talvez como um tipo de jogo – o desafio de adequar as acomodações no interior dessa forma, ao mesmo tempo perfeita e rígida.

Os arquitetos estão sempre em busca de ideias que deem forma à sua obra e orientação ao seu projeto. As ideias geométricas estão entre as mais atraentes. Certamente, são as mais fáceis de encontrar. Projetar dentro de uma planta quadrada é uma ideia fácil de entender (e uma maneira de vencer o problema de como começar). Contudo, embora possa parecer uma limitação, a planta quadrada também está aberta a infinitas variações.

São muitos os exemplos de plantas quadradas. Elas são raras na arquitetura antiga e medieval (as pirâmides do Egito são uma óbvia exceção, assim como o

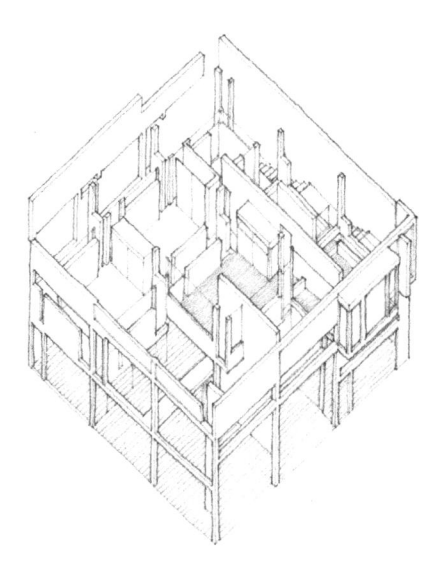

A Casa II, de Peter Eisenman (de uma série de seis projetadas no final da década de 1960 e início da década de 1970), com sua composição complexa unida por uma estrutura abstrata de quadrados, é um descendente direto da Santa Maria Novella, de Alberti. Veja também o Estudo de Caso 9, *no final do presente livro, que analisa a Casa VI de Einsenman.*

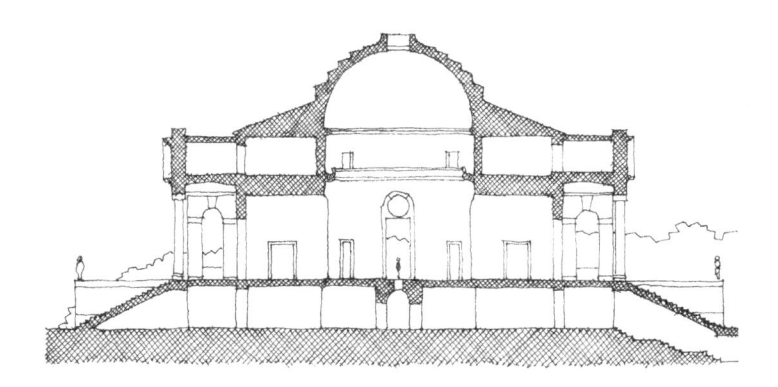

Necromanteion, no oeste da Grécia, ilustrado na página 208), mas, no Renascimento, o quadrado foi incorporado ao repertório de ideias de projeto.

À esquerda (nas margens desta página e da seguinte) estão as plantas dos pavimentos principais de duas casas com planta quadrada construídas na Inglaterra na década de 1720. O Castelo Mereworth (próxima página), em Kent, foi projetado por Colen Campbell; a Vila Chiswick (nesta página), em Londres, foi projetada por Lorde Burlington, patrono de Campbell. Os dois arquitetos escolheram a planta baixa influenciados pela Vila Rotonda, projetada pelo arquiteto italiano Andrea Palladio e construída aproximadamente 150 anos antes dos dois exemplos ingleses (desenhos maiores, nesta página e na seguinte).

A planta original de Palladio (abaixo) é a mais consistente das três. Ela reúne as quatro dimensões horizontais (os dois eixos principais em ângulos retos um em relação ao outro) em um centro – o foco do salão circular no núcleo da planta, que dá nome à residência. (Aliás, as laterais da Vila Rotonda não estão voltadas para o norte, sul, leste e oeste, mas sim para o nordeste, sudeste...) A planta não

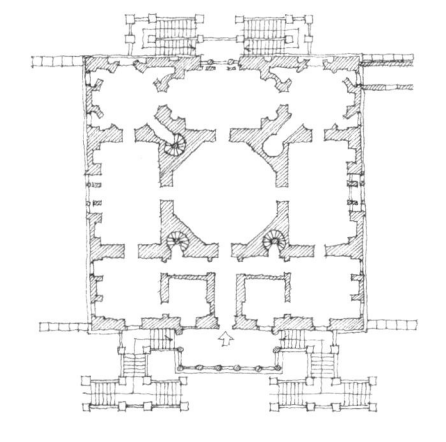

Vila Chiswick

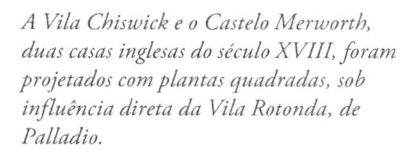

A Vila Chiswick e o Castelo Mereworth, duas casas inglesas do século XVIII, foram projetados com plantas quadradas, sob influência direta da Vila Rotonda, de Palladio.

A planta e o corte da Vila Rotonda são regidos pela geometria ideal.

Mais informações sobre a Vila Rotonda: Camillo Semenzato – *The Rotonda of Andrea Palladio*, 1968.

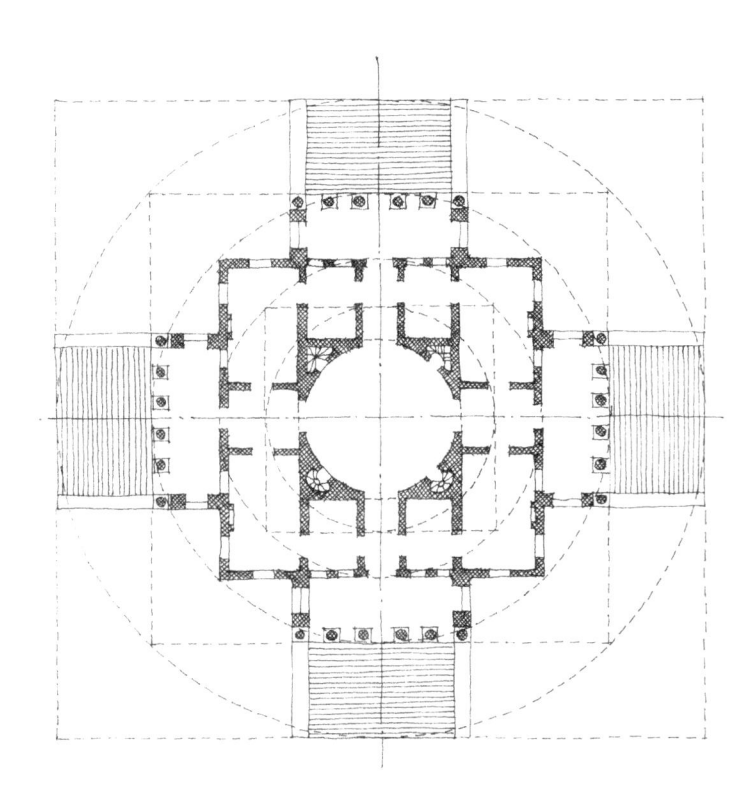

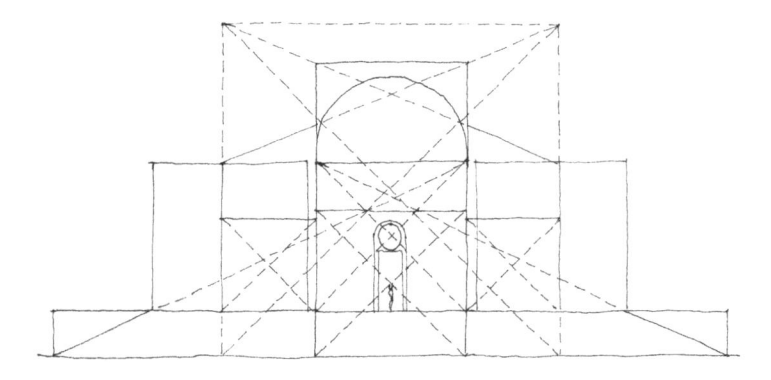

As proporções da Vila Rotonda parecem derivar de um homem de pé em seu centro. Isso reforça o desejo de ser um templo ao ser humano.

tem apenas um quadrado, mas uma série concêntrica de cinco quadrados; o tamanho de cada um é determinado pelo raio de um círculo traçado ao redor do próximo menor. O círculo menor é a própria rotunda. Cada quadrado (com exceção do segundo menor) determina a posição de alguma parte substancial da edificação. O quadrado do meio determina o tamanho do bloco principal da casa; o segundo maior, a extensão dos pórticos em cada face; e o quadrado maior mostra a extensão dos degraus que levam até tais pórticos. O corte da Vila Rotonda (na página anterior) também é uma composição de círculos e quadrados, embora não tão simples quanto na planta baixa. Não se sabe com certeza se a geometria da casa inteira começa com o tamanho de um homem parado em seu centro geométrico. O resultado é um projeto em que a geometria não decide apenas a forma da edificação, mas também simboliza a contribuição distintamente humana para transformar o mundo em um lugar melhor, mais belo e mais ordenado do que o oferecido pela natureza. A vila se torna um templo ao ser humano, que preside no centro do mundo, o qual ele inspeciona nas quatro direções, com o mundo sobre-humano acima (simbolizado pela cúpula) e o mundo sub-humano abaixo (simbolizado pelos quartos dos criados no subsolo).

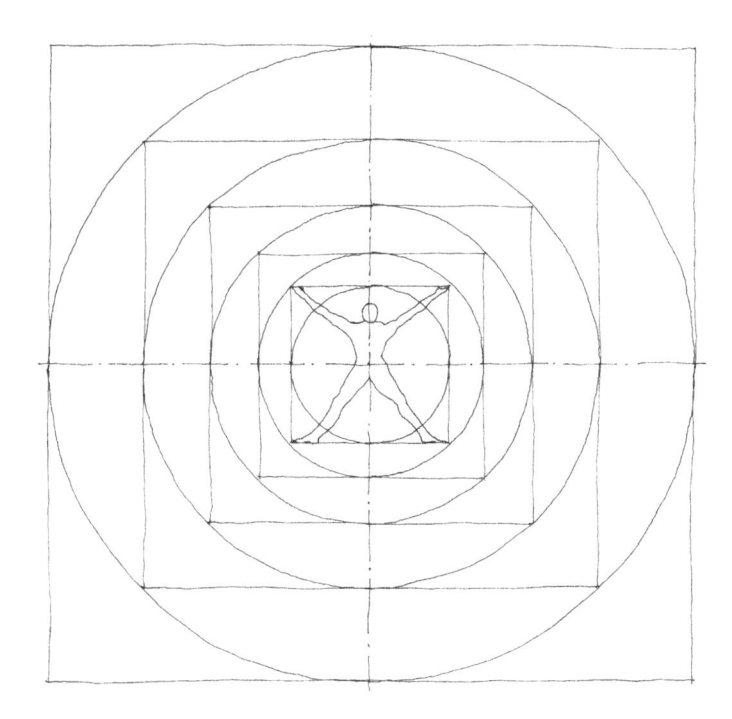

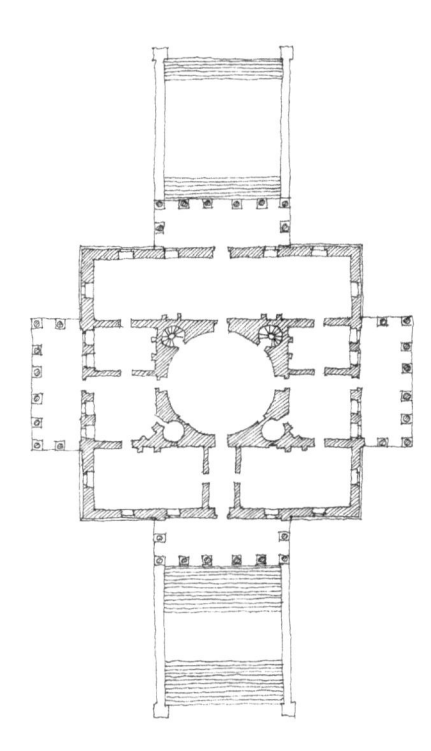

Castelo Mereworth

O uso de círculos e quadrados como estrutura organizadora deriva da observação de Vitrúvio de que a forma humana se ajusta a ambos.

156 ANÁLISE DA ARQUITETURA

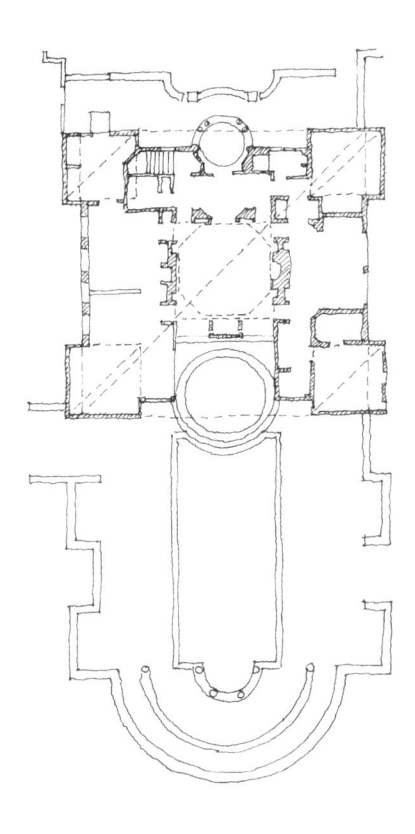

Muitos arquitetos tentam projetar casas com plantas baixas quadradas.

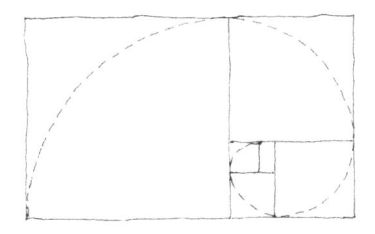

A Seção Áurea é uma proporção especial que produz um retângulo em que, se removermos um quadrado, produziremos outro Retângulo Áureo e assim em diante, ad infinitum.

Para mais informações sobre as casas de Botta: Pierluigi Nicolin – *Mario Botta: Buildings and Projects 1961–1982*, 1984.

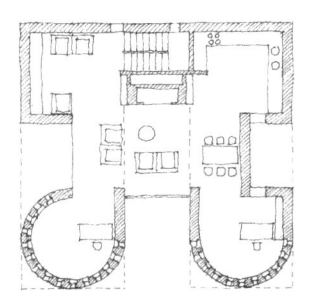

Plantas baixas quadradas também foram usadas em projetos de arquitetura no século XX. Charles Moore usou o quadrado como base para a planta baixa da Casa Rudolf II (à esquerda). Como nos exemplos do Renascimento, Moore criou um lugar central que contém a sala de estar, cercada por espaços acessórios: cozinha, sala de jantar, dormitório, etc. Talvez por questões práticas, essa planta baixa não é tão bem-organizada quanto a de Palladio.

O arquiteto suíço Mario Botta utiliza figuras geométricas como base para muitos de seus projetos. Ele projetou diversas casas particulares na Suíça que, com frequência, são compostas por quadrados e círculos, cubos e cilindros. O projeto de Botta para a casa de uma família em Origlio (acima), construída em 1981, é uma composição de retângulos e círculos encaixados em um quadrado virtual. Em cada pavimento, ele utiliza o quadrado de uma maneira diferente. No segundo nível, o intermediário, a planta baixa é quase simétrica, com a sala de estar e a lareira no centro.

A planta baixa desta casa em Riva San Vitale (também de Botta, abaixo) também é baseada em um quadrado. A casa é uma torre de cinco pavimentos construída em um terreno em declive no Lago Lugano. Ela é acessada por meio de uma passarela que conduz ao pavimento superior (mostrado no desenho).

Em ambas as casas, Botta parece ter usado outra figura geométrica – o Retângulo Áureo – para ajudá-lo a decidir o leiaute das plantas baixas. O Retângulo Áureo possui uma relação proporcional específica entre suas duas dimensões: a relação entre a menor e a maior dimensão é igual à relação entre a maior dimensão e a soma das duas dimensões (abaixo e à direita). Isso significa que, se subtrairmos um quadrado do Retângulo Áureo, obteremos outro Retângulo Áureo menor. Tal relação, conhecida como Seção Áurea, não é um número inteiro, mas aproximadamente 1,618:1. Na casa de Origlio, parece que Botta usou a Seção Áurea para determinar a proporção entre a seção central e as seções laterais da

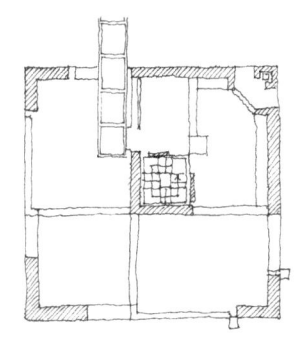

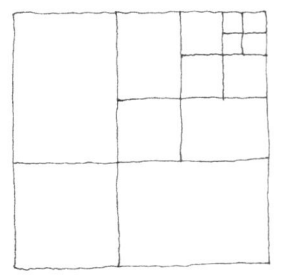

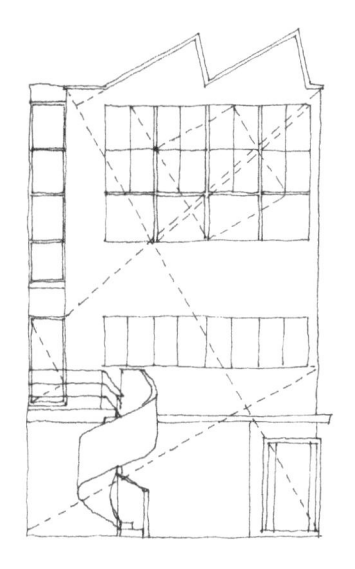

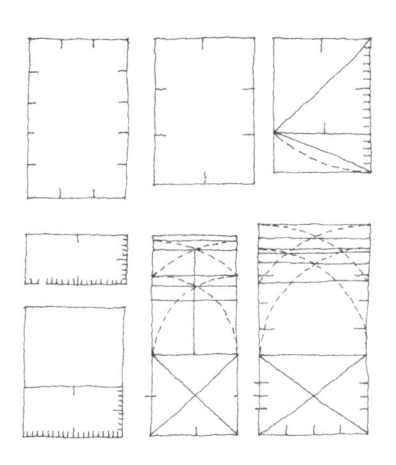

A GEOMETRIA IDEAL **157**

Muitos arquitetos já utilizaram a geometria ideal de modo mais mundano para ordenar seus projetos. Ela tem sido empregada para disciplinar o arranjo de uma planta ou elevação, independentemente de sua relação com a pragmática e o uso. Com frequência, as janelas e portas recebem, por exemplo, proporções geométricas simples que têm a função de contribuir para a sua harmonia estética. Cesariano produziu este diagrama das proporções ideais para portas e janelas em 1521 (à esquerda).

Ao longo da história, muitos arquitetos usaram as proporções geométricas em suas janelas. As proporções desta janela (abaixo) baseiam-se no Retângulo Áureo. Ela está em uma casa "de aldeia com jardim" projetada pelo escritório de Parker e Unwin em 1912.

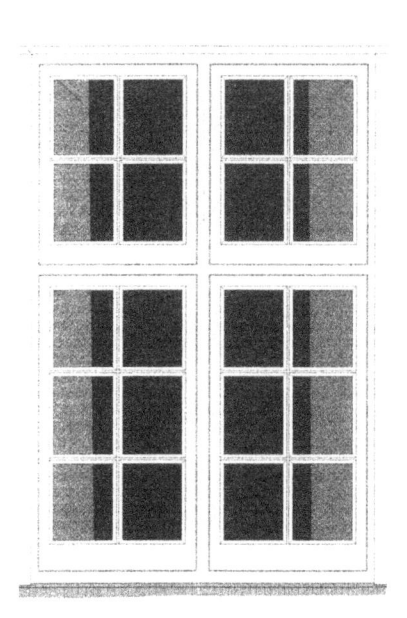

edificação. Na casa de Riva San Vitale, ele parece ter empregado Retângulos Áureos da mesma maneira que Palladio usou círculos e quadrados na Vila Rotonda, como se fossem bonecas russas; neste caso, emanando de um dos cantos da planta, e não de seu centro. O quadrado próximo ao meio da planta acomoda a escada que conecta os pavimentos.

Le Corbusier também usou a Seção Áurea para conferir integridade geométrica à sua obra. No livro *Vers Une Architecture* (1923), traduzido como *Por Uma Arquitetura*, ele ilustrou suas análises geométricas de alguns edifícios bem conhecidos, assim como a estrutura geométrica na qual construíra alguns dos próprios projetos. Ele não usou somente a Seção Áurea, e, em alguns casos, suas "linhas reguladoras" (ele as chamava de *traces regulateurs*) geram uma complexa rede de linhas, cuja lógica pode ser difícil de compreender. Acima está o diagrama da composição geométrica de uma das elevações da casa-ateliê que ele projetou para sua amiga Amédée Ozenfant, construída em um subúrbio ao sul de Paris em 1923. Assim como a Santa Maria Novella de Alberti, a geometria é exibida na elevação da casa, como se essa fosse uma tela. Isso sugere que, quase como se fosse um programa de necessidades genético, o arranjo geométrico embasador da elevação dá ao edifício uma integridade visual que ele não teria de outra forma.

Esses exemplos mostram que a aplicação da geometria ideal na arquitetura costuma ser uma questão de refinamento. Os elementos arquitetônicos básicos (área de piso definida, parede, janela, porta, coluna, cela, etc.), que são fundamentais para a identificação de um lugar, podem ser modificados pela geometria ideal por questões estéticas, intelectuais ou até mesmo simbólicas. A geometria ideal se preocupa principalmente com as aparências; pode-se falar inclusive em preocupação cosmética. Mesmo quando um projeto parece começar com a afirmativa da geometria ideal (como é o caso das pirâmides do antigo Egito e da Vila Rotonda), tal geometria é aplicada conceitualmente aos elementos básicos de arquitetura da obra, sem os quais ela não existiria. São muitos os escritos de arquitetura que buscam definir se a geometria ideal é um padrão de nobreza ou um conceito espúrio.

Ao longo da história, muitos arquitetos também recorreram ao círculo, além do quadrado, em busca de uma estrutura geométrica na qual projetar. No topo da

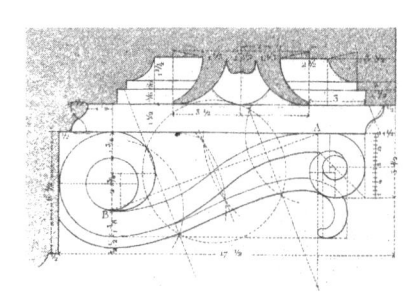

No século XIX, propostas para a construção geométrica de elementos de arquitetura já haviam se tornado mais complexas e sutis.

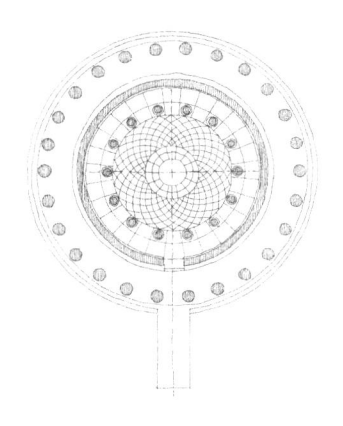

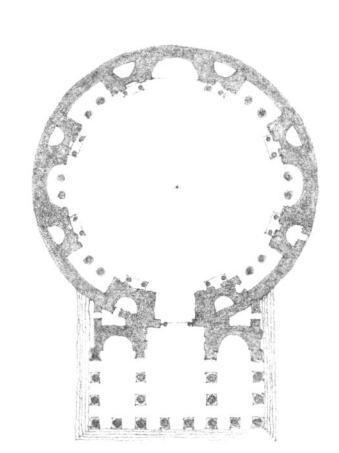

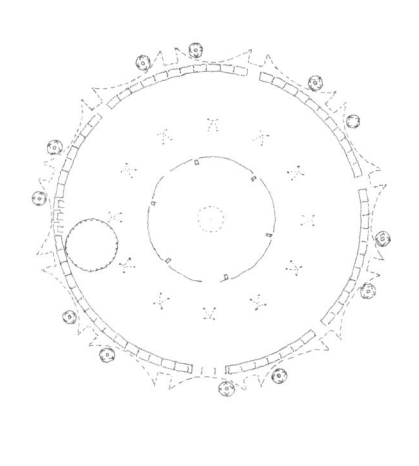

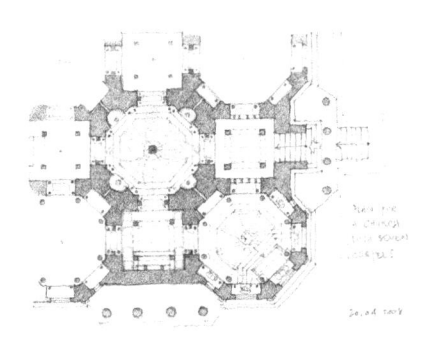

E, para mostrar como pode ser fácil projetar por cima de uma grelha geométrica, rabisquei a planta acima sobre papel quadriculado durante uma reunião particularmente chata.

próxima página estão as plantas do Tholos (templo circular) de Epidauro, na Grécia (século III a.C.), do Panteon de Roma, na Itália (século II d.C.), e da Cúpula do Milênio, em Londres, projetada por Richard Rogers (em diferentes escalas).

É evidente que a geometria ideal facilita o projeto de arquitetura ou, ao menos, dá uma base ou um suporte onde se pode compor, intelectualmente, uma planta ou um corte. Abaixo, à esquerda, por exemplo, há uma ilustração (feita por mim) que segue exatamente o mesmo jogo geométrico jogado por Leonardo da Vinci em um de seus cadernos (cerca de 1488), ao divagar sobre o projeto para um "templo". Ao lado está a planta de uma das casas de Frank Lloyd Wright (a Residência Martin, de 1904), que foi claramente composta com o uso de uma grelha de papel milimetrado sob o papel manteiga. Essa técnica confere ao desenho uma integridade que se estende a todos os prédios e jardins intermediários, unindo-os em uma grelha geométrica comum. A geometria ideal transmite uma sensação de "correção" à planta, pois ela é adequada a uma forma geométrica completa e perfeita.

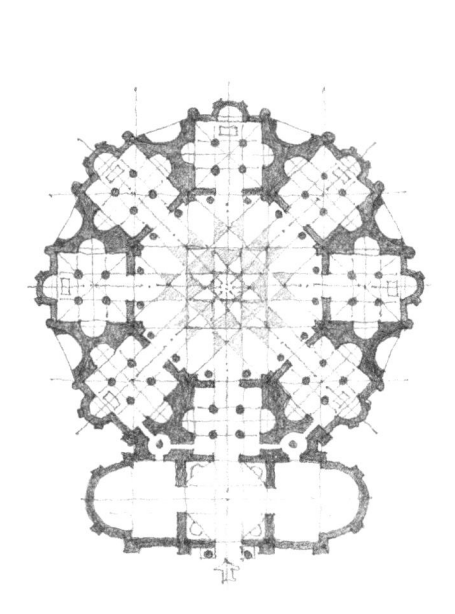

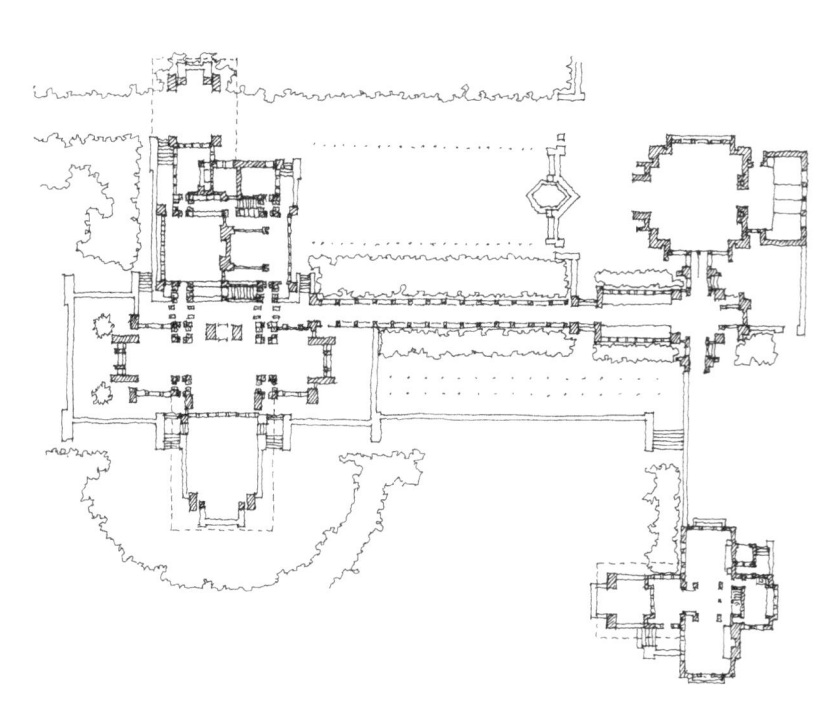

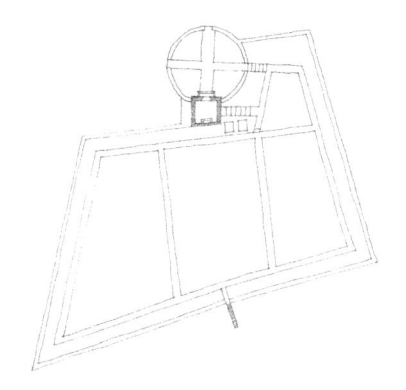

Geometrias complexas, distorcidas e sobrepostas

É possível observar que, além de oferecer a inalcançável perfeição (divina), a geometria ideal é definida por sua disciplina previsível (e, por conseguinte, pode ser considerada tediosa). Assim como a música quase sempre combina uma batida previsível com uma linha melódica irregular, a geometria ideal pode, na arquitetura, contrastar com a irregularidade. Os protagonistas da geometria ideal podem argumentar que esse jogo é criado colocando-se pessoas e suas atividades irregulares na estrutura regular formal de edificações geométricas, ou, como acontece na planta da Residência Martin, de Wright, por meio do contraponto das árvores e da vegetação. Outros buscaram ou encontraram esse jogo de outras maneiras, seja com relação ao contexto ou dentro da obra propriamente dita.

Às vezes a relação se origina de um terreno limitado, que impõe sua própria irregularidade para distorcer a geometria ideal do arquiteto. Acima está a planta do Cemitério de Forsbacka, projetado por Lewerentz, que permitiu que a distorção da geometria sugerida pelo terreno chegasse até a pequena capela (que, suspeita-se, seria quadrada). Já à direita vemos como a limitação de um terreno irregular enriquece a planta formal do Pavilhão Circular da Vila de Adriano, em Tivoli, nos arredores de Roma.

Muitos arquitetos do século XX usaram a geometria ideal para dar uma integridade formal racional, embora abstrata, aos seus projetos. Aparentemente entediados com as relações simples, alguns brincaram com arranjos complexos, cuja geometria ideal é sobreposta ou contradita por outra.

Em alguns projetos de casas feitos pelo arquiteto americano Richard Meier, os espaços que resultam de uma relação complexa de geometrias ortogonais identificam os lugares de moradia. Por exemplo, esta (à direita) é a planta de implantação do projeto feito por Meier para a Casa Hoffman, que foi construída em East Hampton, Estado de Nova York, em 1967. A ideia para a planta parece ter sido inspirada na forma do terreno, que é um quadrado quase perfeito (veja o desenho na próxima página). A diagonal do quadrado determina o ângulo de uma das elevações de um dos retângulos principais que servem de base para a planta da casa. Cada retângulo é um quadrado duplo. Um foi colocado na diagonal do terreno; já o outro é paralelo às divisas do terreno. Eles compartilham uma quina. A inter-relação geométrica de ambos determina a posição de quase tudo na planta. A interação das geometrias sobrepostas define os "lugares" da casa – sala de estar, cozinha, área de jantar, etc. A complexa estrutura de linhas criada pelas geometrias dos retângulos determina as posições de elementos básicos – paredes, paredes de vidro, áreas definidas, colunas. Contribuindo para esse jogo, os quadrados são,

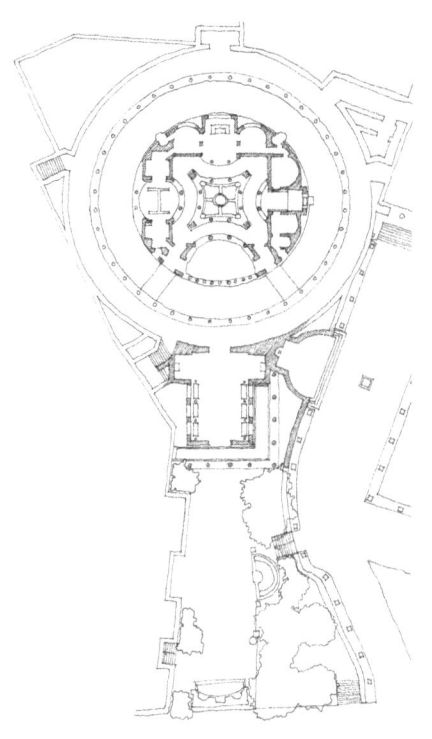

Esta planta do Pavilhão Circular da Vila de Adriano mostra a reconstrução feita no início do século XX por P.T. Schutze e pode ser encontrada em:
John F. Harbeson – *The Study of Architectural Design*, 1927, p. 216.

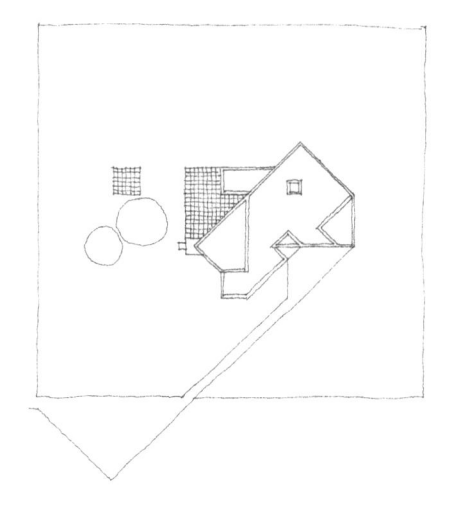

160 ANÁLISE DA ARQUITETURA

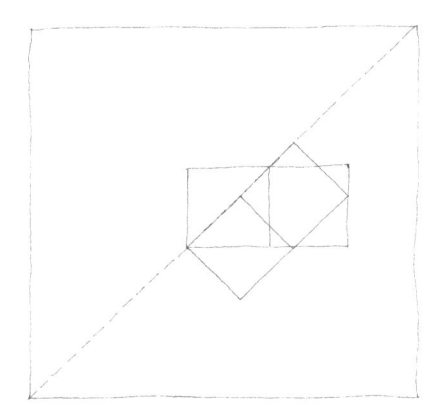

A planta da Casa Hoffman, projetada por Richard Meier, baseia-se em dois quadrados duplos que compartilham uma quina. Essa estrutura geométrica determina muitas das decisões sobre a organização dos lugares na planta. Em contraste com um leiaute geométrico simples, as geometrias sobrepostas conferem uma complexidade ao projeto que deriva de um jogo entre as duas grelhas.

Mais informações sobre a Casa Hoffman, de Richard Meier:
Joseph Rykwert (introdução) – *Richard Meier Architect 1964/1984*, 1984, p. 34–7.

por vezes, subdivididos para tornar a geometria ainda mais complexa, e, assim, identificar uma gama maior de lugares diferentes no interior da estrutura. O desenho abaixo, à esquerda, mostra uma interpretação da geometria que serve de estrutura para a planta do pavimento térreo desta casa. A planta verdadeira está à direita. Nesta versão, um dos quadrados é dividido em três nas duas direções, resultando em nove quadrados menores. As posições das colunas inseridas nas paredes de vidro que iluminam a sala de estar e a área de jantar são determinadas pelas interseções das linhas de três. A lareira foi colocada em uma quina compartilhada pelos dois retângulos. A entrada – que já é um quadrado – parece ser gerada pela interação da linha central de um dos quadrados duplos com a lateral do outro, e está situada em relação axial com a lareira e os assentos da sala de estar. Uma alcova na sala de estar é criada pela projeção da parte intermediária do quadrado dividido, chegando à quina do outro quadrado duplo. E assim por diante.

Isso pode parecer complicado e, certamente, é difícil de acompanhar em uma explicação verbal. Se Meier elaborou assim o projeto dessa casa, o que parece plausível, ele deve ter usado a geometria como base para as decisões de projeto, como um híbrido das estruturas geométricas utilizadas em projetos de Alberti e Palladio. A geometria é usada dessa forma para sugerir uma integridade formal e, talvez, também estética. Em suas geometrias sobrepostas, Meier adiciona mais uma dimensão – uma camada que produz uma complexidade no aspecto dos espaços.

As sobreposições geométricas de Meier podem parecer bastante complexas, mas outros arquitetos utilizaram estruturas geométricas ainda mais complexas

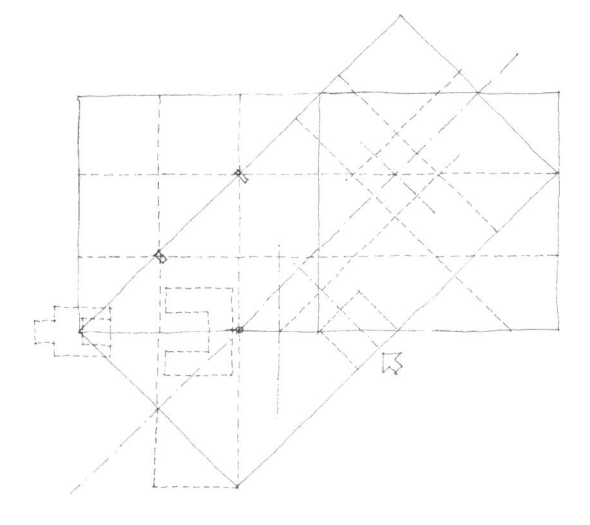

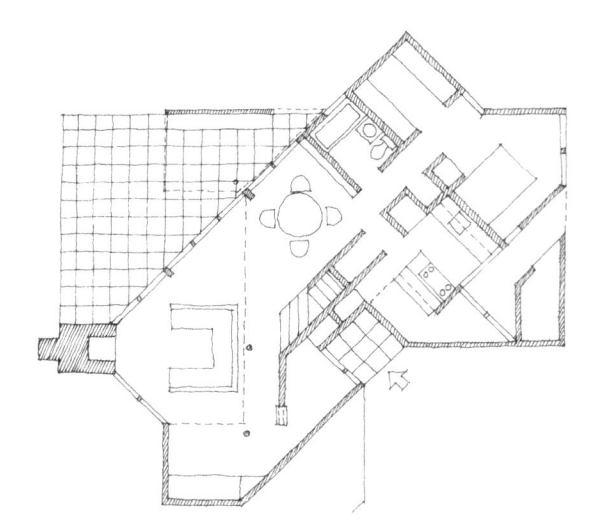

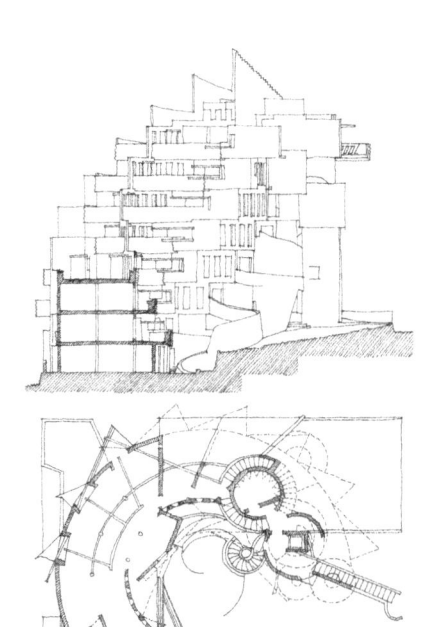

A GEOMETRIA IDEAL **161**

que a da Casa Hoffman. Um exemplo disso é um prédio construído no subúrbio de Ramat Gan, em Tel Aviv, Israel.

O corte e a planta estão à direita. Zvi Hecker projetou este prédio complicado, que foi construído em 1991. Ele é formado por uma espiral de círculos e retângulos fragmentados, com unidades de moradia distribuídas nos espaços que resultam das complexas sobreposições geométricas.

São muitas as maneiras encontradas pelos arquitetos para produzir complexidade a partir do jogo entre a regularidade e a irregularidade. Abaixo, à esquerda, estão a planta e o corte da Casa Quaglia, projetada por Gino Valle e construída em Sutrio, Itália, em 1956. Aqui, por meio da subtração, uma complexa composição de paredes é emoldurada por uma estrutura quadrada regular. Ao lado encontra-se a planta da Casa Bires, projetada por Álvaro Siza (Povoa do Varzim, Portugal, 1976); parece que uma de suas quinas foi rasgada, de modo descuidado, da geometria de resto ortogonal e organizada.

O edifício de apartamentos de Zvi Hecker, em Tel Aviv (acima), é uma espiral de círculos, retângulos e raios sobrepostos.

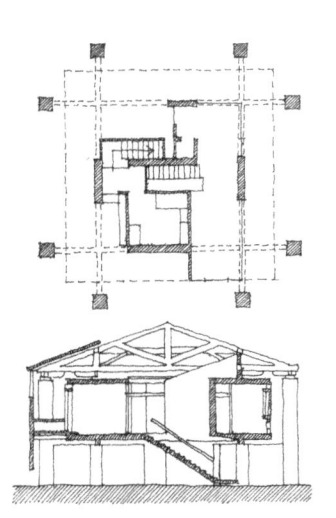

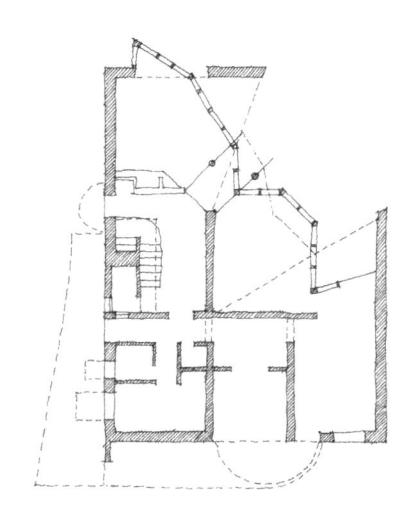

A Casa Quaglia, de Gino Valle, consiste em um arranjo fragmentado de paredes e pisos em uma estrutura regular de edícula (última à esquerda).

Na Casa Bires, de Álvaro Siza, uma das quinas parece ter sido arrancada com uma "mordida" (primeira à esquerda).

Zaha Hadid está entre os muitos arquitetos que brincaram com a geometria e suas distorções em sua obra. Nas décadas de 1980 e 1990, ela fez vários projetos que passam a impressão de que uma força invisível e desconhecida fraturou e distorceu aquilo que seria uma edificação ortogonal regular. Desses projetos, o mais famoso – e o primeiro a ser construído – é o da Brigada de Incêndio da Fábrica Vitra, localizada perto da fronteira da Alemanha com a Suíça. (Apesar de muito admirado, o projeto também ficou famoso por ter se mostrado inviável para uma brigada de incêndio.) A planta está no topo da próxima página (centro),

Mais informações sobre os apartamentos de Tel Aviv, projetados por Zvi Hecker: L'Architecture d'Aujourd'hui, June 1991, p. 12.

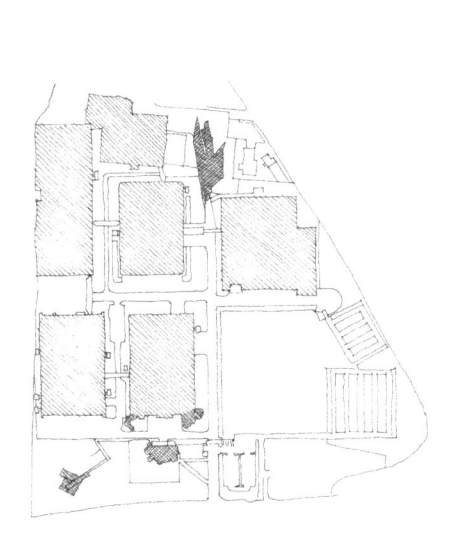

A Brigada de Incêndio da Fábrica Vitra foi construída em 1994. Fez parte de uma série de novas edificações construídas no terreno. Frank Gehry projetou o Museu do Design, construído em 1989, e Tadao Ando, o Centro de Conferências (1993). Ambos estão indicados na parte inferior da planta de implantação.

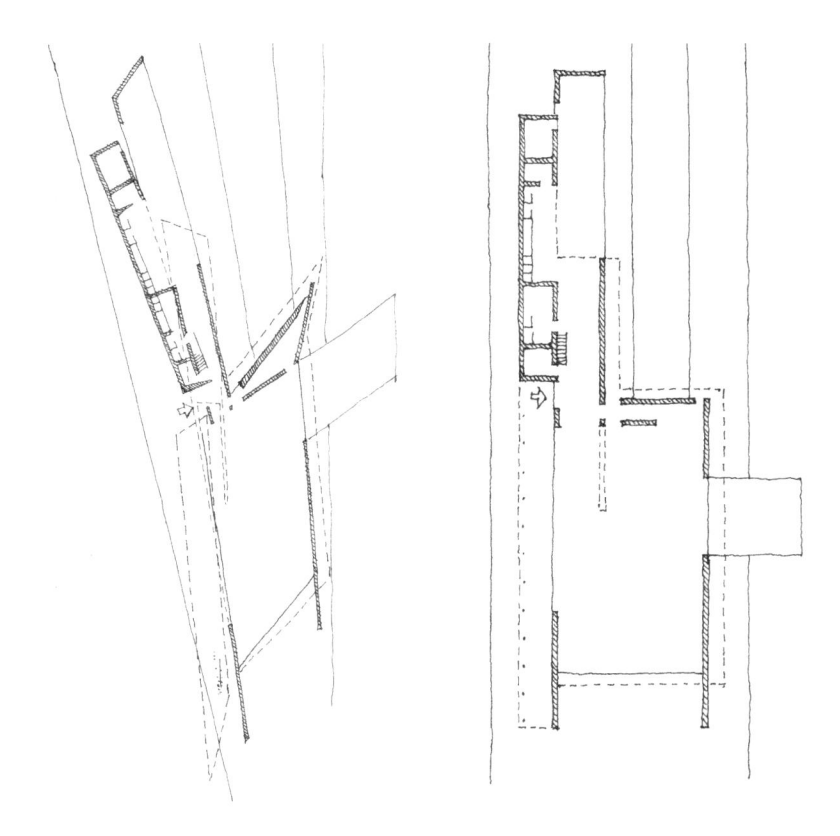

Mais informações sobre a Brigada de Incêndio de Vitra, projetada por Hadid: Aaron Betsky – *Zaha Hadid: Complete Buildings and Projects*, 1998.

Mais informações sobre o diagrama de Zevi: Bruno Zevi – *The Modern Language of Architecture*, 1978.

acompanhada por outra planta, à esquerda, que a mostra no contexto da Fábrica Vitra. Na planta de implantação, podemos perceber que o edifício de Hadid se contrapõe à grelha ortogonal do leiaute da fábrica.

Porém, a edificação também se contrapõe em seu interior. Parece que aquela força invisível e desconhecida (um buraco negro, talvez) está em ação, prejudicando a composição e impedindo-a de ser ortogonal. À direita, desenhei a planta como ela poderia ter sido caso a força prejudicial fosse removida.

Na década de 1970, o teórico da arquitetura italiano Bruno Zevi desenhou três diagramas para mostrar como a arquitetura moderna decompôs a caixa fechada da arquitetura tradicional (abaixo). Ele se reportava às obras de Frank Lloyd Wright, dos arquitetos do movimento De Stijl e de projetistas europeus do início do século XX, bem como à obra de Mies van der Rohe (como o Pavilhão de Barcelona, por exemplo). O que parece é que, na Brigada de Incêndio de Vitra, Zaha Hadid extrapolou o próximo passo dessa evolução histórica. Minha planta "retificada" parece ser equivalente ao terceiro diagrama de Zevi – a composição

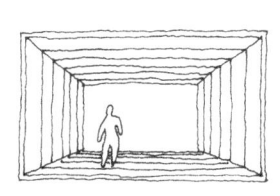

Caixa fechada 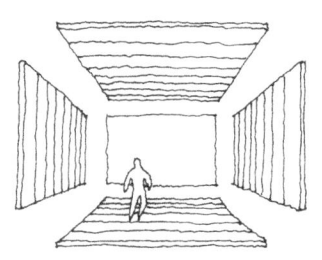   *Planos abertos* 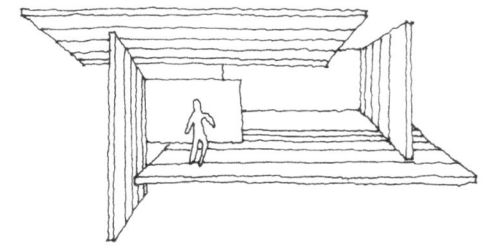   *Planos abertos e deslocados*

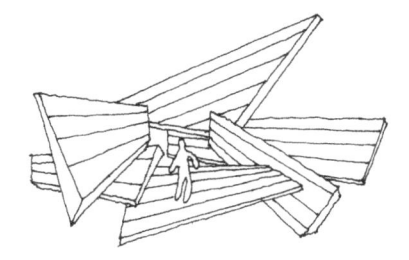

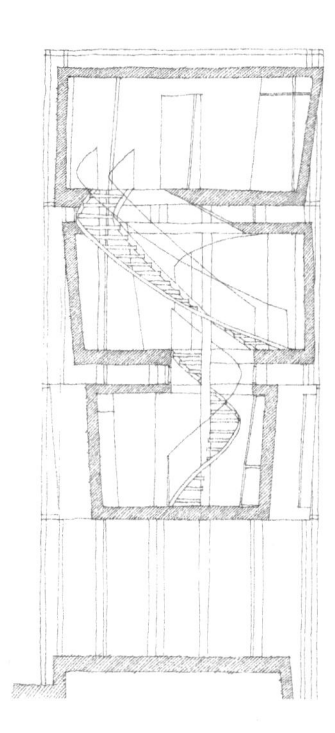

de planos abertos e deslocados. Mesmo assim, os planos de Zevi ainda obedecem à disciplina das três dimensões cartesianas mutuamente perpendiculares.

O edifício de Hadid tem um diagrama próprio (acima), no qual elas também estão descompostas. O resultado é um conflito intencional, em vez de um acordo, com as "seis direções" implícitas no ser humano.

Grande parte da obra de Hadid desafia a maneira cartesiana de ordenar (compreender) o mundo. Abaixo estão as plantas de seu projeto para a ampliação do Arhotel Billie Strauss, em Kirchheim-Nabern, Alemanha (1995). O corte está à direita. De acordo com a ideia da estrutura Dom-Ino de Le Corbusier (veja o capítulo seguinte sobre *Espaço e Estrutura*), a ampliação se eleva sobre pilotis (pilares), deixando o pavimento térreo livre. Fora isso, ela se recusa a obedecer às "regras" da ortogonalidade e, inclusive, da consistência, entre um pavimento e o próximo.

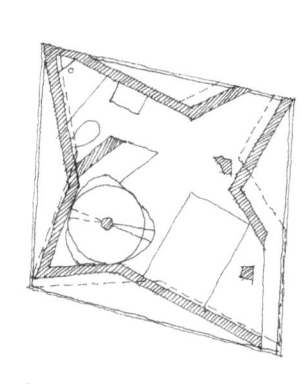

Segundo pavimento 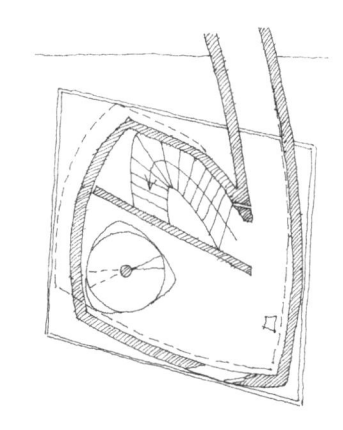   *Terceiro pavimento* 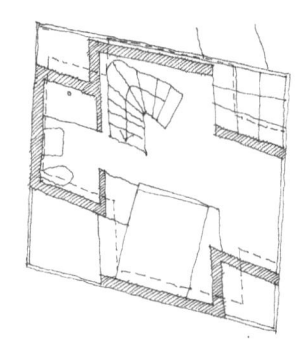   *Quarto pavimento*

Arquitetura paramétrica

São muitos os exemplos do uso da geometria ideal por arquitetos, seja de maneira simples ou complexa. Essa tem sido uma das estratégias mais persistentes ao longo da história do projeto de arquitetura. No século XX, o uso cada vez maior de programas avançados de computador no projeto de arquitetura levou a uma exploração mais sofisticada das possibilidades de produzir geometrias complicadas. Embora as formas geradas possam se tornar mais complexas e sutis, às vezes apresentando a integridade genética das formas naturais, a separação da relação com a apreciação fenomenológica do lugar tende a permanecer a mesma.

Mais informações sobre a ampliação do Arhotel Billie Strauss: Paul Sigel – *Zaha Hadid: Nebern*, 1995.

"A arquitetura paramétrica – um método de conectar dimensões e variáveis à geometria de forma que, quando os valores mudarem, a parte também muda. Um parâmetro é uma variável a qual outras variáveis estão relacionadas, e essas outras variáveis podem ser obtidas por meio de equações paramétricas. Dessa maneira, as modificações de projeto e a criação de uma família de partes podem ser realizadas em um tempo incrivelmente curto em comparação com o redesenho exigido pelo CAD tradicional".

www.designcommunity.com/discussions/25136.html

Não obstante, as geometrias complexas permitiram que o uso de técnicas computadorizadas, como a arquitetura paramétrica, constitua, atualmente, o estado mais avançado da aventura da arquitetura, que é explorar as geometrias matemáticas avançadas, e que teve início antes das pirâmides, cerca de cinco mil anos atrás. A arquitetura paramétrica (definida ao lado) permite que formas amorfas complexas (que são reunidas na Grelha Cartesiana tridimensional na qual os computadores funcionam) sejam geradas por fórmulas em que, quando uma variável é alterada, as outras também mudam. Isso torna possível que os modelos se distorçam e mudem instigados por forças externas – não apenas a gravidade, mas também outras forças morfológicas. Ela é capaz de produzir formas que imitam o crescimento natural, como acontece em conchas e árvores. Trata-se de uma técnica que não tenho como desenhar usando um lápis. Há dois curtas-metragens (abril de 2008) que mostram parte do que a técnica consegue fazer em:

www.bdonline.co.uk/story.asp?sectioncode=763&storycode=3111007&c=1

Esses filmes ilustram o projeto de Zaha Hadid para o Chanel Contemporary Art Container, uma estrutura móvel, e a cobertura de Foster & Partners para o Smithsonian Institute, em Washington DC. Observe que o filme de Foster começa com a imagem de uma "diagrid", a versão diagonal de uma grelha ortogonal ortodoxa, o sistema de suporte essencial para a geometria ideal.

* * *

Como sugerem as evidências, a geometria ideal e suas variações são uma área atraente para os arquitetos explorarem. O uso das geometrias ideais na arquitetura é um jogo intelectual estimulante. Seus produtos podem ser sensacionais, porém distantes. Como sugeriu John Dee há mais de 400 anos, ele pode levá-lo meio caminho até o mundo divino, mas, ao fazê-lo, também lhe afasta meio caminho da vida que se vive no mundo real. A preocupação com a geometria ideal e suas sofisticadas extensões em formas geradas por computador pode acabar priorizando belas formas escultóricas em relação à criação de lugares fenomenologicamente envolventes, obscurecendo a gênese da arquitetura na identificação do lugar – a profunda conexão entre seres humanos e seus entornos. Ainda assim, a geometria de quadrados e círculos, de Retângulos Áureos e fórmulas mais complexas, provavelmente será sempre vista como um padrão do humanismo na arquitetura.

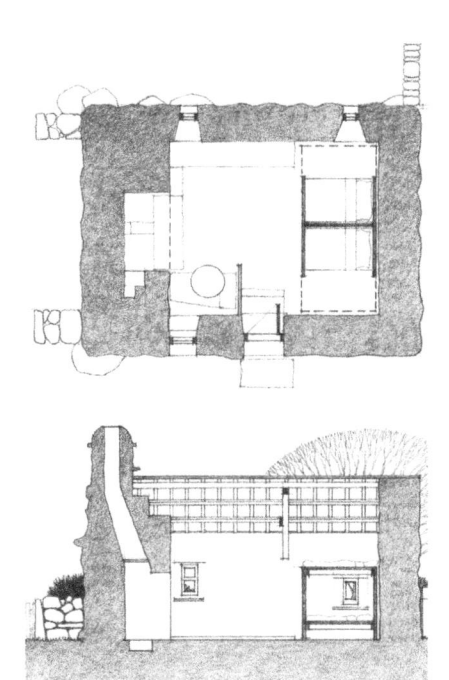

Nessa cabana, chamada Llainfadyn, o propósito da estrutura da edificação é organizar uma porção de espaço, identificando-o como um local para moradia. Estrutura e espaço estão em simbiose – uma relação mutuamente afetiva. (Essa pequena cabana de operário do norte do País de Gales é analisada como um dos Estudos de Caso *no final deste livro.)*

Estratégias de organização do espaço 1
Espaço e estrutura

"Depois de certo tempo, ele aproxima a charrete do esqueleto da nova cabana. Olímpia pode ver que terá uma vista espetacular, com nada mais que o Atlântico como pátio frontal... A maior parte da cabana é estruturada, e existem muitos lugares dos quais se pode ver o oceano. Olímpia começa a sonhar sobre como seria fechar tal casa completamente com janelas – como seria sempre ter luz, se sentir cercada por areia e oceano... Juntos, eles entram na cabana e transitam pelos cômodos que, neste momento, só existem na imaginação, recintos retangulares e oblongos estruturados com madeira de pinho e carvalho, formando uma casa que um dia abrigará uma família. Ela imagina como se constrói uma estrutura como essa, como alguém sabe de maneira precisa onde colocar um pilar ou uma viga, como exatamente se faz uma janela. De tanto em tanto, Haskell murmura ao seu lado, "aqui vai ser a cozinha" ou "aqui vai ser o jardim de inverno", mas ela não o acompanha totalmente. Ela prefere, por enquanto, pensar na casa como algo efêmero e imaginário."

Anita Shreve – *Fortune's Rocks,* 1999, p. 166.

Estratégias de organização do espaço 1
Espaço e estrutura

Tanto a estrutura quanto o espaço são meios da arquitetura. É por meio da estrutura que a edificação fica de pé. Além disso, ela é importante para a organização do espaço em lugares. A relação entre o espaço e a estrutura nem sempre é simples e direta, pois está sujeita a diferentes abordagens. Podemos escolher uma estratégia estrutural e permitir que ela defina os lugares que desejamos criar ou podemos decidir os lugares e forçar a estrutura física da edificação a aceitá-los.

Existem, portanto, três categorias amplas de relação entre espaço e estrutura: a ordem estrutural dominante, a ordem espacial dominante e a relação harmônica entre ambas, na qual as ordens espacial e estrutural parecem concordar. Na história da arquitetura, existiram defensores das três relações, o que ficará evidente nos exemplos a seguir.

Também houve representantes de uma quarta categoria de relação, na qual a organização do espaço está supostamente separada da estrutural de modo que as duas possam coexistir, cada uma obedecendo à sua própria lógica, livre dos condicionantes associados à outra.

Como vimos no capítulo sobre *As Geometrias Reais*, no que se refere à "geometria da construção", a estrutura costuma ter geometrias próprias. Nas seções de tal capítulo sobre a "geometria social", vimos que os objetos e as pessoas, individualmente ou em grupo, também são capazes de evocar suas próprias geometrias. Na arquitetura (com exceção de qualquer imposição da "geometria ideal"), existem relações vitais entre essas geometrias reais. Às vezes, estão em tensão; outras vezes, podem se tornar harmônicas; outras, ainda, podem estar sobrepostas mas separadas conceitualmente.

Há uma complicação adicional, uma vez que, depois de estabelecida, a estratégia estrutural pode influenciar a organização do espaço (e não somente responder a ela). A ordem estrutural física de uma edificação é capaz de influenciar a organização do espaço da vida que acomoda.

Um aspecto importante da arte da arquitetura é escolher uma estratégia estrutural que, de alguma maneira, esteja de acordo com a organização do espaço pretendida.

Os espaços teatrais na Grécia Antiga

O desenvolvimento dos lugares teatrais internos pelos arquitetos da Grécia Antiga é um bom exemplo de como a organização do espaço pode entrar em conflito com a estrutural e de como é possível resolver tal conflito por meio do uso de tipos diferentes em ambos. O teatro grego clássico era a formalização geométrica da geometria social das pessoas sentadas nas encostas de uma colina, assistindo a uma apresentação. Sua forma tridimensional era uma fusão da geometria social, da geometria ideal e do perfil do terreno.

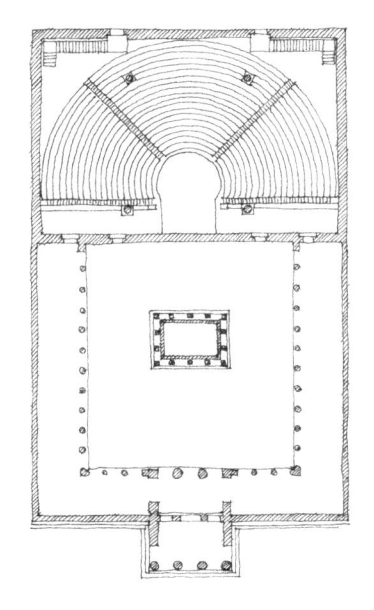

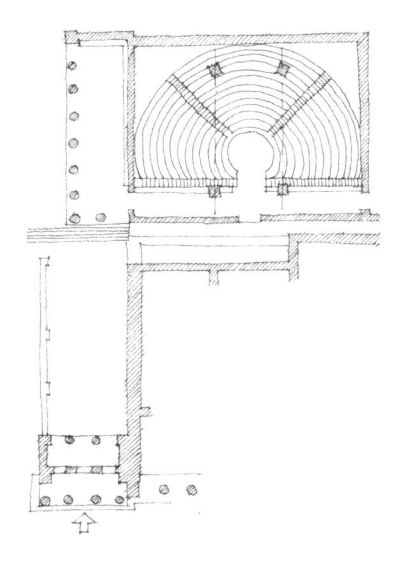

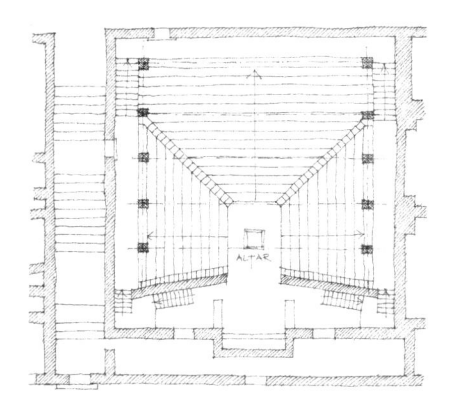

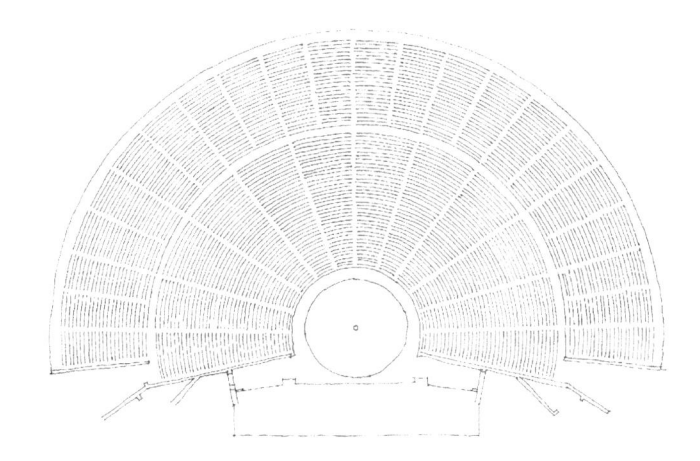

Com a ausência de cobertura, não era necessário levar em consideração a geometria da estrutura. Em alguns casos, porém, os gregos desejavam criar um lugar interno em que muitas pessoas pudessem assistir a alguma coisa. Para tanto, era preciso considerar a geometria da estrutura que iria sustentar a cobertura. As estruturas usadas pelos gregos costumavam criar espaços com plantas baixas retangulares e não conseguiam vencer grandes vãos. Essas duas características conflitavam com a forma do teatro ao ar livre, visto que este era circular e exigia um grande espaço ininterrupto.

Em alguns casos, a solução encontrada pelos gregos era simplesmente "encaixar o círculo dentro do quadrado", como aconteceu no Senado de Mileto (acima, à esquerda). Aqui, o teatro circular está encaixado em uma cela quadrilateral, criando espaços de quina residuais, com exceção das escadas na parte de trás, que vão até o pavimento térreo. As colunas, que serviam de apoios intermediários para a cobertura, foram minimizadas; as duas da frente são usadas, até certo ponto, para ajudar a estruturar o espaço focal da câmara, enquanto as outras duas atrapalham bastante o aproveitamento do espaço interno. Foi feita uma pequena concessão à geometria dos assentos na maneira de alinhar as bases das colunas a partir dos assentos, e não da geometria ortogonal da estrutura. Praticamente a mesma relação entre organização do espaço e estrutural, ainda que em escala menor, é encontrada no "novo" Senado construído em Atenas (final do século V a.C.) (no meio, à esquerda). Provavelmente, os dois pares de colunas, junto com as paredes externas, sustentavam as vigas estruturais principais ao longo das linhas mostradas na planta baixa, que, por sua vez, dividiam a longa dimensão da cobertura em três vãos menores e mais razoáveis.

Em outros exemplos, a forma dos assentos é acomodada à geometria retangular determinada pela estrutura. No *ecclesiasterion* de Priene (ao lado), os assentos foram adaptados ao equivalente retangular mais próximo do teatro segmental. Também há um meio-termo na estrutura, uma vez que os apoios intermediários – as colunas introduzidas no espaço para reduzir os vãos dos elementos de madeira da cobertura – não estão posicionados nos pontos equivalentes a 1/3 do vão, onde dividiriam a largura do salão em três vãos iguais, tendo sido distribuídos muito mais perto das paredes externas, o que evitou que obstruíssem a visão a partir dos assentos. Eles identificam perfeitamente os corredores laterais com escadas por meio dos quais os espectadores chegavam aos seus assentos.

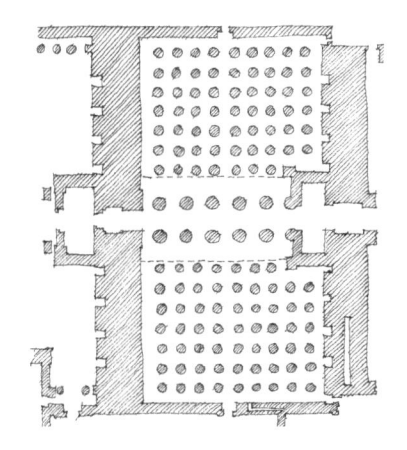

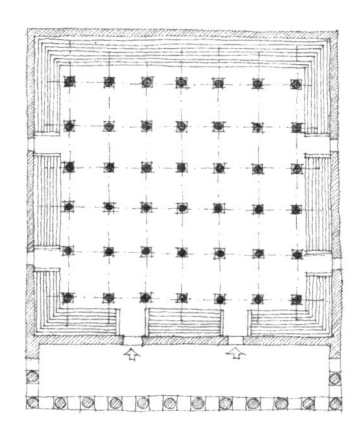

Estratégias de organização do espaço 1 – ESPAÇO E ESTRUTURA   **169**

O telesterion *de Elêusis era um salão para a encenação dos "Mistérios". Parte do mistério advinha do fato de que, para os espectadores sentados no perímetro, muito do espetáculo ficava oculto pela floresta de colunas.*

Nas edificações anteriores com grandes espaços cobertos, as colunas eram indispensáveis. No topo desta página temos a planta baixa de um salão hipostilo egípcio, do templo de Amon em Karnak (final do século XIV a.C.). Independentemente da finalidade do espaço, o uso tinha de se adequar à floresta de enormes colunas, sendo que as menores delas tinham um diâmetro superior a três metros.

Os antigos egípcios talvez ficassem impressionados com o espaço cheio de enormes colunas, mas esse arranjo seria um problema em espaços para espetáculos. É isso que acontece no *telesterion* de Elêusis (acima, à direita), construído no século VI a.C. como um lugar para a encenação dos Mistérios secretos. Ele possui assentos para espectadores no perímetro de um espaço quadrado. Acima da área para espetáculos, existe uma grelha regular de colunas para sustentar a cobertura. Estas obstruíam a visão daquilo que ocorria no chão (presumivelmente aumentando o mistério).

A próxima planta baixa – do *thersilion* de Megalópole (século IV a.C., abaixo, à esquerda) – parece ter uma profusão similar de colunas obstrutivas; a diferença é que, à primeira vista, tem-se a impressão de que elas estão distribuídas de maneira irregular pelo piso. No entanto, se sobrepusermos uma interpretação da retícula da estrutura de cobertura (abaixo, à direita), veremos que as colunas foram distribuídas com um objetivo espacial específico, isto é, responder às linhas de visão que irradiam de um ponto de foco sob as quatro colunas que resultam em uma planta baixa quadrada. Aparentemente, isso identificava o lugar onde o orador se posicionaria (e provavelmente recebia a luz vinda do céu). A distorção da retícula de colunas foi uma adaptação em favor de um arranjo espacial que permitisse ver e também ouvir o orador.

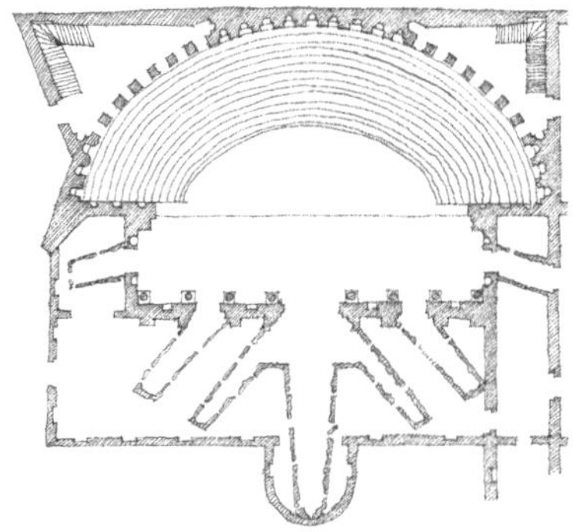

Para evocar o espírito dos teatros da Antiguidade, o arquiteto renascentista Andrea Palladio precisou usar a criatividade para inserir este teatro oval dentro do Teatro Olímpico *(1584 d.C.) em Vincenza, Itália. No auditório, o descompasso entre os assentos curvos e as paredes externas é mascarado por uma arcada de colunas não estruturais. (A implantação permanente do palco inclui um cenário sofisticado que incorpora perspectivas falsas.)*

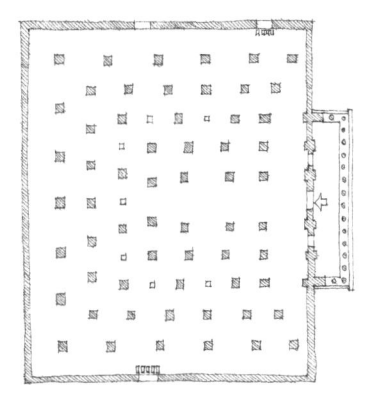

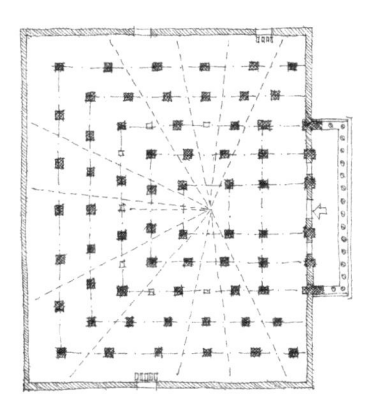

No antigo thersilion, *as colunas estruturais eram distribuídas em um padrão complexo por um motivo prático específico.*

170   Análise da Arquitetura

Ao longo da história, muitas obras de arquitetura foram criadas com a convicção de que a estrutura é a força geradora da forma fundamental – e que a ordem geométrica inerente na estrutura resolvida também é a mais apropriada para o espaço. Essa convicção tem um poder simbólico e, ao mesmo tempo, pragmático. Talvez fosse mais forte na arquitetura religiosa dos períodos românico e gótico, mas também influenciou muitas edificações religiosas e seculares dos séculos XIX e XX.

Na mesquita de Santa Sofia, em Istambul (à direita, corte, planta baixa e corte axonométrico), construída como uma igreja no século VI d.C., a estrutura *é* a arquitetura: os espaços que ela contém são ordenados pelo padrão da estrutura; os lugares no interior da edificação são identificados pela estrutura; o próprio lugar sagrado é identificado a partir do exterior pela estrutura da cúpula. O resultado é uma matriz para o culto. (Curiosamente, quando a edificação foi convertida em mesquita, descobriu-se que ela não estava devidamente alinhada com a direção de Meca, o que exigiu que as preces fossem feitas a um determinado ângulo com relação à geometria estrutural, conforme indica a linha na planta baixa.)

Essa relação íntima entre o espaço e a estrutura também pode ser encontrada em igrejas e catedrais medievais. Todos os lugares – santuário, capela, nave central, etc. – são identificados estruturalmente por abóbadas de pedra

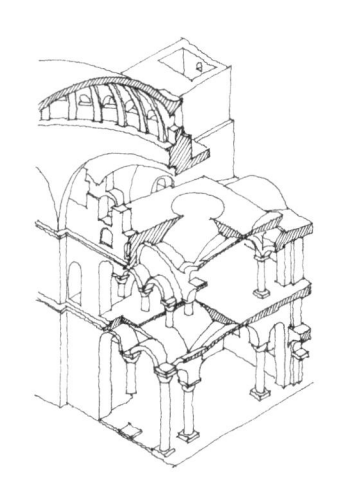

Em edificações religiosas do passado, a estrutura – em conjunto com sua sofisticação e audácia – constituía a arquitetura. O espaço é estruturado pela edificação, como uma analogia à maneira como a religião estrutura as vidas de seus seguidores.

Corte

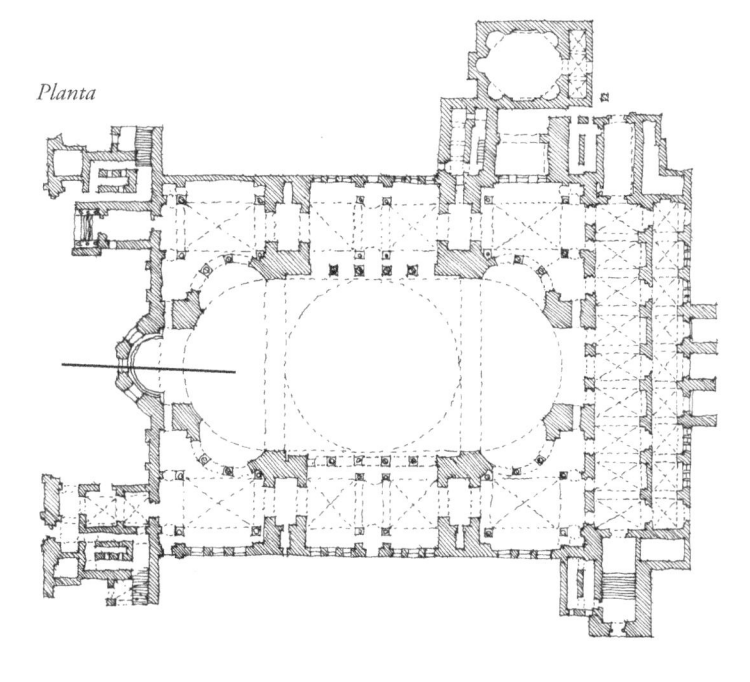

Planta

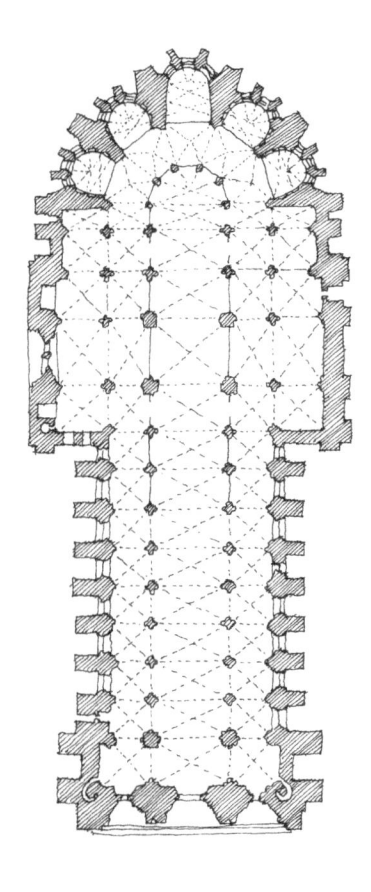

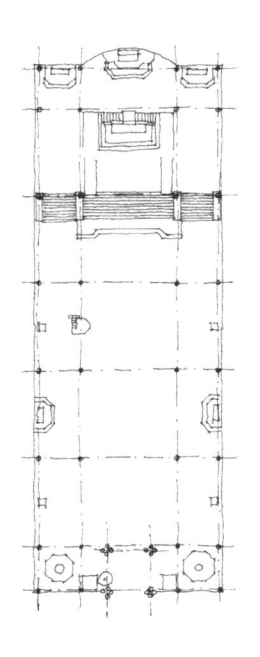

Estratégias de organização do espaço 1 – ESPAÇO E ESTRUTURA   **171**

Na Catedral de Rheims (à esquerda), o espaço é ordenado pela estrutura, cuja planta baixa é determinada pela "geometria da construção" das abóbadas acima. Na Notre Dame de Le Raincy, de Perret (à direita), o espaço é ordenado pela estrutura de concreto armado da edificação. (Os desenhos não estão na mesma escala.)

Para mais informações sobre a obra de Auguste Perret:
Peter Collins – *Concrete*, 1959.

bem-resolvidas. Santa Sofia e as catedrais medievais foram construídas com pedras, mas a relação íntima entre estrutura e organização do espaço que exibem também ocorre em estruturas feitas com outros materiais. Auguste Perret, arquiteto francês pioneiro no uso de concreto armado, transmitiu a clareza estrutural e espacial das igrejas medievais em uma estrutura de concreto.

Acima (à direita), vemos sua planta baixa para a igreja de Notre Dame de Le Raincy, Paris, que foi construída em 1922. É uma edificação menor que a catedral de Rheims (século XIII, acima, à esquerda), mas, mesmo assim, a proporção da área de piso ocupada pelos apoios estruturais é bem menor, pois o concreto armado é bem mais resistente que a pedra. Pela mesma razão, a distância relativa entre as colunas em Le Raincy é muito maior que em Rheims. Todavia, a clareza estrutural e espacial é a mesma nas duas igrejas. Na igreja de Perret, todos os lugares – a posição do altar principal, as posições dos altares secundários, o púlpito, a fonte, etc. – são determinados pelos espaços definidos pela estrutura.

As exigências de planejamento espacial das edificações religiosas geralmente são bastante simples: os lugares a serem identificados podem ser acomodados facilmente na ordem geométrica da estrutura. Na arquitetura doméstica, porém, a relação entre ordem estrutural e organização do espaço pode ser mais problemática. A relação entre espaço e estrutura em uma casa simples com uma única cela é direta; é possível acomodar todos os lugares sob o abrigo da cobertura e dentro da vedação das paredes. Talvez haja alguns elementos de madeira principais na cobertura, como a tesoura simples no exemplo à direita, mas estes dificilmente influenciarão a organização espacial no recinto abaixo. Esse recinto é definido pelas paredes que cumprem, ao mesmo tempo e de modo claro e inseparável, as funções duplas de vedação e suporte estrutural.

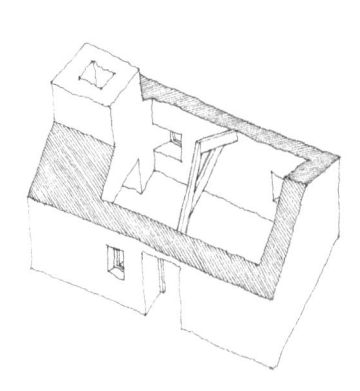

Esta pequena cabana tem uma ordem estrutural simples.

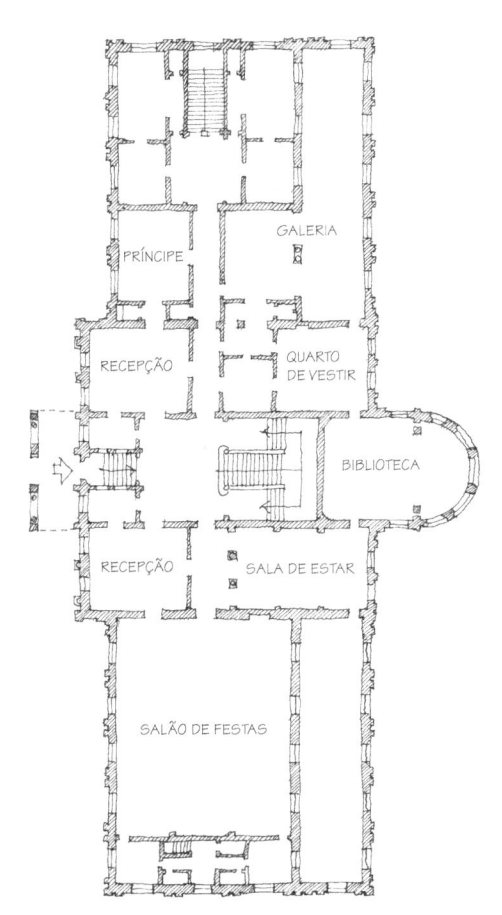

Na outra extremidade da escala da complexidade, casas grandes construídas com estruturas de paredes portantes costumam ter espaços excessivamente compartimentados. O período áureo desse tipo de casa foi, provavelmente, a era vitoriana, quando muitas pessoas fizeram fortuna e mandaram construir grandes moradias. Na planta baixa ao lado, a uniformidade estrutural é comprometida pela necessidade de cômodos com tamanhos diferentes. (Além disso, observe como a simetria axial das elevações externas principais relaxa conforme nos afastamos do eixo central.)

Existem muitos tipos de casas tradicionais em que as funções de vedação e apoio estrutural são distintas. Nelas, o telhado é sustentado por uma estrutura de madeira e os espaços, fechados por vedações não portantes. Tais edificações estruturadas podem ser casas unicelulares simples ou podem consistir em vários cômodos. Nos exemplos tradicionais, os cômodos ou lugares dentro das casas costumam ser organizados de acordo com a ordem geométrica sugerida pelo arcabouço estrutural (abaixo). Nestes dois pavimentos, há pequenos recintos inseridos nos dois vãos estruturais extremos, além de um salão maior que ocupa os dois vãos estruturais centrais. As aberturas também se encaixam na ordem da estrutura. As paredes são preenchidas com painéis leves de pau a pique. Embora a planta baixa desta moradia seja um retângulo, estruturas de enxaimel também podem ter plantas baixas mais complexas.

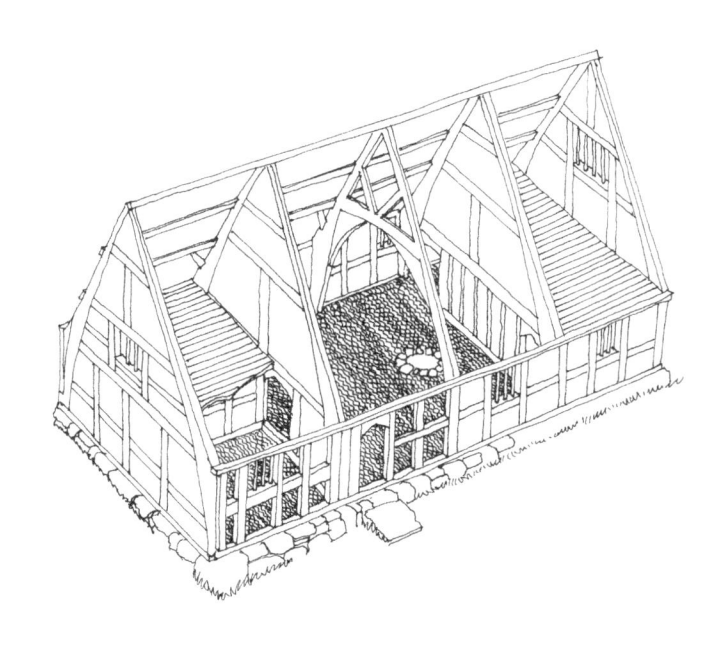

Em uma edificação com estrutura de paredes portantes, como a desta casa vitoriana (acima), os tamanhos e formas dos recintos são condicionados pelas maneiras de construir a cobertura e os pavimentos.

Em uma casa de enxaimel, a estrutura determina a organização do espaço.

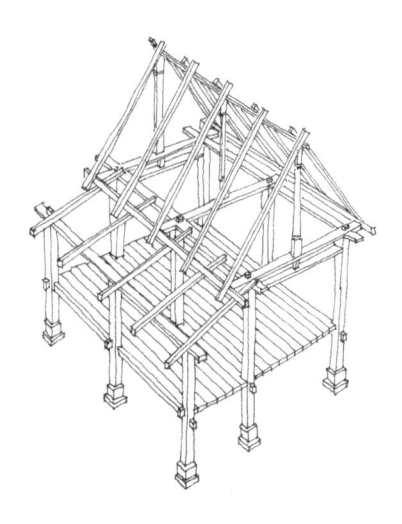

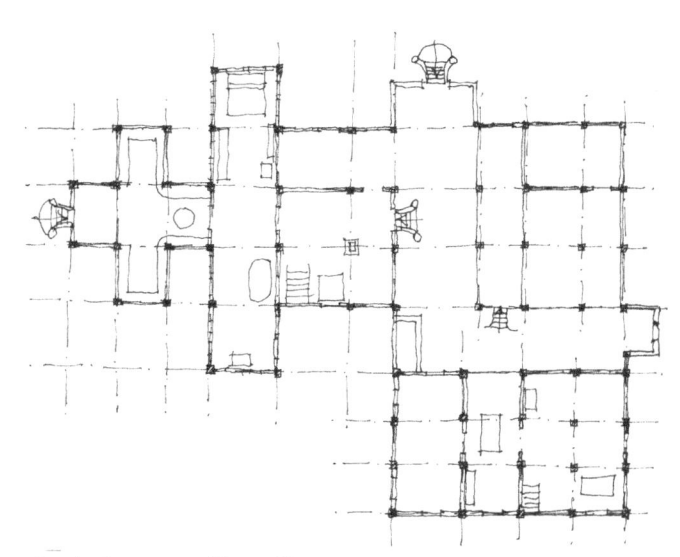

Estratégias de organização do espaço 1 – Espaço e estrutura   **173**

As casas malaias tradicionais (à esquerda e acima) são construídas utilizando-se uma estrutura simples de madeira. Por meio de um processo de adição, elas podem se tornar bastante amplas e incluir muitos espaços. Os cômodos geralmente são definidos pelos vãos estruturais, que, às vezes, vêm acompanhados por mudanças nos níveis, gerando plataformas.

Nos exemplos fornecidos até agora, a geometria da estrutura sugeriu que o espaço seja organizado em retângulos. Conforme vimos na seção sobre a "geometria da construção", a estrutura pode gerar círculos, além de retângulos. Algumas casas de todos os períodos históricos têm espaços organizados de acordo com a ordem circular de uma estrutura de cobertura cônica (à direita).

Por meio de seus desenhos, alguns arquitetos – especialmente no século XX – defenderam que os espaços associados à vida não são necessariamente retangulares ou circulares e que não devemos inserir os lugares habitáveis nas formas geométricas de plantas baixas sugeridas por estruturas bem-resolvidas. Na Alemanha, durante a década de 1930, Hans Scharoun projetou diversas casas nas quais a disposição dos lugares tinha preferência em relação à ordem geométrica da estrutura. Vemos, novamente (abaixo), a Casa Mohrmann, situada em um subúrbio na região sul de Berlim. Existem lugares para sentar-se perto do fogo e admirar o jardim através de uma parede de vidro, tocar piano, comer, cultivar plantas ornamentais. A disposição desses lugares, e não a organização

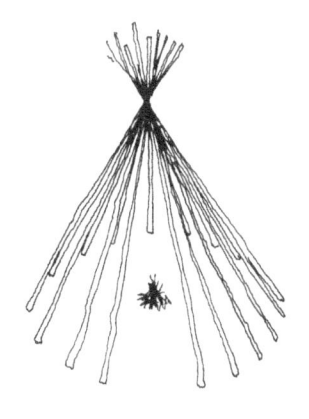

Nesta casa malaia tradicional, os espaços são definidos pela malha retangular da estrutura de madeira.

A estrutura da tepi dos índios americanos tem uma geometria cônica natural, que produz uma planta baixa circular. A geometria da construção parece estar de acordo com a geometria social das pessoas sentadas ao redor da fogueira.

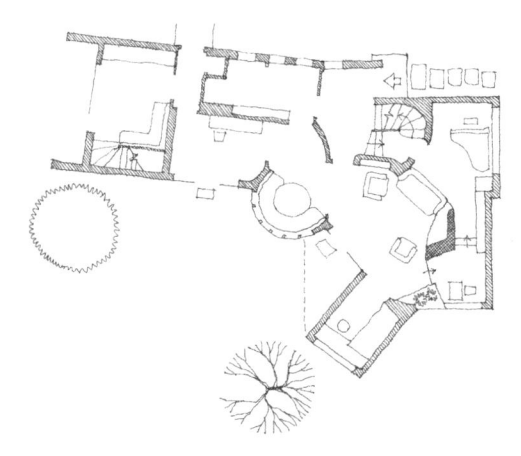

Para mais informações sobre casas malaias:
Lim Jee Yuan – *The Malay House*, (Malásia) 1987

Para mais informações sobre a Casa Romanelli:
(Masieri) – *Architectural Review*, Agosto, 1983, p. 64.

Para mais informações sobre a casa de Long Island:
F.R.S. Yorke – *The Modern House*, (6ª edição) 1948, p. 218.

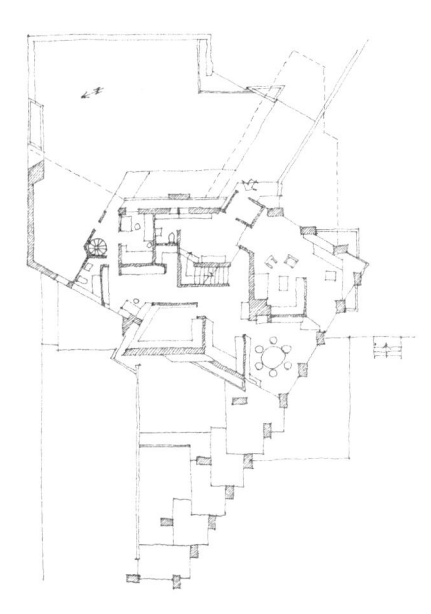

O projeto de Masieri para a Casa Romanelli impõe uma geometria complexa aos espaços da moradia (acima).

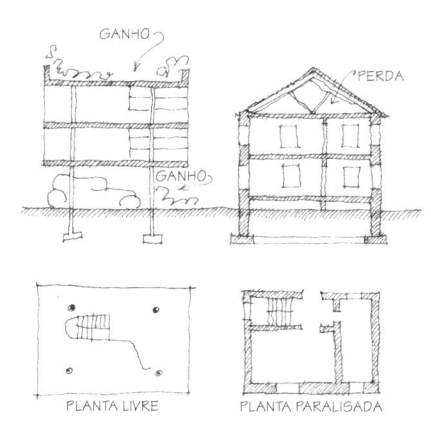

Acima, há um dos conjuntos de diagrama de Le Corbusier que mostra os benefícios da ideia Dom-Ino na arquitetura do projeto de casas (abaixo).

estrutural da casa, foi a prioridade. Ao mesmo tempo, o Terceiro Reich de Hitler construía obras cerimoniais no grandioso estilo neoclássico. A abordagem de Scharoun ao planejamento de residências resultou, em parte, de uma aversão consciente à disciplina controladora do fascismo e de sua insistente convicção de que a razão deve triunfar.

A casa ao lado também tem uma planta baixa complexa. É a Casa Romanelli, projetada pelo arquiteto italiano Angelo Masieri e executada por Carlo Scarpa na cidade de Udine, localizada no norte da Itália, em 1955. Embora a geometria da casa seja complexa, conforme a planta baixa de Scharoun, sua organização espacial é mais um resultado da sobreposição de geometrias diferentes com o objetivo de aumentar a complexidade. A distribuição dos lugares não orienta o projeto; em vez disso, eles são acomodados entre as paredes e pilares. Apesar de complexo, o padrão estrutural vem em primeiro lugar, seguido pela organização do espaço.

Alguns arquitetos tentaram separar a ordem estrutural da organização do espaço e da construção de lugares. Vemos abaixo uma pequena casa de Long Island, Nova York, projetada pelos arquitetos Kocher e Frey e construída em 1935. Todas as acomodações estão no segundo pavimento, que fica aproximadamente dois metros e meio acima do solo, sobre seis colunas, e é acessado por uma escada em espiral; acima, há um terraço na cobertura. Abaixo, à esquerda, encontra-se a planta baixa do leiaute estrutural do pavimento de estar principal. Embora o lugar de estar seja definido pela extensão da plataforma, a estrutura de seis colunas posicionadas regularmente pela planta baixa não sugere como o piso deve ser lançado para criar lugares. O desenho ao lado mostra como foi lançado; as paredes não são portantes. Os painéis móveis, que conferem alguma privacidade ao lugar ocupado pela cama, não envolvem outra coluna, mas sim um tubo de queda de água.

A casa de Kocher e Frey é um exemplo que segue o princípio lançado por Le Corbusier cerca de vinte anos antes, na ideia Dom-Ino (à esquerda).

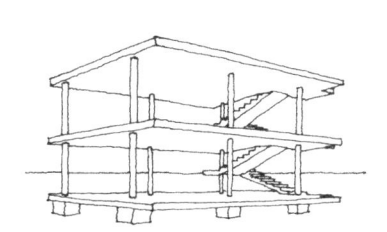

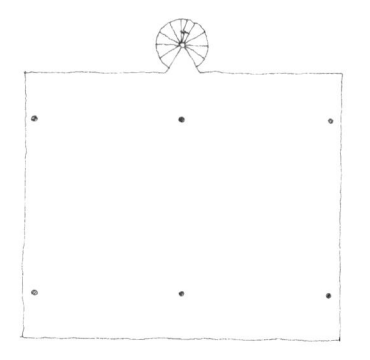

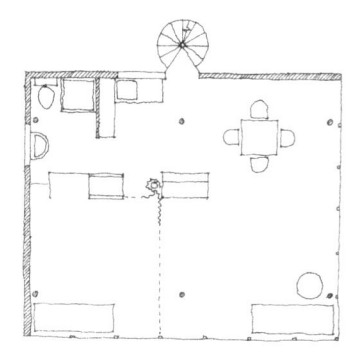

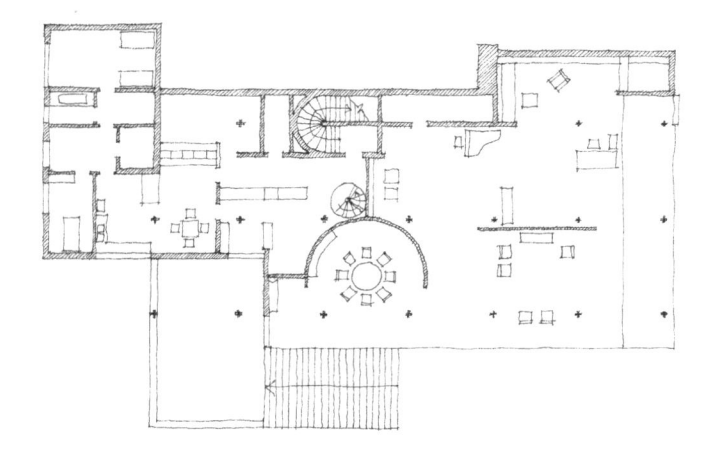

Estratégias de organização do espaço 1 – ESPAÇO E ESTRUTURA **175**

Na planta de Mies para a Casa Tugendhat (à esquerda), as paredes internas estão separadas da grelha estrutural; mas os pilares ajudam a definir os lugares de estar, jantar e estudar.

Ele sugeriu que o planejamento de edifícios pode se livrar das restrições da geometria estrutural pelo uso de colunas sustentando plataformas horizontais. Le Corbusier projetou várias casas usando a ideia Dom-Ino. Mies van der Rohe também tentou desvincular a organização espacial da ordem estrutural. No entanto, ambos costumavam permitir que a estrutura influenciasse a identificação do lugar. Ambos tentaram colocar o espaço entre planos horizontais. À direita, estão a planta do pavimento térreo e o diagrama estrutural da Vila Savoye, em Poissy, perto de Paris, construída em 1929. Claramente, como no *thersilion* da Megalópole, a grelha estrutural foi distorcida. Embora a estrutura não *determine* lugares dentro da planta, Le Corbusier faz isso para auxiliar na identificação de lugares. Por exemplo: onde as colunas definem o espaço ocupado pela rampa central; onde uma coluna encontra a quina de uma escada; e onde duas colunas configuram a entrada principal. Também há uma pequena mesa e um lavatório presos a uma coluna sob a rampa.

Na Casa Tugendhat, em Brno (1931, acima), Mies van der Rohe preservou a ordem geométrica da grelha estrutural dos pilares cruciformes, mas também utilizou os pilares para ajudar a identificar lugares: dois dos pilares, junto com a parede divisória curta, definem a área de jantar; outros dois ajudam a definir a área de estar; e outro pilar sugere o limite da área do escritório, na parte superior direita da planta.

Todavia, no Pavilhão Barcelona (1929, abaixo), Mies van der Rohe libertou-se, quase que totalmente, da necessidade de identificar lugares para fins particulares. Ele conseguiu criar um edifício onde o espaço liberta-se, quase inteiramente, da disciplina da estrutura e é canalizado somente por paredes sólidas, translúcidas e transparentes.

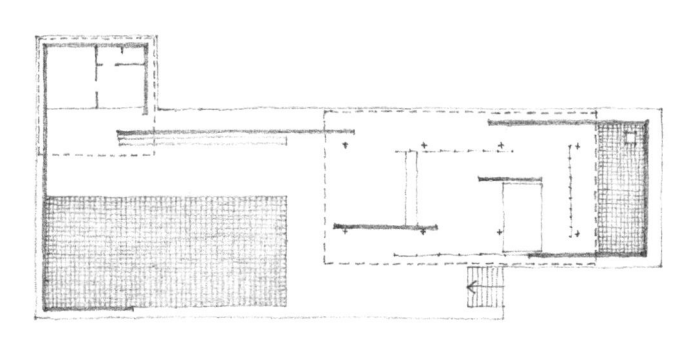

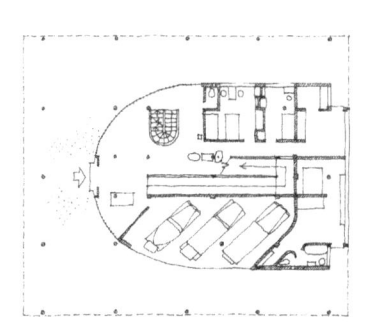

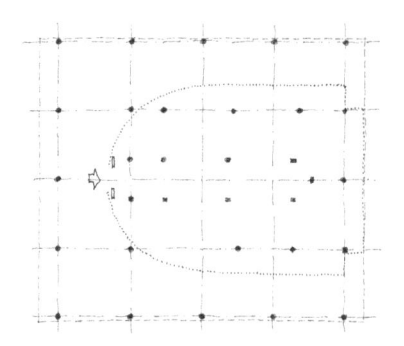

Na Vila Savoye (acima), Le Corbusier alterou a grelha estrutural para adequá-la ao leiaute espacial.

O Pavilhão Barcelona (à esquerda) é um exemplo poético do potencial de separar a ordem estrutural da organização do espaço.

O espaço de um bosque, como o de uma caverna, está livre da disciplina imposta pela ordem estrutural.

Espaços escavados, dobrados, curvos e orgânicos

O espaço de uma caverna está, em grande parte, igualmente livre da disciplina de uma estrutura. Escavado na matéria sólida, que preserva a estabilidade por meio da integridade, o espaço de uma caverna é amorfo, não se submetendo nem ignorando a ordem sugerida pela estrutura construída. Os trogloditas, que vivem em cavernas cuja rocha é bastante macia, conseguem criar novos cômodos para uso próprio ao raspar a rocha até tirá-la do caminho. O espaço que eles "ganham" não precisa obedecer às regas da geometria da construção, ainda que, com frequência, esteja de acordo com outras geometrias orgânicas. Enquanto tiverem um piso razoavelmente plano sobre o qual ficar, e pé-direito alto o suficiente para que consigam caminhar, os usuários podem fazer espaços na forma que quiserem.

O espaço propriamente dito pode ser encarado como um material para se escavar. Esta pequena aldeia africana (abaixo), composta por uma dezena de casas, aproximadamente, cada uma com um pequeno pátio interno próprio, cresceu por meio de um processo de concentração de espaços em cômodos construindo-se paredes de barro. O arranjo dessas paredes, em parte porque o material não seria suficientemente forte para sustentar uma cobertura, não precisou seguir a disciplina da ordem estrutural; por tal razão, as formas dos cômodos são irregulares e livres. As coberturas dos cômodos têm uma estrutura separada própria de montantes, que estão posicionados dentro das paredes de barro. Os montantes são mostrados como pontos na planta.

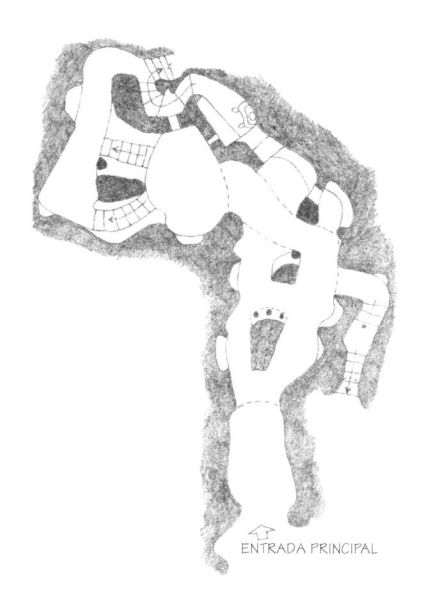

A arquitetura subterrânea não precisa obedecer à geometria da construção. É possível escavar espaços na rocha em qualquer direção, desde que a cobertura não entre em colapso. Acima está a planta de uma gruta na Abadia de Talacre, no norte do País de Gales. (De um levantamento feito por William Twigg.)

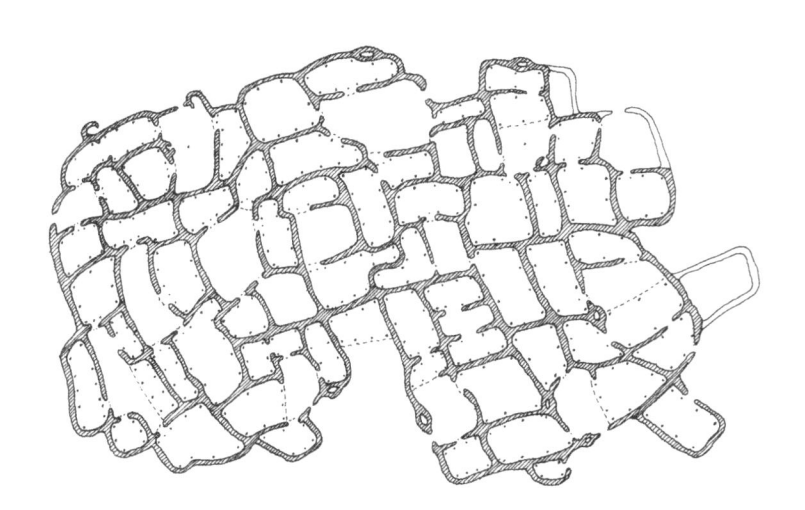

A planta desta aldeia africana (à esquerda) ilustra a separação das paredes em relação à estrutura. As paredes de barro definem espaços, enquanto as colunas de madeira sustentam as coberturas.

Estratégias de organização do espaço 1 – ESPAÇO E ESTRUTURA   **177**

Tais modificações na relação da estrutura com o espaço por motivos estéticos e poéticos possuem uma história longa e diferenciada. A Saint Paul, em Londres, é um caso famoso (abaixo). As partes deste corte com hachura paralela foram acrescentadas para melhorar a composição externa da edificação. Pesquisadores vitorianos em busca da "verdade" na arquitetura caluniaram o arquiteto Christopher Wren devido a esse "engodo".

O Museu Guggenheim, em Bilbao, subverte a ordem estrutural da geometria da construção por motivos esculturais estéticos.

No século XX, alguns arquitetos brincaram com essa noção de espaço em seus projetos. Um dos exemplos mais ilustres disso é a capela de Notre Dame em Haut at Ronchamp, França, projetada por Le Corbusier na década de 1950 (acima).

Por motivos poéticos, parece que Le Corbusier quis aludir às origens pré-históricas da religião ao transformar o interior da capela em uma espécie de caverna (ou, no mínimo, uma caverna artificial – uma câmara mortuária com dolmens). Para tanto, ele utilizou, em parte, um piso irregular e uma cobertura exuberante (como a pedra de remate de um dólmen) e fez com que todas as aberturas (portas e janelas) tivessem fissuras ou perfurações na rocha espessa. Além disso, rejeitou o ordenamento do espaço sugerido pela disciplina estrutural. Assim como a integridade estrutural de uma caverna não fica evidente em sua forma ou na forma de seu espaço, a planta da Capela de Ronchamp não indica a maneira como a cobertura é sustentada: a estrutura necessária está oculta no interior das paredes. Essa irregularidade está longe de ser uma manifestação da ideia da "cabana"; é, na realidade, uma afirmativa, em benefício da expressão poética, da transcendência da arquitetura em relação à ditadura da gravidade, dos materiais e da ordem estrutural. Ela tem origem na intenção heroica, não na resposta submissa.

Tal transcendência heroica da geometria da estrutura física também influencia edifícios como o Museu Guggenheim, projetado por Frank Gehry (ao lado), em Bilbao, Espanha. Nessa edifi-

No projeto para o edifício de escritórios VPRO, os arquitetos da MVRDV tentaram "deformar" o espaço dobrando os planos de piso em relação a eles mesmos.

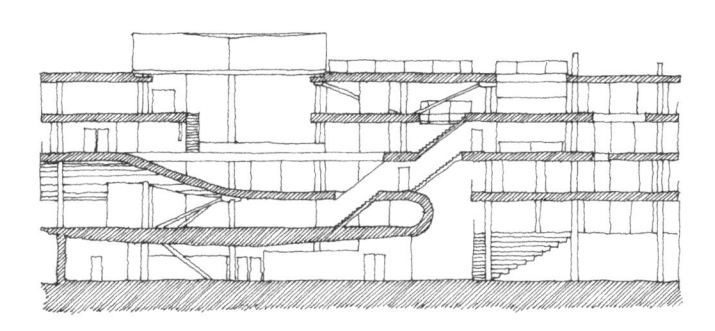

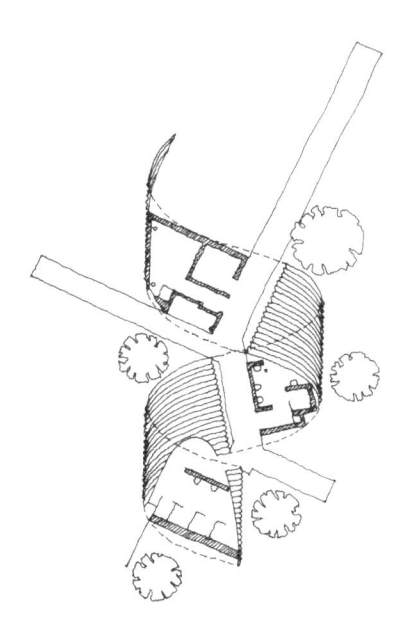

cação, a maior parte dos espaços internos reflete, de modo não ortogonal, a forma escultórica exuberantemente não geométrica do prédio.

É possível explorar a libertação da aderência a formas e ordens, sugerida pela estrutura e pela geometria da construção, em benefício de efeitos estéticos espetaculares – na forma escultórica das edificações e na complexidade da experiência espacial – ou para brincar com ideias que desafiem as noções ortodoxas da relação entre espaço e estrutura.

No edifício de escritórios VPRO, nos Países Baixos (1999, acima), os arquitetos da MVRDV exploraram a ideia de que o espaço pode ser "deformado" ou "dobrado", moldando-se tetos que se transformam em pisos e pisos que distorcem a convenção de que deveriam ser horizontais.

E, neste cinema de Dresden (abaixo), os arquitetos da Coop Himmelb(l)au exageraram a distorção da geometria ortogonal e estrutural de maneira a questionar a confiança que temos nas seis direções mais o centro.

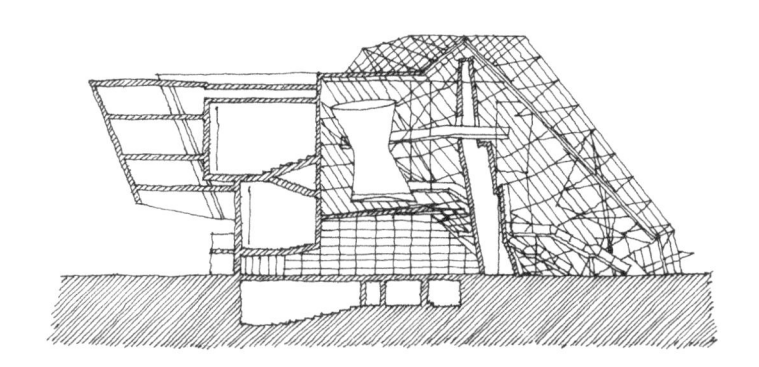

Estes lavatórios japoneses (acima), projetados por Shuhei Endo, estão acomodados dentro de curvas de chapa de metal corrugado.

Mais informações sobre os lavatórios do Japão: (Endo) – Architectural Review, Dezembro de 2000, p. 44.

O controle da complexidade é possível graças ao poder de cálculo dos computadores, que são capazes de lidar com complexas formas tridimensionais regulares e proporcionam as informações necessárias para construí-las. Os computadores também podem ser usados para gerar formas complexas, como acontece na obra de arquitetos como Greg Lynn, e para criar arquiteturas virtuais que existem somente no espaço cibernético e que, portanto, não precisam considerar a gravidade nem as propriedades dos materiais. Em 1999–2000, os arquitetos da Asymtote produziram o Museu Guggenheim Virtual, cujos espaços internos (virtuais) não estavam sujeitos aos condicionantes comuns apresentados pelas condições do mundo físico. As formas desses "espaços" podem mudar assim como uma ameba muda de forma:

Mais informações sobre o edifício da MVRDV em Hilversum, Países Baixos: Architectural Review, Março de 1999, p. 38–44.

Mais informações sobre o cinema da Coop Himmelb(l)au em Dresden: Architectural Review, Julho de 1998, p. 54–8.

http://www.guggenheim.org/exhibitions/virtual/virtual_museum.html

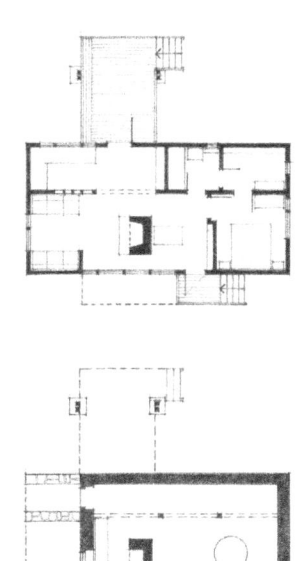

Em muitas edificações, o espaço é organizado por paredes paralelas. É fácil colocar uma cobertura sobre elas. Elas também refletem nossas quatro direções horizontais.

Estratégias de organização do espaço 2
Paredes paralelas

"O alinhamento paralelo de duas séries de edificações define o que se entende por rua. A rua é um espaço delimitado, geralmente nos seus dois lados mais longos, por casas; a rua é o que separa as casas umas das outras, e também o que nos permite ir de uma casa à outra, ao longo da rua ou atravessando-a."

Geroges Perec – *Species os Spaces and Other Essays* (1974), 1997, p. 46.

Estratégias de organização do espaço 2
Paredes paralelas

Uma das estratégias de arquitetura mais simples, antigas e duradouras se baseia em duas paredes paralelas retas. Ela é encontrada na arquitetura pré-histórica e continua sendo útil. Os arquitetos exploraram suas possibilidades inclusive no século XXI, desenvolvendo variantes e híbridos. Seu potencial dificilmente já foi exaurido. Esse leiaute totalmente descomplicado é atraente por causa de sua simplicidade estrutural – é mais fácil fazer uma cobertura entre duas paredes paralelas que qualquer outra forma. No entanto, apesar de simples, a estratégia do uso de paredes paralelas também possui algumas sutilezas. Assim como acontece com muitas formas antigas de arquitetura, tais sutilezas podem ter despertado a curiosidade das mentes de quem as usou primeiro, sendo que nós a perdemos somente em função da familiaridade. As causas dessa curiosidade ainda estão disponíveis para serem redescobertas e usadas em projetos.

No capítulo sobre *Geometrias Reais* e, em especial, na seção a respeito das "seis direções e um centro", dissemos que a arquitetura terrestre está relacionada, de alguma maneira, com a terra, o céu, as quatro direções horizontais e a ideia de centro. A estratégia de paredes paralelas está relacionada principalmente às quatro direções horizontais. Seu poder está no controle de tais direções, de maneiras definitivas que podem ser usadas para criar uma sensação de segurança, direção e foco. A proteção é fornecida pela cobertura que protege o "interior" da chuva ou do sol, mas também pelas paredes laterais, que limitam as direções de acesso a duas – a "anterior" e a "posterior" – ou, com a adição de uma parede traseira não estrutural, a uma – a "anterior" –, fazendo com que essa edificação simples se assemelhe a uma

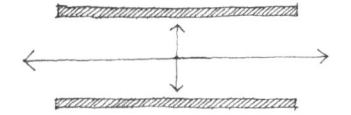

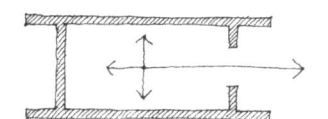

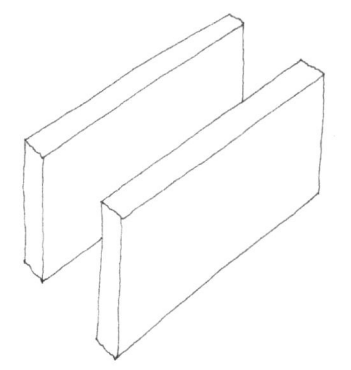

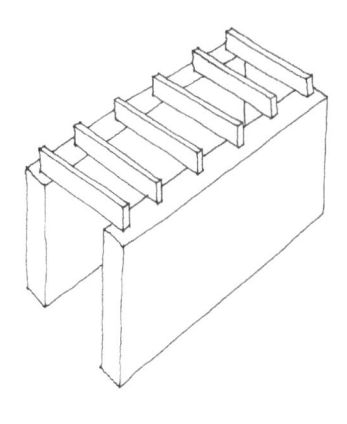

As paredes paralelas definem um espaço que é simples de cobrir (acima).

caverna. A sensação de direção, ou dinâmica, é criada pela forma longilínea do espaço entre as paredes. A linha de direção pode se estender de qualquer maneira, em frente entre as paredes, ou terminar no interior da edificação, sendo encerrada por uma parede posterior (abaixo, à direita). Essas características da estratégia de pare-

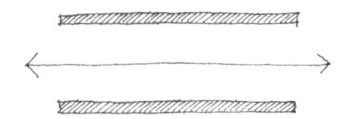

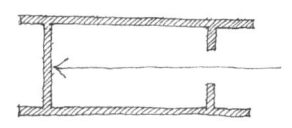

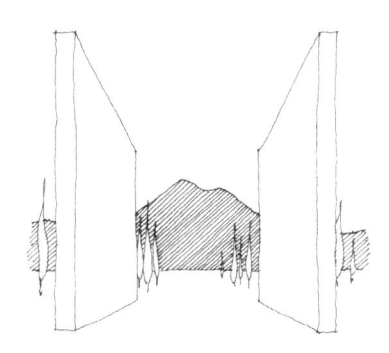

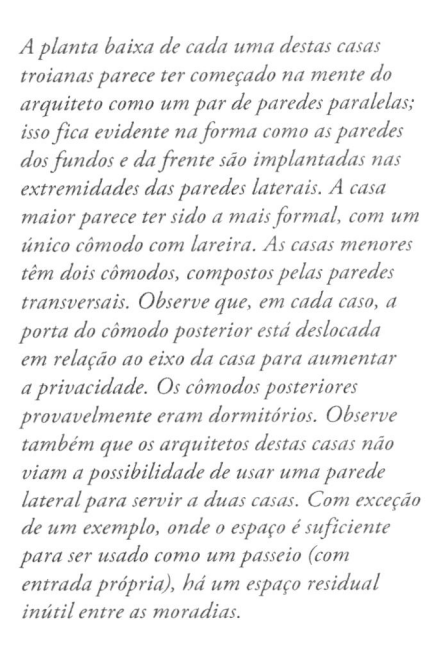

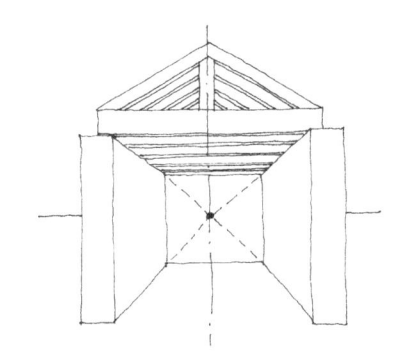

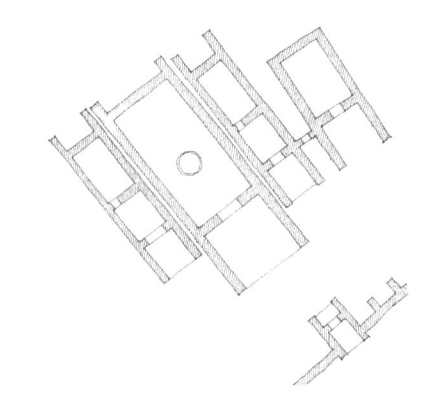

A planta baixa de cada uma destas casas troianas parece ter começado na mente do arquiteto como um par de paredes paralelas; isso fica evidente na forma como as paredes dos fundos e da frente são implantadas nas extremidades das paredes laterais. A casa maior parece ter sido a mais formal, com um único cômodo com lareira. As casas menores têm dois cômodos, compostos pelas paredes transversais. Observe que, em cada caso, a porta do cômodo posterior está deslocada em relação ao eixo da casa para aumentar a privacidade. Os cômodos posteriores provavelmente eram dormitórios. Observe também que os arquitetos destas casas não viam a possibilidade de usar uma parede lateral para servir a duas casas. Com exceção de um exemplo, onde o espaço é suficiente para ser usado como um passeio (com entrada própria), há um espaço residual inútil entre as moradias.

des paralelas são encontradas em algumas das edificações mais antigas do planeta. No século XIX, o arqueólogo Heinrich Schliemann descobriu uma cidade que acreditava ser a antiga cidade de Troia, que ficou famosa nos relatos de Homero.

Algumas das casas que ele encontrou lá se baseavam na forma simples de duas paredes paralelas (acima, à direita). O portal, ou *propilon*, também era formado por duas paredes paralelas, levando a experiência da transição de fora para dentro da muralha da cidade. Embora fossem focadas em suas lareiras, as casas de Troia aparentemente não aproveitavam o poder de foco das paredes paralelas. Isso resulta da combinação da linha de direção, das convergências das linhas de perspectiva e da estrutura criada pelas paredes, com a cobertura acima e o piso abaixo. No livro *The Earth, the Temple, and the Gods*, Vincent Scully sugeriu que os gregos antigos usavam a sensação de direção e foco criada pelas paredes paralelas para relacionar suas edificações com terrenos sagrados nos picos de montanhas distantes.

A evolução dos dolmens antigos (abaixo) mostra a descoberta das paredes paralelas como uma estratégia estrutural e espacial. Alguns dos primeiros exemplos não têm forma regular (abaixo, à esquerda); a colocação de uma enorme pedra horizontal (um lintel) sobre as pontas de algumas pedras verticais parece ter sido suficiente. Exemplos posteriores indicam experimentos com leiautes ortogonais regula-

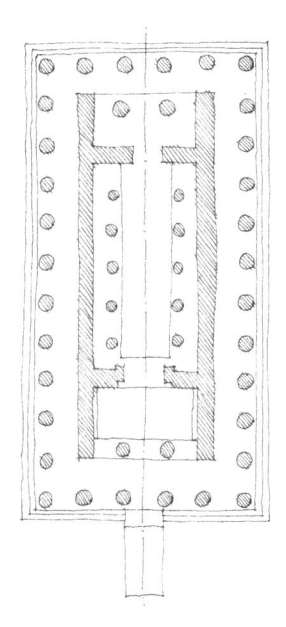

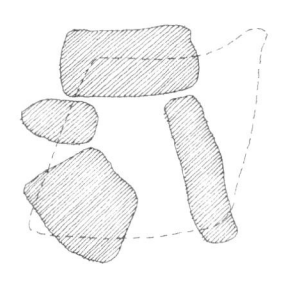

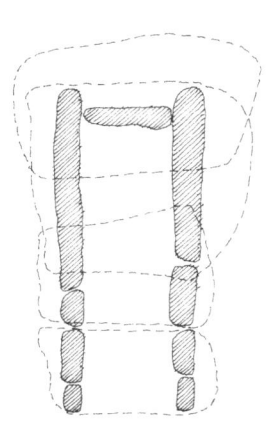

res (acima, à direita) e paredes paralelas. Parece um avanço especialmente humano a partir da caverna amorfa, nascida da ordem estrutural (a geometria da construção) e produzindo efeitos de arquitetura que aumentam as maneiras como podemos identificar lugares. A estratégia de paredes paralelas também é a base da arquitetura: do templo grego (ao lado), onde o eixo estabelecido pelas paredes paralelas se prolonga

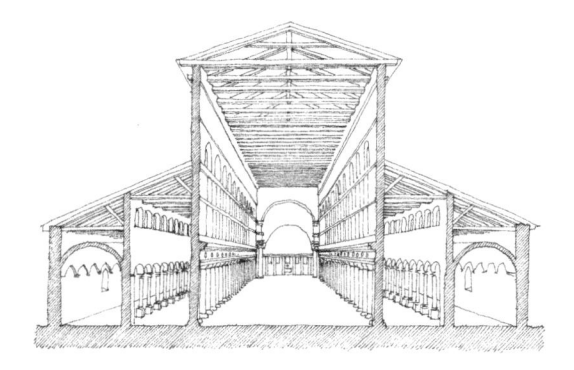

Estratégias de organização do espaço 2 – Paredes paralelas **183**

pela paisagem; da basílica românica (acima), onde a perspectiva das paredes foca o eixo em um altar na extremidade do santuário; e da igreja gótica (abaixo, à esquerda), que identifica o lugar de maneira similar, mas com uma estrutura mais sofisticada, com abóbadas e contrafortes.

Por meio da sofisticação crescente da estratégia básica das paredes paralelas, com a adição de colunas externa e internamente (formando peristilos, naves centrais e laterais), e, posteriormente, da inserção de janelas para permitir a entrada de luz, bem como contrafortes, para reforço estrutural, podemos ver que a magnífica catedral gótica cristã é descendente direta das edificações religiosas pagãs e domésticas da pré-história – e também das casas e templos da Grécia e Roma antigas.

No século XX, arquitetos utilizam as paredes paralelas como base para a organização do espaço de modos que, por vezes, transcendem as questões pragmáticas. Eles estavam interessados naquilo que as paredes paralelas podem fazer enquanto elementos de arquitetura básicos. Alguns desafiaram a forma ortodoxa de utilizá-las. Os três exemplos a seguir são de igrejas. No primeiro, o arquiteto usa paredes paralelas de maneira elementar, mas ainda hoje tradicional. Nos outros dois, exploram-se variações, por motivos poético-espaciais. Quando projetou uma nova igreja em Knockanure, Irlanda, na década de 1960 (abaixo, à direita), Michael Scott reduziu a estratégia de paredes paralelas à sua forma mais básica:

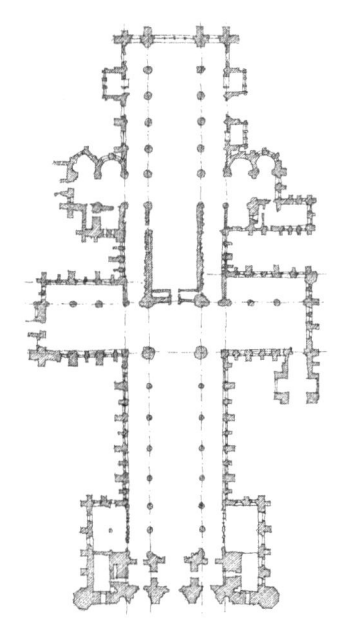

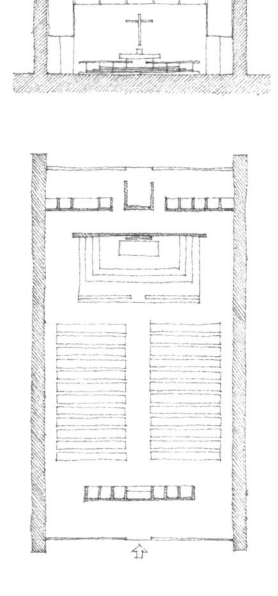

A estratégia de paredes paralelas fundamenta a organização do espaço básica do templo da Grécia antiga, a basílica paleocristã (acima) e a catedral gótica (abaixo à esquerda).

O uso e o desenvolvimento da estratégia de paredes paralelas podem ser acompanhados há milhares de anos (do primeiro ao último à esquerda), desde a antiga câmara mortuária, ou dólmen, passando pelo templo grego e pela catedral gótica, até a igreja moderna.

Mais informações sobre a igreja de Knockanure: (Scott) – World Architecture 2, 1965, p. 74.

As paredes paralelas da Capela dos Estudantes, em Otaniemi, enquadram a transformação da visão da natureza, do mundano ao sagrado.

Mais informações sobre as igrejas finlandesas:
Egon Tempel – *Finnish Architecture Today*, 1968.

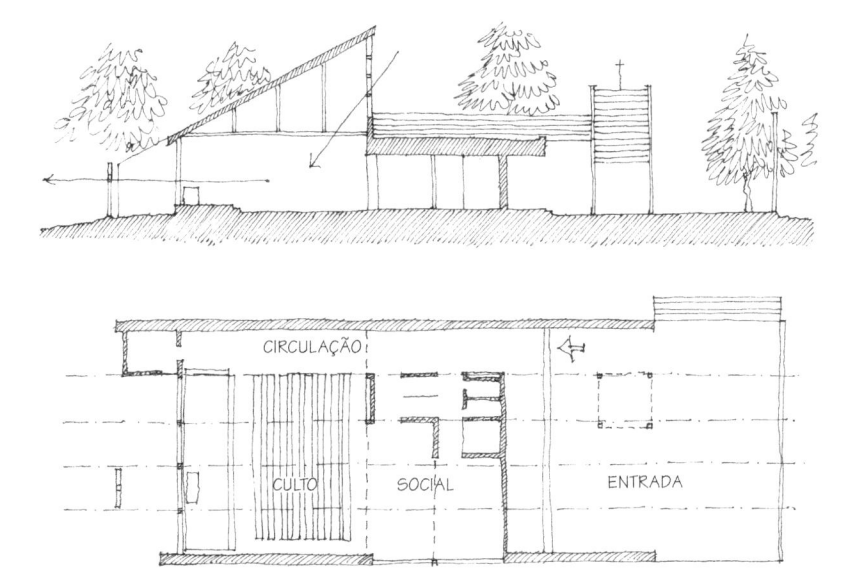

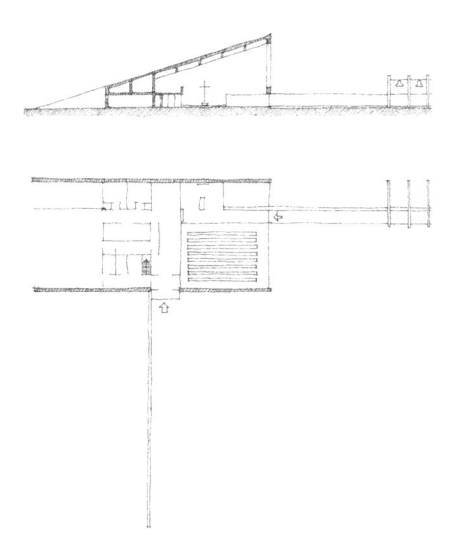

Esta capela de cemitério (acima) foi projetada por Osmo Sipari. Seu lugar é definido por duas paredes paralelas, no caso, em ângulos retos em relação ao eixo cerimonial, que é enfatizado por uma longa parede que acompanha o trajeto da entrada. Outra parede – paralela às duas paredes principais e entre elas – começa no interior da capela e leva os enlutados para o jardim do memorial.

duas paredes, unidas por meio de uma cobertura plana com vigas transversais, com o altar e a cruz no foco sugerido. Uma parede no interior da entrada cerca o eixo central.

Na Capela dos Estudantes da Universidade de Otaniemi, perto de Helsinque, na Finlândia (acima), duas paredes paralelas são usadas para canalizar a passagem de uma visão secular para uma visão espiritual da natureza. A capela foi projetada por Kaija e Hiekki Siren e construída em 1956–7 sobre uma pequena colina, entre pinheiros e bétulas. O lugar especial que a igreja ocupa no bosque é identificado pelas duas paredes laterais; já o movimento sugerido através da edificação é da direita para a esquerda na planta e no corte. No interior da igreja, o progresso é controlado por paredes transversais. A planta define cinco zonas ao longo desse percurso. A primeira delas é o mundo por meio do qual a igreja é acessada. A segunda é o pátio interno, acessado pela lateral e parcialmente cercado por paredes e biombos trançados, feitos com gravetos. No interior do pátio está a torre do sino, que funciona como um marco. A partir do pátio interno, acessa-se a capela propriamente dita, que é a quarta zona, passando-se pela terceira – uma sala de reuniões e espaço que pode ser incorporado pela capela. A quinta zona, inacessível, é a natureza transformada que se vê através da parede totalmente envidraçada externa da capela. A cruz focal está na parte externa da edificação, entre as árvores. A "proa" que acomoda a sacristia ajuda a separar a natureza por meio da qual o visitante chega à capela da natureza que se vê a partir dos bancos – o contexto da cruz.

No final da década de 1950, vários arquitetos escandinavos parecem ter experimentado a estratégia das paredes paralelas. O próximo exemplo é a capela de um cemitério em Keni (à direita, também na Finlândia), projetada por Osmo Sipari e construída em 1960. Aqui, as duas paredes paralelas são triangulares em elevação, enquanto o eixo cerimonial da cruz e do catafalco foi girado em 90° a fim de atravessar, em vez de acompanhar, o grão longitudinal das paredes paralelas. Relacionada à cruz, a entrada também está em uma das paredes, e não em uma das extremidades abertas da planta com paredes paralelas. Há outras duas paredes significativas na planta: uma terceira parede paralela, que vai do interior da capela ao jardim; e uma em ângulo reto com as paredes paralelas, que conecta o portão do cemitério com a porta principal da capela.

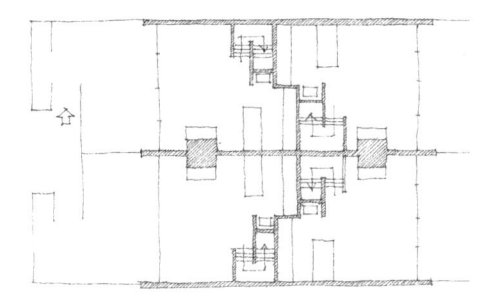

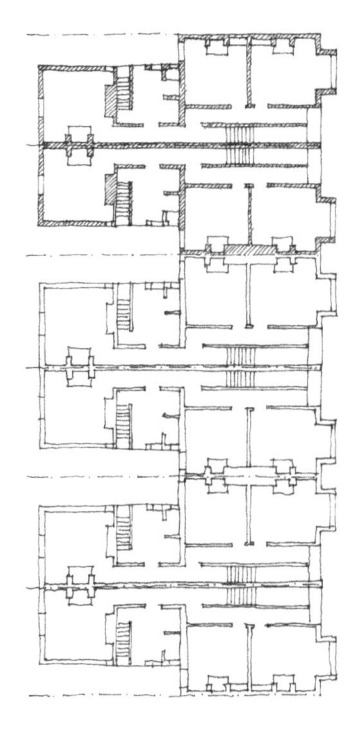

Estratégias de organização do espaço 2 – PAREDES PARALELAS   **185**

A estratégia de paredes paralelas também tem sido usada no projeto de casas. Como permite a repetição contínua, é a base da casa em fita (à direita), onde o lugar de cada habitação é identificado entre paredes-meias. Apesar de ocultas, essas paredes-meias são os principais elementos da organização do espaço do casario.

O arquiteto Craig Ellwood colocou duas habitações entre cada par de paredes-meias neste grupo de quatro apartamentos com pátio interno em Hollywood (1952, acima). A parede central acomoda as lareiras. A parede transversal tem um leiaute mais complexo, criando lugares para a cozinha/espaço de jantar e as escadas que levam ao pavimento superior.

A casa de baixo custo abaixo foi projetada por Charles Correa para um clima muito quente. O uso de paredes paralelas significa que é possível repeti-las quase que infinitamente. A planta baixa incorpora lugares para as atividades cotidianas e tem um pátio muito pequeno sem cobertura. O corte irregular permite dormitórios particulares no pavimento superior, acima das áreas de cozimento e refeição. A ventilação de todos os espaços é permitida pelos anteparos permeáveis nas extremidades da casa, bem como aberturas na cobertura.

Nestes exemplos de casas com paredes paralelas, cada unidade habitacional foi acomodada entre um par de paredes próprias. Nos dois exemplos a seguir, uma única casa ocupa vários espaços intramuros.

Os diagramas e desenhos das próximas páginas mostram uma casa na Suíça projetada por Dolf Schnebli, construída no início da década de 1960. O corte da casa mostra que sua estrutura é composta por cinco abóbadas de berço apoiadas em seis paredes. Essas paredes formam a ordem estrutural e a base da organização do

A estratégia de paredes paralelas é o princípio organizacional mais importante da casa em fita.

Para mais informações sobre casas em fita:
Stefan Muthesius – *The English Terraced House*, 1982.

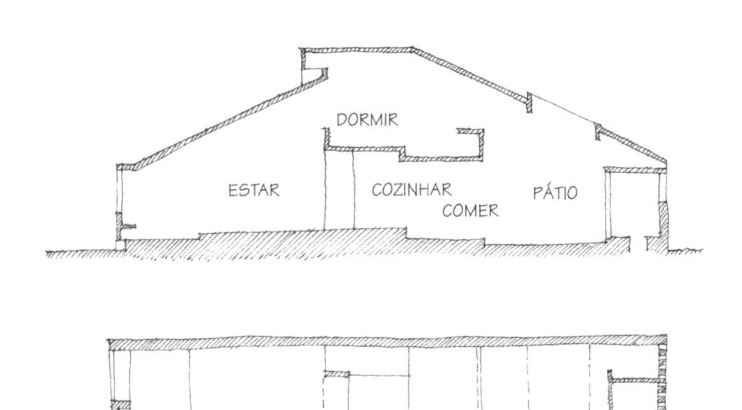

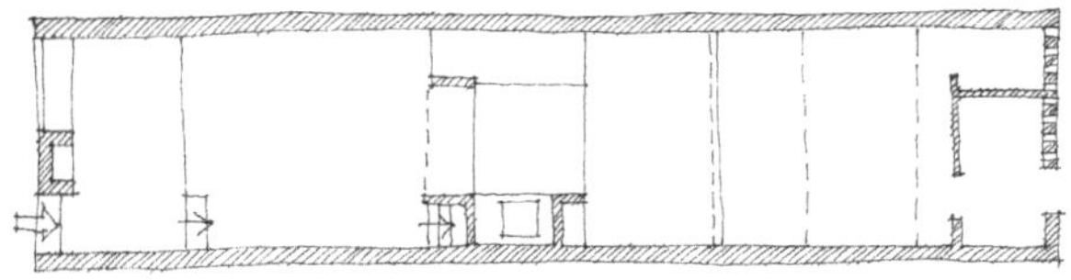

Esta casa de baixo custo (à esquerda) foi projetada para a repetição, o que é possível devido à adoção da estratégia de paredes paralelas.

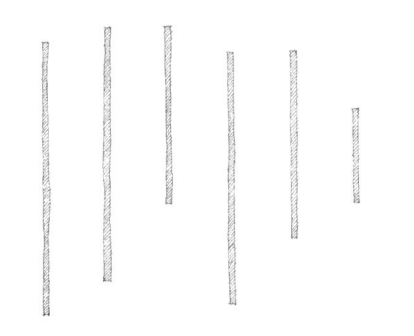

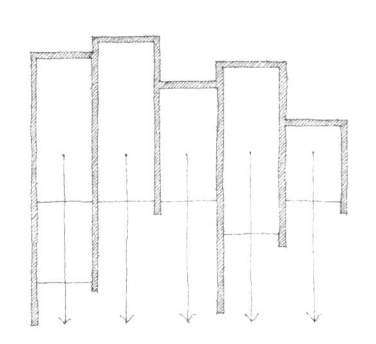

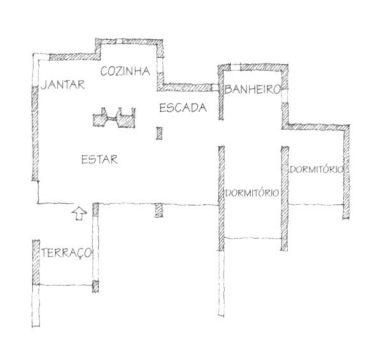

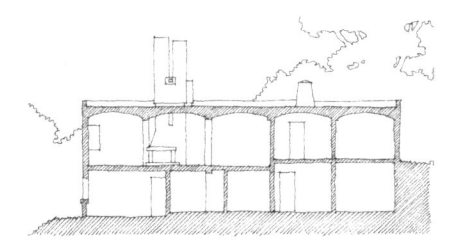

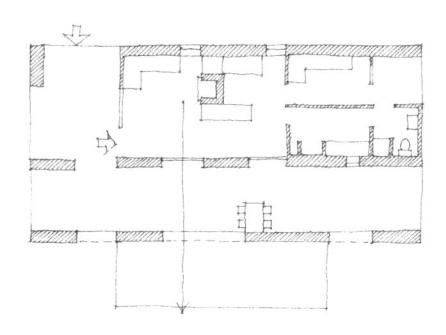

O projeto de Konstantinidis para uma casa de veraneio (acima) é uma composição de paredes paralelas, mas com vista para o mar perpendicular conforme o ritmo que elas estabelecem.

espaço da casa. Na tradição antiga, cada espaço entre as paredes recebe uma única ênfase direcional, pois uma das extremidades é fechada por uma parede transversal. A outra extremidade está visualmente aberta, mas protegida do clima por uma parede de vidro. Os lugares da casa são distribuídos dentro dessa matriz de paredes paralelas. Alguns são acomodados entre elas (os dormitórios, por exemplo); outros ocupam mais de um vão espacial, exigindo a remoção de partes das paredes do diagrama estrutural. A lareira está posicionada como um identificador de lugar adicional, ao longo do ritmo estrutural. Há um terraço, também definido pelas paredes.

A próxima casa também utiliza mais de um vão espacial em uma planta baixa com paredes paralelas. É uma casa de veraneio no litoral de Ática, Grécia, projetada por Aris Konstantinidis. Na planta baixa (ao lado), a direção sugerida atravessa o ritmo das paredes paralelas, de cima a baixo no desenho. A casa fica no litoral. As três paredes são usadas para criar quatro zonas. Primeiramente, existe uma zona de acesso; em seguida, a zona de estar, que acomoda a sala de estar, sala de jantar, cozinha, dormitório e também a garagem; o próximo é o terraço sombreado; e, finalmente, a quarta zona, que é aberta para o mar. Nesta casa, uma cobertura de concreto armado é sustentada por montantes de pedra rústica. A lareira divide os lugares de estar do lugar de refeição; o montante da cobertura na entrada foi deslocado em 90 graus para permitir a entrada do carro.

A casa com paredes paralelas abaixo foi projetada por Norman e Wendy Foster, junto com Richard Rogers. A sensação de movimento da entrada ao terraço está de acordo com o ritmo das paredes, que desce pelo terreno em declive. Aqui, há três zonas criadas pelas quatro paredes.

Alguns arquitetos fizeram experiências com paredes paralelas que não são retas ou com leiautes nos quais a estratégia de paredes paralelas foi distorcida, em busca de um objetivo específico. O desenho à direita é a planta baixa do pavimento

Para mais informações sobre a casa Lichtenham de Dolf Schnebli:
World Architecture 3, 1966, p. 112.

Para mais informações sobre a casa de veraneio grega de Aris Konstantinidi:
World Architecture 2, 1965, p. 128.

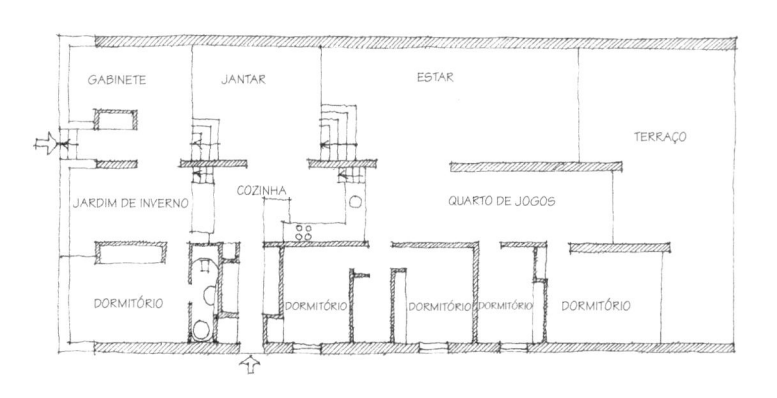

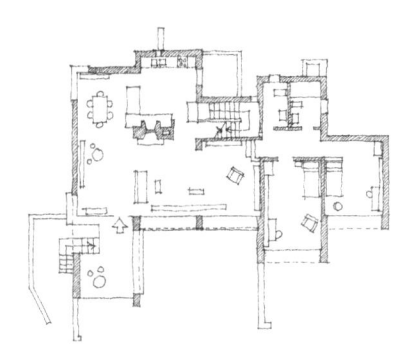

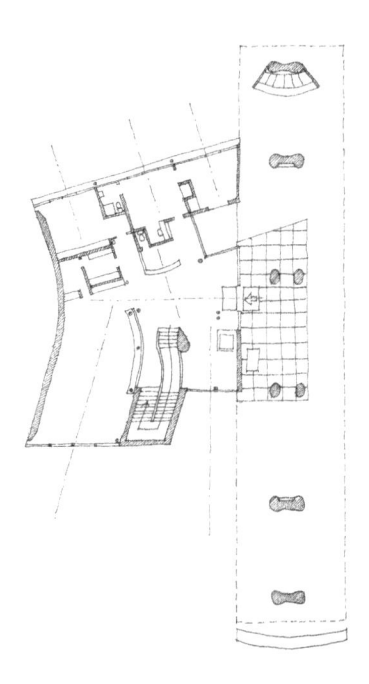

Estratégias de organização do espaço 2 – Paredes paralelas   **187**

térreo de um dormitório de estudantes na Universidade da Cidade, que se situa nos subúrbios da região sul de Paris. Foi projetado para estudantes suíços por Le Corbusier e construído em 1931. Chama-se Pavilhão Suíço. O retângulo de linhas tracejadas indica o bloco de dormitórios, que é erguido do solo por enormes colunas. Esse bloco forma, portanto, um grande "alpendre" que protege a entrada da edificação. Ao entrar, encontramos uma recepção em frente e à direita. Atrás, está o apartamento privado do diretor e um escritório. A sala de uso comum fica atrás do balcão de recepção. À esquerda, vemos o elevador e a escada que leva aos dormitórios dos estudantes. A planta baixa dessa parte da edificação não é retangular. Sua extremidade é definida por uma parede convexa; já a escada parece ondular conforme sobe, em vez de ter um lanço reto. À primeira vista, a planta baixa não parece corresponder à estratégia de paredes paralelas. Podemos, porém, reinterpretar a planta baixa como um leiaute ortogonal (à direita, abaixo). Isso mostra que as sutilezas da planta baixa de Le Corbusier aparentemente derivavam da distorção do leiaute de paredes paralelas. O desenho mostra o pavimento térreo do Pavilhão Suíço ortogonalizado. Nesta versão, o bloco estudantil forma uma das paredes paralelas, e a parede à esquerda da planta baixa, a outra. Entre elas, estão as outras paredes, estruturando a escada e a entrada, além de dividir os cômodos do apartamento e do escritório do diretor. Se compararmos essa versão ortogonalizada com a planta baixa do próprio Le Corbusier, veremos tudo que ele ganhou ao se desviar do ritmo paralelo. Trata-se de um exemplo de leiaute sutil que exerce mais de uma função ao mesmo tempo. Um dos resultados é que há mais espaço para a acomodação privada. Além disso, a curva da parede tende a afastar do bloco estudantil as linhas de visão da acomodação privada e da sala de uso comum. O balcão da recepção, por sua vez, está mais voltado para a entrada, enquanto a escada tem uma forma curva mais escultórica na qual as linhas de percurso interagem com as linhas de visão. Finalmente, Le Corbusier tira proveito da curva para fazer com que um longo assento, que acompanha a parede de vidro da entrada até a sala de uso comum, fique mais sociável.

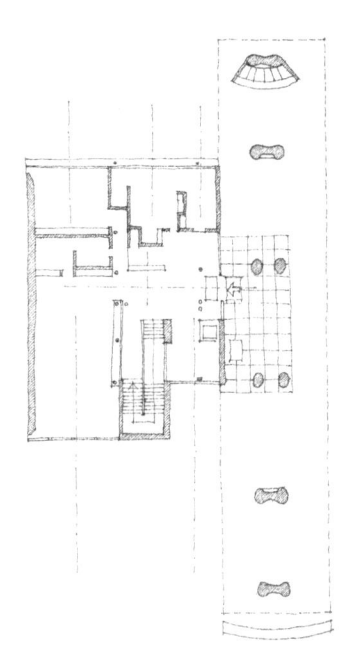

Le Corbusier tentou utilizar o desvio côncavo, além do convexo, com relação ao paralelo. Antes do Pavilhão Suíço, no início da década de 1920, ele proje-

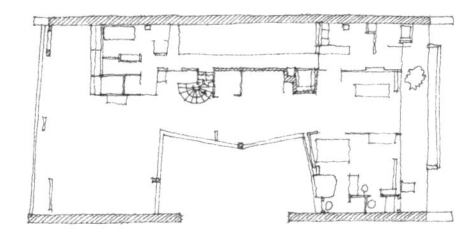

O interesse de Le Corbusier por manipular a estratégia de paredes paralelas também fica evidente na casa que ele projetou em 24 Rue Nungesser-et-Coli, em Paris (1933, à esquerda).

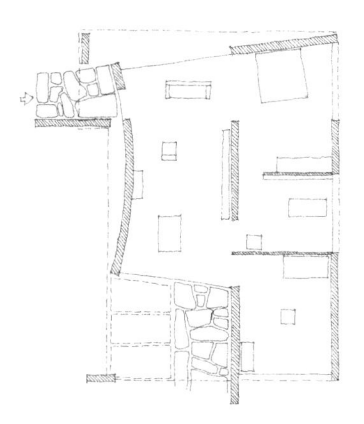

Nesta planta baixa de uma pequena casa feita para a exibição de edificações de Bristol, em 1936, os arquitetos Marcel Breuer e F.R.S. Yorke curvaram um conjunto de paredes paralelas, de maneira semelhante ao que Le Corbusier fez no Pavillon Suisse (embora sem a sutileza, talvez).

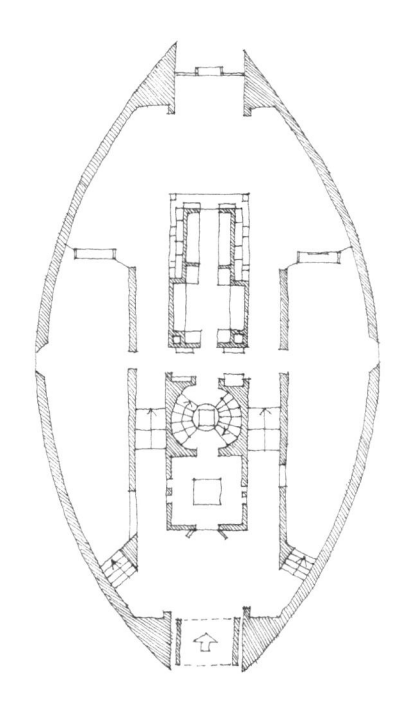

As paredes "paralelas" curvas da Biblioteca Ruskin (acima), projetada por Richard McCormac, são como duas mãos em concha protegendo seu conteúdo.

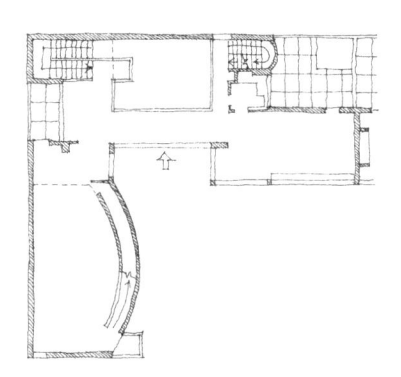

tou uma casa para um certo Monsieur La Roche. Ela se localiza na extremidade de um *cul de sac*, no noroeste de Paris. No segundo pavimento (acima, à direita), sustentada acima do solo por uma pequena parede e três pilares, ele projetou uma galeria, na qual Monsieur La Roche poderia exibir suas coleções de quadros. Esse recinto tem uma parede reta e outra que é – quando vista do interior – côncava. Ao longo da parede curva, há uma rampa que leva ao pavimento seguinte. A curva da parede e a rampa transformam o recinto em uma espécie de parada; ele estabelece um percurso – uma *promenade architecturale* – que começa do lado de fora da casa e se encerra em um terraço na cobertura, passando pelo corredor com pé-direito triplo, subindo as escadas, entrando na galeria, subindo a rampa até a biblioteca no terceiro pavimento e saindo no terraço na cobertura. A parede curva também é importante para o exterior; além de deixar a edificação mais escultórica, ajuda a orientar os visitantes até a porta da frente.

Em um pavilhão temporário para esculturas no Parque Sonsbeek, perto de Arnhem, nos Países Baixos, construído em 1966, Aldo van Eyck distorceu a estratégia de paredes paralelas de outra maneira. Em termos conceituais, começou com seis paredes paralelas simples sobre uma área definida do terreno (abaixo, à esquerda). Feitas com alvenaria de blocos simples, elas tinham aproximadamente 3,5 metros de altura e dois metros de distância, com uma cobertura translúcida plana. Essas paredes criam um padrão de movimento dentro do pavilhão. Ele deformou a planta baixa (abaixo, à direita) com aberturas e nichos semicirculares a fim de criar lugares para exposições, gerar mais percursos dentro do pavilhão e abrir linhas de visão através das paredes perpendiculares, resultando em uma estrutura mais complexa para as esculturas e as pessoas que as admiram.

Ao projetar uma nova biblioteca para a Lancaster University, dedicada a John Ruskin, Richard McCormac adaptou a estratégia de paredes paralelas

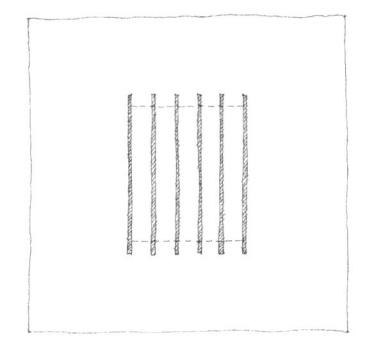

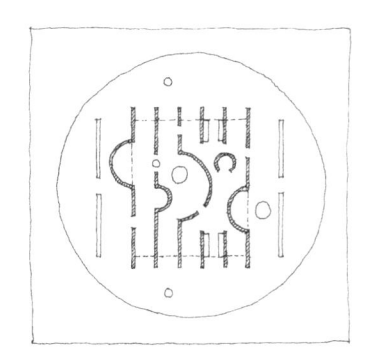

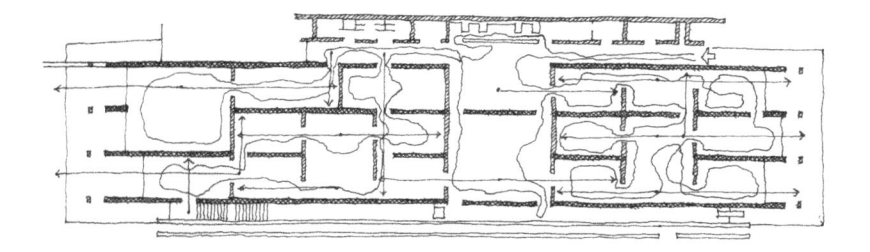

Estratégias de organização do espaço 2 – Paredes paralelas **189**

Mais informações sobre a biblioteca de Lausanne-Dorigny: Institute de Théorie et d'Histoire de L'Architecture – *Matiere d'Art*, 2001, p. 78–81.

Mais informações sobre a Galeria de Arte Beyeler : (Piano) – *Architectural Review*, Dezembro de 1997, p. 59–63.

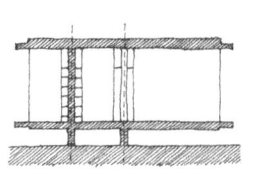

curvando as paredes nas extremidades com o objetivo de exagerar o efeito de fechamento (página anterior, à esquerda). No interior, mais paredes formam um "templo" interno, protegido pelas "mãos" das paredes curvas, e direcionam a movimentação dentro do edifício.

Dois tipos de edificações dependem muito das superfícies das paredes: a biblioteca e a galeria de arte. Esta pequena biblioteca de Lausanne-Dorigny, na Suíça, projetada por Patrick Devanthéry e Inès Lamunière, e construída no ano 2000 (à direita), depende estrutural e espacialmente de duas paredes paralelas. O piso e a cobertura são formados por balanços sobre essas paredes, enquanto os espaços internos são organizados com base nas superfícies que oferecem para as estantes de livros.

A Galeria de Arte Beyeler, em Basileia, Suíça, projetada por Renzo Piano (1997, acima), também está organizada em torno de paredes paralelas. As quatro paredes que sustentam a cobertura translúcida formam o centro da galeria, com paredes auxiliares ajudando a organizar os espaços secundários. Os espaços entre as paredes paralelas principais são divididos em galerias pelas paredes transversais. As aberturas nas paredes não foram distribuídas em espaços regulares, criando um percurso labiríntico por meio da qual os visitantes podem explorar as exposições. (Os percursos seguidos pelas pessoas são como linhas melódicas na estrutura de uma pauta de música. Esse é um bom exemplo de como o jogo com a geometria regular, mencionado no capítulo sobre a *Geometria Ideal*, pode ser criado por pessoas, e não pela própria obra.) As aberturas nas paredes também enquadram vistas de um espaço para outro e do interior para a paisagem externa. Essa forma lembra, conscientemente, a do templo da Grécia antiga. Inclusive, Piano adicionou as colunas afastadas das extremidades das paredes principais.

As possibilidades estruturais das paredes paralelas estão longe de se esgotar. Os arquitetos parecem capazes de encontrar infinitas variações para tal estratégia basicamente simples. Os espaços internos da Igreja Myyrmäki, na Finlândia (abaixo, projetada por Juha Leiviska, 1984) ocupam uma "floresta" de paredes paralelas distribuídas informalmente ao longo do barranco de uma ferrovia, na cidade de Vantaa.

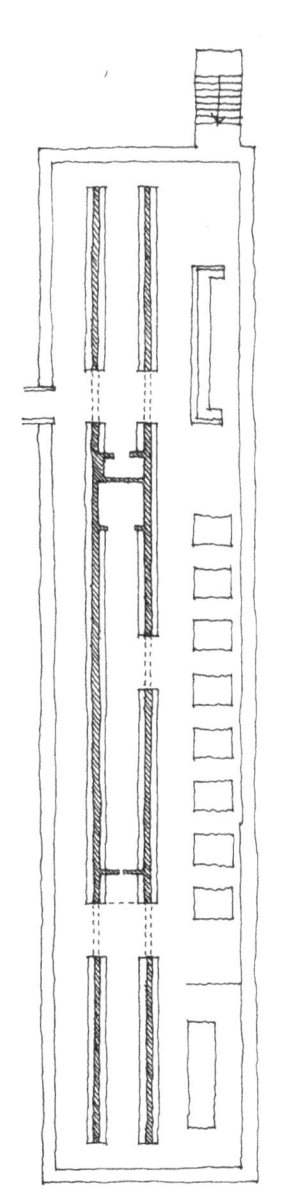

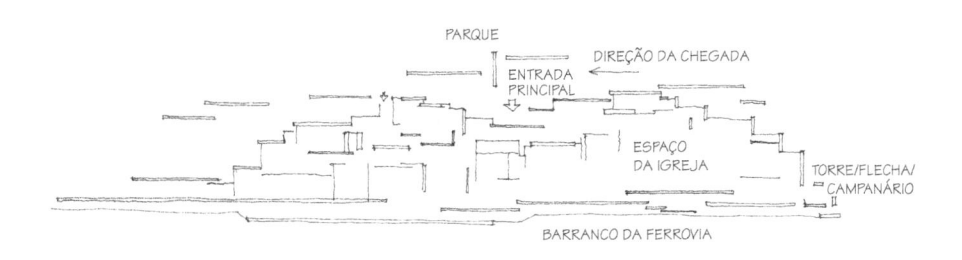

190 ANÁLISE DA ARQUITETURA

Corte

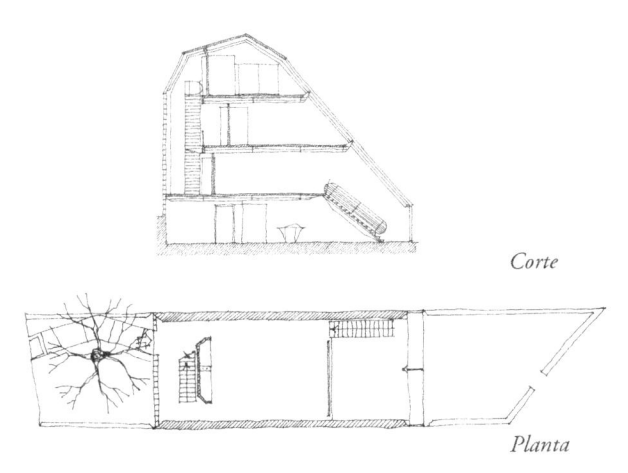

Planta

A casa de Jan Kaplicky, em Islington, Londres, usa a estratégia das paredes paralelas na planta. A variação está no corte, que possui uma grande parede de vidro inclinada voltada para o sul, com o objetivo de coletar a luz do sol e aquecer (hemisfério norte).

Jan Kaplicky, arquiteto da Future Systems, projetou uma pequena casa em Islington, Londres (1994, acima), tendo como base duas paredes paralelas. O corte escalonado da moradia é parcialmente aquecido pelo sol que entra pela parede de vidro inclinada voltada para o sul (hemisfério norte).

O arquiteto suíço Peter Zumthor interessa-se pelo uso de materiais e por uni-los de forma inovadora. O projeto que fez para o Pavilhão Suíço da Expo Hanover em 2000 (abaixo) é uma complexa composição de paredes paralelas de tábuas empilhadas (que puderam ser aproveitadas após a exposição). Com elas, criou um labirinto, concebido como um ressonador de sons e cheiros. Apresentações musicais foram realizadas nas pequenas "clareiras" entre as pilhas de madeira.

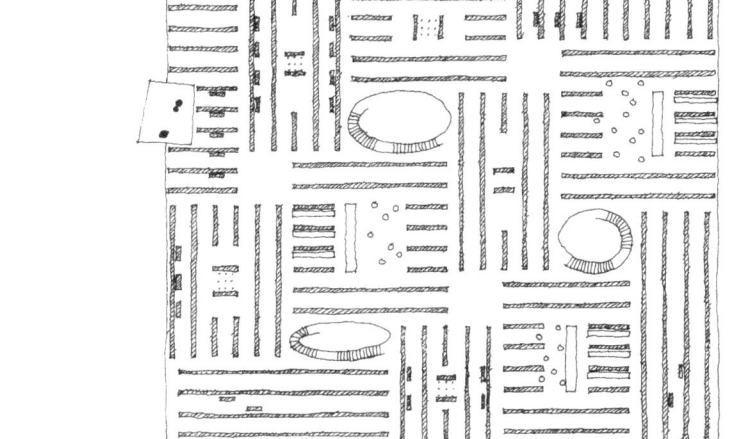

O Pavilhão Suíço da Expo Hanover (à direita), projetado por Peter Zumthor, era um labirinto de pilhas de madeira paralelas distribuídas em duas direções. Parecia que o espaço havia sido trançado como os fios de um tecido, com "nós" nos vários pontos de encontro.

A estratégia de paredes paralelas é uma maneira sensata e econômica de organizar espaços. Às vezes, os arquitetos afastam-se dela com o único objetivo, aparentemente, de diferenciarem-se dos demais. Com frequência, porém, ela serve de base para sutilezas e variações. A Casa das Mães, em Amsterdã, projetada por Aldo van Eyck (1980), é um bom exemplo. A planta está ilustrada, extraída de uma das páginas dos meus cadernos de croquis, em um capítulo anterior – *Como a Análise Ajuda a Projetar* (veja a página 10). O desenho mostra que a acomodação, nos fundos da edificação, divide-se em cinco apartamentos pequenos. Esses são definidos por paredes paralelas, mas van Eyck varia sutilmente cada parede-meia a fim de conferir uma identidade espacial específica para todos os apartamentos.

Mais informações sobre o Pavilhão Suíço de Zumthor: Institute de Théorie et d'Histoire de L'Architecture – *Matiere d'Art*, 2001, p. 120.

Mais informações sobre a casa de Islington, projetada por Kaplicky: Progressive Architecture, Julho de 1995, p. 31.

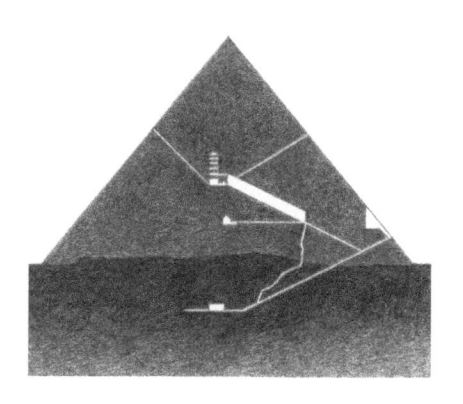

A arquitetura sempre tratou de níveis em relação ao solo e ao céu. "Para cima" e "para baixo" tem uma conotação simbólica, poética e emocional. A experiência de estar no alto, no topo, acima, é diferente de estar por baixo, no subsolo, embaixo. E essas duas experiências são diferentes de estar sobre o solo.

Estratégias de organização do espaço 3
Estratificação

"A verticalidade é garantida por meio da polaridade entre porão e sótão... é possível... opor a racionalidade da cobertura à irracionalidade do porão. Uma cobertura fala de sua "razão de ser" de forma direta: ela dá à humanidade abrigo contra a chuva e o sol... Nós "entendemos" a inclinação de uma cobertura... Lá no alto, perto da cobertura, todos os nossos pensamentos são claros. É um prazer ver os caibros aparentes no sótão, mostrando a força da estrutura. Aqui participamos da geometria sólida do carpinteiro. Quanto ao porão, não é difícil achar usos para ele... Mas ele é, antes de tudo, a entidade escura da casa, aquela que compartilha as forças subterrâneas. Quando lá sonhamos, estamos em harmonia com a irracionalidade das profundezas."

Gaston Bachelard – "The House. From Cellar to Garret", em *The Poetics of Space,* 1958, p. 17–18.

Estratégias de organização do espaço 3
Estratificação

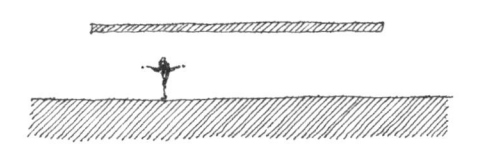

Sem dúvida, a arquitetura humana seria diferente se pudéssemos voar livremente em três dimensões. Como caminhamos e ficamos presos ao chão por causa da gravidade, nossas vidas acontecem principalmente sobre superfícies planas e nossa arquitetura se relaciona com o planejamento de pavimentos. É por causa dessa limitação de movimento que a vida e a arquitetura humanas tendem a se preocupar primordialmente com as duas dimensões horizontais. Os arquitetos normalmente aceitam – e às vezes até celebram – tal ênfase por meio do projeto de edificações em que o movimento e os lugares são organizados entre planos horizontais de plataforma e cobertura.

O arquiteto alemão Mies van der Rohe celebrou a ênfase horizontal da vida humana em muitos de seus projetos. Veja abaixo a planta baixa de uma Casa "Cinquenta por Cinquenta" (pés) que ele projetou em 1951, mas nunca foi construída. A casa é minimalista; consiste em uma cobertura plana e quadrada sobre uma área pavimentada. A cobertura é sustentada da forma mais minimalista possível por quatro pilares, um no meio de cada lado do quadrado. As paredes são totalmente de vidro. Todos os espaços da casa estão contidos entre esses dois planos horizontais, sendo que as paredes de vidro não obstruem as linhas de visão nas dimensões horizontais. Poderíamos dizer que a Casa Cinquenta por Cinquenta é uma edificação de uma camada. Ela controla e organiza uma parte específica da superfície da terra no nível do terreno; não tem mudanças de nível – nada de fossos ou plataformas; não há pavimentos superiores ou porões escavados na terra.

No topo da próxima página (à esquerda), está o corte de parte de uma pequena casa projetada pelo arquiteto italiano Marco Zanuso e construída perto do Lago Como em 1981. Ela tem três estratos, todos com características próprias.

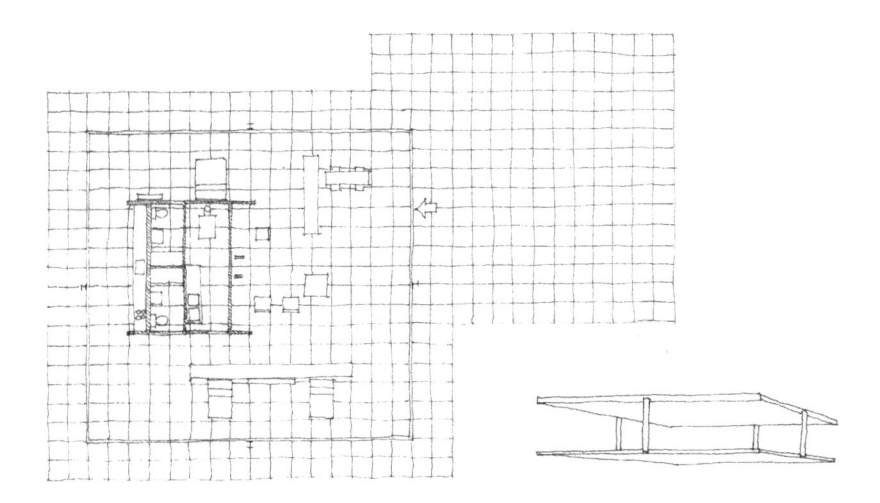

Contrastando com a Casa "Cinquenta por Cinquenta" de Mies, o Marquês de Bute – provavelmente o homem mais rico de sua geração – tinha uma "Sala de Fumar no Verão", no último pavimento da Torre do Relógio do Castelo de Cardiff. Ali, estava acima do mundo mundano (embora pudesse ficar "ainda mais alto" com as substâncias que fumava) e podia ver até mesmo o cais a alguns quilômetros, de onde vinha grande parte de sua riqueza. As alterações feitas no castelo em meados do século XIX foram projetadas por William Burges. Burges criou "mundos especiais" no topo das cinco torres do castelo, enquanto que, no subsolo, há um porão abandonado. As torres são escadas das "profundezas" às "alturas". Uma delas tem no topo um pequeno jardim com claustro a céu aberto.

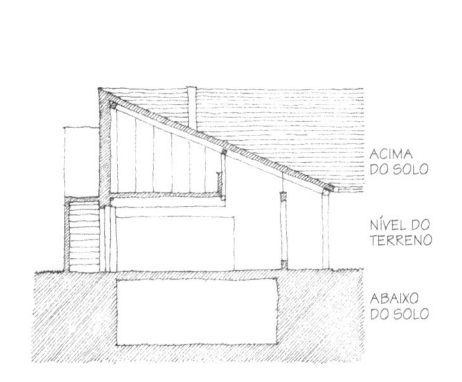

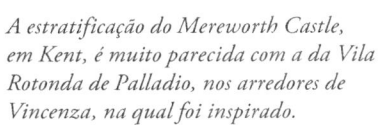

A estratificação do Mereworth Castle, em Kent, é muito parecida com a da Vila Rotonda de Palladio, nos arredores de Vincenza, na qual foi inspirado.

Abaixo, no meio: os estratos de uma edificação frequentemente podem ser vistos em sua elevação, embora também seja possível perceber suas características diferentes no interior. O pavimento térreo pode ser acessado de fora; os pavimentos superiores estão separados do solo, sendo talvez mais distantes e privados; o aspecto do último pavimento é afetado pela geometria da cobertura e talvez pela disponibilidade de luz natural.

Abaixo, à direita: nesta parte da biblioteca da Universidade de Uppsala há um auditório no último pavimento. Nas estruturas de alvenaria, é mais fácil sustentar espaços grandes sobre espaços menores e vice-versa; as paredes ou colunas dos espaços menores podem sustentar o piso do espaço maior.

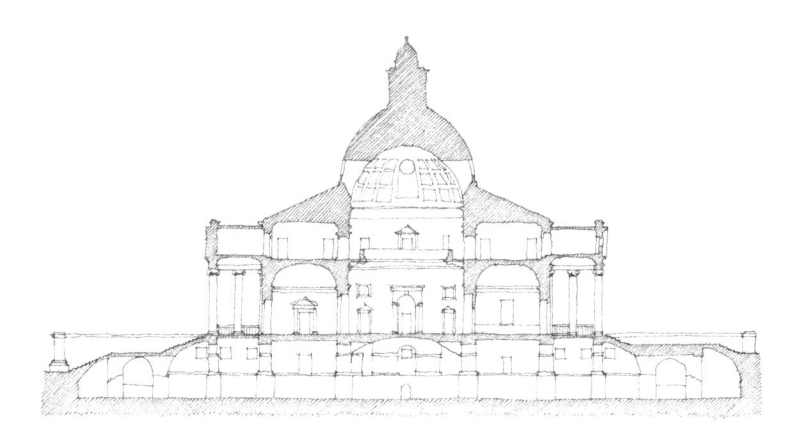

Imagine estar em cada um deles. Há o estrato do pavimento térreo, que é facilmente acessado do interior; há um estrato abaixo – um porão escavado na terra, escuro e frio; e um estrato acima – uma galeria de dormitórios, que é mais privada, separada do pavimento térreo e com teto inclinado, porque está diretamente abaixo da cobertura com uma água. A estratificação está mais relacionada às diferenças na experiência oferecida nos diferentes níveis da edificação do que à sua aparência.

Acima, à direita, está uma casa imponente (não na mesma escala) de Kent; ela também tem três estratos principais. Este é um corte do Mereworth Castle, projetado por Colen Campbell e construído em 1725. Tem um pavimento inferior que está parcialmente acima do solo, mas possui algumas das características de um porão – um porão baixo com tetos abobadados para transferir as cargas dos pavimentos e paredes acima; ele é frio e mal iluminado. O nível mais importante é o de cima, onde ficam os recintos grandiosos. Ele é conhecido como *piano nobile* – "pavimento nobre" –, o que sugere que certo grau de nobreza estava associado ao fator de estar acima do nível do solo. Existe um estrato de cômodos acima do pavimento nobre, mas podemos ver que essa camada foi penetrada para permitir a construção de uma cúpula sobre o espaço no centro da casa, o que sugere um estrato inacessível acima dos demais. Pense como era diferente a vida de quem passava a maior parte do tempo no "pavimento nobre" e de quem ficava no porão.

Muitas edificações menos imponentes são estratificadas de modo parecido. Abaixo, à esquerda, encontra-se um laboratório agrícola projetado pelo arquiteto suíço Fredrik Blom em 1837. Tem um pavimento térreo com a entrada (e que, na extremidade mais afastada, torna-se um segundo pavimento por causa de uma mudança no nível do terreno); tem um porão que parece ter sido escavado no solo e conta com uma estrutura apropriada para sustentar o peso da edificação acima;

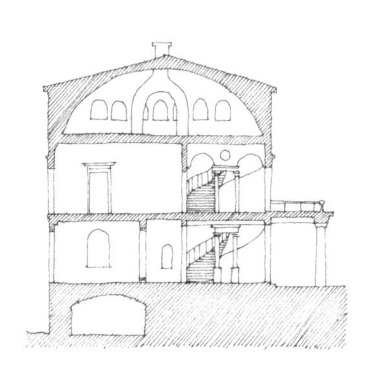

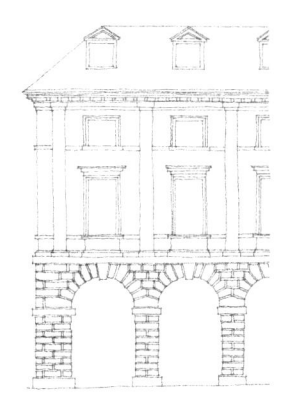

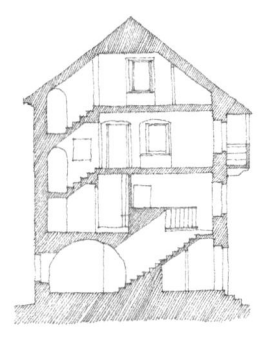

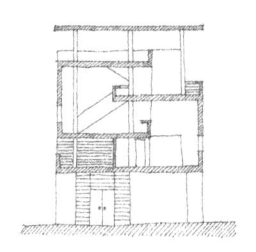

Estratégias de organização do espaço 3 – ESTRATIFICAÇÃO   **195**

tem um pavimento intermediário que possui características específicas próprias – separado do solo, mas não na cobertura e com o que parece ser um terraço sobre o pórtico de entrada; e tem um sótão onde a forma do espaço é afetada pela geometria da estrutura da cobertura – neste caso, o corte triangular da cobertura foi transformado em um teto curvo.

Existe uma estratificação semelhante nesta casa de fazenda (acima, à esquerda) projetada por Giovanni Simonis. Os níveis estão conectados pelos conjuntos de escadas, cujo ângulo parece estar relacionado ao caimento da cobertura. Observe, também, como cada pavimento tem uma relação diferente com o exterior: o pavimento intermediário superior, por exemplo, tem um balcão protuberante que poderia nos levar ao lado de fora em uma altura suficiente para observarmos a paisagem, enquanto o sótão e o porão são muito mais fechados pela estrutura da edificação.

É possível usar tais variações para realçar a experiência poética de uma edificação, como na casa da Índia mostrada na parte inferior da página. Depois de entrar nela pelo pavimento intermediário, vemos abaixo um pequeno pátio interno alto, que tem inclusive um tanque com peixes e uma árvore; mas também podemos ir à cobertura, ficando entre as folhas dos altos coqueiros.

Na década de 1920, Le Corbusier reavaliou radicalmente a estratificação das edificações. Em seus "Cinco Pontos de uma Nova Arquitetura" (1926), ele declarou que as edificações podiam ter jardins em coberturas e pavimentos térreos abertos, sugerindo que isso dobraria a área do terreno em vez de diminuí-la (acima, no meio). Em vez de um sótão fechado, haveria um terraço a céu aberto; em vez de um porão, um espaço aberto para se movimentar livremente sob a casa. Uma consequência implícita, mas provavelmente proposital, era que algumas casas de Le Corbusier, como as de Palladio 300 anos antes, têm um *piano nobile* (veja a Vila Savoye, na p. 197). Le Corbusier também fez experiências com as inter-relações entre os níveis das edificações. Em uma pequena casa para um terreno em Cartago,

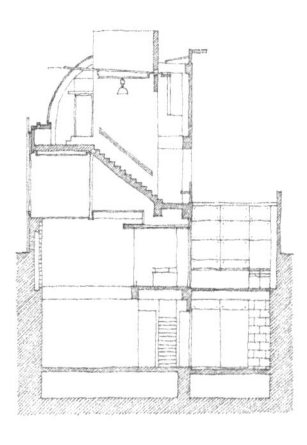

O Museu Gotoh, no Japão (acima, 1990), projetado por David Chipperfield, tem um corte intrincado que vai desde as profundezas do solo até uma leve estrutura de cobertura.

A estratificação é um ingrediente central da Casa Ramesh, em Trivandrum, Índia, projetada por Liza Raju Subhadra (abaixo, 2003). Ao entrar pelo pavimento intermediário, podemos descer ao pátio interno sombreado pelas mangueiras ou subir à cobertura entre as folhas dos coqueiros.

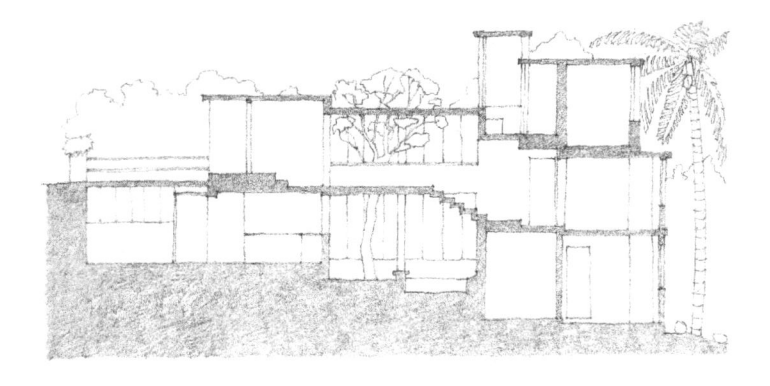

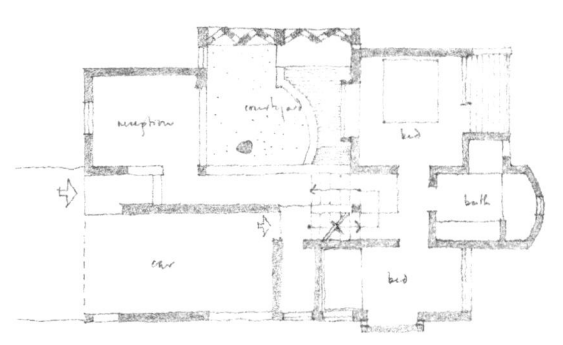

196   ANÁLISE DA ARQUITETURA

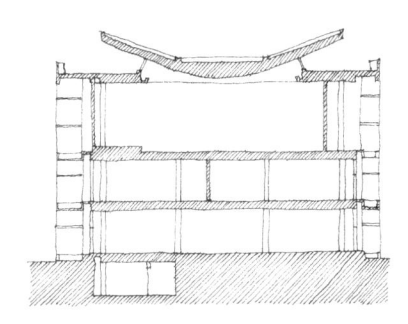

O corte do Edifício da Associação de Moageiros, de Le Corbusier (à esquerda), tira proveito da liberdade do último pavimento.

Ao usar claraboias e aberturas nos pavimentos, John Soane criou espaços onde a luz do sol poderia penetrar nos estratos inferiores. Em algumas partes, pisos de vidro espesso permitem que a luz seja filtrada para todos os níveis. Este é um corte de parte de sua própria casa, um lugar onde ele guardava sua grande coleção de esculturas e fragmentos arquitetônicos.

Para mais informações sobre John Soane:
John Summerson e outros – *John Soane* (Architectural Monographs), 1983.

Neste corte parcial das Unidades Habitacionais de Le Corbusier (abaixo), dois apartamentos se encaixam. Eles têm espaços com pé-direito duplo e também simples. Além disso, aproveitam a luz que entra pelos dois lados da edificação.

na Grécia, projetada na década de 1930 (no topo da página anterior, à direita), ele criou espaços inter-relacionados com pés-direitos simples e duplos. O terraço na cobertura é protegido do forte sol grego por uma cobertura adicional.

Nas Unidades de Habitação – grandes blocos de apartamentos projetados por Le Corbusier depois da Segunda Guerra Mundial – as moradias se conectam umas às outras transversalmente à edificação e em torno de um corredor de acesso central. O desenho abaixo é apenas de uma parte pequena de um bloco (que foi projetado para acomodar cerca de 1.600 pessoas, além de serviços comunitários). Podemos ver que cada apartamento atravessa o prédio de lado a lado e tem um espaço com pé-direito duplo que se encerra em um balcão com vista para o campo ao redor. No entanto, todos eles são diferentes por causa do corte conectado; um tem os recintos menores no pavimento superior e o outro, no pavimento inferior.

Le Corbusier também reconheceu a liberdade de manipular o espaço e a luz que o arquiteto encontra no terraço de cobertura da edificação. O nível inferior é limitado, já que sua "cobertura" geralmente também é o piso do pavimento acima, e as possibilidades de admitir luz diretamente de cima são severamente restritas. Essas restrições não se aplicam no pavimento superior (o "de cima" já não é prejudicado pelo "de baixo" do próximo pavimento); há mais oportunidades para moldar o espaço na dimensão vertical e usar a luz vinda do alto. No Edifício da Associação de Moageiros, em Ahmedabad (1954, acima), Le Corbusier segue a convenção estruturalmente sensata de que um grande espaço é sustentado pelas paredes dos espaços menores abaixo. Isso também permite que o espaço maior – a assembleia – seja iluminado zenitalmente, por meio de uma cobertura convexa (com a mesma liberdade em relação às restrições do piso acima, como a cúpula do salão central do Mereworth Castle).

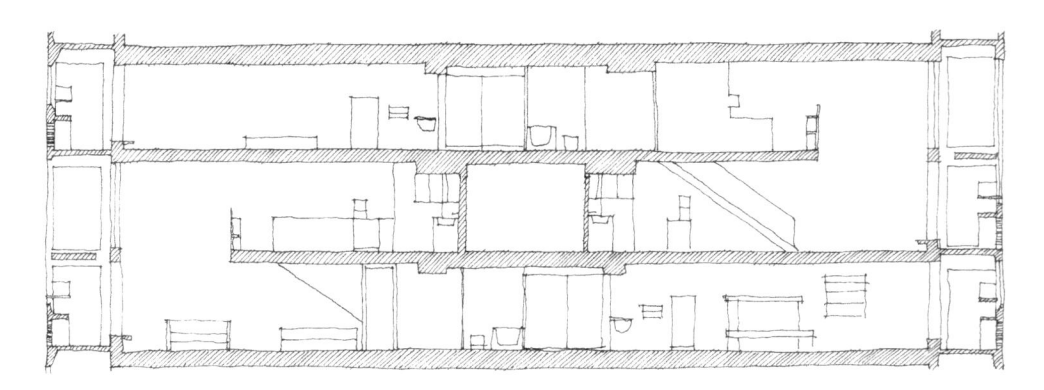

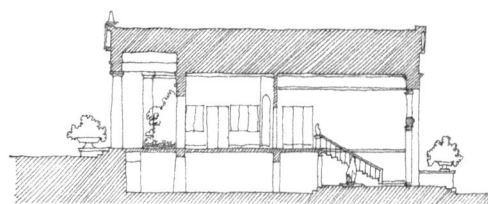

Estratégias de organização do espaço 3 – ESTRATIFICAÇÃO   **197**

Associada à postura de "templo" em relação à identificação de lugar (discutida no capítulo sobre *Templos e Cabanas*) está a ideia de criar níveis acima do solo – mundos acima do mundano. Um exemplo disso é o palco para espetáculos, no qual atores desempenham papéis imaginários em um drama de faz de conta; outro é o *piano nobile*, onde a burguesia pode se considerar acima da peble.

Em Schloss Charlotenhof, uma casa de campo construída em 1827 no enorme terreno do Palácio de Sanssouci, em Potsdam (perto de Berlim, acima), Karl Friedrich Schinkel projetou um terraço com jardim elevado aproximadamente três metros acima da paisagem plana do entorno. O jardim fica na altura do nível principal da casa. Os níveis inferiores eram para os criados. O acesso ao pavimento nobre se dá subindo um par de escadas no vestíbulo de entrada. Dessa forma, a casa é usada como um instrumento que eleva os habitantes e visitantes, do nível do terreno comum para um plano superior.

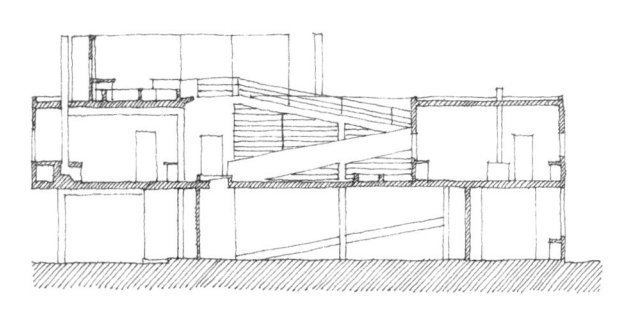

Schloss Charlottenhof (acima) tem um jardim elevado acima do nível geral do parque no qual foi implantada. A própria casa cria a transição até esse nível superior.

Na Vila Savoye (acima), Le Corbusier criou três estratos principais: um pavimento térreo que acomoda o vestíbulo de entrada, os aposentos dos criados e a garagem; o segundo pavimento, com as salas de estar e dormitórios, além de um terraço aberto, contido pelo fechamento quase quadrado das paredes; e um pavimento acima, com um solário para banhos de sol. Os três pavimentos estão ligados por uma rampa no centro da residência, pela qual é possível subir do pavimento térreo para o principal e, em seguida, para a cobertura. Aqui, a casa também é usada como um instrumento que nos eleva do nível térreo para um plano superior – o dos espaços de estar e do terraço. Todavia, Le Corbusier vai mais longe que Schinkel em Schloss Charlotenhof. Ele nos leva a um nível superior aos demais, a céu aberto.

A estratificação comum parece ter sido invertida nesta casa de Robert Venturi (à direita), que pode ser interpretada como uma irreverente crítica às máximas de Le Corbusier quanto ao projeto com corte complexo. Em contraste com o percurso feito por Le Corbusier na Vila Savoye, que se encerra a céu aberto, o pavimento superior do projeto de Venturi se assemelha a um porão, com janelas profundamente recuadas e teto abobadado. Diferentemente do suave piso horizontal sob a Vila

Às vezes, é possível inverter a estratificação comum. Nesta casa de Robert Venturi, o sótão é abobadado, como se estivesse sustentando algum peso acima, e o pavimento térreo acompanha a geometria irregular do terreno. A entrada principal fica no pavimento intermediário, por meio de uma passarela.

Para mais informações sobre Venturi:
Andreas Papadakis e outros – *Venturi, Scott Brown and Associates, on Houses and Housing,* 1992.

Para mais informações sobre Schinkel:
Karl Friedrich Schinkel – *Collection of Architectural Designs,* (em fac-símile, 1989).

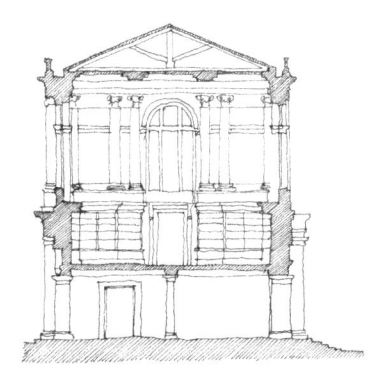

198 ANÁLISE DA ARQUITETURA

A biblioteca do Trinity College, em Cambridge (à esquerda), foi projetada por Christopher Wren e construída em 1684. Wren seguiu o precedente das bibliotecas universitárias mais antigas, colocando-a no segundo pavimento – neste caso, sobre uma galeria.

Savoye, Venturi debocha graciosamente de Le Corbusier ao permitir que o terreno muito íngreme preserve seu perfil no interior da casa, proporcionando degraus que levam ao bosque. A casa é acessada pelo pavimento intermediário, a partir de cima, para que possamos descer ao térreo, mas subir ao "porão".

Bibliotecas

A biblioteca é um tipo de edificação que, em muitas ocasiões, possui uma estratificação específica. Tradicionalmente, as bibliotecas eram construídas no pavimento acima do térreo: para evitar a umidade (antes do início da impermeabilização de paredes), para aumentar a segurança dos livros de valor e, possivelmente, porque os grandes espaços ocupados por elas podiam ser construídos acima de recintos menores. A Bibliothèque Sainte Genevieve, em Paris (à direita, acima), projetada por Henri Labrouste e construída aproximadamente em 1850, ocupa o segundo pavimento. Ela tem teto de aço abobadado e é sustentada por colunas e pelas paredes dos recintos celulares abaixo. O salão da biblioteca propriamente dito é acessado passando-se pelo salão colunado do pavimento térreo, sob os livros, até chegar a um par de escadas nos fundos da edificação, onde nos voltamos para a direção oposta e, em seguida, entramos.

Na Bibliothèque Sainte Genevieve, tem-se a sensação de que subir fisicamente a um nível acima do solo

Para entrar na Bibliothèque Sainte Genevieve, passamos sob a biblioteca, para subir as escadas nos fundos da edificação.

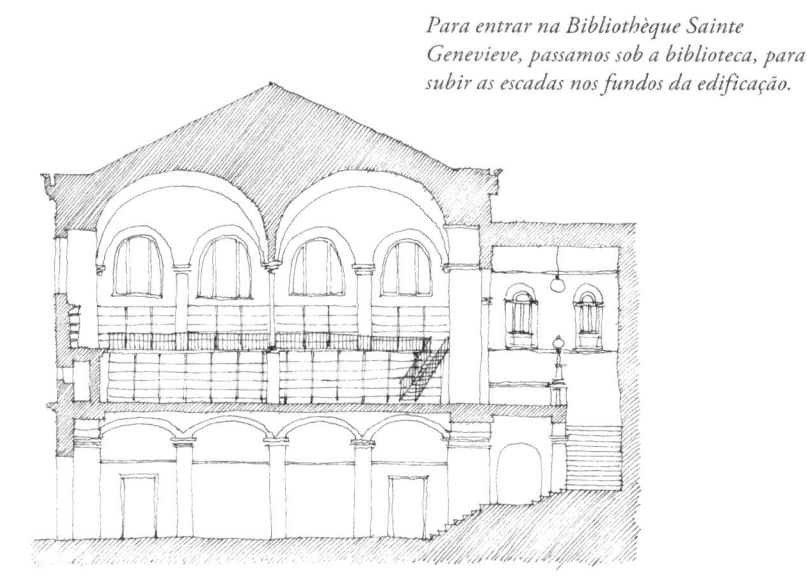

A Biblioteca da Cidade de Estocolmo, projetada por Asplund, é acessada por meio de uma escada que emerge quase no centro do salão circular da biblioteca, com pé-direito muito alto.

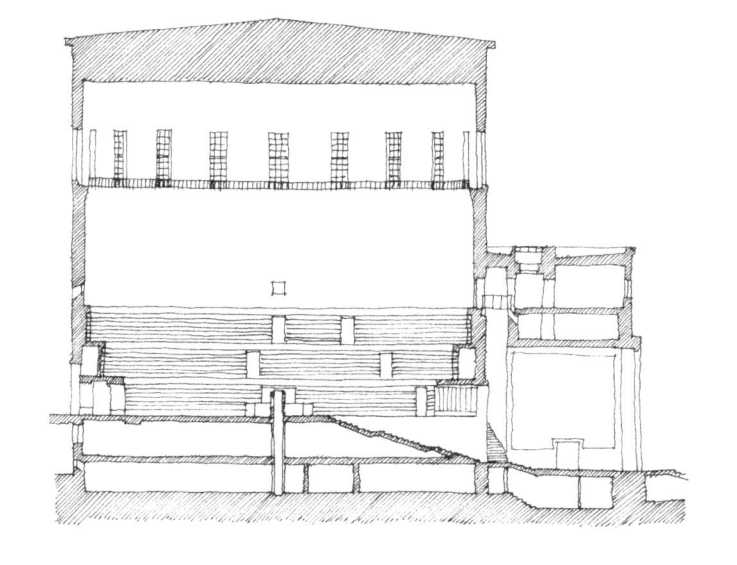

Estratégias de organização do espaço 3 – Estratificação   **199**

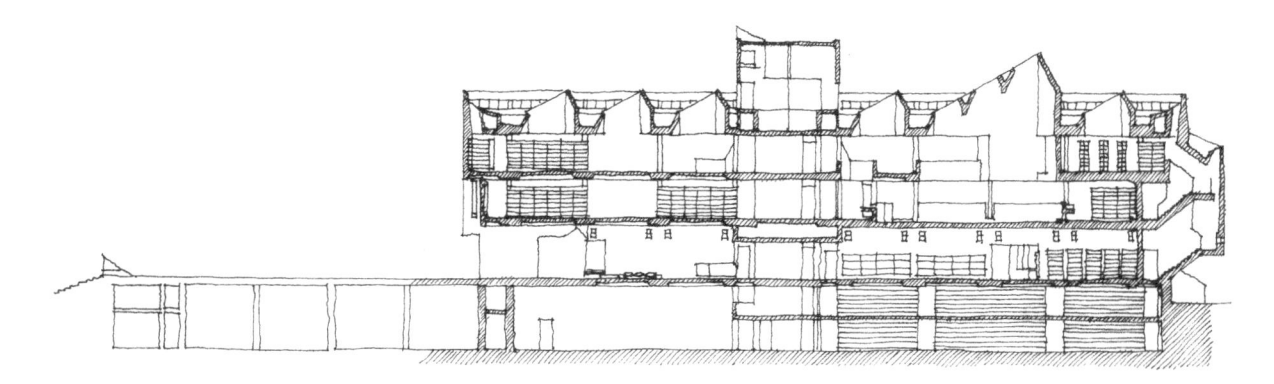

equivale a ascender a um nível intelectual superior. Isso foi evocado pelo arquiteto sueco Gunnar Asplund ao projetar a Biblioteca da Cidade de Estocolmo (na página anterior, abaixo), construída em 1927. Aqui, subimos por uma escada que emerge quase no centro do salão da biblioteca, que é circular e muito alto. O salão é iluminado por um anel de janelas altas, que criam retângulos de luz natural que percorrem lentamente as paredes brancas. O acervo literário para consulta ocupa três níveis ao redor da circunferência, cada um com sua própria passarela.

A Biblioteca do Instituto Cranfield é uma biblioteca universitária relativamente pequena, projetada por Norman Foster e construída em 1992 (à direita). Também mantém o acervo literário para consulta nos pavimentos superiores, com os espaços menores – um auditório e salas de aula – no pavimento térreo. Como a biblioteca de Labrouste, é um edifício com estrutura de metal e tetos abobadados. Como a de Asplund, tem uma escada que leva a cada pavimento. O número de colunas dobra nos pavimentos inferiores a fim de aguentar o peso extra dos livros. Na outra extremidade da escala está a Biblioteca Berkeley, do Trinity College, em Dublin (acima), na qual se vai da entrada a espaços cavernosos construídos em concreto armado moldado *in loco* e iluminados por majestosas claraboias.

O novo Arquivo Nacional de Paris foi construído no início da década de 1990 (abaixo), com projeto de Stanislaus Fiszer. O corte mostra vários aspectos da estratificação. São três os estratos principais, cada um com dois níveis. O nível de entrada tem átrio central com uma escada em rampa que leva os usuários da biblioteca aos pavimentos superiores. Os escritórios e a administração ficam nesse estrato. No subsolo, o estrato inferior acomoda os depósitos. Os pavimentos superiores são maiores e aproveitam a possibilidade de serem iluminados pela cobertura. Em vários níveis, Fiszer usou mudanças na altura do teto para ajudar a identificar

A Biblioteca Berkeley do Trinity College, em Dublin, projetada por Ahrends, Burton & Koralek (1967, acima), concentra as estantes de livros principais e os espaços de estudo nos pavimentos superiores, que são iluminados por claraboias magníficas.

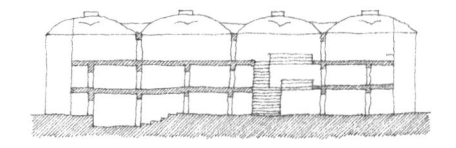

A Biblioteca do Instituto Cranfield tem o dobro de colunas nos pavimentos inferiores, em relação ao superior, de modo a suportar a pesada carga dos livros. Como na Bibliothèque Sainte Geneviève, o pavimento superior tem uma abóbada de berço. Luz filtrada entra pelas cumeeiras. O auditório está no pavimento inferior, tirando proveito da possibilidade de escavar o solo para criar assentos escalonados.

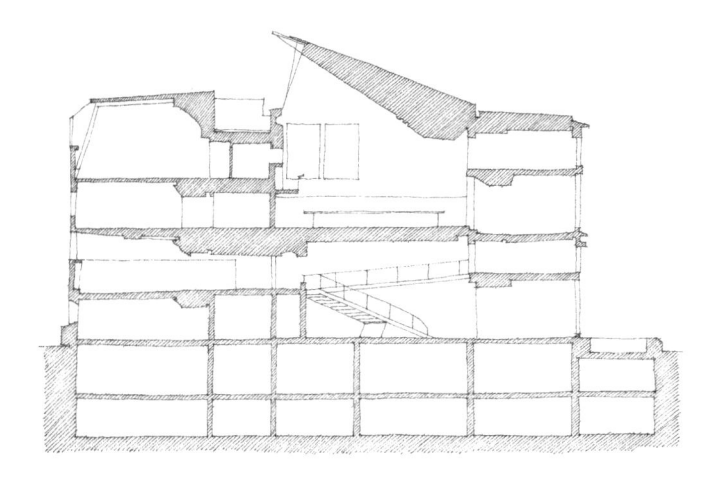

O edifício dos Arquivos Nacionais, em Paris, possui três estratos, cada um com dois pavimentos. O inferior é subterrâneo e abriga os depósitos. O estrato intermediário acomoda o saguão de entrada e os escritórios. As salas de leitura, estantes de livros e áreas para computador estão no pavimento de cobertura, onde os tetos não estão condicionados por um pavimento acima e a luz do sol pode entrar diretamente.

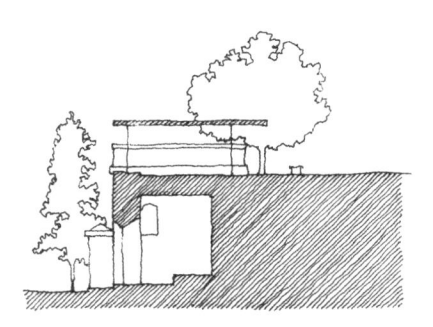

Uma das maneiras mais diretas de expressar poeticamente a estratificação consiste em estabelecer uma dicotomia entre o pesado e o leve, entre o claro e o escuro, entre a ignorância e a sapiência, entre a superstição e a iluminação. Este é um pequeno pavilhão de vidro encontrado no interior da França, projetado por Dirk van Postel e construído em 2002, sobre uma base de pedra que já foi contraforte de uma ponte.

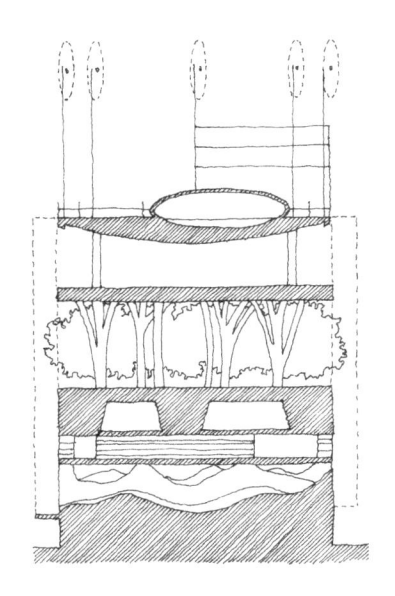

lugares diferentes, especialmente para sugerir a separação entre as zonas centrais e periféricas (para tanto, tetos suspensos ocultam as instalações), mas somente no estrato superior ele teve a liberdade necessária para variar os tamanhos dos volumes espaciais significativamente. Iluminada pela claraboia inclinada, a sala de leitura fica ao lado de dois níveis que acomodam estantes de livros, computadores, etc.

As dimensões da estratificação podem ser pragmáticas, estéticas e poéticas. Podem ser exuberantes, absurdas ou discretas. Um edifício simples é capaz de expressar a diferença entre o espaço que está encravado na terra e a alvenaria pesada; e o espaço aberto para o horizonte, aludindo, portanto, às ideias poéticas associadas de ignorância e conhecimento, superstição e iluminação, simplicidade e nobreza.

Em alguns poucos projetos, os arquitetos da MVRDV utilizaram a estratificação de edificações em formas que desafiavam as expectativas ortodoxas. No projeto do Pavilhão Holandês da Expo 2000, em Hanover, por exemplo (à direita), criaram um "bolo em camadas" com diferentes tipos de paisagens nos diferentes pavimentos do edifício. Havia a camada da "caverna", uma camada de flores, uma camada de floresta... E, na cobertura, uma camada dedicada ao vento.

A estratificação pode ser suave e também sutil, manifestando-se na menor escala possível. Ao projetar um abrigo para alguns vestígios arqueológicos romanos em Chur, na Suíça, Peter Zumthor criou uma entrada diferenciada (abaixo), construída como uma caixa de aço contendo degraus que não tocam o solo. À medida que subimos, eles descem um pouquinho. Como uma antecâmara de ar, a caixa de aço nos transporta a um nível que flutua logo acima dos resquícios de um passado distante. A estratificação na arquitetura não se resume à organização do espaço; ela também inclui a orquestração sutil e marcante da experiência humana com relação ao solo, ao mundo subterrâneo e ao céu.

Cada pavimento do Pavilhão Holandês da Expo 2000, em Hanover, tinha um aspecto espacial diferente (acima). No pavimento térreo, os arquitetos da MVRDV criaram o espaço amorfo de uma caverna, e, no terceiro pavimento, o de uma floresta. Na cobertura, como o clímax desse espectro de paisagens, encontram-se algumas turbinas eólicas.

No abrigo projetado para vestígios arqueológicos romanos em Chur, na Suíça (ao lado), Peter Zumthor usa a estratificação na arquitetura para fazer com que o presente flutue acima do passado.

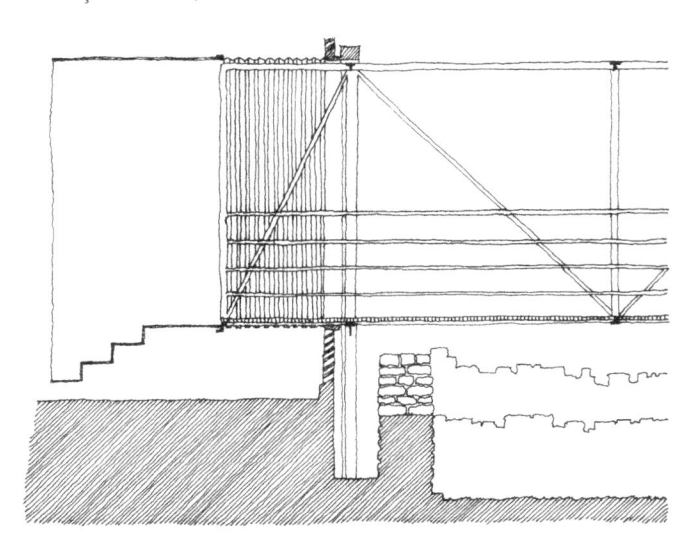

Mais informações sobre o pavilhão de vidro: (van Postel) – *Architectural Review*, Setembro de 2002, p. 58.

Mais informações sobre o Pavilhão Holandês: (MVRDV) – *Architectural Review*, Setembro de 2000, p. 64.

Mais informações sobre o abrigo para vestígios arqueológicos romanos: (Zumthor) – *Architecture and Urbanism*, Fevereiro de 1998.

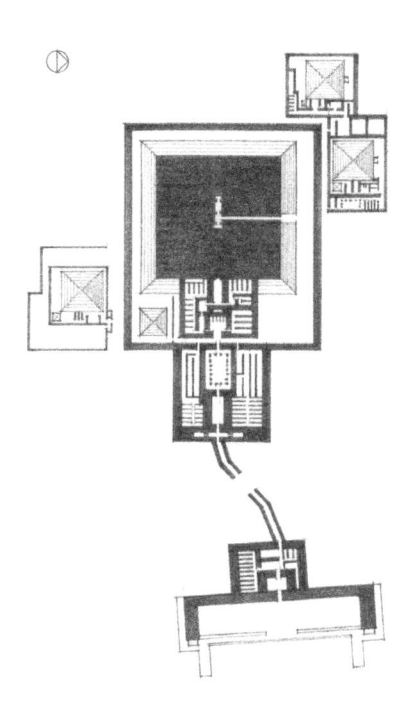

Um conjunto de pirâmides do Egito Antigo pode ser interpretado como a transição da vida para a morte. Existe uma hierarquia de locais, do rio ao deserto. O núcleo do complexo é o túmulo do faraó. O ponto de transição simbólica é o lugar onde o templo funerário encontra a base da pirâmide.

Estratégias de organização do espaço 4
Transição, hierarquia e núcleo

"Você começou seguindo um percurso suavemente curvo à esquerda do qual havia – de maneira bastante gradual, até mesmo com extrema indiferença – uma leve declividade que era oblíqua no início, mas lentamente se aproximava da vertical. Aos poucos, como se por acaso, sem pensar, sem que você tivesse o direito de, a qualquer momento, declarar que observara algo parecido com uma transição, uma interrupção, uma passagem, uma quebra na continuidade, o percurso se tornava pedregoso, isto é, no início havia apenas grama, então começaram a aparecer pedras entre a grama e, em seguida, mais algumas pedras, surgindo um percurso gramado e pavimentado. Enquanto isso, à esquerda, a declividade do solo começava a se parecer, muito vagamente, com uma mureta e, a seguir, um muro feito de pedras irregulares. Logo apareceu algo semelhante a uma cobertura vazada que praticamente não podia ser distinguida da vegetação que a invadia. Na realidade, já era tarde demais para saber se você estava no interior ou no exterior. No final do percurso, as pedras do passeio foram assentadas topo a topo e você chegou ao que normalmente se chama de vestíbulo de entrada, que abria diretamente para uma sala enorme, sendo que uma de suas extremidades terminava em um terraço dotado de uma grande piscina".

Georges Perec – "Species of spaces" (1974), em *Species of Spaces and Other Essays*, 1997, p. 37–8.

Estratégias de organização do espaço 4
Transição, hierarquia e núcleo

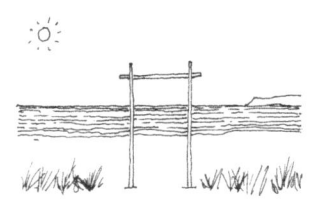

Precisamos nos envolver para vivenciar as obras de arquitetura. Passamos do exterior para o interior ou pelas etapas em sequência de um percurso. Mesmo em um espaço fechado simples, não é possível olhar em todas as direções simultaneamente; por isso, nos movemos.

Poderíamos pensar nos lugares como pontos de paradas – um mercado de praça, uma sala de estar, uma mesa de cirurgia. Esses poderiam ser chamados de lugares estáticos ou nós. No entanto, o caminho percorrido para irmos de um lugar estático a outro também é um lugar. Podemos chamá-lo de lugar dinâmico. Os lugares dinâmicos são essenciais para a organização conceitual do espaço.

Os lugares dinâmicos e estáticos têm características que derivam dos elementos básicos e modificadores por meio dos quais são identificados. As características de um lugar estático podem ser afetadas pelas dos lugares dinâmicos que levam até ele; já as características de um lugar dinâmico podem ser afetadas pelas do lugar estático ao qual ele leva. A experiência de um corredor que leva a uma cela onde há uma cadeira elétrica é afetada pelo fato de sabermos aonde ele leva. A experiência da câmara mortuária no núcleo de uma das pirâmides do Antigo Egito é afetada pela natureza do caminho para se chegar até ela – penetrando o volume da pirâmide.

Até mesmo em exemplos um tanto banais, as transições fazem parte da experiência das obras de arquitetura. A porta de uma casa é uma interface significativa entre a esfera pública e a privada. Muitos terrenos religiosos têm uma espécie de portal que marca a entrada: o portão coberto do cemitério de uma igreja inglesa, o propilone pelo qual se entrada no temenos de um templo grego, os portões e pátio de entrada de um templo chinês. Todos contribuem para que o

Certa vez, alguns estudantes construíram uma porta usando três pedaços de madeira na praia. Ficaram impressionados com seu poder: dividir um lugar de outro; enquadrar uma vista do horizonte; e despertar uma sensação naqueles que passavam por ela. (Para saber mais sobre os poderes das portas, consulte meu livro Doorway, Routledge, 2007.)

Um pórtico não marca apenas uma entrada – ele também identifica um lugar de transição entre o exterior e o interior.

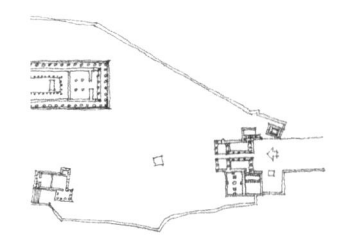

O propilone é uma edificação pela qual precisamos passar para chegar ao temenos (recinto sagrado) de um templo grego. À esquerda, temos um corte do propilone da acrópole de Atenas; ele está na extremidade oeste do temenos, marcando sua entrada (acima). Cria a transição do mundo cotidiano (inferior) ao mundo sagrado (superior) dos templos.

lugar estático – a lareira de uma casa, o altar de um templo – seja desvinculado do restante do mundo.

A transição é um elemento essencial em nossas experiências marcantes do mundo. Os lugares de transição são importantes para a relação entre os lugares estáticos. Eles desempenham um papel na relação entre um lugar e seu contexto.

Com frequência, existe uma sequência ou hierarquia de estágios entre os lugares estáticos. Ao entrar em habitações, por exemplo, normalmente passamos por diferentes zonas cuja privacidade é cada vez maior. Às vezes, essa hierarquia ou experiência em sequência de lugares culmina em um lugar que está conceitualmente no núcleo da obra de arquitetura – seu centro. Esta é a planta baixa do palácio de Tirinto, na Grécia (à direita). Era uma cidadela no alto de uma colina construída há mais de três mil anos. Se começarmos no topo do desenho, podemos fazer um percurso pela hierarquia dos lugares que levam ao mais importante, à sala do trono do rei: o mégaron. Partindo do pátio de entrada, cercado por muros espessos, passaríamos por uma passagem longa e estreita, por alguns portais e, em seguida, por um pátio interno menor onde ficava o primeiro de dois propilones formais. Depois disso, entraríamos em outro por pátio interno e, então, passaríamos pelo segundo propilone, chegando ao pátio mais interno, que aparentemente era fechado. Junto a

A transição é um componente importante para a teatralidade da experiência da arquitetura. Este hotel (acima) está situado no litoral oeste da Córsega. O acesso é pelo lado sombreado. Ao entrar e passar pelo hotel, emergimos em um terraço com uma magnífica vista panorâmica do mar, do litoral rochoso e do pôr do sol.

No antigo Palácio de Tirinto, na Grécia (abaixo), é necessário passar por várias transições para chegar ao mégaron no núcleo.

Para mais informações sobre a arquitetura grega:
A.W. Lawrence – *Greek Architecture*, 1957.

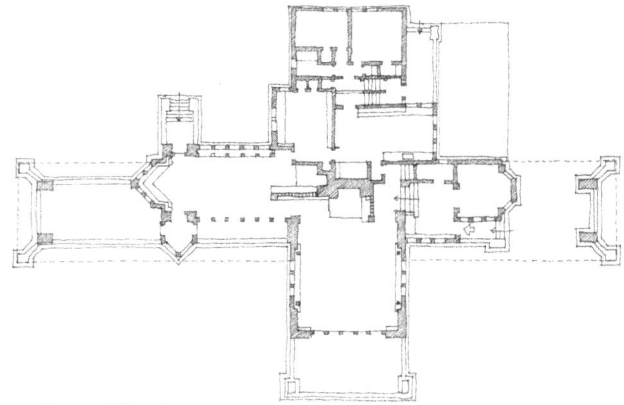

esse pátio interno ficava o mégaron propriamente dito; porém, para chegar à lareira e ao trono, ainda era preciso passar por um pórtico e uma antessala. Essa não era a distância mais curta da entrada ao trono – o percurso é uma espiral que muda de direção duas vezes. Talvez ele fosse tortuoso para diminuir a inclinação da subida na colina; contudo, fazia com que o núcleo do palácio parecesse ser muito mais internalizado e permitia a criação de diversas transições, sendo que era possível defender cada uma delas em caso de ataque inimigo.

As transições, hierarquias e núcleos também podem ser encontrados em obras de arquitetura muito mais simples. O desenho à direita é a planta baixa do pavimento térreo da casa que Ernest Gimson projetou para si no final do século XIX. Foi construída na aldeia de Sapperton, em Cotswold. A entrada principal da casa está no lado direito do desenho e é feita por meio de uma viela da aldeia. Poderíamos dizer que o núcleo da casa é a lareira no salão (sala de estar), que é o maior recinto da planta baixa. Para chegarmos à lareira, vindos da viela, precisamos passar antes entre dois arbustos (como sentinelas), por um portão em uma mureta, um pequeno pátio de entrada, um caminho de pedras ladeado por canteiros de flores, por um arco inserido no pórtico de pedra (há alguns degraus que levam ao jardim), pela porta da frente, que se insere em uma parede muito espessa (que, na realidade, sustenta uma lareira no pavimento de cima) e, finalmente, a sala de estar. Enquanto a viela é "pública", o pátio de entrada é "semipúblico"; o pórtico é "semiprivado" e a sala de estar é "privada". Tal sequência de lugares e transições cria uma hierarquia desde a esfera pública até a privacidade do interior. Cada etapa dessa hierarquia é considerada na arquitetura que Gimson conferiu à casa. (Também passamos por uma sequência de lugares ao entrar pela porta dos fundos: um muro no quintal, onde há um telhado de uma água sustentado por duas colunas; a porta dos fundos está protegida por esse abrigo.)

Aproximadamente na mesma época, Frank Lloyd Wright projetou a Casa Ward Willits, construída em Highland Park, Illinois, Estados Unidos, em 1902 (acima). Como na casa de Gimson, o núcleo é a lareira, que, no projeto de Wright, está à direita do centro da planta baixa. Neste exemplo, a hierarquia de lugares entre a esfera pública e a privada inclui o automóvel. O percurso começa no canto inferior direito da planta baixa. O carro segue até o abrigo para automóveis e passa debaixo dele, que se projeta da casa sobre o caminho. Ao sair do carro, sob o abrigo da cobertura, subimos três degraus para chegar a uma pequena plataforma que leva à porta da frente; depois de passar diagonalmente pelo pequeno corredor, subimos mais alguns degraus e, em seguida, viramos abruptamente à esquerda para entrar na sala de estar principal. A lareira, inserida em uma espécie de nicho, está atrás de um anteparo que a oculta da entrada.

A transição do público para o privado na Casa Ward Willits, projetada por Wright (acima), começa na via, passa pelo caminho e leva ao abrigo para automóveis (à direita da planta baixa), sobe alguns degraus, cruza a porta da frente, atravessa o vestíbulo diagonalmente, sobe mais alguns degraus, circunda um anteparo e, finalmente, chega à lareira no núcleo.

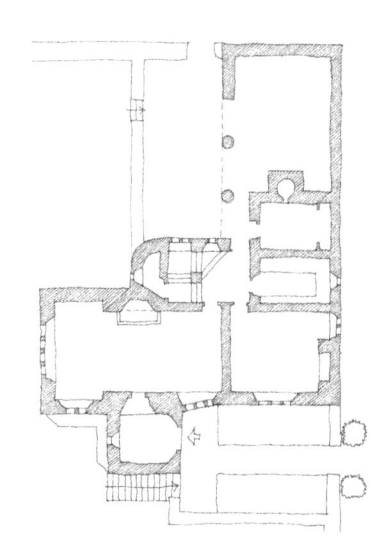

Para chegar à lareira da casa de Ernest Gimson (acima), passamos da via pública por um jardim semipúblico e por um pórtico semiprivado antes de entrar na esfera privada da sala de estar.

Para mais informações sobre a casa de Gimson: Lawrence Weaver – Small Country Houses of To-day, 1912, p. 54.

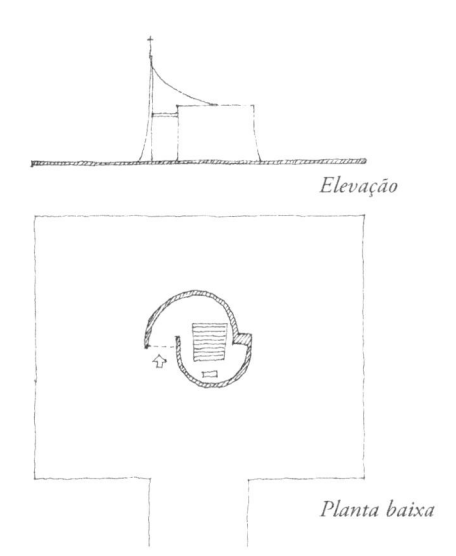

Elevação

Planta baixa

A Capela do Palácio da Alvorada, em Brasília, tem uma transição de entrada simples, porém sutil (acima).

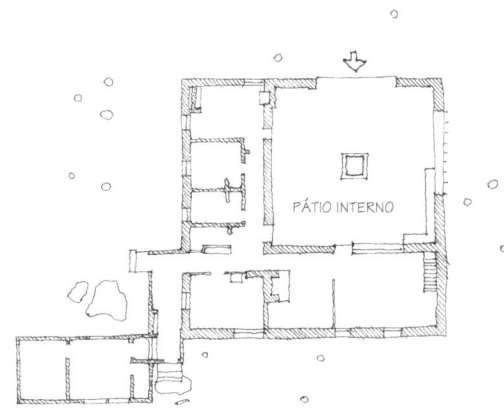

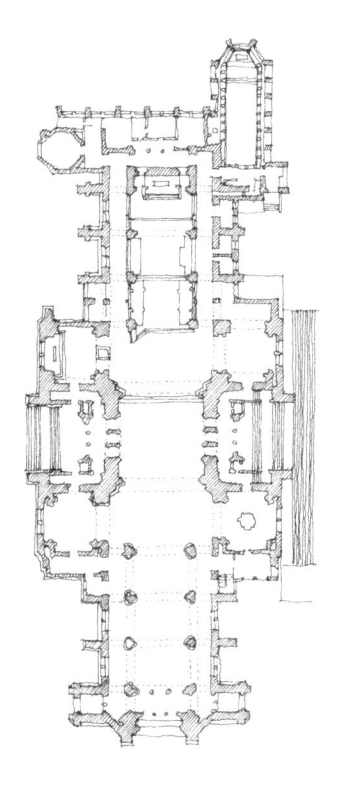

Na planta baixa da Catedral de Liverpool, Sir Giles Gilbert Scott criou uma hierarquia de espaços entre o exterior e o santuário, projetada para separar bem o altar do mundo cotidiano. Como todas as catedrais medievais, esta edificação é uma manifestação de transição do mundo secular para o sagrado.

Para mais informações sobre a casa de veraneio de Aalto:
Richard Weston – Alvar Aalto, 1995.

Para mais informações sobre a Capela do Palácio da Alvorada, Brasília:
Albert Christ-Janer e Mary Mix Foley – Modern Church Architecture, 1962, p. 77.

PÁTIO INTERNO

Transições e hierarquias de lugar prolongam a passagem da esfera pública para a privada. Muitas vezes, como acontece na casa Ward Willits, o arquiteto evita o percurso mais direto para que a pessoa que se aproxima e entra na casa – ou em outro lugar de reclusão – possa ser levada por uma sequência progressiva de experiências.

As transições também criam um espaço de passagem entre um lugar e outro, especialmente entre o interior e o exterior. Isso pode ter benefícios práticos, como quando uma antecâmara ajuda a isolar o interior de uma edificação do frio do lado de fora, mas também pode ter efeitos psicológicos, como o contraste tranquilizante entre uma rua movimentada e o interior silencioso de uma igreja.

Em 1953, Alvar Aalto construiu uma casa de veraneio na ilha de Muuratsalo (acima, à direita). Sua planta baixa é um quadrado fechado por paredes altas. Os dormitórios estão distribuídos em dois lados do quadrado, criando um pátio interno quadrado. Esse pátio interno cria uma transição entre o interior da moradia humana e a natureza que a cerca. A abertura no pátio interno estabelece uma linha de visão ao longo das margens do lago em que a ilha se insere.

A transição, a hierarquia e o núcleo não se aplicam somente à arquitetura de habitações. São usados em obras de arquitetura com objetivos diferentes. Podem ser modestos e simples ou majestosos e complexos.

Acima, à direita, vemos a elevação e a planta baixa do Palácio da Alvorada em Brasília projetado por Oscar Niemeyer e construído em 1958. Sua planta baixa é muito simples, porém sutil. O primeiro elemento básico da arquitetura da capela é uma plataforma plana sustentada por esbeltos pilares; isso define o círculo de lugar da capela. O altar fica sobre esta plataforma simples, que é acessada por uma passarela plana. O altar está oculto e protegido por uma parede branca que se curva ao seu redor e sobe até um pináculo coroado por uma cruz. Isso define seu círculo de presença mais íntimo. A transição do exterior para o interior da capela é simples, mas inclui vários estágios: cruzar a passarela até a plataforma; aproximar-se da capela; e, ao entrar – o que deve ser parecido com entrar em uma concha – a entrada é progressiva, e não imediata, e o elemento modificador da luz, que também entra pela porta, esmaece cada vez mais a parede curva.

A Ópera de Paris é um exemplo mais majestoso de transição desde o mundo cotidiano até (neste caso) o mundo do faz de conta lírico. Foi projetada por Charles Garnier e construída em 1875. O corte foi simplificado para mostrar somente os principais espaços internos. O núcleo da Ópera é, evidentemente, o auditório – os assentos escalonados e o palco.

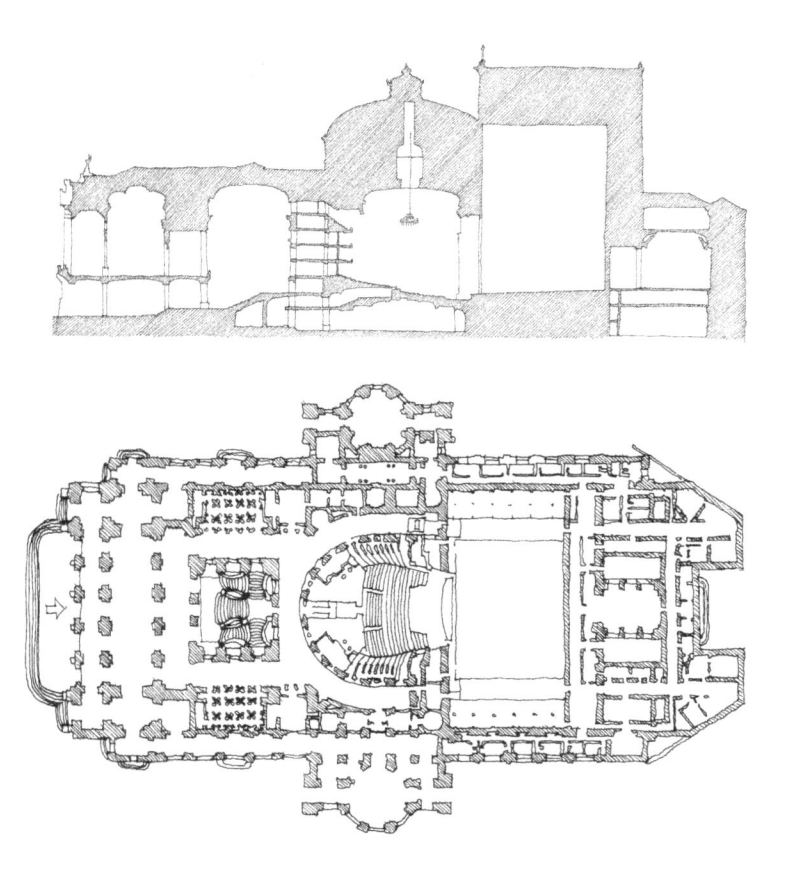

Estratégias de organização do espaço 4 – TRANSIÇÃO, HIERARQUIA E NÚCLEO **207**

Na Ópera de Paris, há duas sequências de transições desde a rua até o mundo de faz de conta do palco. Uma é aquela feita pela plateia, que tem a oportunidade, antes da apresentação e durante os intervalos, de exibir suas roupas caras nos grandes saguões. A outra é aquela feita pelos atores/cantores, que entram pela porta do palco e transformam-se em seus camarins, antes de aparecerem no palco como personagens diferentes. As duas convergem na mágica interface entre o auditório e o palco – o arco de proscênio.

A transição é do mundo da cidade, lá fora, para um lugar onde se está na presença de algo mágico, do mundo do faz de conta da ópera ou do balé. A primeira etapa dessa transição é o lanço de degraus na entrada, que nos leva imediatamente a um plano acima do cotidiano. A segunda é a entrada no primeiro saguão, através de grossas paredes. Daqui, podemos enxergar o segundo saguão, onde fica a escada monumental. Esse espaço é ricamente ornamentado e extremamente iluminado. Assemelha-se a um palco, onde a plateia pode exibir-se em roupas especiais antes de entrar no auditório para assistir à apresentação. O arco de proscênio é a transição final, da qual depende toda a ilusão de um outro mundo.

Na arquitetura, as transições têm sido frequentemente usadas como metáforas para interfaces entre mundos diferentes: entre o público e o privado; entre o sagrado e o secular; entre o real e o faz de conta; entre o mundo dos vivos e o mundo dos mortos. As transições e hierarquias também são usadas em relação a cerimônias. As cerimônias de iniciação ou de partida costumam ocorrer em percursos que são identificados na arquitetura. A planta da pirâmide ilustrada na página inicial deste capítulo é, na verdade, um diagrama das cerimônias pelas quais o corpo do faraó passava antes de ser sepultado no interior da estrutura. A barca que transportava o corpo ficava atracada no templo do vale (na parte inferior da planta), onde o corpo era preparado e embalsamado. Em seguida (talvez semanas depois), ele seria carregado pela longa passagem elevada até o templo funerário na base da pirâmide, onde outras cerimônias eram realizadas. Posteriormente, seria levado à entrada norte, de onde passaria, por um corredor, até o centro da pirâmide.

Localizado no oeste da Grécia, o Necromanteion provavelmente remonta, no mínimo, à época de Homero. Era um lugar aonde se ia para conversar com os

208 Análise da Arquitetura

O antigo Necromanteion tem um complexo percurso que envolve o santuário central. A rota culmina em um curto labirinto na entrada do edifício quadrado, considerado como um lugar onde se podia encontrar habitantes do Submundo.

"Antes que eu possa mandá-lo para casa, você terá de fazer uma jornada bastante singular, encontrando o caminho para os Salões de Hades e Perséfone, a Medonha, para consultar a alma de Tirésias, o profeta cego de Tebas, cuja compreensão nem mesmo a morte afetou".

Homero – *A Odisseia*, cerca de 700 a.C.

"Nel mezzo del camin di nostra vita..."

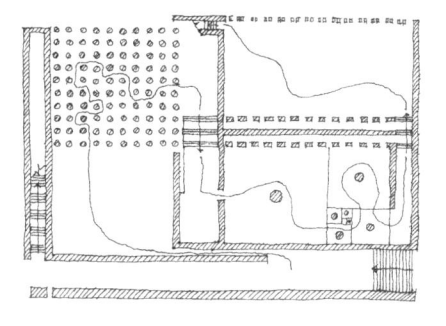

O Danteum (acima) seria uma representação construída do ambiente onde se passa a Divina Comédia *de Dante.*

Mais informações sobre o Danteum: Thomas L. Schumacher – *The Danteum*, 1993.

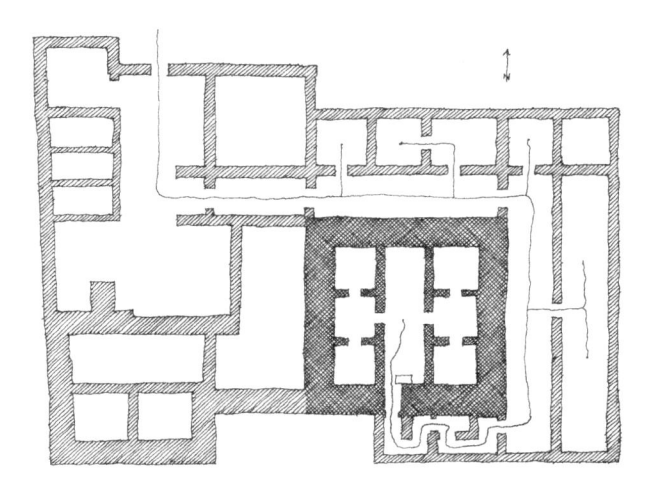

mortos. No entanto, antes de serem autorizadas (pelos sacerdotes) a encontrar-se com os que haviam partido, as pessoas precisavam passar por rituais de preparação (desenvolvidos para torná-las mais sugestionáveis) que duravam vários dias. Primeiramente, eram levadas a uma série de cômodos onde consumiam alimentos alucinógenos. Em seguida, eram banhadas ritualmente. Por fim, eram conduzidas por um labirinto pequeno, porém desorientador (que pode ser visto na planta), antes de ganharem acesso ao santuário propriamente dito. O edifício perfeitamente quadrado, com grossas paredes (alinhado, assim como as pirâmides do antigo Egito, com os pontos cardeais da bússola), foi construído sobre uma grande câmara abobadada, que se dizia ser o lar de Hades e Perséfone (o Submundo). Vestígios de mecanismos foram encontrados no terreno, o que sugere que, no local, havia máquinas capazes de conjurar "fantasmas", os quais os visitantes confusos (no momento em que chegavam ao santuário) podiam consultar. Acredita-se que os sacerdotes cobravam caro para facilitar o acesso aos mortos. Neste edifício, o núcleo é o santuário quadrado, protegido fisicamente pela sequência de transições ao seu redor e pelos rituais de desorientação.

Em um tema relacionado, o Danteum (à esquerda) foi projetado na década de 1930, pelo arquiteto Giuseppe Terragni, para Mussolini. Embora nunca tenha sido construído, foi concebido como uma homenagem à *Divina Comédia* de Dante. Consiste em uma sequência de espaços que representam: a floresta, onde o poeta se encontra no início do poema, o Inferno, o Purgatório e o Império. Os visitantes poderiam passar por esses espaços, subindo as escadas, para chegar ao Paraíso. (Observe o uso do Retângulo Áureo por Terragni.)

A experiência com a transição e a hierarquia em um espaço, bem como seu clímax no centro de um edifício (ou jardim ou cidade), é uma das dimensões mais poderosas usadas pelos arquitetos para orquestrar a experiência humana. É a dimensão do tempo e da memória; mas também a dimensão da emoção. Como na música, as transições e suas resoluções na arquitetura têm um forte efeito naquilo que sentimos, no modo como nos comportamos e inclusive em quem somos. Podem nos fazer sentir expostos; podem nos levar a refúgios onde nos sintamos seguros; podem nos levar em jornadas de descoberta ou a ruas sem saída.

Epílogo

"Hesíodo parece estar no caminho certo ao colocar o Abismo em primeiro lugar no seu sistema. De qualquer modo, a razão de ele dizer "Primeiro veio o Abismo, e depois a Terra de ombros largos" provavelmente é porque a primeira exigência é a de que deveria haver espaço para as coisas. Em outras palavras, ele compartilha a crença comum de que todas as coisas estão em algum local – ou seja, em algum lugar. E se os lugares são assim, então eles seriam realmente notáveis e importantes, já que esse é um pré-requisito para as outras coisas existirem, mas cuja existência de quem não depende de outras coisas, tem de ser principal. O que queremos dizer é que o lugar não é destruído quando os objetos que ele contém o são."

Aristóteles, traduzido por Waterfield– *Physics* (cerca de 340 a.C.), 1996, p. 79.

Epílogo

A estrutura oferecida neste livro para a análise da arquitetura não é completa. São muitas as estratégias que ainda precisam ser identificadas e exploradas; e muitas mais a serem inventadas. A arquitetura é uma atividade criativa, depende das mentes que tentam entender seus contextos e desenvolvem ideias sobre como o mundo pode ser mudado, organizado de maneira diferente de acordo com vários critérios e posturas. Em qualquer atividade criativa, há um jogo entre a originalidade e a adoção e reinterpretação de ideias que já foram utilizadas. Mesmo os arquitetos mais originais exploram ideias usadas por outros antes deles.

Por exemplo: Le Corbusier – frequentemente considerado um dos arquitetos mais originais do século XX – utilizou inúmeras ideias emprestadas de outros: desde as elementares, como pisos, paredes, portas e coberturas, até as mais sofisticadas, como a estratégia de paredes paralelas, a estratificação e as transições. Em muitos casos, sua originalidade pode ser descrita como uma reinterpretação e reutilização criativa de ideias preexistentes, em vez da invenção de ideias novas.

Todavia, ao estudar os produtos da criatividade intelectual, entre os quais podemos encontrar (em diferentes exemplos) respostas similares a desafios similares, bem como ideias emprestadas, também devamos comemorar as contribuições feitas pela imaginação, que às vezes se liberta dos cânones de ideias preestabelecidas. Este livro está voltado para as ideias frequentemente encontradas na análise de obras de arquitetura. Ao fazê-lo, não busca eliminar o papel da imaginação na arquitetura, mas sim fornecer uma base a ela.

Sei que não tive espaço para incluir algumas estratégias neste livro e sei, também, que há muito trabalho a ser feito com relação a muitos dos temas que incluí. Cada capítulo, cada elemento básico ou modificador, pode ser tema de um estudo próprio. Um livro de minha autoria, *An Architecture Notebook: Wall* (Routledge, 2000), publicado alguns anos após a primeira edição da *Análise da Arquitetura*, discute a importância das paredes com muito mais detalhes do que foi possível aqui; mesmo assim, não vai muito além da superfície. O mesmo acontece com *Doorway* (Routledge, 2007), que apenas começa a abrir caminho para as muitas dimensões desse elemento de arquitetura aparentemente simples e rudimentar – a porta. Há mais a dizer, por exemplo, sobre as variadas maneiras pelas quais a geometria contribui para a identificação de um lugar; as sutilezas da estratégia de paredes paralelas não foram exauridas aqui; é necessário desenvolver a compreensão do conceito de "lugar"; e assim por diante.

O objetivo deste livro era abrir um campo de pesquisa, em vez de fornecer um relato completo. As áreas paralelas que vêm à mente são as da linguística e da musicologia, que estudam as estruturas fundamentais da linguagem e da música – duas atividades criativas.

Este livro tratou de algumas estratégias básicas de organização da arquitetura, e não da aparência estilística. Os estilos históricos de arquitetura são de interesse e têm importância, como mostram os muitos livros sobre arquitetura que tratam desse tema. Este livro, porém, mostrou que existe uma "linguagem comum" de arquitetura utilizada por arquitetos que trabalham com diferentes estilos. Muitas das ideias de arquitetura apresentadas neste livro têm sido, ao longo da história, revestidas com variados estilos, desde o desadornado e simples até o extremamente complexo e ornamental. Por exemplo: a estratégia de paredes paralelas é o princípio organizacional básico compartilhado por edificações de muitos estilos diferentes. Ela foi usada pelos antigos egípcios, minoicos, troianos, gregos, romanos e outros; por arquitetos medievais, renascentistas, gótico-vitorianos, classicistas vitorianos, do movimento Artes e Ofícios, e modernistas; bem como em edifícios do Oriente Médio, Índia, China, Japão e América do Sul. Mesmo assim, a estratégia das paredes paralelas conserva seus poderes, independentemente do estilo.

* * *

O que me levou a esse campo de pesquisa foi o fato de perceber que a arquitetura é, antes de tudo, a identificação de um lugar. Discutimos isso em detalhes no primeiro capítulo; no entanto, embora nem sempre seja mencionado, isso também pode ser visto como um fundamento de todo o resto. O objetivo dos elementos básicos não é apenas ser um lugar, mas identificar um lugar; os efeitos das diferentes posturas associadas com o "templo" e a "cabana" são identificar lugares de modos diferentes; o poder das seis direções e um centro é a identificação de um lugar; a finalidade da organização de espaços – por meio da estrutura, de paredes paralelas, em camadas estratificadas ou em hierarquias com transições e núcleos – é identificar lugares.

Isso é uma chave tanto para o projeto como para a análise de arquitetura. Se pensarmos a arquitetura como projetar (ou dar um estilo a) "edificações", projetamos de uma maneira; se a pensarmos como identificação de lugares, projetamos de outra. Com a identificação de lugares em mente, a atenção passa da forma tangível para a habitação. Na última, a "edificação" não é vista como um fim por si só, mas como um meio para se chegar a um fim. Tal pensamento não é novo, mas permanece significativo (e, às vezes, subestimado). Pode ser encontrado, com diversos graus de clareza, na maioria dos textos inclusos na lista de leituras complementares disponível no final deste livro.

É um pensamento que, aparentemente, deve ser relembrado periodicamente, porque pode ser evasivo ou perder-se com facilidade sob uma série de preocupações que parecem mais urgentes. A prática da arquitetura está tão sobrecarregada por pressões comerciais que esse núcleo silencioso e aparentemente pouco exigente de sua "razão de existir" pode, muitas vezes, ser ignorado.

Ao longo da história, outros fatores ajudaram a colocar a condição da "arquitetura como identificação de lugar" entre as últimas prioridades. Eles se somam à tendência comum de achar mais fácil pensar em termos do tangível – como as edificações – que do intangível – como lugares.

O primeiro fator é a sugestão, implícita em muitos textos, de que a palavra "arquitetura" pode estar limitada a uma classe especial de edificações. Isso é dito explicitamente na famosa declaração de Nikolaus Pevsner: "Um depósito para bicicletas é uma edificação; a Catedral de Lincoln é uma obra de arquitetura".*
Pensar assim pode ser satisfatório para um historiador da arquitetura, porque está relacionado a uma qualidade percebida, mas apenas confunde a definição da *atividade* da arquitetura.

Ao pensar na arquitetura como identificação de lugar, pisamos em um terreno mais firme. Tanto o depósito para bicicletas quanto a catedral são obras de arquitetura na medida em que são constituídos por elementos compostos para identificar lugares, embora possam ter características e qualidades diferentes: o depósito identifica um lugar para guardar bicicletas, a catedral, um lugar para o culto. As pessoas responsáveis por ambos são "arquitetos", ainda que uma delas possa, de alguma maneira, ser mais apta (ou mais qualificada) que a outra. Se pensarmos na arquitetura como identificação de lugar, todos nós somos arquitetos até certo ponto. Distribuir os móveis na sala de estar é arquitetura; organizar uma cidade ou montar acampamento em uma praia também. A diferença é de grau – e, em escalas diferentes, existem diferentes níveis de responsabilidade.

Em alguns países, a legislação estabelece que as responsabilidades do ato de edificar – na medida em que envolvem conhecimento técnico, bem como problemas contratuais e a movimentação de grandes somas de dinheiro – deve estar a cargo apenas de pessoas com qualificações específicas que as tornam profissionais. Em alguns casos, inclusive no Reino Unido, o título de "arquiteto" é protegido por lei. No entanto, há outra justificativa para a arquitetura ser uma profissão – e também é mais fácil entendê-la se pensarmos na arquitetura como identificação de lugar. São os arquitetos que, por definição (independentemente de terem ou não o direito legal de se denominarem assim), organizam o mundo em lugares para viver e trabalhar. Trata-se de uma responsabilidade equiparável àquela que têm os envolvidos na medicina, no direito e na religião. Existe um nível em que todos lidam com suas próprias preocupações (como na saúde, no litígio e nas crenças espirituais), mas também existem níveis em que as questões podem ser complexas e exigem a formação, a experiência e o comprometimento de pessoas que aceitam a responsabilidade profissional.

Um segundo fator que colocou a "arquitetura como identificação de lugar" no final da agenda intelectual foi o fascínio consciente, em algumas correntes da teoria, pela noção oposta: a ideia de arquitetura "sem lugar".

* Nikolaus Pevsner – *An Outline of European Architecture*, 1945, p. xvi.

Não há espaço suficiente aqui para acompanharmos essa corrente em detalhes, porém, Oswald Spengler, em seu livro *The Decline of the West* (1918), a reconheceu e descreveu como uma preocupação com "o infinito". Ela também ficou evidente no interesse de Mies van de Rohe pelo "espaço universal" e foi concretizada em muitos empreendimentos urbanos "contrários à rua" entre as décadas de 1920 e 1970. Em 1931, o arquiteto sueco Erik Gunnar Asplund fez uma palestra em que apresentou um desses empreendimentos, declarando, de modo triunfante, que "O LUGAR É SUBSTITUÍDO PELO ESPAÇO!".

O terceiro fator que tem ido contra a "arquitetura como identificação de lugar" é a tecnologia. Em parte, isso acontece porque as pessoas tendem a se concentrar mais na maneira como as edificações são construídas que em sua contribuição para identificar os lugares – e também porque muitos lugares primitivos se tornaram redundantes. A "lareira", por exemplo, deixou de ser um lugar essencial em muitas casas; atualmente, o aquecimento costuma ser fornecido por um aquecedor, possivelmente escondido em um armário, e o calor é distribuído por meio de tubos e radiadores. Desde seu período áureo na época dos faraós, o "túmulo" vem se tornando aos poucos quase que totalmente irrelevante no repertório da arquitetura. A "feira" foi substituída pela loja, mas até mesmo esta é ameaçada pelo telemarketing e pela Internet. Os exemplos mais significativos talvez sejam o púlpito, o belvedere e o palco, que foram suplantados pela televisão, o que permite que políticos discursem em nossas salas de estar, que espectadores enxerguem a grandes distâncias (inclusive a lua e planetas do sistema solar) e que espetáculos sejam assistidos praticamente de qualquer lugar.

Referente a isso, temos o grande aumento na prevalência da imagem emoldurada. Como vimos no capítulo *Arquitetura como Arte de Emoldurar ou Delimitar*, a imagem bidimensional de uma obra de arquitetura, inserida em uma moldura com quatro lados, não nos permite percebê-la como um lugar ou série de lugares. Isso acontece com pinturas, fotografias, filmes ou imagens na televisão. Mesmo quando a fotografia passa uma ilusão de três dimensões, mesmo quando ela inclui movimento, a moldura diminui a experiência de lugar. Entretanto, tais imagens talvez sejam a maneira mais comum de visualizar as obras de arquitetura; são poucas as edificações que podemos vivenciar de verdade; a maioria – especialmente as que os arquitetos são conclamados pelos críticos a imitar – é vista como imagens emolduradas. O efeito disso é reforçar a importância percebida da aparência visual nas obras de arquitetura (e até mesmo na composição pictórica), diminuindo ainda mais a importância da identificação de lugares.

Provavelmente, também é verdade que os arquitetos envolvidos com projetos grandes se preocupam mais com a possibilidade de o telhado ter goteiras (ou

---

Para mais informações sobre Asplund:
E.G. Asplund – "Var arkitoniska rumsuppfattning", em *Byggmästeren: Arkitektupplagan*, 1931, p. 203–10, traduzido para o inglês por Simon Unwin e Christina Johnsson como "Our Architectural Conception of Space", em *ARQ (Architectural Research Quarterly)*, Volume 5, Número 2, 2001, p. 151–60.
(Nesta versão, a declaração foi traduzida como "The enclosed room gives way to open space" ["O recinto fechado é substituído pelo espaço aberto"].)

questões similares relacionadas ao desempenho da vedação de uma edificação) ou de fazer com que o cliente entre em uma disputa jurídica cara (talvez contra eles próprios) e menos com o fato de estarem criando bons lugares; ao menos, tais preocupações devem parecer mais imediatas e com maior potencial de gerar problemas pessoais para os arquitetos ou, na pior das hipóteses, arruinar suas vidas.

Preocupações com a construção, com o desempenho, com questões jurídicas e contratuais podem facilmente ocupar todo o tempo do arquiteto, impedindo-o de se dedicar a questões que podem ser imediatamente (porém, equivocadamente) descartadas por parecerem não ter valor – no caso, as questões relacionadas à identificação de lugares.

A arquitetura de lares, túmulos, lojas, escolas, bibliotecas, museus, galerias de arte, salas de reunião, locais de trabalho, escritórios, etc., é desafiada por avanços tecnológicos que complicam e confundem as questões de lugar. Todavia, isso não significa que a ideia de lugar já não seja relevante. Como a linguagem, a arquitetura está sempre mudando; novos tipos de lugares surgem, enquanto outros se tornam redundantes. Hoje, a arquitetura precisa considerar tipos de lugares que não eram pertinentes até um passado relativamente recente: lugares para televisores, para computadores, para esqueitistas; aeroportos; caixas eletrônicos; rodovias. No entanto, são muitos os tipos de lugares primitivos que permanecem relevantes: lugares para dormir, cozinhar, comer, caminhar, cultivar plantas, reunir-se com pessoas e assim por diante.

* * *

Todas essas questões indicam parte da natureza das bases teóricas em que este livro se baseia. Seu principal objetivo, porém, é mostrar que a arquitetura, seus produtos e suas estratégias podem estar sujeitos a análises dentro de uma estrutura conceitual consistente. Isso não quer dizer que a estrutura inteira seja compreendida nem que seu alcance seja finito. Tampouco sugere que todos os temas que foram descritos e discutidos aqui sejam relevantes para cada obra de arquitetura que já existiu ou se apliquem a cada nova obra de arquitetura que venha a ser proposta.

É aparente que, ao longo da história, movimentos de arquitetura diferentes e arquitetos individuais diferentes tiveram preocupações diferentes. No campo criativo da arquitetura, temas distintos podem ter valores distintos, seja de modo independente ou relativo. Um arquiteto ou movimento pode se concentrar na relação entre espaço e estrutura, outro talvez ressalte as maneiras como a geometria social influencia a organização das edificações, tornando o poder de ordenamento da estrutura algo menos prioritário; um pode explorar os poderes das seis direções e um centro, outro talvez prefira subvertê-los; um pode tentar se concentrar nos elementos modificadores da arquitetura – luz, som, tato –, outro talvez esteja mais interessado nos poderes formais dos elementos básicos – parede, coluna, cobertura.

Alguns estão mais interessados, evidentemente, na maneira como sua obra é promovida pela imprensa. As trocas são infinitas.

A arquitetura não é uma questão de sistema, mas sim de julgamento. Como escrever peças de teatro, compor música, criar leis ou até mesmo conduzir investigações científicas, a prática da arquitetura está sujeita à motivação, à visão e ao interesse. É uma atividade criativa que acomoda visões diferentes e variadas acerca da relação interativa entre as pessoas e o mundo ao seu redor.

Por essa razão, a arquitetura também é um campo político e comercial. É político na medida em que não existem respostas "certas" ou "erradas", mas respostas que são ou não preferidas; o "favorecimento" fica a cargo daqueles que têm mais poder. E é comercial na medida em que as obras de arquitetura precisam sobreviver em um mercado consumista – um novo edifício é como um produto recém-lançado; seu sucesso ou fracasso depende de os "consumidores" "gostarem" ou não. Isso, por sua vez, leva ao debate sobre quem são os "consumidores" da arquitetura.

Apesar da inquietante complexidade das formas como pode ser feita e da incerteza das condições em que é feita, a arquitetura enquanto atividade criativa *é* suscetível a um entendimento lógico. Por meio de exemplos, seus poderes podem ser compreendidos e assimilados para utilização no projeto.

Se considerarmos a arquitetura não em termos de *coisas* materiais (objetos, edificações) – não como um catálogo de tipos formais ou uma classificação de estilos ou tecnologias de construção –, mas em termos de *estruturas de referência de como fazer* (que é outro tema para os assuntos explorados neste livro), talvez consigamos construir um sistema de análise que seja consistente, não restringente; um que permita que a mente criativa aprenda com obras de arquitetura do passado e gere ideias para o futuro. A arquitetura não deve ser limitada por classificações que lidem apenas com o que *existe* ou *já existiu*; sempre haverá a possibilidade de novas maneiras de identificar lugares. A vitalidade da arquitetura depende da invenção e da aventura. Entretanto, qualquer campo de atividade humana – música, direito, ciência – precisa de uma base de conhecimento que possa ser apresentada aos estudantes da disciplina como uma base sobre a qual consigam construir e desenvolver. A arquitetura não é diferente.

Estudos de caso

"É evidente que a matéria-prima à disposição do artista tem sido constante (sob um ponto de vista realista) desde o início dos tempos: o mundo natural, acessível aos sentidos da visão, audição e tato. Mas também é evidente que os usos que o homem tornou comum no seu repertório são tão infinitos que ele, de fato, desintegrou esse mundo público, como poderíamos chamá-lo, e o transformou em tantos mundos privados quanto as mentes que os percebem. De certa forma, é claro, todos nós fazemos isso; com base em nossa experiência limitada, criamos um universo limitado de acordo com nosso entendimento e adequado às nossas necessidades. Sabemos disto e o aceitamos sem imaginar que nosso mundo particular não é interessante para ninguém mais, exceto para nós mesmos. Porém, o artista inicia pelo pressuposto de que os outros querem compartilhar o seu mundo, e ele passa a se comunicar por meio de sua arte. Ao fazê-lo, ele cria um mito. Tal mito é um ato de fé: significa ser entendido como realidade, nunca como uma ficção "artística"; não é uma parábola ou uma alegoria."

Roger Hinks – *The Gymnasium of the Mind*, 1984, p. 13.

Estudos de caso – Introdução

Os 10 *Estudos de Caso* a seguir foram incluídos por diferentes razões. Em primeiro lugar, são uma forma de reunir as linhas das explorações analíticas da arquitetura realizadas nos capítulos anteriores por meio do estudo de exemplos individuais de acordo com vários dos temas de análise identificados. Em segundo lugar, representam uma oportunidade de avaliar a aplicabilidade dos métodos analíticos sugeridos nos capítulos anteriores. (Quanto a isso, acredito que é importante não tratar os capítulos anteriores como uma "lista de conferência" para fins de análise, mas sim como inspirações que podem ajudar a determinar a arquitetura geradora intrínseca de qualquer exemplo.) Em terceiro lugar, ilustram congruências inesperadas entre edificações que, à primeira vista, podem parecer muito diferentes. Até certo ponto, isso sustenta a observação de que há uma "linguagem comum" da arquitetura que está por trás e fundamenta diferenças superficiais nos estilos e nas aparências das edificações. Em quarto lugar, alguns casos estudados mostram as maneiras como os arquitetos usaram suas próprias análises, de edifícios que encontraram ou estudaram, para embasar projetos próprios. Isso sustenta a afirmativa, feita no início deste livro, de que todos os arquitetos podem se beneficiar (aumentando sua versatilidade e fluência na "linguagem comum" da arquitetura) a partir da análise de obras alheias, especialmente por meio do desenho. E, em quinto lugar, estes *Estudos de Caso* oferecem-me a oportunidade de desenhar um pouco mais e mostrar-lhes mais algumas edificações.

Estudo de caso 1 – Casa da Idade do Ferro

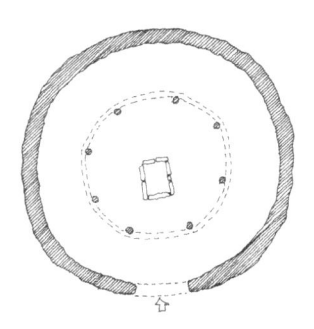

A casa redonda do Castell Henllys é uma fogueira cercada por uma parede e com cobertura cônica. O anel de colunas ajuda a sustentar a cobertura, mas também divide o espaço da casa em área central e espaços secundários periféricos.

Mais informações sobre o Castell Henllys:
www.castellhenllys.com/english/castellhenllys.htm

Na Idade do Ferro, as casas tinham, em geral, planta circular, com coberturas cônicas provavelmente com sapé sustentado por uma trama de varas rústicas. Esse exemplo foi reconstruído, sobre as fundações originais, no interior de um forte sobre uma colina, chamado Castell Henllys, no oeste do País de Gales. Por essa razão, sua construção e o leiaute interno são, em parte, resultado de especulações bem-embasadas feitas por arqueólogos que estudaram o terreno. Não obstante, a plausível forma reconstruída mostra algumas estratégias de arquitetura básicas que retêm, hoje, tanto potencial para identificar um lugar quanto devem ter tido milhares de anos atrás.

A identificação de lugar

Conceitualmente, a casa "começa" com a fogueira, cercada por uma parede e uma cobertura que fecham o círculo de presença e protegem os habitantes do clima (ao lado). A planta circular não parece ter derivado do interesse na geometria ideal por um círculo "perfeito", mas talvez tenha sido construída como a forma menos artificial de separar um lugar do restante – o interior do exterior. A impressão é de que a fogueira foi cercada por uma parede assim como poderíamos circular um parágrafo no jornal usando uma caneta vermelha, destacando-o e diferenciando-o do restante da página. É o mesmo arranjo do *henge* (ou círculo de pedras verticais ou dolmens), que pode ter tido um altar, e não uma fogueira, como foco. A casa não possui janelas – a única luz entraria pela porta. A casa escura seria, principalmente, um refúgio do mundo externo, um lugar protegido para dormir, um ponto de referência para que seus habitantes soubessem onde estavam – em casa ou soltos no mundo.

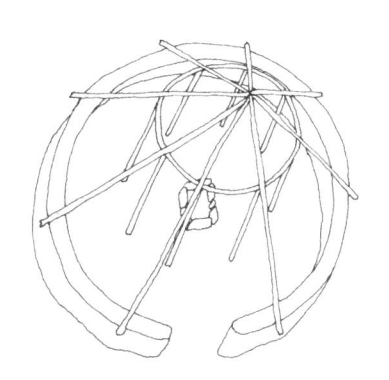

A geometria social e a geometria da construção

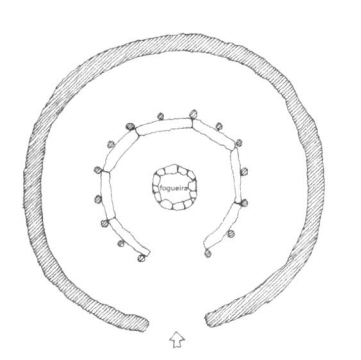

A planta circular também corresponde à geometria social de um grupo de pessoas vivendo juntas ao redor de uma fogueira. No Castell Henllys, uma casa redonda similar foi reconstruída como uma "câmara dos conselheiros" (à esquerda), com um círculo de bancos de costas para o círculo de colunas que sustentam a cobertura, distribuídos em torno da fogueira centralizada. Tal arranjo sugere uma forte harmonia entre a planta da edificação e seu uso social.

Essa harmonia fica mais forte se considerarmos a geometria da construção. A planta circular se presta bem a uma cobertura cônica (topo da próxima página). É difícil decidir se a cobertura cônica produziu a planta circular ou se foi uma solução para o problema de cobrir uma planta circular, já que funcionam tão bem juntas.

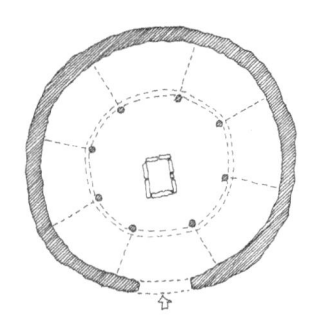

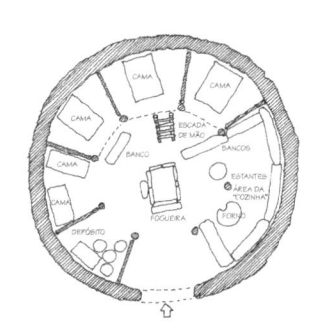

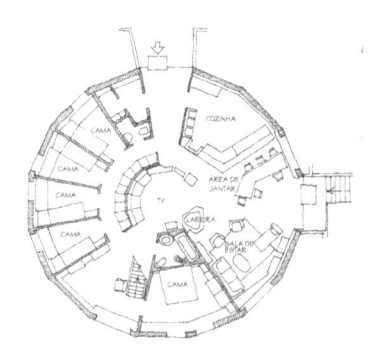

Os elementos estruturais de madeira (troncos rústicos de árvores jovens) foram distribuídas como as varas de uma tepi, a tenda cônica dos índios norte-americanos. Devido ao seu comprimento, essas madeiras precisam de suporte extra no ponto intermediário, aproximadamente, para evitar o arqueamento. O suporte é fornecido pelo círculo interno de colunas, que sustentam um anel de madeiras que também suportam caibros adicionais, não mostrados no desenho. (Também sugerem a posição dos bancos circulares na chamada câmara dos conselheiros.)

Espaço e estrutura

Dentro da casa redonda, os espaços também são distribuídos na forma sugerida pelo círculo interno de colunas estruturais, mas diferindo da edificação que abrigava a câmara dos conselheiros. Aqui, sugerem a divisão do espaço periférico em oito segmentos, sendo que um deles é ocupado pela entrada, fazendo a transição do exterior para o interior (acima no meio). Na reconstrução do Castell Henllys, os outros segmentos foram destinados a diferentes propósitos: um para depósito; quatro como dormitórios separados por paredes; e dois unidos, como uma área de cozinha sem paredes (acima à direita). Acima dos dormitórios foi construído um sótão, com piso sustentado pelas madeiras da cobertura e pelo anel interno de colunas estruturais (veja o corte, abaixo à direita). Esse sótão é acessado por uma escada de mão. Como acontece na câmara dos conselheiros, há uma forte harmonia entre a ordem estrutural da casa e a organização interna dos espaços.

Elementos que desempenham mais de uma função

É possível dizer que vários componentes da moradia cumprem mais de uma função: a porta dá acesso, mas também fornece luz e ar; as paredes protegem do clima, mas também podem ter sido usadas como superfícies para pintar; as madeiras da cobertura sustentam a cobertura, mas provavelmente eram utilizadas também para se pendurar coisas. É provável, no entanto, que o componente com mais funções seja o anel central de colunas. Pode-se dizer que está cumprindo (na arquitetura) no mínimo cinco ou seis funções ao mesmo tempo: ajudando a sustentar a cobertura; sustentando o sótão; dividindo a zona periférica em oito segmentos com fins próprios; e reforçando o círculo de presença e geometria social ao redor da fogueira. As posses, como escudos e peles, eram penduradas nele.

Esta é uma moradia simples – podemos dizer primitiva –, mas que consegue ilustrar alguns poderes significativos da arquitetura – o poder de definir, fechar e proteger; o poder de estruturar a vida e as relações sociais – e apresenta a forte ressonância entre a vida e a forma.

Nesta casa do século XX (acima), a distribuição dos espaços é praticamente idêntica à da casa redonda do Castell Henllys. A Casa Engstrom foi projetada por Ralph Erskine e construída na Ilha Lisö, na Suécia, em 1955. Em vez de ser cônica e ter cobertura de sapé sustentada por uma estrutura de madeira, a casa de Erskine é hemisférica e formada por chapas de aço curvas sustentadas por uma estrutura de aço. A Casa Engstrom tem 16 segmentos, não oito, e também é um pouco maior do que a moradia do Castell Henllys. Ainda assim, é organizada de forma similar ao redor de uma lareira quase central (mais a televisão), cercada por dormitórios segmentados divididos por paredes radiais, e com uma cozinha com planta livre.

Mais informações sobre a Casa Engstrom: Peter Collymore – *The Architecture of Ralph Erskine,* 1985, p. 68–9.

Este corte da casa redonda mostra o pavimento superior, com a escada de mão para acesso.

Estudo de caso 2 – Vila Real, Cnossos

Este desenho em perspectiva mostra o lugar do trono separado do salão principal por degraus, mureta e coluna.

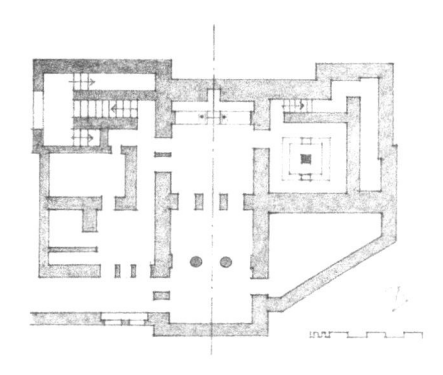

A planta da Vila Real mostra como a distribuição dos elementos de arquitetura enfatiza o trono como ponto focal da composição.

Mais informações sobre a Vila Real de Cnossos: J.D.S. Pendlebury – A Handbook to the Palace of Minos at Knossos, 1935.

Com frequência, a arqueologia oferece exemplos mais claros dos poderes espaciais fundamentais da arquitetura, em comparação com aquilo que fica evidente em edifícios mais recentes. O desenho ao lado mostra o interior de uma edificação conhecida como Vila Real, perto das ruínas do antigo palácio minoico de Cnossos, na Ilha de Creta. Muito menor do que o palácio principal, ela está isolada e encravada em uma colina do solo rochoso. A Vila Real foi construída cerca de 3.500 anos atrás (talvez mil anos antes da casa da Idade do Ferro do *Estudo de Caso 1*). A ilustração abaixo é uma planta da vila, parcialmente reconstruída por arqueólogos do início do século XX.

Não se sabe para que servia o edifício nem como era usado exatamente. Embora possa ser interpretada de diferentes maneiras, a arquitetura acaba fornecendo algumas pistas. Em alguns casos, os edifícios parecem ter sido projetados para acomodar cerimônias e rituais específicos. É evidente, por exemplo, que o espaço central da Vila Real – o mégaron –, que é quase simétrico em relação a um eixo central, justapõe um foco – o nicho no salão oeste, onde foram encontrados fragmentos de um trono – a um salão onde pessoas se reúnem. É uma forma clássica, cujas variações são encontradas em templos do Egito Antigo (anteriores a Cnossos), em igrejas e mesquitas, e em muitas outras edificações usadas em cerimônias e ocasiões formais. Observe como é diferente da forma circular da "câmara dos conselheiros", reconstruída por arqueólogos no Castell Henlly; onde o círculo social sugere certa igualdade (é possível que o chefe se sentasse em frente à porta). O leiaute da Vila Real sugere, claramente, o domínio de uma única pessoa que se sentava no trono.

A identificação de lugar

A Vila Real ilustra muito bem a forma como a arquitetura identifica lugares; em especial, como ela cria um ponto de referência e estabelece as regras espaciais para uma forma de relação particular, seja entre uma pessoa de alto status e os suplicantes, entre um objeto de culto e seus adoradores, ou entre o mestre de cerimônias e os participantes de um ritual. No caso da Vila Real, as interpretações arqueológicas parecem concordar que o edifício era um instrumento para enaltecer uma pessoa – talvez o próprio Rei Minos, mas, provavelmente (já que a vila está afastada do palácio principal) um de seus nobres ou uma alta sacerdotisa do palácio – e administrar a interação entre essa pessoa de poder e os cidadãos menos importantes que desejavam que algum caso fosse julgado, ou alguma oração ou petição, ouvida. Também é possível que o prédio tenha sido um santuário, um fórum para audiências jurídicas ou mesmo uma capela para casamentos (!). O leiaute formal serviria para qualquer uma dessas atividades cerimoniais.

À esquerda, temos um corte esquemático da parte inferior da Vila Real. Os pavimentos superiores são mostrados apenas em parte (pois não chegaram vestígios até nós). O corte mostra como as aberturas voltadas para o céu podem ter fornecido luz para lugares específicos, além de ar para ventilar o mégaron. (Também mostra um conselheiro sussurrando para o rei!) A parede alta à direita é uma especulação dos arqueólogos. Se não estivesse ali, ou fosse mais baixa do que isso, o aspecto do mégaron seria muito diferente. Dessa forma, o interior é fechado e possivelmente claustrofóbico. Se fosse mais baixa ou não estivesse ali, o rei, sentado no trono, poderia ver a paisagem. Outros exemplos, como o mostrado na p. 105, sugerem que a relação entre apartamentos de alto status e a paisagem era importante para os minoicos. Eles gostavam de enxergá-la através de um, dois ou mesmo três conjuntos de colunas.

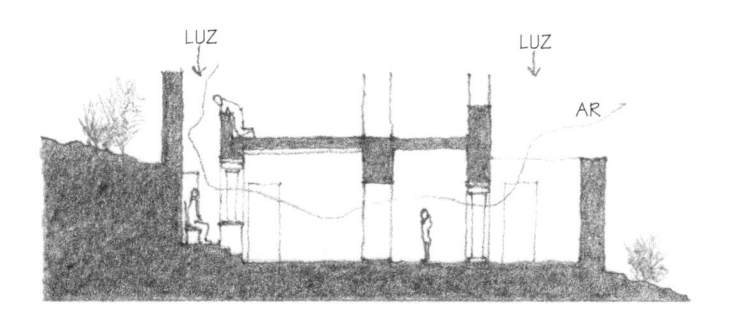

Elementos básicos e modificadores

A edificação usa um vocabulário bastante simples de elementos de arquitetura: parede, corredor, porta, cobertura, plataforma, coluna. Na verdade, parece que uma das colunas era especial; ela está no centro daquilo que os arqueólogos chamam de "Cripta do Pilar", que é o cômodo quadrado à direita do mégaron, na planta. Circundada (ou melhor, "enquadrada") por um canal com duas cistas, ou tanques pequenos, rebaixadas no piso aparentemente para a coleta de líquidos, a coluna era – acredita-se – utilizada para rituais; outras criptas de pilares foram encontradas na arquitetura minoica. Fora isso, os elementos básicos mais interessantes são: a plataforma que coloca o trono em um nível mais alto, separada do salão por uma mureta baixa com duas colunas que sustentam a cobertura; e os outros dois pares de colunas que definem camadas de espaço entre a entrada e o trono. A estratégia de paredes paralelas é usada em todos os lugares (com exceção da parede diagonal no canto direito inferior da planta, que pode ter definido um pátio sem cobertura) devido à sua simplicidade estrutural. A perspectiva das paredes laterais paralelas do mégaron ajuda a enfatizar o trono.

A clareza do som provavelmente era importante para esta edificação – para que o juiz, o rei ou a sacerdotisa pudesse ouvir os suplicantes –, o que não deve ter sido um problema considerando-se o tamanho reduzido do prédio e o fato de haver poucos ruídos externos (talvez uma ou duas cabras). Entretanto, alguns arqueólogos acreditam que a abertura acima do trono servia para permitir que conselheiros escondidos no pavimento superior ajudassem o juiz a tomar suas decisões (veja o corte esboçado acima). Há outros exemplos de edifícios com finalidades similares, que tinham um duto para que o som chegasse a lugares ocultos (nos templos malteses antigos, por exemplo); ainda hoje, políticos mantêm seus conselheiros por perto.

Os principais elementos modificadores encontrados na Vila Real são a luz e a ventilação. Os arqueólogos acreditam que a abertura acima do trono deixava passar luz, além de som, para que o juiz ou sacerdotisa fosse iluminado de cima quando estava sentado no trono. Alguns relatos também sugerem que a parte mais externa do salão, fora do par de colunas circulares, era um poço de luz separado da paisagem por uma parede. São muitos os fatores que ajudam a interpretar essa parte do edifício. Como em muitos templos gregos posteriores, a sala do trono está orientada para o leste, na direção do sol que nasce por cima da montanha, no outro lado do vale; não se sabe se a luz da manhã tinha alguma importância para a Vila Real. Além disso, um suplicante parado na parte mais externa do salão estaria mais visível para o juiz, sentado no trono, do que se a iluminação viesse do céu. A ventilação cruzada que seria fornecida pelas aberturas nas duas extremidades do mégaron é igualmente importante.

É possível que a Vila "Real" acomodasse os aposentos onde uma das sacerdotisas das cobras minoicas executava os ritos sagrados. Talvez as cobras ficassem na Cripta do Pilar. A verdade por trás dessas especulações é mais importante para os arqueólogos que para os arquitetos. Para os arquitetos, o importante é compreender a gramática de edificações como a Vila Real, e como ela pode ser usada.

Em Os Irmãos Karamazov, *Dostoievski descreve uma cena em que o "ancião" de um monastério vai à varanda do eremitério para ouvir as queixas de um grupo de mulheres: "Cerca de 20 camponesas agrupadas... Perto da varanda de madeira construída na parte de fora do muro do eremitério. Disseram-lhes que os anciões sairiam afinal e haviam se reunido, ansiosos... Ao aparecer na varanda, o ancião encaminhou-se, primeiramente, direto para as camponesas, paradas em torno dos três degraus que levavam à varanda rebaixada. O ancião parou no degrau de cima, colocou sua estola, e começou a abençoar as mulheres agrupadas ao seu redor. Levaram uma 'esganiçada' até ele, segurando-a em ambas as mãos. Assim que o viu, a doente começou repentinamente a soluçar, berrar de maneira absurda e tremer o corpo inteiro, como se estivesse sofrendo uma convulsão. Após colocar a estola sobre a cabeça dela, o ancião fez uma breve oração, e ela silenciou e acalmou-se de imediato".*
A arquitetura dessa cena (abaixo) é parecida com a da Vila Real, mas talvez um pouco menos formal, com o ancião saindo do interior para se posicionar sobre uma plataforma elevada, no topo de um pequeno lanço de degraus, para abençoar aqueles que vieram em busca de conforto. Cenas assim são comuns em culturas de todo o mundo e parecem ter raízes antiquíssimas. Na Vila Real, porém, o "juiz" não aparecia na plataforma, mas subia até ela vindo do nível geral do salão.

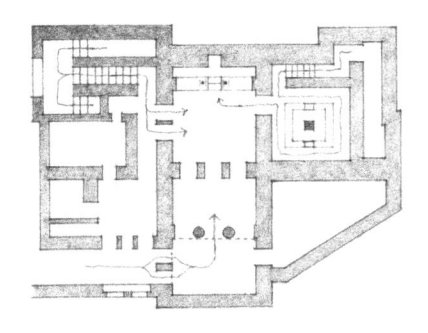

Transição, hierarquia, núcleo

A Vila Real tem um núcleo bastante claro – o foco do trono e o espaço bem em frente a ele. Todos os percursos existentes no interior da edificação levam a esse ponto (acima). Parece haver três – dois vindos de cima e um vindo de fora. Alguns intérpretes desta edificação sugerem que, como a vila foi construída contra uma colina, a entrada principal usada por seus habitantes estava no pavimento superior (o intermediário). Os apartamentos acima podem ter recebido um pouco de vento nos quentes verões de Creta. Um dos dois percursos que vêm de cima passa pela Cripta do Pilar; o outro, que desce por uma escada mais importante (um lanço único se torna duplo em um patamar intermediário), entra por uma ala que contém acomodações de apoio, quem sabe uma banheira e uma latrina. Uma das interpretações dadas a tal arranjo é que o juiz descia de seus aposentos particulares pela Cripta do Pilar, onde se preparava para receber os suplicantes ou solicitantes, possivelmente passando por um ritual (envolvendo a lavagem dos pés na água contida no canal do piso ou, talvez – algo mais grotesco – um sacrifício, com o sangue sendo coletado nas cistas). Enquanto isso, os sacerdotes ou oficiais secundários desceriam pela outra escada. Os suplicantes provavelmente esperavam do lado de fora, ou no corredor, antes de entrar para a audiência. Percebe-se que não podiam entrar pelo eixo do juiz, mas sim pela lateral. Havia portas duplas nas três aberturas entre os pilares retangulares, mas acredita-se que serviam apenas para fechar o mégaron quando esse não estava sendo usado, não sendo empregadas para efeitos dramáticos.

Como um tabuleiro de jogo, este pequeno edifício é um exemplo claro de como a arquitetura pode estabelecer as regras das relações entre os vários participantes de uma cerimônia: o juiz e o suplicante; o juiz e seus conselheiros. A arquitetura estabelece e enfatiza as relações entre as pessoas envolvidas. Ela também dá o tom e a atmosfera considerados apropriados para a cerimônia.

Estudo de caso 3 – Llainfadyn

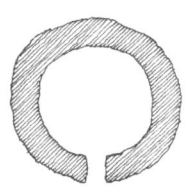

Llainfadyn é uma pequena casa que foi removida da localidade original e reconstruída no Museum of Welsh Life em Saint Fagans, perto de Cardiff. Foi construída originalmente no século XVIII como a moradia do trabalhador de uma pedreira, perto da aldeia de Rhostryfan, no noroeste do País de Gales. Hoje, é admirada pelos visitantes do museu, que apreciam o estímulo dado a vários sentidos ao mesmo tempo em que acreditam estar vendo mais ou menos como as pessoas viviam no passado. À primeira vista, a casa parece ser uma edificação simples, mas sua arquitetura possui algumas sutilezas, e foi usada diversas vezes como exemplo nos capítulos anteriores deste livro. (Uma ilustração de seu interior pode ser encontrada na página inicial destes *Estudos de Caso*.)

A identificação de lugar e os elementos básicos

Uma das maneiras mais poderosas e incontroversas de identificar um lugar é cercá-lo por paredes sobre as quais repousa uma cobertura, separando-o de todo o resto. Imagine o que uma pessoa sente ao passar de uma paisagem aberta para o interior de qualquer cela pequena. Fora, estamos expostos ao céu, ao clima, à luz do sol, a outras pessoas; no interior, estamos protegidos, isolados, abrigados. As celas são onipresentes, de tal modo que quase não conseguimos reconhecer seus poderes conscientemente. As formas como as paredes compartimentam a vida em cômodos e as coberturas que a protegem geralmente são consideradas como indiscutíveis; mas as celas constituem uma das maneiras mais fortes como a mente pode modificar suas condições em benefício do corpo e do bem-estar. Inspiradas

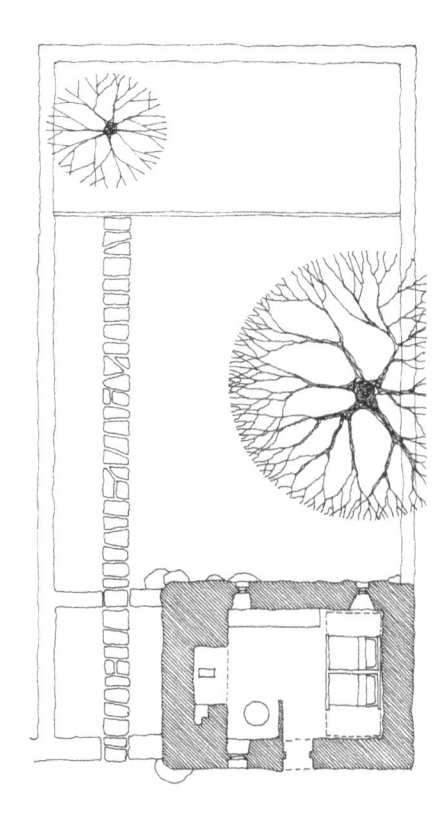

A arquitetura de Llainfadyn inclui a cabana e o lote definidos pelas paredes e arbustos (acima).

A chaminé, com a fumaça vindo da lareira abaixo, é o marco de um lugar onde alguém vive.

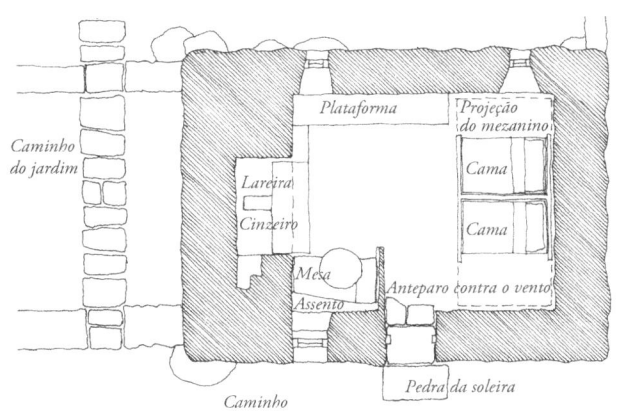

A planta de Llainfadyn segue a geometria da construção. Embora deva ter sido difícil construir paredes verticais estáveis com pedras redondas tão grandes e irregulares (por isso que as paredes são tão espessas), é relativamente fácil colocar uma cobertura sobre um simples retângulo de paredes.

As paredes de Llainfadyn são feitas de enormes matacões irregulares, o que significa que, para permanecerem estáveis, as paredes têm de ser bastante espessas.

nas cavernas pré-históricas, as celas similares a ventres são refúgios do mundo. As paredes de Llainfadyn são especialmente poderosas. São muito espessas e feitas com pedras enormes (à esquerda, desenho inferior). A porta é pequena; e as janelas, minúsculas, com grandes ombreiras chanfradas. No exterior, a aparência de força é impressionante. No interior, as pessoas se sentem protegidas.

Na lateral e nos fundos da casa, as paredes e os arbustos afirmam a posse do território imediato – seu jardim, usado como uma horta. Em frente à porta há um caminho, cuja largura é definida por um muro e um arbusto. A casa como um todo funciona como um marco de um lugar onde alguém vive. A chaminé, lançando fios de fumaça a partir da lenha que queima, marca a posição da lareira no interior. Dentro da casa, há muitos tipos de plataformas: camas para se dormir, mesas para preparar e comer os alimentos, assentos para sentar-se, prateleiras para guardar e exibir itens e uma pequena plataforma de ardósia para manter os móveis de madeira afastados do chão úmido. A lareira fica em um grande nicho na parede mais espessa e possui uma pequena cavidade para coletar as cinzas. Uma fina placa de ardósia vertical encontra-se ao lado da porta, funcionando como um anteparo contra o vento. Os dormitórios são formados pelas próprias camas, duas camas embutidas posicionadas lado a lado, com placas no topo criando um mezanino.

Elementos modificadores

A luz é o elemento por meio do qual vemos as edificações, mas também é o elemento por meio do qual vemos o que estamos fazendo dentro delas. A luz do sol sobre as paredes de matacões caiadas de Llainfadyn acentua seu aspecto escultórico, embora esse efeito estético dificilmente tenha sido intencional. A mente que concebeu esta casa provavelmente estava mais preocupada com questões práticas: deixar entrar luz suficiente em seu interior para que se possa morar ali, sem perder quantidades excessivas de calor, e usar as aberturas no tamanho permitido pelos materiais disponíveis. Em Llainfadyn, o efeito combinado dessas três preocupações práticas produziu um leiaute em que duas janelas pequenas foram posicionadas para iluminar a área ao redor da lareira, que concentra mais atividades, com uma terceira janela em um dos dormitórios. O nível de luz geral no interior da casa é baixo, mas, em dias bons, a porta podia ficar aberta para que entrasse mais luz. À noite, haveria a luz de velas para complementar a luz da lareira. A ausência de iluminação elétrica é importante para a aparência da casa.

Na casa, a fonte de calor é, evidentemente, o fogo da lareira, que é o foco do cômodo principal. Seu calor é retido no espaço pelas paredes e (especialmente

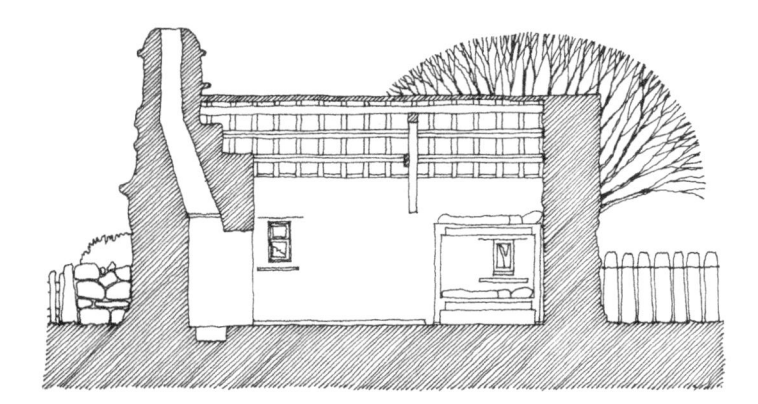

Um corte da cabana mostra a grande lareira, com os dois níveis de dormitórios na outra extremidade do espaço habitável.

ao redor do fogo) acumulado nas pedras. O cheiro de madeira queimada domina o interior e o entorno da casa. O tamanho do espaço da casa equilibra as capacidades construtivas dos materiais disponíveis (especialmente para a cobertura), a necessidade prática de espaço suficiente para viver e a capacidade do fogo de aquecer tal espaço. A escala da casa é humana; a porta tem o tamanho exato para permitir que uma pessoa passe com facilidade, sem ser imponente nem opressiva. Os espaços internos não são generosos nem exíguos, mas suficientes para acomodar as atividades previstas.

Superfícies lisas e resistentes são fornecidas quando necessário: a pedra da soleira da porta; a pavimentação em torno da lareira; os assentos, mesas e prateleiras. As camas têm colchões macios e cobertas quentes.

São muitas as dimensões do elemento tempo em Llainfadyn. No lugar e ocupação originais, nossa percepção da casa teria mudado conforme o horário do dia, atividades diferentes, o clima e as estações. No contexto artificial, ela muda de acordo com o clima e as estações, mas só está acessível quando o museu está aberto, durante o dia. Nada se pode fazer na casa além de olhar. Não se pode nem mesmo sentar; não se pode, obviamente, dormir para acordar ali de manhã, colocar lenha no fogo e preparar a comida. Por estar exposta em um museu, a casa é apresentada como era duzentos anos atrás. Possui um relógio que faz tique-taque, marcando o tempo, como se estivéssemos no passado.

Elementos que desempenham mais de uma função

Na arquitetura, os elementos são usados por aquilo que fazem e também por sua aparência. Em edificações humildes, como é o caso de Llainfadyn, as finalidades práticas dos elementos eram provavelmente a preocupação principal; pouca consideração consciente – se é que havia alguma – era dada ao luxo da aparência estética. Ainda assim, em alguns casos, além de possuir uma beleza despretensiosa, tais edificações exibem habilidade e sutileza na maneira como os elementos são compostos para organizar o espaço em lugares. Essa habilidade pode ter derivado do fato de se trabalhar diretamente com os materiais e permitir que os espaços evoluíssem com o passar do tempo em resposta ao uso, em vez de projetar por meio da abstração do desenho de arquitetura e com a expectativa de que o edifício deve estar completamente organizado ao ser concluído. Tal habilidade e mudança evolutiva ao longo do tempo produzem uma relação direta e imediata entre os lugares criados e a vida que atendem.

Em Llainfadyn, os elementos (básicos e modificadores) funcionam em variados níveis e em diversas combinações a fim de estabelecer os lugares que com-

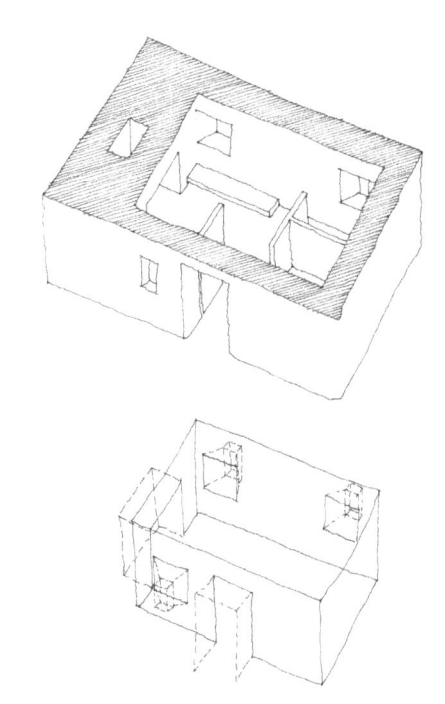

As aberturas das paredes – janelas, lareira, porta – são lugares por si sós: lugares para guardar pertences, para secar lenha para o fogo, para receber um visitante ou abrigar-se durante a chuva.

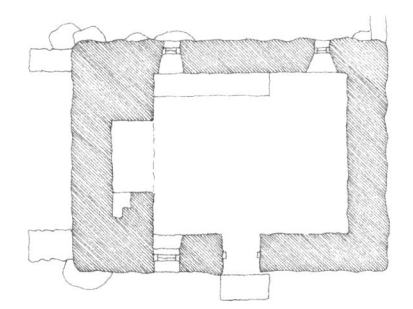

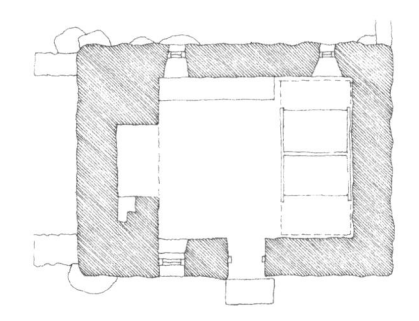

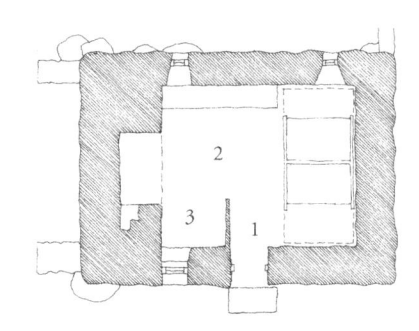

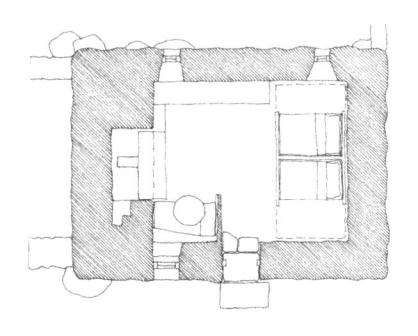

O para-vento ao lado da porta cumpre mais de uma função. Além de proteger o interior de correntes de ar entre a porta e a lareira, ele sugere uma divisão do espaço interno da cabana em três: um lugar de entrada ou vestíbulo; um lugar para se sentar ao redor de uma mesa pequena; e um espaço de uso múltiplo em frente à lareira.

põem. A coerência da organização dos elementos dentro do todo unificado é um aspecto importante de sua qualidade enquanto obra de arquitetura.

As paredes externas constituem a principal vedação da casa e definem o espaço interno, mas também contribuem para o posicionamento da lareira, o lugar da mesa ao lado e os dois espaços de dormir.

A espessura da parede em torno da porta transforma a entrada em um lugar por si só, quase um pórtico (ainda que, no local original, a casa também apresentasse um pequeno pórtico de madeira, que não foi incluído na reconstrução do museu). É na porta, e também nas janelas, que se percebe a grande espessura das paredes.

Um dos principais elementos da casa é o para-vento ao lado da porta. Em geral, o espaço dentro da casa é distribuído em lugares de maneira econômica e intrigante. Em vez de usar paredes para compartimentá-los em cômodos – naquela que se tornou a maneira ortodoxa de organizar casas – os lugares no interior da casa são definidos pelos móveis e por elementos simples. O espaço básico da casa é um retângulo simples (acima à esquerda), com a porta centralizada em um lado e a lareira em uma extremidade. Também há as duas janelas na extremidade do espaço ocupada pela lareira e uma única janela na extremidade mais fria. As duas camas, posicionadas na extremidade mais escura e fria deste espaço retangular, divide-o, efetivamente, em quatro cômodos (acima no meio): os dois dormitórios (sendo apenas um deles iluminado por uma janela); o mezanino acima deles; e um espaço de estar principal. Nesse arranjo, a porta agora dá para a quina do espaço de estar principal, justificando sua posição centralizada na casa como um todo. Em seguida, na organização conceitual desse espaço, o para-vento é introduzido à esquerda da porta para quem entra (acima à direita). Além de proteger das correntes de vento da porta, esse recurso simples divide, efetivamente, o espaço de estar principal em três zonas. Cria uma zona de entrada (1), o que significa que, ao entrar, chegamos quase que ao centro exato do lar antes de percebermos que estamos totalmente "dentro", podendo virar à esquerda e ver a lareira; o espaço de dormir mais escuro é contíguo a essa zona de entrada. O para-vento também cria um espaço de uso múltiplo (2), onde devem ter ocorrido muitas das atividades no interior da casa; o segundo espaço de dormir e o mezanino são acessados a partir desse espaço. Finalmente, o para-vento cria um pequeno espaço para sentar-se a uma mesa ao lado do fogo (3). Tal espaço, mostrado no desenho na página inicial destes *Estudos de Caso*, é iluminado também por uma das janelas. Esse pequeno lugar é o centro da casa.

Como a Vila Real em Cnossos, Llainfadyn estabelece uma estrutura de espaços, internos e externos. Aqui, em vez de rituais religiosos ou judiciais formais, a arquitetura enquadra a vida diária e seus rituais mais mundanos: levantar-se de manhã; cozinhar; comer; receber visitas; consertar coisas; ir dormir.

Estudo de caso 4 – O *Tempietto*

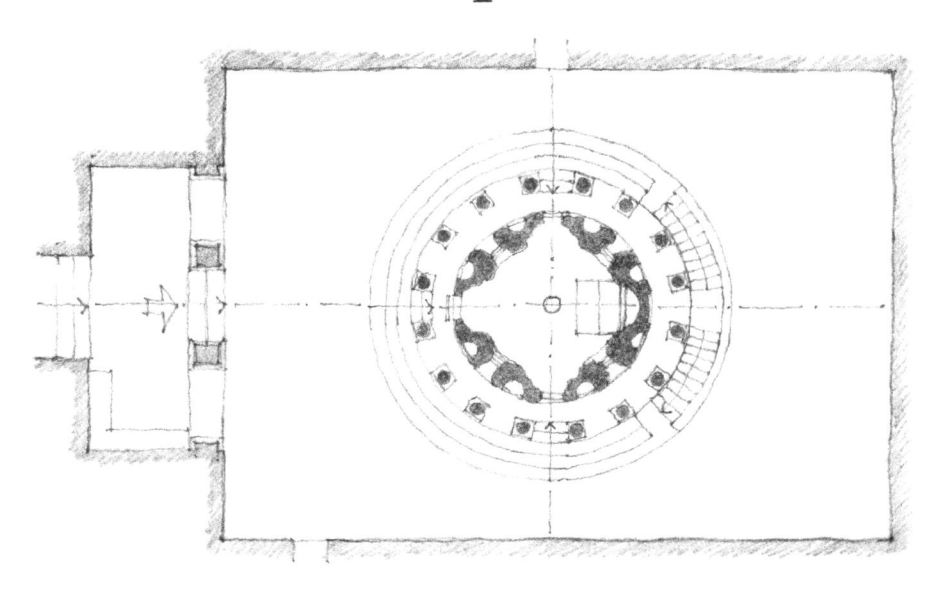

Escondida em um pátio interno ao lado de uma igreja, sobre uma colina no alto de Roma, há uma pequena capela circular projetada por Bramante e construída no início do século XVI. É conhecida como *Il Tempietto* – o pequeno templo – e uma das primeiras edificações romanas projetadas no estilo renascentista, derivado de precedentes da Antiguidade Clássica.

O Tempietto *está implantado em um pequeno pátio interno próprio. O corte (abaixo) mostra que há três níveis principais.*

A identificação de lugar

O *Tempietto* não identifica simplesmente um pequeno lugar de culto, sendo um marco e um memorial para um dos lugares mais importantes, em termos simbólicos, para a cidade – o ponto onde diz-se que São Pedro, santo padroeiro de Roma e fundador da Igreja Católica Romana, foi crucificado de cabeça para baixo. O fato de a capela estar protegida em um pátio, escondida da cidade, parece reforçar esse espírito de comoção e expressar culpa pelo fato de os seres humanos serem capazes de fazer coisas assim uns aos outros.

A geometria ideal

Além do vocabulário da ornamentação derivado dos precedentes da Roma Antiga, o elemento mais característico da arquitetura renascentista era o fascínio pela geometria ideal. Provavelmente, gostaríamos de saber a geometria exata construída por Bramante como base para o projeto do *Tempietto*. Isso é impossível, porém, sem o desenho realmente produzido por ele. E é provável que ele, ao desenhar, tenha sido obrigado a fazer algumas concessões. Necessariamente, haveria partes em que a geometria não poderia ser exata. Como diria Platão, simplesmente não é possível que a precisão e a perfeição da geometria ideal, matemática, existam no mundo real. Nossas tentativas de alcançá-la na forma desenhada ou construída estão condenadas ao fracasso.

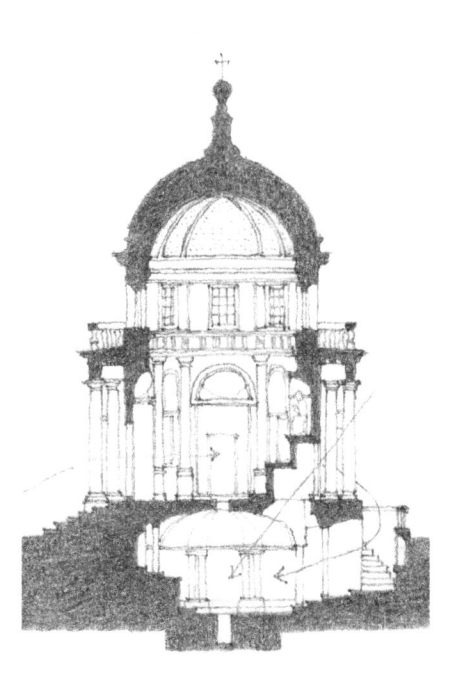

Mais informações sobre o Tempietto: *Robin Evans – 'Perturbed Circles', em* The Projective Cast: Architecture and its Three Geometries, *1995.*

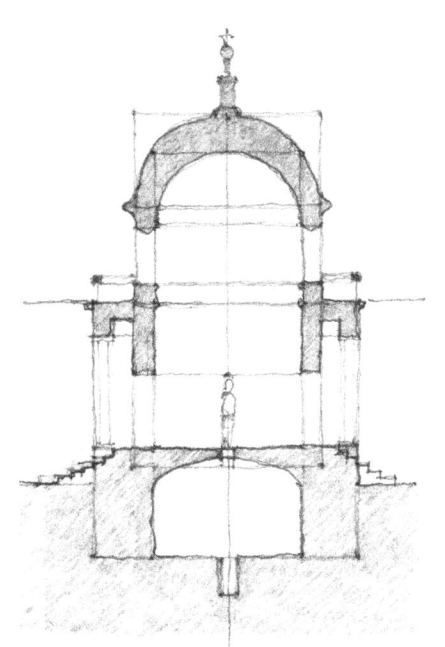

Proporções quadradas de 4, 5 e 7

São muitas as maneiras de interpretar a geometria ideal que está por trás do projeto de Bramante. Mas ele claramente usou as formas perfeitas do quadrado e do círculo, do cilindro e da esfera.

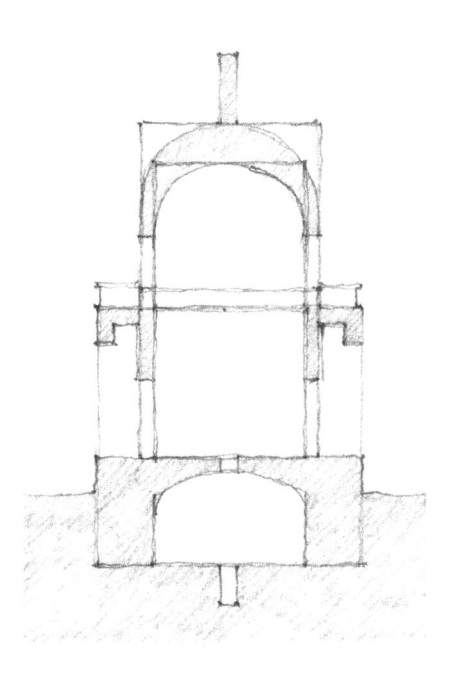

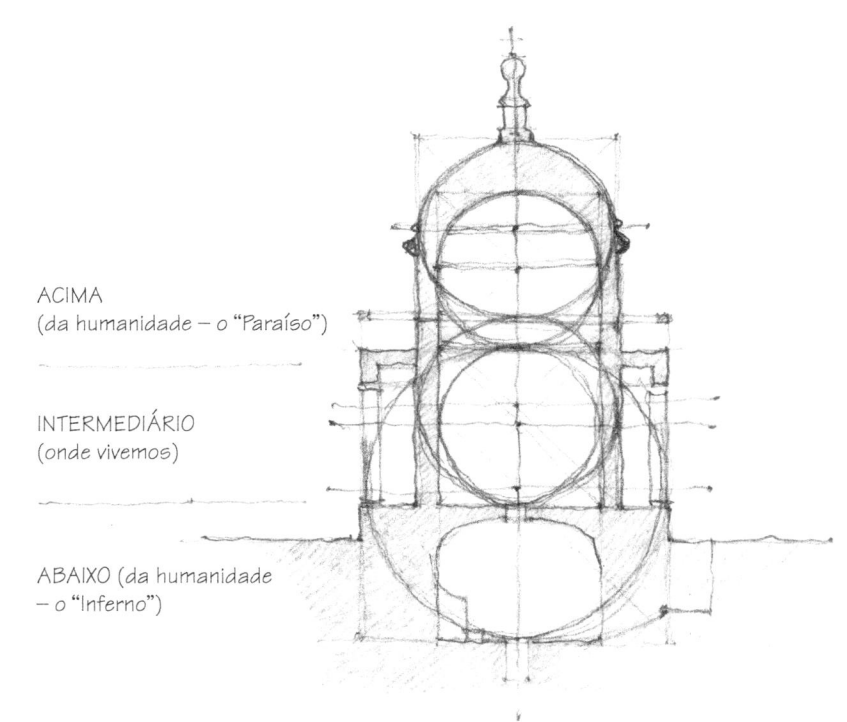

ACIMA
(da humanidade – o "Paraíso")

INTERMEDIÁRIO
(onde vivemos)

ABAIXO (da humanidade – o "Inferno")

As ilustrações acima e ao lado mostram algumas das minhas tentativas de identificar a geometria geradora desta edificação. Não sei com certeza qual pode estar mais próxima da verdade, mas isso realmente não importa, uma vez que não é a geometria exata usada por Bramante que está em jogo. Basta saber que ele seguiu as prescrições de Alberti (citadas no início do capítulo sobre *Geometria Ideal*) e prestou atenção aos "traços" de sua edificação, compondo-os de acordo com uma trama de quadrados e círculos na planta, elevação e seções – cilindros e esferas no prédio propriamente dito.

Estratificação

É possível analisar esta edificação de acordo com as várias estratégias comentadas neste livro, mas talvez a mais significativa delas seja a estratificação. Quando visitamos esta edificação, se ela estiver aberta, levamos algum tempo para perceber que há um buraco no piso da câmara onde fica o altar. Ao olhar para baixo, vemos que existe outra câmara – uma cripta – e, em seu piso, há um buraco que leva ao solo. Aos poucos, nos damos conta de que esse deveria ser o buraco em que a cruz de São Pedro foi realmente colocada. O edifício tem três "estratos": o nível da câmara com o altar, alguns degraus acima do nível do pátio interno; o nível da cripta, com o buraco para a cruz; e o nível da cúpula ou do domo. O último é, evidentemente, o estrato do paraíso, acima; a câmara inferior é o estrato do horror da crucificação de São Pedro; e o estrato do meio fica em posição intermediária – o nível da humanidade sobre a terra.

Ao sairmos da capela e nos dirigirmos aos fundos, encontramos os degraus que levam à câmara inferior, que pode ser vista através de uma porta com grade, geralmente chaveada. Essa câmara é iluminada por uma abertura acima da porta.

Examinando o corte da edificação de Bramante (veja a página 229), vemos a forma engenhosa com que ele escavou o altar na câmara acima a fim de criar tal abertura.

Estudo de caso 5 – Capela do Fitzwilliam College

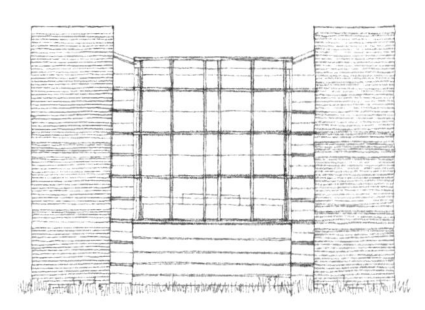

Elevação

A pequena capela do Fitzwilliam College, em Cambridge, Reino Unido, foi projetada pelo escritório britânico MacCormac Jamieson Prichard e construída em 1991. A edificação foi conectada à extremidade de uma ala dos dormitórios preexistentes da faculdade (projetados por Denys Lasdun na década de 1960). Está voltada para uma grande árvore (que já estava no local) quase no centro do terreno retangular. A circunferência descrita pela planta baixa da capela identifica um lugar que possui uma relação particular com essa árvore. O objetivo da edificação era estabelecer um local de culto. Para tanto, confinou o lugar entre duas paredes de tijolos curvas ao redor, que se assemelham a mãos protetoras; as paredes formam um cilindro que contém a capela.

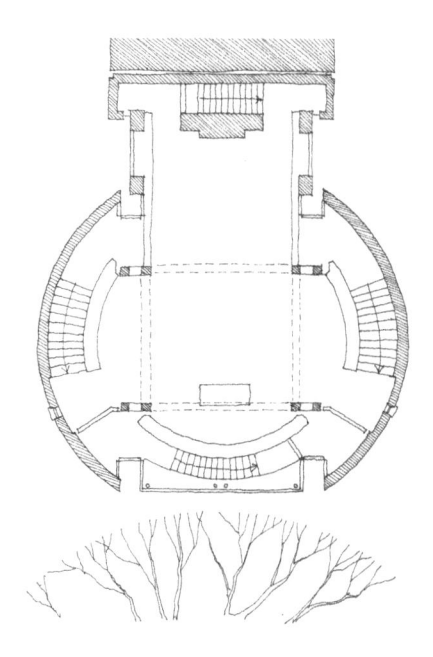

Elementos básicos e combinados

Os principais elementos de arquitetura da capela são: parede, plataforma, edícula, foco, cela, pilar e parede de vidro. A plataforma é o pavimento principal da capela (veja o corte na próxima página). O fato de estar elevada dá a impressão de que o interior da capela é separado, mas, em função da parede de vidro voltada para a árvore, há uma integração com o exterior. Sobre essa plataforma, encontra-se a edícula – que parece ser composta por quatro pares de pilares dispostos nas quinas de um quadrado. Os pilares de cada par são separados estruturalmente: os quatro pilares internos sustentam uma cobertura plana quadrada central; os outros, uma cobertura em vertente secundária que vence o vão entre as paredes externas e a cobertura da edícula. O foco interno da edícula é o altar, uma mesa simples coberta por um tecido vermelho. Abaixo da plataforma, há uma sala de reuniões parecida com uma cripta, totalmente desvinculada do mundo externo. O piso térreo é um pouco mais baixo que o exterior. No interior dessa sala de reuniões, reforçando seu aspecto de cripta, os suportes estruturais do teto (que estão alinhados com os pilares da edícula na capela acima) adotam a forma de pesados pilares de alvenaria. Estes estão inclinados, como se sugerissem que precisam distribuir uma carga pesada, o que cria uma fundação forte e visível. O teto da cripta é convexo, como o casco de um navio.

Planta baixa do pavimento principal

A plataforma, a edícula acima (com o altar) e a cela abaixo são fechadas e protegidas pelas duas paredes laterais curvas, isto é, os arcos da planta baixa circular. A extremidade aberta entre essas duas paredes é a grande parede de vidro translúcido através da qual podemos ver a árvore.

Embora haja muitas sutilezas, a edificação utiliza tais elementos de forma simples e direta. Cada elemento parece assumir um objetivo atemporal: as paredes fecham e protegem; a plataforma eleva um lugar especial acima do nível do solo; a edícula emoldura um lugar específico – o do altar, que também é o foco e núcleo da edificação; a cela separa um lugar do restante; os pilares têm função estrutural, pois suportam as cargas do piso e da cobertura, além de ajudarem a definir o espaço; a parede de vidro permite a entrada de luz e a visão exterior.

Para mais informações sobre a Capela do Fitzwilliam College:
Peter Blundell Jones – "Holy Vessel", em *Architects' Journal*, 01 de julho de 1992, p. 25.
"Dreams in Light", em *Architectural Review*, abril de 1992, p. 26.

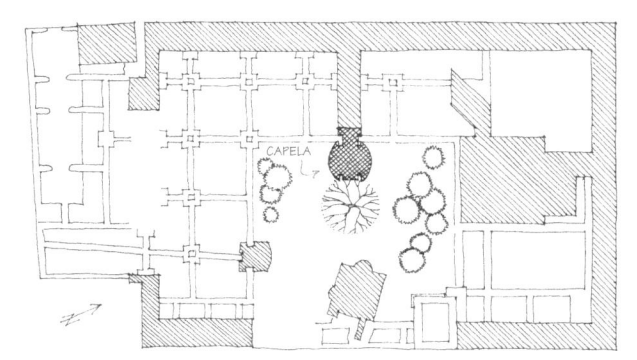

Planta de implantação

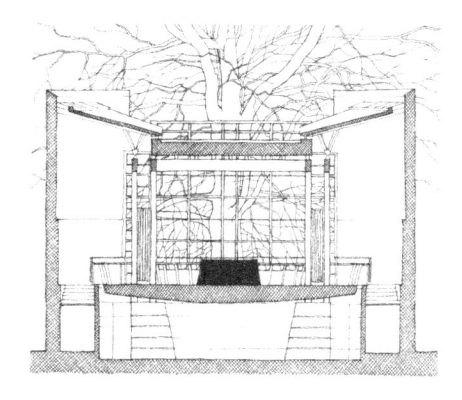

Este corte foi desenhado voltado para a árvore. Podemos ver a plataforma (que possui uma superfície inferior curva) que sustenta a edícula na capela acima – e é sustentada pelos grandes pilares na sala de reuniões abaixo. O altar está sobre a plataforma em frente à grande parede de vidro orientada para o leste. Também podemos ver as frestas no perímetro da cobertura e em volta da borda do piso da plataforma, que permitem que a luz banhe as paredes da capela e da sala de reuniões.

Elementos modificadores

Pela manhã, a luz do sol banha a capela a partir do leste, passando entre os galhos da árvore e através da grande janela. Tanto na capela quanto na cripta, existem claraboias estreitas no perímetro que permitem que a luz desça pelas paredes; suavemente em dias encobertos, mas com um padrão de sombras bem marcado em dias claros. Com a contínua variação e a mudança lenta dos padrões de luz, o interior está sempre um pouco diferente. À noite, as luzes internas transformam a capela em uma lanterna ou farol. Contrastando com os tijolos roxos rústicos do exterior, as cores do interior são suaves e quentes. Essa imagem de um interior mais quente é ressaltada durante a noite, quando há um contraste entre a claridade do interior e a escuridão.

Elementos que desempenham mais de uma função e o aproveitamento de coisas preexistentes

A plataforma é piso e cobertura; a parede de vidro permite vistas externas e cria uma lanterna à noite. A edícula define o espaço principal da capela e o lugar do altar, mas também ajuda a criar quatro espaços complementares: o lugar do órgão (nos fundos da capela); os lugares das duas escadas que se curvam a partir da entrada abaixo; e o lugar da cátedra do sacerdote, conectado à cripta. As paredes internas, que são os limites da cripta e definem as três escadas, também formam as bases dos assentos em circunferência da capela.

Como em outras edificações, existem muitas outras coisas que cumprem mais de uma função ao mesmo tempo: os espaços entre cada par de pilares acomodam os radiadores verticais; o órgão foi instalado em uma parede que também contribui para o fechamento da capela e define o lugar de outra escada.

A capela utiliza a extremidade da ala preexistente como uma âncora; utiliza a árvore como companhia. Além disso, também utiliza – e explora – o lugar entre ambas, negligenciado anteriormente. Está implantada em um grande quadrado com tratamento paisagístico, transformando-se em um cômodo externo. A capela confere ao quadrado um foco que ele não possuía.

Os tipos de lugares primitivos e a arquitetura criando estruturas

A capela identifica um lugar para o altar, em conjunto com o lugar associado para os fiéis. Existem muitos precedentes de tais lugares primitivos que são definidos por um círculo ou edícula; aqui, encontramos ambos. A capela se insere na estrutura criada por outras edificações da faculdade e seus jardins. O círculo da própria edificação é uma estrutura para o culto. No interior, os assentos na circunferência são uma estrutura dentro dessa estrutura; a edícula é uma estrutura dentro de uma estrutura que está dentro de uma estrutura; o altar é uma estrutura dentro de uma estrutura que está dentro de uma estrutura dentro de outra estrutura – como as bonecas russas.

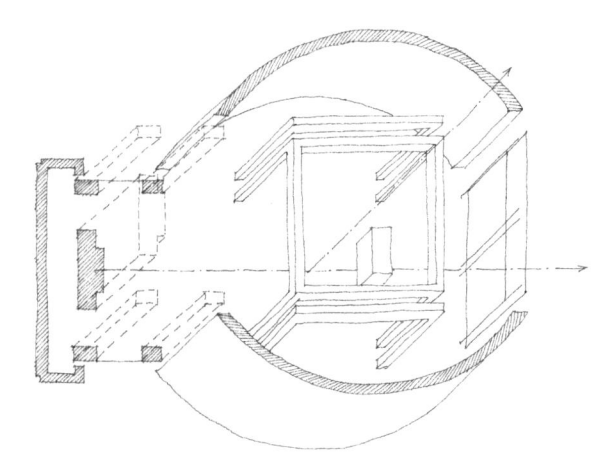

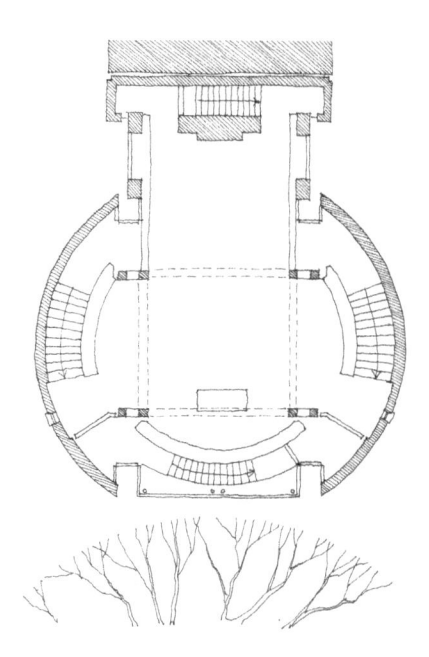

A parede de vidro enquadra uma vista específica da árvore, como uma pintura abstrata, mas também cria um vínculo entre o espaço interno e a natureza externa (assim como a Capela dos Alunos em Otaniemi, onde a cruz é um foco externo).

Planta baixa do nível da capela, mostrando a edícula quadrada e os quatro espaços complementares que ela ajuda a formar: o lugar das duas escadas a partir da entrada; o lugar da cátedra do sacerdote, sob a parede de vidro, vindo da sala de reuniões abaixo; e o lugar do órgão, nos fundos da capela.

Templos e cabanas

Em termos de arquitetura e considerando-se sua finalidade, a capela é um "templo". A edícula se ergue sobre uma plataforma acima do nível natural do terreno. A forma da capela é geometricamente disciplinada; os materiais receberam acabamentos cuidadosos. Além disso, apesar de estar anexada a uma edificação preexistente e de se relacionar com uma árvore, não se submete a nenhuma delas. A única característica de submissão da capela talvez seja o uso de tijolos que correspondem aos da edificação mais antiga.

Os círculos de presença e as seis direções e um centro

A capela cria seu próprio círculo de presença, que acomoda o altar e seu respectivo círculo de presença; este responde ao círculo de presença da árvore e existe em seu interior. Passando por esses círculos sobrepostos, podemos levar nossos próprios círculos.

No interior da capela, as seis direções são definidas pelas seis laterais da geometria cúbica da edícula. As direções laterais são bloqueadas pelas paredes laterais. A direção posterior se perde na área do órgão; a direção para baixo é o piso e a cripta abaixo (veja a Vila Rotonda, de Palladio, bem como o *Tempietto – Estudo de Caso 4*, de Bramante), cuja presença nos é lembrada por uma caixa de escada.

Como na maioria das edificações religiosas tradicionais, as duas direções mais importantes desta capela são a anterior e a ascendente. A anterior passa pelo altar e pela parede de vidro, chegando à árvore e ao sol mais além. A ascendente (o *axis mundi*), embora não seja fortemente destacada pela arquitetura da edificação (não há flecha, abóbada ou cúpula – nem aberturas no piso e no terreno), é sugerida simplesmente pelos eixos coincidentes do cilindro das paredes externas

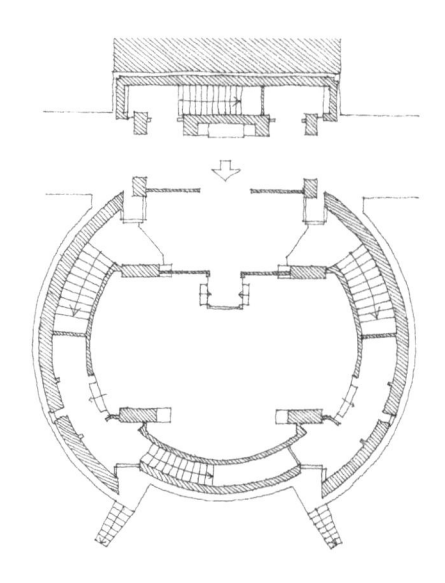

Planta baixa do nível da "cripta", mostrando a entrada e os quatro grandes pilares que sustentam o piso da capela.

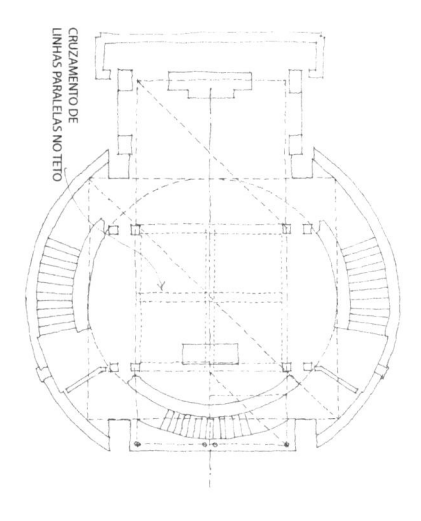

A forma da capela parece se basear em uma armadura com formas e volumes geométricos. Na planta baixa, podemos ver um padrão de quadrados e círculos.

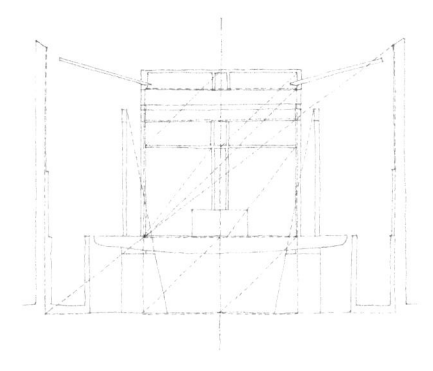

O arranjo geométrico do corte não é simples, mas é possível identificar as linhas que aparentemente regulam as formas e posições dos elementos.

e o cubo da edícula. Junto com as quatro direções horizontais, esse centro é reconhecido, ainda que indicado com discrição, por um suave cruzamento de linhas paralelas inscritas no teto da edícula.

Geometria social, espaço e estrutura

Como na Capela do Bosque, projetada por Asplund (*Estudo de Caso 8*), as formas internas da capela e da sala de reuniões reconhecem e estabelecem o círculo social, embora o modo como os assentos são normalmente distribuídos, de frente para o altar, pareça contradizer isso.

Esse círculo social é contido pelos elementos estruturais principais da capela – a estrutura da edícula e as paredes laterais –, que também são os principais elementos definidores de espaço. Na cripta, o espaço é definido pelos quatro grandes pilares estruturais. O espaço também é definido pelas paredes curvas das três escadas, que não ajudam a sustentar a cobertura.

A geometria ideal

Apesar de às vezes ser difícil definir com precisão quais formas e volumes geométricos ideais o arquiteto usou para determinar a forma e a disposição de uma edificação, fica evidente que a Fitzwilliam Chapel foi organizada sobre uma armadura conceitual de círculos e quadrados, cilindros e cubos (similar à do *Tempietto*, cuja estratificação é compartilhada por esta edificação). A edícula é um cubo central prolongado por meio cubo, na direção da árvore, e por um cubo interior na direção posterior, criando o lugar para o órgão. Na planta baixa, o quadrado central da edícula (que é medido lateralmente até as linhas centrais dos pilares e, longitudinalmente, até suas faces externas) se encontra dentro de outro quadrado, um terço maior, que determina o raio das paredes curvas; já um círculo subscrito em seu interior parece determinar as posições das quatro colunas externas da edícula, bem como o raio dos assentos e do corrimão atrás do altar.

Como na Vila Rotonda, a geometria do corte não é tão clara e simples quanto a da planta baixa. O cubo central da edícula está ali, mas não se trata de um cubo puramente espacial – sua altura é medida desde o chão da plataforma até o topo dos montantes em volta da cobertura plana. No corte, o quadrado da edícula avança para baixo, na forma de meio quadrado, a fim de determinar a altura da cripta – ainda que, mais uma vez, isso inclua a profundidade de sua cobertura: a plataforma.

Aparentemente, há mais alguns alinhamentos: os ângulos de inclinação dos grandes pilares da cripta parecem estar alinhados com as partes superiores dos pilares externos na capela acima; o ângulo de caimento das pedras de cimalha nas paredes laterais parece derivar de uma longa linha diagonal que atravessa o corte,

A capela define um percurso que leva o devoto desde o nível inferior do mundo externo até o nível do altar.

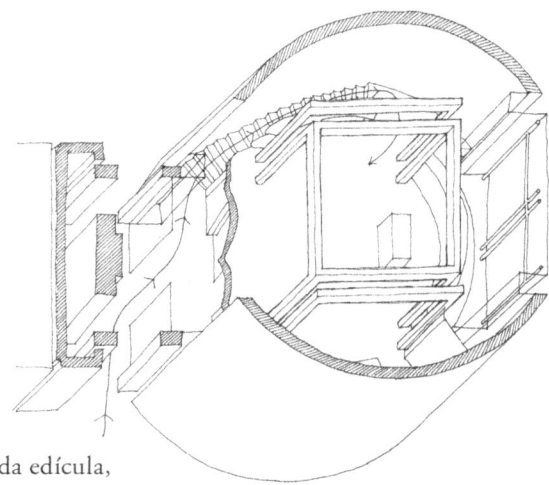

desde a quina inferior virtual, passando pela base de pilares internos da edícula, de um lado, e pelo topo dos pilares da edícula, de outro.

Transição, hierarquia, núcleo e paredes paralelas

A transição do exterior ao interior é complexa para uma edificação tão pequena. Isso corresponde à ideia de que lugares sagrados devem ser acessados por "camadas de acesso" (conforme sugerido por Christopher Alexander no "Padrão 66" de *Uma Linguagem de Padrões*).

A rota segue um percurso de arquitetura por meio de um arranjo hierárquico de espaços, culminando na própria capela, onde podemos enxergar o exterior de onde viemos (similar à "janela" no terraço de cobertura que encerra o percurso de arquitetura pela Vila Savoye).

Para entrar na capela, passamos, primeiramente, por baixo da conexão entre ela e ala preexistente de acomodação de alunos. Assim, a entrada conta com um "pórtico" protetor integrado. (O objetivo era que fosse parte de uma passarela coberta que acompanhasse a linha do passeio mais interno no terreno, criando um pátio interno ajardinado para a faculdade. O passeio coberto nunca foi construído.) Em frente à entrada há um vestíbulo com a porta da sala de reuniões oposta. Subimos até a capela por uma das duas escadas que acompanham as paredes curvas. Dessa forma, entramos na capela por um dos lados, não pelo eixo principal.

Apesar da planta baixa circular e dos arcos relacionados das paredes laterais, a capela – como o edifício do Ruskin Archive, projetado pelos mesmos arquitetos – tem algumas características da arquitetura de paredes paralelas. Já a comparamos com a Capela dos Alunos, de Siren e Siren, em Otaniemi. Em ambas, são as paredes laterais que identificam e protegem o lugar da capela; em ambas, elas agem como brises, bloqueando as direções laterais e emoldurando uma vista específica; em ambas, a entrada e a travessia da capela transformam nossa visão do mundo exterior. Todavia, enquanto a circulação ocorre longitudinalmente ao longo de uma das paredes na capela de Otaniemi (que não se encontra sobre uma plataforma significativa), aqui ela acontece em uma espiral ascendente – ou melhor, um par de espirais que correm em direções opostas, subindo as escadas até a plataforma elevada.

A Capela do Fitzwilliam College é um exercício de geometria, intenção poética e referência a obras de arquitetura anteriores. É possível, inclusive, esboçar um paralelo entre ela e o Tempietto de Bramante. Os dois estão inseridos em um pátio interno ou quadrado fechado. Eles têm planta baixa circular e foram organizados de acordo com uma estrutura geométrica. Foram "estratificados" em três camadas verticais: uma acima, uma abaixo e uma intermediária, que é o pavimento principal.

Estudo de caso 6 – Casa Schminke

A Casa Schminke foi implantada contra o aclive do terreno (acima). Em termos de espaço, ela usa as ideias expressadas por Le Corbusier em seu "Dom-Ino" (acima, à direita).

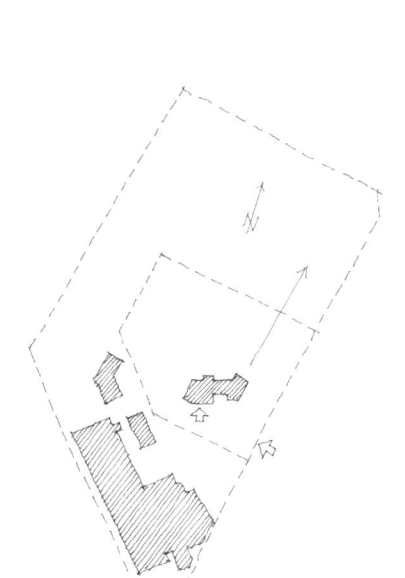

A casa foi construída em um terreno difícil. A fábrica (feia) do próprio cliente fica ao sul; portanto, a orientação sul usual não é atraente (hemisfério norte). As melhores vistas estão ao norte.

Para mais informações sobre a Casa Schminke: Peter Blundell Jones – Hans Scharoun, 1995, p. 74–81.

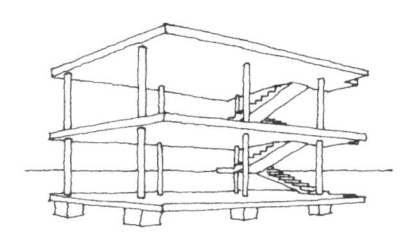

A Casa Schminke foi projetada por Hans Scharoun e construída para o industrialista alemão Fritz Schminke em 1933. Schminke tinha uma fábrica de macarrão em Löbau, perto da fronteira com a Tchecoslováquia. A casa foi construída em um térreo ao norte de sua fábrica.

Condicionantes

O terreno disponível para a casa era de bom tamanho. A fábrica adjacente ficava ao sul, sendo as melhores vistas para o norte e o nordeste. (Isso criou, é claro, um conflito entre o sol e as vistas.) O terreno tinha um declive, embora não considerável, desde o sudoeste descendo até o nordeste.

Scharoun projetou na época em que a nova arquitetura promovida por Le Corbusier e outros no período seguinte à Primeira Guerra Mundial estava muito otimista em relação ao futuro. Em 1923, Le Corbusier publicou *Por Uma Arquitetura*, livro no qual celebrou (entre outras coisas) a beleza e a aventura associadas aos navios transatlânticos. Scharoun havia contribuído para a exposição de habitações *Weissenhof* em Stuttgart, 1927, junto com Le Corbusier, Mies van der Rohe, Walter Gropius e outros.

No período, o uso de grandes áreas de vidro e de aço como material estrutural já estava bem-consolidado e alguns arquitetos – Le Corbusier, em especial – faziam experiências com as plantas livres que as estruturas independentes tornaram possíveis (por exemplo, na ideia "Dom-Ino" de 1914, acima à direita, e na Vila Savoye, de 1929), bem como com a menor separação entre o interior e o exterior permitida por grandes áreas de vidro. O desenvolvimento da calefação central também permitiu que o planejamento se concentrasse menos na lareira; a iluminação elétrica, por sua vez, já estava disponível há alguns anos. Scharoun tinha um cliente rico e ousado que parecia querer uma casa que refletisse sua mentalidade "moderna" e avançada. O Sr. Schminke provavelmente tinha um ou dois criados residentes.

A identificação de lugar e os elementos básicos

A tarefa de Scharoun era identificar lugares para todas as diversas atividades de uma moradia: comer, dormir, sentar-se para socializar, banhar-se, cozinhar, brincar, cultivar plantas, etc.

Os elementos básicos utilizados por Scharoun foram, principalmente: a plataforma, a cobertura, a parede, a parede de vidro e o pilar. Os mais importantes são as duas plataformas horizontais e a cobertura, entre as quais ficam todos os espaços internos da casa – e que também formam os terraços na extremidade leste.

Planta baixa do nível superior

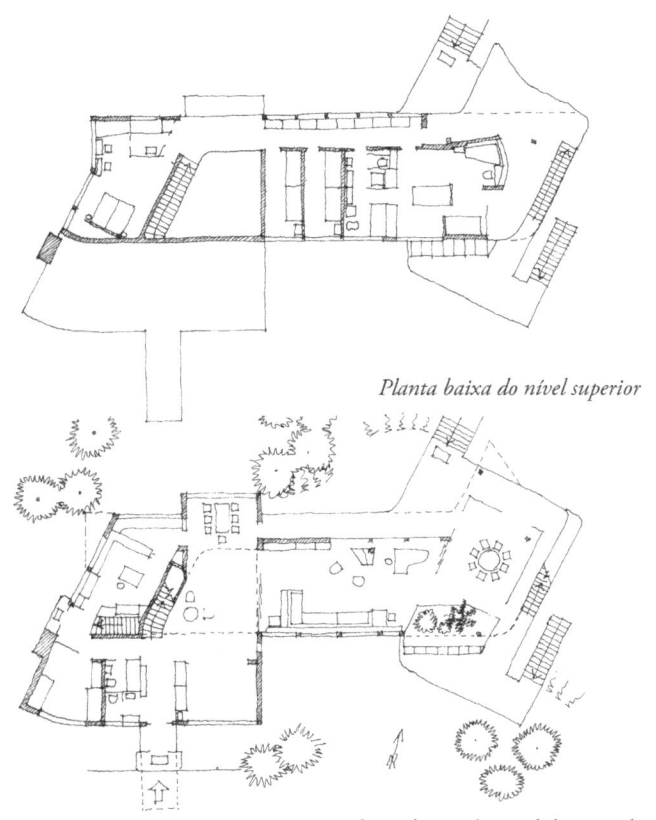

Planta baixa do nível da entrada

Outros elementos básicos utilizados incluem: o percurso, claramente definido somente na forma de uma escada, e no patamar do pavimento superior; o fosso, que identifica a área do jardim de inverno; e a marquise, que identifica o local da entrada principal. Na sala de estar há uma lareira que é o foco, embora não seja um foco particularmente imponente. Também, há a chaminé da caldeira do aquecimento central, na extremidade oeste da casa, agindo como um marco, embora Scharoun possivelmente quisesse dar menos ênfase a este elemento vertical em relação ao predomínio horizontal das plataformas e da cobertura.

Embora esses elementos básicos componham a casa no seu contexto, Scharoun tentou, na medida do possível, evitar a combinação tradicional de elementos de fechamento e cela. Esses elementos são encontrados somente em lugares inevitáveis: no quarto de empregada, nos banheiros e no quarto das crianças. Nos outros locais, nos espaços de estar principais e no dormitório de casal na extremidade leste da casa, a cela não é usada, e o fechamento é negado por meio do uso de paredes de vidro.

Elementos modificadores

O elemento modificador mais importante na Casa de Schminke é a iluminação. Ela foi cuidadosamente planejada com a luz solar e as vistas no topo das prioridades do projetista. A iluminação elétrica também foi extremamente bem considerada e foi empregada com precisão para identificar os diferentes lugares dentro da casa.

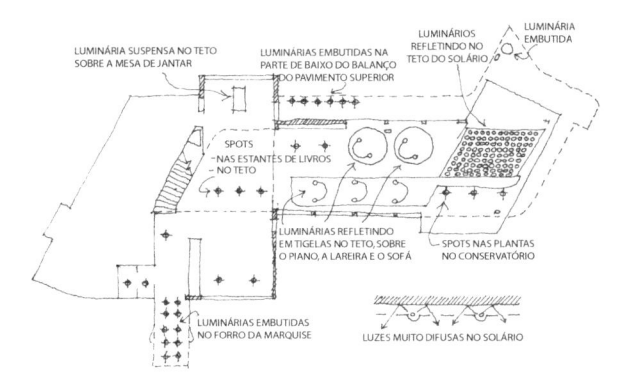

Scharoun identificou as diferentes partes do pavimento de estar principal por meio de diferentes tipos de luminárias.

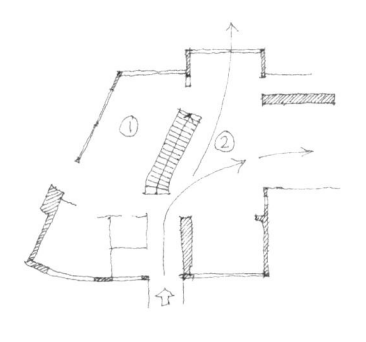

Ao entrarmos na casa, a escada nos desvia para a direita, na direção da sala de estar.

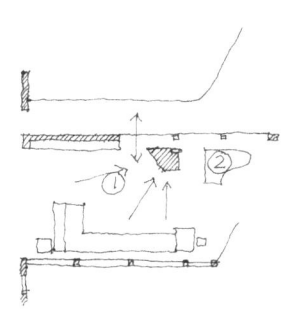

A lareira cumpre sua função tradicional de foco, mas também funciona como divisor espacial.

As vistas e a luz do sol são forças opostas na casa. Ao sul do terreno, na direção a partir da qual o sol brilha (hemisfério norte), encontra-se a perspectiva menos atraente – a fábrica. As melhores vistas estão ao norte e nordeste. Scharoun resolveu esse dilema permitindo que a luz do sol entrasse na edificação pelas paredes voltadas para o sul, sendo que parte delas foi transformada em um jardim de inverno; além disso, orientou os espaços de estar com relação às vistas, por meio de paredes de vidro no lado norte da casa. Nos dois pavimentos de estar principais da residência, criou terraços em balanço no norte (em especial, destaca-se o terraço pontiagudo no nível superior), projetados para receber o sol do entardecer no verão, vindo do oeste.

A planta de iluminação acima mostra o cuidado com que Scharoun utilizou diferentes tipos de lâmpadas elétricas para ajudar a identificar lugares dentro da casa. Ele projetou luminárias especialmente para atingir uma série de efeitos; algumas delas, ele chamou de *Platzleuchte* – "luminárias que definem lugares". (Duas fotografias, reproduzidas no livro sobre Scharoun de Peter Blundell Jones, mostram as grandes diferenças nas características dos espaços de estar sob a luz do dia e sob a luz da noite, assim como o efeito espetacular dos diferentes tipos de lâmpadas elétricas usadas por ele.)

Elementos que desempenham mais de uma função

A casa contém os espaços habitáveis, mas também serve para dividir o terreno. Seu ângulo cria uma área de entrada junto à rua de acesso, enquanto seu volume separa a fábrica e impede sua visão a partir do jardim.

No interior, a escada interna principal e a lareira na sala de estar ilustram dois exemplos distintos de elementos utilizados por Scharoun para desempenhar mais de uma função ao mesmo tempo.

A escada entre o nível de entrada e o nível superior da casa está situada logo em frente à entrada principal (no alto, à esquerda). Ela tem uma leve mudança de direção, curvando-se nos três primeiros degraus. O principal objetivo da escada é, obviamente, estabelecer um percurso, uma conexão para se movimentar entre os dois níveis. Também é utilizada como parte principal da separação física entre a extremidade de serviços da casa (1) e suas partes habitáveis (2). A escada também desempenha uma terceira função, mais sutil: sua posição e seu ângulo na planta baixa (que segue a inclinação da janela da cozinha, afastando-se da fábrica) servem para "conduzir" as pessoas que entram na casa para a direita – isto é, em direção ao espaço de jantar e aos lugares de estar.

A lareira no espaço de estar desempenha sua finalidade atemporal de foco, mas também age como divisor entre o espaço do piano (2) e a área de estar (1).

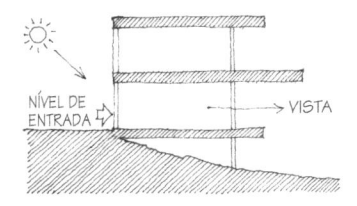

Embora entremos na casa pelo nível do terreno, de repente nos encontramos um pavimento acima do jardim. É como embarcar em um navio.

Seu ângulo também está de acordo com o sofá, que – como em outras habitações de Scharoun discutidas antes neste livro – foi posicionado para aproveitar ao máximo a vista do campo ao norte.

O aproveitamento de coisas preexistentes

Scharoun utilizou a vista do norte e do nordeste para ajudar na organização de sua planta baixa. No entanto, o caimento do terreno provavelmente foi a coisa preexistente que ele usou de maneira mais efetiva. O efeito fica mais aparente na extremidade leste, que acomoda os principais espaços habitáveis. Esse caimento permite que entremos na casa não no nível inferior (o pavimento térreo tradicional), mas no intermediário, como se estivéssemos embarcando em um navio. Isso também significa que, embora entremos pelo nível do terreno sem subir por uma escada ou uma rampa, nós nos encontramos, ao chegar à extremidade leste da casa, um pavimento acima do solo. Esse efeito é enfatizado ainda mais no nível superior – na "proa" em frente ao dormitório de casal, onde é possível observar a paisagem das colinas do "ponto de vista do capitão". Muitas fotografias da casa mostram-na como um pequeno navio de lazer moderno em seu atracadouro.

Os tipos de lugares primitivos

Embora não pareça celebrá-los de modo tradicional, a casa contém os tipos de lugares primitivos que geralmente encontramos em uma moradia. Há uma lareira na sala de estar (que desempenha as várias funções supracitadas); há camas e lugares para se lavar no pavimento superior; há um lugar para cozinhar na cozinha; há até mesmo uma proa, que, em determinadas ocasiões, pode ser usada (provavelmente como brincadeira) como um púlpito. Todavia, nenhuma dessas parece ser a *raison d'être* dos espaços habitáveis; há outras coisas mais interessantes acontecendo.

A arquitetura como a arte de emoldurar ou estruturar

Como qualquer moradia, a Casa Schminke estrutura as vidas de seus habitantes de maneiras específicas. Ela enfatiza a horizontalidade dessas vidas, com sua divisão em três níveis horizontais destacados que se relacionam com a paisagem exterior. Não fecha essas vidas em uma carapaça protetora; suas plataformas e cobertura as protegem do céu, mas as laterais transparentes as mantêm abertas para o horizonte, as vistas e o sol.

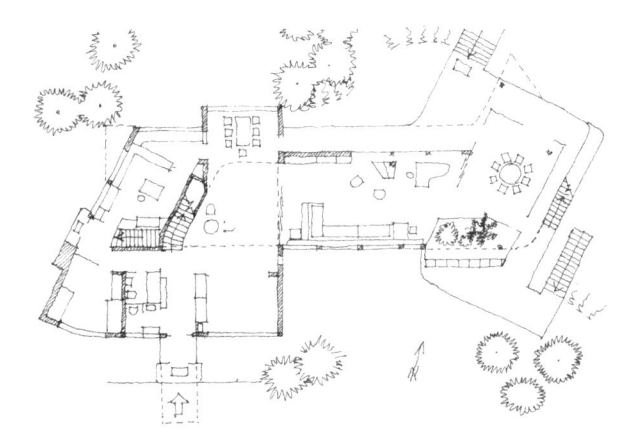

Além disso, a alusão da Casa Schminke a navios e veleiros parece sugerir que ela é uma embarcação, e não uma cela. Temos a impressão de que é possível soltar as cordas do atracadouro e partir em viagem. Em vez de um fechamento seguro e da estase, a casa inclui aventura e mudanças por meio do tempo e do espaço. Trata-se de um componente consciente da poesia do projeto de Scharoun.

Templos e cabanas

Três características da Casa Schminke se referem ao "templo": a separação dos espaços de estar em relação ao nível do terreno na extremidade leste da residência; o uso de materiais com alto padrão de acabamento; e sua aparente arrogância perante as forças climáticas (Scharoun sem dúvida esperava que a calefação central compensasse a perda de calor por meio das grandes áreas envidraçadas e também que os materiais modernos impedissem que a cobertura plana tivesse goteiras).

Fora isso, a casa apresenta algumas características de "cabana": sua sensibilidade ao terreno, ao sol e ao solo; e a íntima relação entre o planejamento e os fins da arquitetura.

Apesar de a casa ter uma armadura subjacente estabelecida pela geômetra ortogonal (uma característica de "templo"), é a sensibilidade pessoal de Scharoun – ao sol, ao terreno, às vistas, à função – que transforma tal geometria em uma planta baixa com forma irregular. Embora o resultado seja uma forma escultórica, especialmente na pitoresca extremidade leste da casa, Scharoun não foi movido simplesmente pelo desejo de criar formas ou pintar quadros com sua arquitetura. Assim, suas plantas baixas exibem conflitos sutis entre diferentes tipos de geometria.

Geometria

Em primeiro lugar, Scharoun aparentemente não permitiu, em momento algum, que as formas de seus espaços fossem determinadas por figuras geométricas ideais – nada de círculos, quadrados ou retângulos com proporções harmônicas específicas. Descartando a geometria ideal como maneira de tomar decisões acerca das posições das coisas, seus conflitos parecem ter sido entre as geometrias reais e da construção. A essas, acrescentou sua percepção de que o terreno tinha duas formas diferentes. Uma das características mais óbvias da casa é o fato de ela não ser uma forma ortogonal simples. A geometria da construção não é prioritária, podendo ser distorcida por outras pressões. Essas outras pressões começam com os círculos de presença, que são distorcidos, na maioria dos casos, em retângulos,

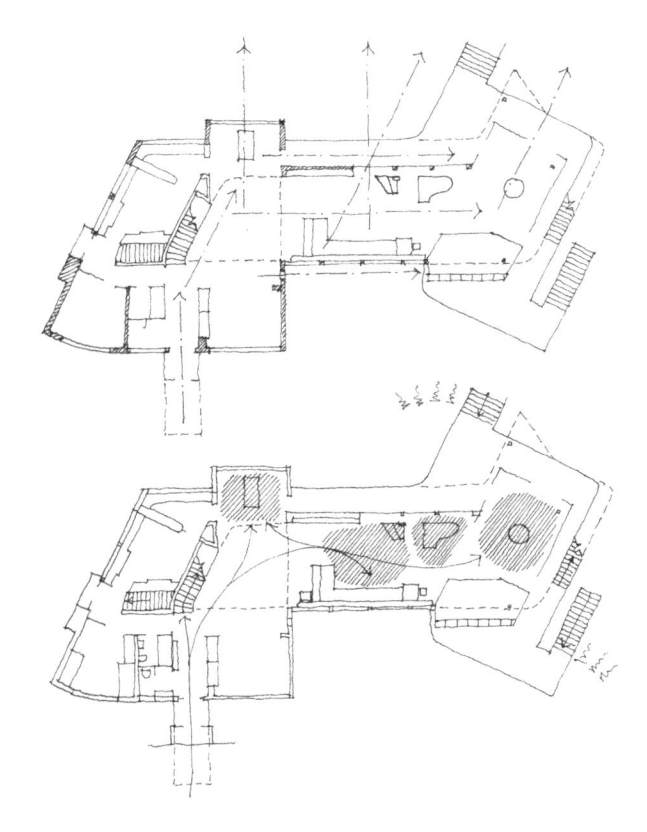

No desenho ao lado, podemos ver (da direita para a esquerda) os círculos de presença distorcidos da mesa de jantar, da lareira, do piano e da mesa no solário. Ele também mostra as linhas de circulação que correm entre e através deles. O desenho superior mostra as principais linhas de visão na planta baixa. Observe que elas seguem três direções principais: uma estabelecida pela entrada principal, outra pela sala de estar e a terceira, em ângulo, pela escada principal e o solário.

assim como com as geometrias sociais que constituem os vários lugares da casa: o lugar de jantar; o lugar em volta da lareira; o lugar em torno da mesa no solário (na extremidade leste do pavimento habitável principal).

Em seguida vêm as linhas de visão, tanto no interior da edificação quanto a partir do interior para o exterior. Aparentemente, Scharoun viu as vistas externas como se estivessem em um ângulo em relação ao perfil do terreno, o que serviu de referência para a forma geral da casa. Essa sobreposição de geometrias diferentes, com a recusa de se submeter à geometria da construção, produziu uma resposta distinta às seis direções e um centro.

A casa tem duas formas sobrepostas. Na maioria das posições, as direções ascendente e descendente são contidas pelas plataformas horizontais e pela cobertura. A situação é mais complexa no que se refere às quatro direções horizontais.

Se tomarmos a entrada como ponto de partida, perceberemos as forças que nos levam para frente e para trás da casa; ao entrar, também notamos perfeitamente a direita, enquanto a esquerda é diminuída, sendo substituída pela torção da escada (da maneira já mencionada), a fim de ressaltar a direção direita.

Na outra extremidade da casa, no solário, acontece algo diferente com as quatro direções horizontais: a direção anterior (ao norte, aproximadamente) é distorcida para que o espaço se concentre mais nas melhores vistas.

Em vez de um centro, a casa possui vários: a lareira, a mesa de jantar e a mesa no solário, por exemplo. Parece que, para Scharoun, o centro mais importante era a pessoa em movimento.

O espaço e a estrutura

A estrutura da casa é um arcabouço de aço. Seus pilares não são lançados sobre uma retícula regular, pois respondem à postura complexa das seis direções

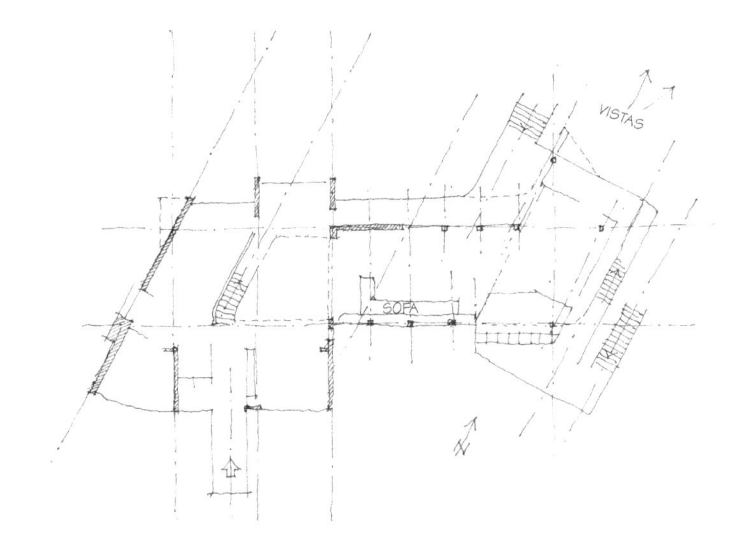

Neste desenho, é possível ver as formas complementares da casa. Elas distorcem a geometria da construção simples para responder às formas alternativas sugeridas pelo perfil do terreno, as vistas e a direção do sol.

mencionadas acima. Na extremidade da casa, a estrutura vertical – os pilares – é reduzida ao mínimo para aumentar a amplidão dos espaços. Ainda assim, eles contribuem para a identificação dos lugares.

Há um pilar no solário que parece ajudar a identificar sua quina mais extrema; há outro no terraço externo que sustenta a proa acima e também cria uma "porta" entre o terraço no topo da escada que leva ao jardim e o terraço mais estreito do lado de fora do solário; e há um terceiro pilar no jardim de inverno, que aparentemente deixou Scharoun menos satisfeito – ele tentou camuflar sua identidade estrutural pintando-o com pequenos quadrados de cores diferentes, o que o transformou em uma escultura pontual (e não um identificador de lugar) entre os cactos.

Na outra extremidade da planta baixa, os espaços são fechados de maneira mais definida por paredes e janelas. A chaminé da caldeira, na extremidade oeste da casa, é feita de tijolos – um forte contraste com a leveza aparente dos terraços na extremidade oposta.

Os lugares estáticos da planta baixa tendem a ocupar as extremidades: a sala de jantar, o solário, o jardim de inverno, o dormitório e a proa do terraço no pavimento superior. O núcleo da casa é provavelmente a área de estar, com a lareira como foco estático.

Porém, em algumas circunstâncias, esse núcleo também age como um espaço dinâmico, isto é, um percurso desde o corredor de entrada – que é o lugar de referência da casa – até o solário. Outros espaços dinâmicos mais evidentes são as escadas, o terraço do lado de fora do lugar do piano e o patamar do corredor no pavimento superior.

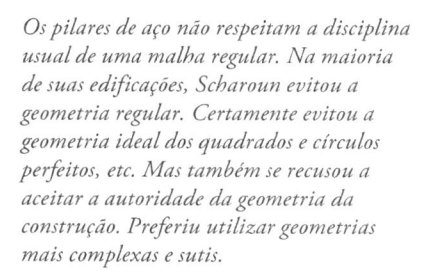

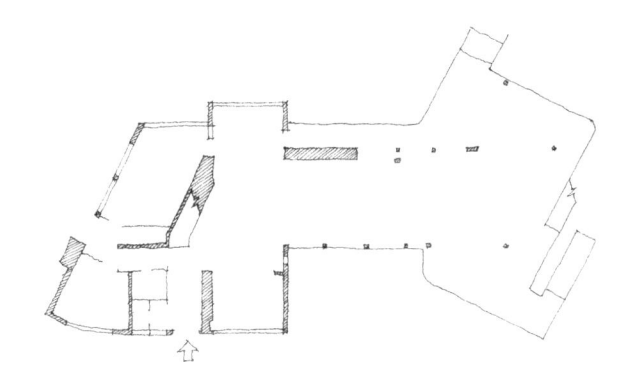

Os pilares de aço não respeitam a disciplina usual de uma malha regular. Na maioria de suas edificações, Scharoun evitou a geometria regular. Certamente evitou a geometria ideal dos quadrados e círculos perfeitos, etc. Mas também se recusou a aceitar a autoridade da geometria da construção. Preferiu utilizar geometrias mais complexas e sutis.

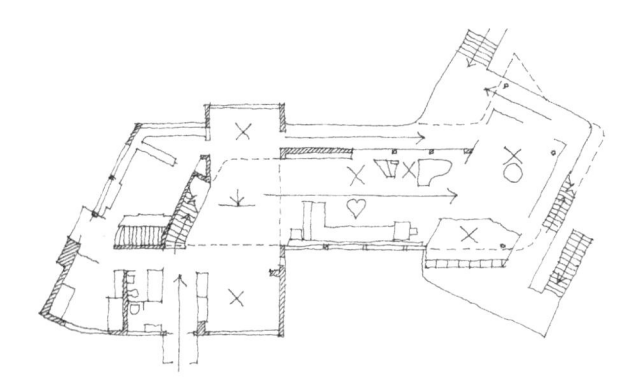

As cruzes na planta baixa identificam os lugares principais do pavimento de entrada. A casa realmente parece ter um "núcleo" ao redor da "lareira".

A marquise sobre a entrada principal dá início a um processo de transição do exterior para o interior da edificação. Esse processo de fechamento relativamente abrupto é invertido pela amplitude progressiva do restante da casa.

Scharoun gostava de criar zonas de transição entre o interior e o exterior. Há os vários terraços nos dois níveis, que criam uma zona intermediária que não é interna nem totalmente externa. Além disso, há o jardim de inverno, um espaço interno que, diferentemente da maioria dos espaços na casa, também está em contato com o céu. E há o próprio solário, que é um espaço mais aberto que a sala de estar, mas menos que os terraços – uma zona entre ambos. A sala de jantar, que não é uma zona intermediária, é definida pelo balanço do patamar acima. Fica em uma extremidade do que parecem ser os resquícios de um espaço com paredes paralelas, que estabelece um eixo com o campo por meio da ampla janela acima da mesa de jantar.

O leiaute do pavimento superior é mais celular, até chegarmos ao dormitório de casal. Ele se insinua entre uma composição de paredes planas, em sua maioria, distribuídas ortogonalmente, mas com uma parede levemente deslocada para aumentar a vista ao nordeste. Esse pedaço de parede não respeita nenhuma das duas formas estabelecidas no pavimento da zona de estar principal abaixo; sua liberdade se deve à independência dos dois pavimentos, que é permitida pela ideia Dom-Ino.

A casa é claramente estratificada. Existe uma área subterrânea dedicada às instalações da residência – a sala da caldeira, etc. No meio, o pavimento de entrada é, em uma extremidade, um *piano nobile*. O pavimento superior, mais afastado do terreno, contém os dormitórios; seu contato com o céu se manifesta na proa do terraço em frente ao dormitório de casal, que, no verão, recebe o sol do entardecer.

Considerando sua época, a Casa Schminke não teria como estar mais distante dos precedentes históricos. No projeto, Scharoun celebra as propriedades de novos materiais. Também celebra a amplitude e o sol. Ele explora o potencial das estruturas de aço e de grandes chapas de vidro. Evita geometrias regulares baseadas em formas ideais, como quadrados e retângulos proporcionais (como os encontrados na arquitetura neoclássica). Ele controla as funções desempenhadas pelos lugares primitivos na casa, buscando abri-la para o horizonte e mais além. Chega a separar a casa do terreno na medida do possível. Trata-se de uma casa que, por meio de sua arquitetura, tenta reinventar a própria vida e conferir-lhe um contexto o mínimo possível relacionado ao passado.

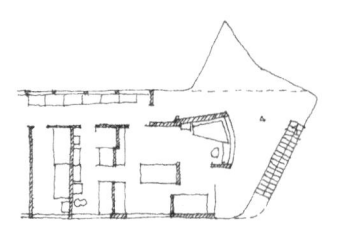

No pavimento dos dormitórios, a "proa" se projeta a partir da elevação da casa voltada para o norte, estando suficientemente afastada para aproveitar o sol do entardecer ao oeste. Dessa forma, a casa se beneficia de um terraço ensolarado que não está orientado para a fábrica ao sul.

Estudo de caso 7 – Casa Vanna Venturi

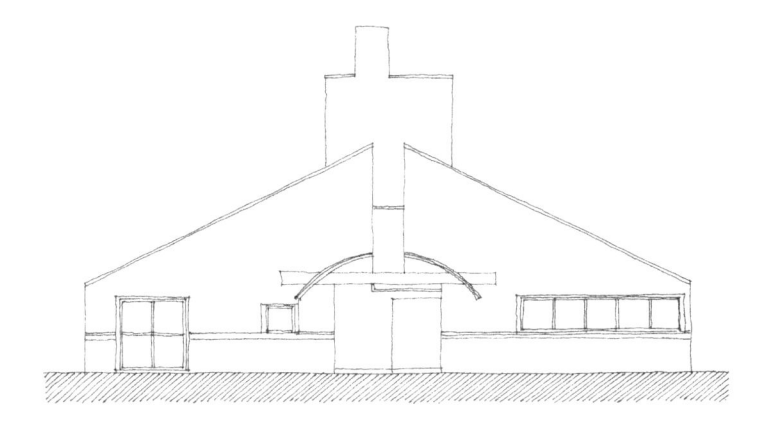

Robert Venturi projetou esta casa para sua mãe. Ela foi construída em Chestnut Hill, Estado da Pensilvânia, Estados Unidos, em 1962. Aproximadamente na mesma época, ele escreveu o livro *Complexity and Contradiction in Architecture* (*Complexidade e Contradição em Arquitetura*), publicado em 1966. O projeto desta casa está relacionado à tese do livro.

Condicionantes

Na época da casa e do livro, o Modernismo dominava o ensino e a prática de arquitetura. Em vez de aceitar as ortodoxias dominantes, Venturi questionou-as e se rebelou contra elas. Seus argumentos são explicados em detalhes no livro em questão. Ele rejeitou a busca pela simplicidade e a resolução associadas ao Modernismo (cujos argumentos a favor são encontrados especialmente nos textos e nas obras de Frank Lloyd Wright, Mies van der Rohe e Louis Kahn) em favor da complexidade e da contradição, as quais, ele afirmou, tornam as obras de arquitetura mais espirituosas e menos entediantes; reflexos (poéticos) mais apropriados das complexidades e contradições da vida; mais estimulantes em termos intelectuais e estéticos.

Venturi usou o projeto da casa de sua mãe para expressar sua reação contra as ortodoxias e a sisudez do Modernismo. Assim, evitou conscientemente aquelas que poderiam ser consideradas as "respostas certas" e provocou conflitos no arranjo de formas e na organização do espaço.

Elementos básicos

Até mesmo ao escolher os elementos básicos, Venturi expressou sua oposição ao Modernismo.

A paleta diferenciada de elementos usada por arquitetos modernistas ortodoxos incluía: cobertura plana; ênfase (externa) do pavimento horizontal; a coluna (*piloti*), que permitia a abertura do pavimento térreo e a planta baixa livre; e a parede de vidro, que reduzia (visualmente) a divisão celular do espaço, tanto internamente quanto entre o interior e o exterior. Os arquitetos modernistas também costumavam menosprezar a importância formal da lareira e sua expressão externa na chaminé. (Scharoun usou essa paleta na Casa Schminke.)

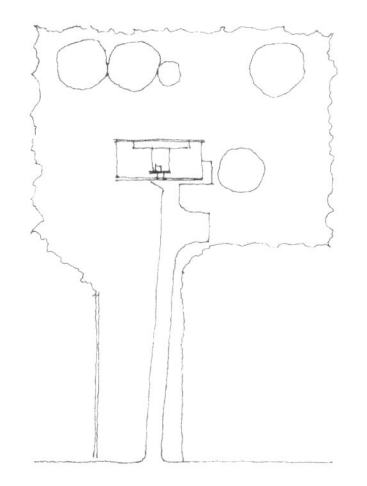

O terreno da Casa Vanna Venturi é plano. Ao longo de suas divisas, é delimitado por árvores e cercas. É acessado por meio de uma faixa de terreno e a casa está posicionada de modo a exibir sua elevação com empena para os que se aproximam.

Para mais informações sobre a Casa Vanna Venturi:
(Venturi) – *Venturi Scott Brown & Associates, on houses and housing (Architectural Monographs No. 21)*, 1992, p. 24–9.
Robert Venturi – *Complexity and Contradiction in Architecture*, 1966.

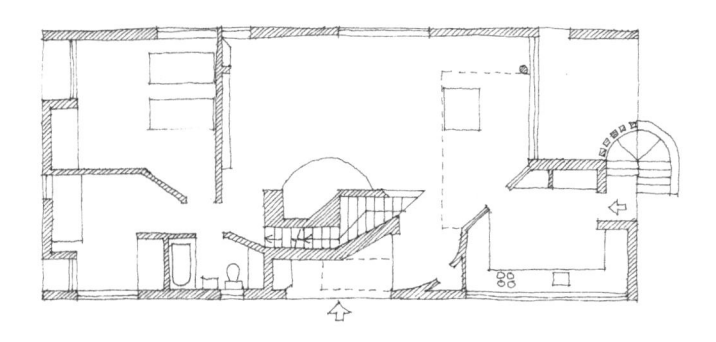

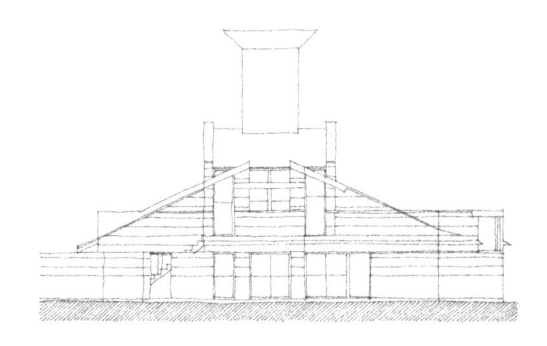

Na casa de sua mãe, Venturi infringiu diretamente todas essas "regras" do Modernismo. A cobertura é em vertente; a horizontalidade dos pisos não se manifesta externamente; não há colunas ou pilares aparentes (com exceção de um – um recurso para sustentar a cobertura acima da sala de jantar, que é omitida em algumas plantas baixas publicadas da moradia) e a casa está firmemente ancorada no solo; há uma parede de vidro (entre a sala de jantar e um espaço coberto), mas, nas elevações principais, Venturi preferiu fazer janelas (quase caricaturas de janelas tradicionais) nas paredes; ele também conferiu ênfase internamente à lareira centralizada e, externamente, à chaminé.

A organização do espaço e a geometria

O projeto de Venturi tem singularidades que foram discutidas em detalhes em críticas da casa: seus toques "maneiristas" (o frontão quebrado da elevação principal, por exemplo), o uso (antimoderno) de ornamentos (o aplique em arco sobreposto no lintel claramente estrutural acima da entrada), as janelas de sacada "convexas" nos dormitórios do pavimento inferior e na varanda em frente à sala de jantar, a escada do dormitório superior, que não leva a lugar algum, e assim por diante. No entanto, a postura de complicar e contradizer as maneiras ortodoxas talvez seja mais arquitetônica (de acordo com os termos do livro) na organização do espaço da casa e na forma como Venturi lida com os vários tipos de geometria.

O projeto da casa "começa" com duas paredes paralelas, que definem a área de terreno do interior da habitação. Conforme discutido no capítulo sobre *Paredes Paralelas*, elas costumam estabelecer um eixo longitudinal, que marca uma direção dominante dentro da planta baixa e também começa a ordenar as relações entre o interior e o exterior. Todavia, Venturi contradiz a arquitetura ortodoxa das paredes paralelas de várias maneiras.

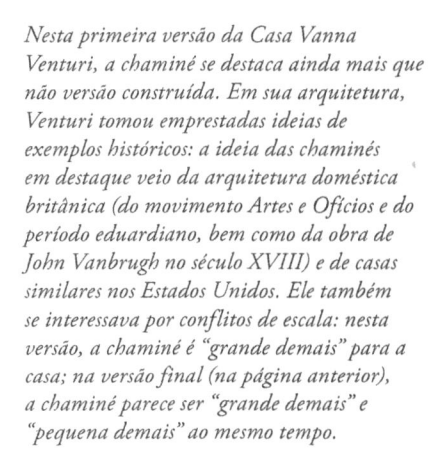

Nesta primeira versão da Casa Vanna Venturi, a chaminé se destaca ainda mais que não versão construída. Em sua arquitetura, Venturi tomou emprestadas ideias de exemplos históricos: a ideia das chaminés em destaque veio da arquitetura doméstica britânica (do movimento Artes e Ofícios e do período eduardiano, bem como da obra de John Vanbrugh no século XVIII) e de casas similares nos Estados Unidos. Ele também se interessava por conflitos de escala: nesta versão, a chaminé é "grande demais" para a casa; na versão final (na página anterior), a chaminé parece ser "grande demais" e "pequena demais" ao mesmo tempo.

A planta baixa do projeto de Venturi "começa" com um par de paredes paralelas.

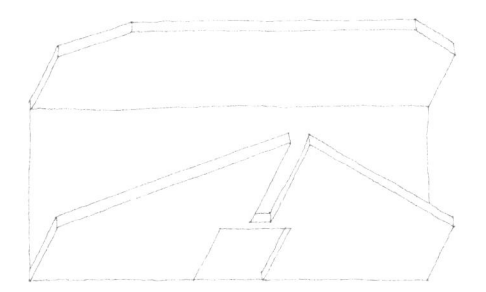

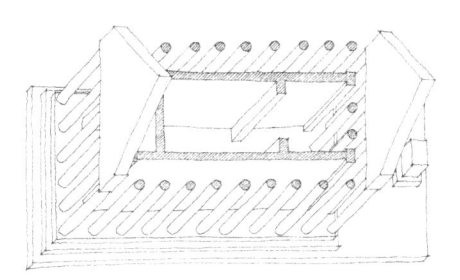

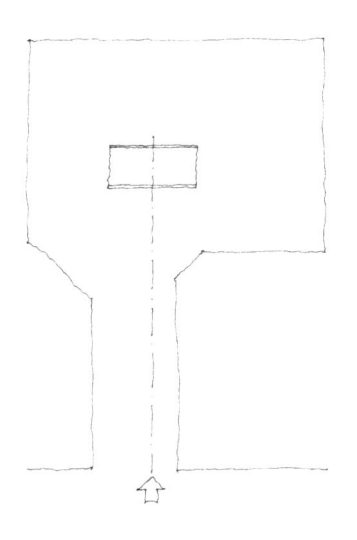

Ao posicionar a casa, Venturi lança as paredes paralelas transversais ao eixo principal do terreno.

Primeiramente, ele posiciona as paredes perpendicularmente – e não paralelamente – ao eixo principal do terreno, que é o eixo da entrada (à esquerda). Em seguida, contradiz o arranjo das empenas encontradas em antigas edificações com paredes paralelas (templos), ao colocar as empenas de sua cobertura complexa nas laterais mais longas da planta baixa retangular (acima, à direita). Nos templos antigos, era a geometria da construção que influenciava a geometria tridimensional da cobertura, resultando em frontões triangulares em cada extremidade. O arranjo contraditório de Venturi, em conjunto com a não utilização de colunas e pilares aparentes, faz com que a frente da casa de sua mãe seja como um frontão em uma das laterais "erradas" da planta baixa retangular, apoiando-se diretamente sobre o solo.

Como podemos ver nos cortes (abaixo), a geometria da cobertura de Venturi é complexa: há águas em três direções diferentes e ela nem sempre chega até as paredes que deveriam ser seu apoio. (Isso acontece acima da entrada e no balcão "recuado" em frente ao dormitório do andar superior, reforçando a sensação de que essas mesmas paredes bidimensionais são máscaras que cobrem o interior em vez de expressá-lo – outra reação à sugestão modernista de que é necessário romper as barreiras entre o interior e o exterior.)

O fato de contradizer a ortodoxia também influencia a planta baixa de Venturi.

Ao explicar a casa com suas próprias palavras no livro *Complexidade e Contradição em Arquitetura*, Venturi diz que sua planta baixa derivou da "rigidez e simetria de Palladio", distorcendo-as. Como Rudolf Wittkower demonstrou em *Architectural Principles in the Age of Humanism*, as plantas baixas das vilas de Palladio, tanto quadradas quanto retangulares, eram normalmente distribuídas de acordo com uma di-

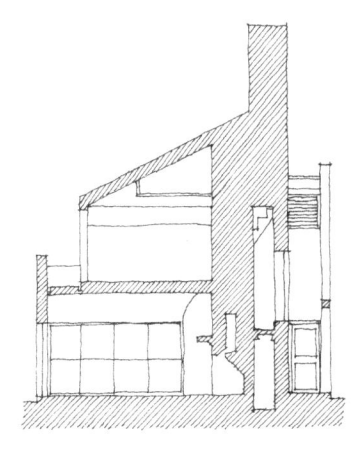

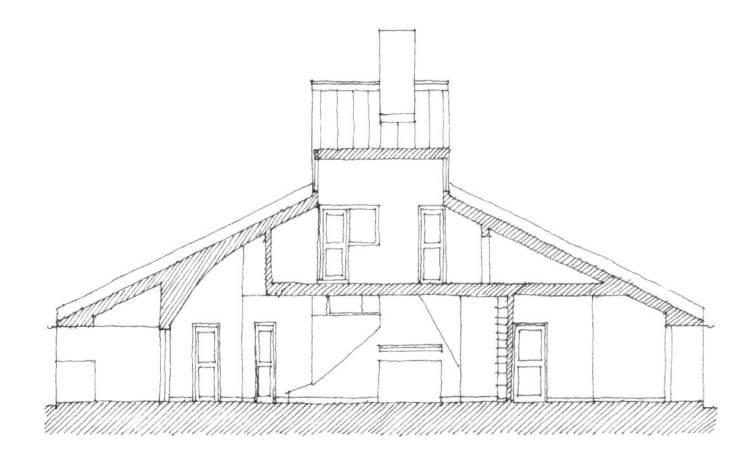

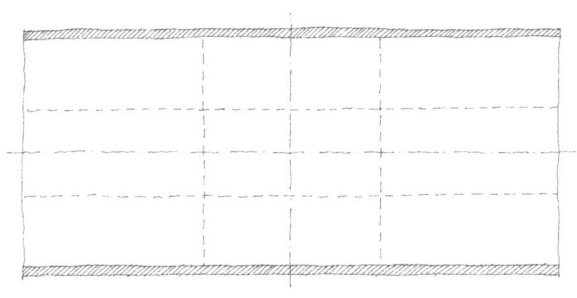

A planta baixa da casa de Venturi se baseia em uma retícula geométrica relativamente similar à de uma casa de Palladio.

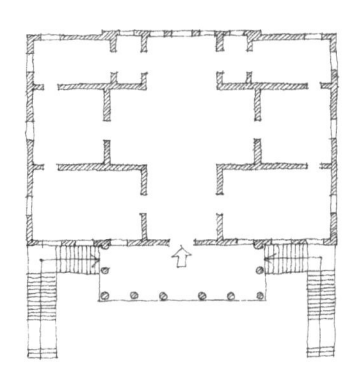

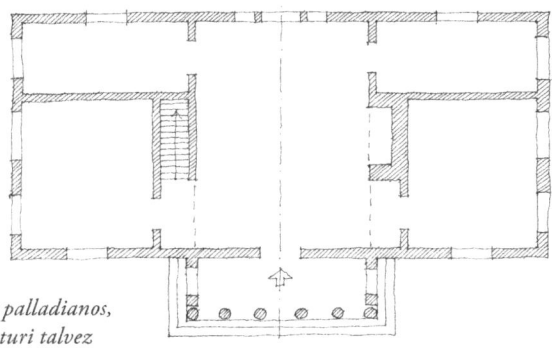

Se tivesse seguido os princípios palladianos, a planta baixa da casa de Venturi talvez fosse mais ou menos assim. Mas ele fez desta maneira (abaixo).

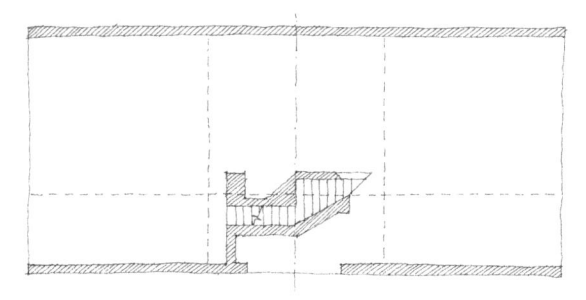

A lareira e a escada competem por espaço com a entrada...

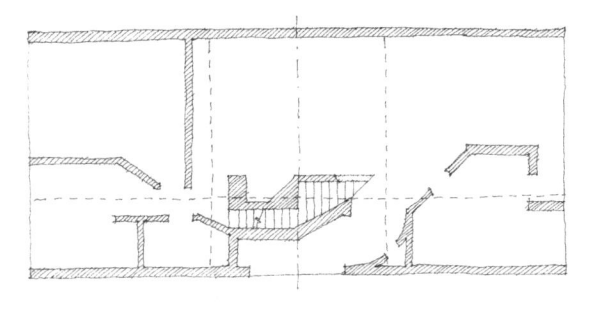

...e as paredes distorcem a geometria palladiana a fim de acomodar espaços de tamanhos diferentes.

visão em três, em ambas as direções; elas recebiam um espaço central dominante, cercado por recintos de apoio. (Acima, por exemplo, está a Vila Foscari de Palladio.)

Se o projeto de Venturi tivesse empregado tais arranjos palladianos, talvez o resultado fosse mais ou menos assim (ao lado): com um grande recinto no meio e cômodos de apoio distribuídos simetricamente nas laterais. Poderia haver um pórtico em destaque na frente. As janelas seriam, na medida do possível, distribuídas simetricamente no interior dos cômodos. A escada e a lareira talvez ocupassem posições equivalentes nas duas metades da planta baixa. Venturi rompeu a disciplina palladiana de diversas maneiras, estabelecendo a simetria e, em seguida, destruindo-a; criando eixos e os rejeitando a seguir. O ato contraditório que ele parece fazer primeiramente (ao lado) é reunir a escada e a lareira, colocando-as em posição central para que bloqueiem o eixo de entrada. Na planta baixa de Palladio, esse eixo seria aberto, como uma linha de passagem que levasse ao espaço central principal (e, possivelmente, também como uma linha de visão do entorno). Depois de estabelecer o eixo, Venturi o rejeita por meio de um volume cego e pesado. Esse ato também tem outras consequências: cria um balcão que entra na edificação em vez de se projetar para fora e, além disso, oferece a Venturi outra oportunidade para a complexidade,

Venturi ignora uma regra clássica da arquitetura ao posicionar uma janela de modo que sua borda, e não a linha central, esteja alinhada com o eixo da casa. Outra janela é invadida pela extremidade de uma parede interna.

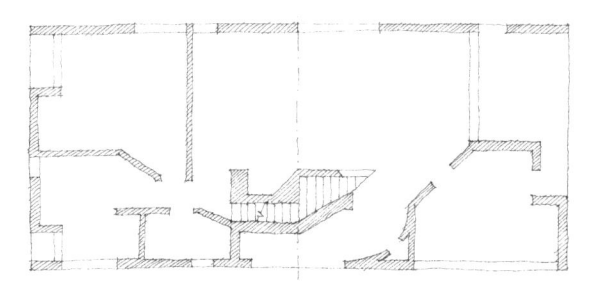

pois estabelece uma situação em que a entrada, a escada e a lareira ocupam a mesma parte da planta baixa. A forma ortodoxa de cada uma delas é alterada, de certo modo, para responder a essa disputa (proposital) por espaço: a lareira é deslocada do eixo para dar lugar à escada; a escada se torna mais estreita na metade de seu percurso, dando lugar à chaminé; e a porta de entrada, que, por sua vez, foi destituída da posição axial, "empurra" a parede adjacente para um ângulo que invade a escada.

O ângulo dessa parede parece reconhecer a linha de passagem da casa, agora diagonal, atenuando levemente o efeito bloqueador da escada e da lareira. A linha de passagem é mais bem administrada pela parede diagonal do armário, que transforma a linha de entrada axial palladiana em uma chicana.

Em outros pontos da planta baixa (acima), as paredes internas são posicionadas tanto para seguir quanto para distorcer a ortogonalidade de Palladio. A parede entre a sala de estar e o dormitório (à esquerda da planta baixa) está em um ângulo reto em relação às paredes paralelas, enquanto as paredes que atravessam a planta baixa – ajudando a delimitar o dormitório pequeno, o banheiro, a entrada e a cozinha – apresentam uma deformação espacial, aparentemente causada pela posição da escada e da lareira.

Finalmente, o posicionamento e a natureza das aberturas de porta e janela dão a Venturi mais oportunidades de contradição na arquitetura. Ele refuta a clareza ao diferenciar as extremidades e as laterais, colocando uma mistura de tipos de abertura em cada elevação da casa.

Toda arquitetura é filosófica até certo ponto, já que nos permite entender o mundo em termos espaciais, e não verbais. Mas a arquitetura de Venturi, especialmente na Casa Vanna Venturi, é filosófica e polêmica. Ela mostra como a arquitetura pode incluir comentários culturais. Enquanto a Casa Schminke expressava a visão de um novo estilo de vida, voltado para a natureza e a luz do sol, com direções horizontais desobstruídas, a casa que Venturi construiu para a mãe utiliza a arquitetura de forma dialética, com o objetivo de propor um argumento contra o puritanismo da arquitetura moderna. Venturi "escreve" sua casa como um filósofo talvez desenvolva um argumento, ou seja, pega os argumentos de seu antagonista um a um e os contradiz explicitamente à sua própria maneira.

Estudo de caso 8 – A Capela do Bosque

A Capela do Bosque está situada no amplo terreno do Crematório do Bosque, nos subúrbios de Estocolmo. Projetada por Erik Gunnar Asplund logo após a Primeira Guerra Mundial, seu objetivo era receber velórios de crianças. À primeira vista, a capela parece simples, tendo como única pretensão ser uma cabana rudimentar na floresta. Entretanto, Asplund conseguiu conferir a essa edificação elementar e despretensiosa uma incrível variedade de boas ideias poéticas. O tema do "poema" é a morte, naturalmente.

Os condicionantes e a identificação de lugar

Asplund projetou a Capela do Bosque antes de o Modernismo se tornar o movimento dominante na arquitetura sueca. O principal interesse era pelo poder das formas e métodos de construção tradicionais – um movimento conhecido como Romantismo Nacional.

A capela é acessada pelo terreno do Crematório do Bosque. Em volta do crematório principal – uma edificação posterior, também projetada por Asplund – a paisagem é aberta, com colinas ondulantes e com o céu muito visível. Por outro lado, a Capela do Bosque fica escondida em um escuro bosque de pinheiros.

A tarefa de Asplund era identificar um lugar para serviços funerários, onde familiares e amigos poderiam se reunir para velar os mortos. O telhado muito íngreme funciona como um marco no bosque.

Elementos básicos e modificadores

Os elementos básicos são usados de forma clara e direta. Há áreas de terreno definidas, colunas, paredes e uma cobertura. Existe um caminho que leva à edificação, uma plataforma sobre a qual o ataúde é colocado e outra plataforma utilizada como púlpito. O piso, as paredes e a cobertura formam uma cela simples, na qual há uma porta na linha de chegada e uma pequena janela doméstica em uma quina. No perímetro do interior da capela, o piso é elevado na altura de dois degraus, o que sugere que a área principal é uma discreta vala.

A capela recebe a luz difusa da floresta. Sente-se o cheiro dos pinheiros. Ao andarmos em direção à edificação, nossos passos são abafados pelo tapete de folhas de pinheiro, com exceção do piso de pedra que define a área do chão da capela, no interior e sob o pórtico de entrada.

No interior, a área principal é iluminada por uma claraboia na parte mais alta do teto abobadado. Os sons são refletidos pelas superfícies duras.

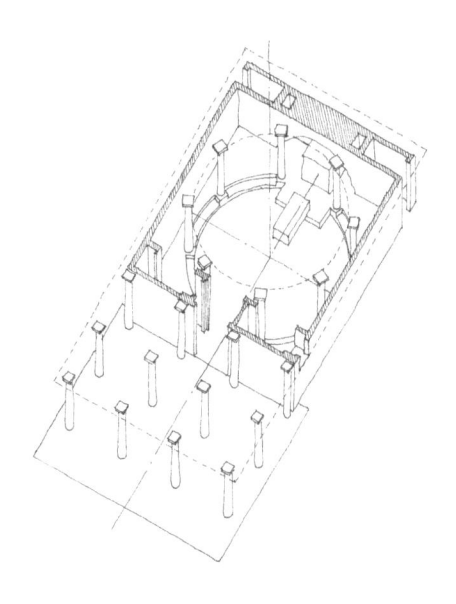

Para mais informações sobre a Capela do Bosque:
Caroline Constant – *The Woodland Cemetery: Towards a Spiritual Landscape*, 1994.
Peter Blundell Jones – *Gunnar Asplund*, 2006.

Elementos que desempenham mais de uma função

Quando nos aproximamos, a cobertura se assemelha a uma pirâmide e funciona como um marco. As colunas do pórtico sustentam a cobertura, mas também direcionam o caminho para entrar na edificação, criando uma transição entre a floresta e o interior. Os espaços atrás das paredes ao longo da entrada ajudam a criar pequenos lugares de apoio deslocados em relação ao espaço principal da capela, mas também fazem as paredes da cela parecerem muito mais grossas do que realmente são, acentuando o aspecto de caverna. Esse efeito de "parede grossa" é enfatizado pelas ombreiras profundas da pequena janela e do nicho em que o púlpito se insere. As colunas internas parecem sustentar a abóbada acima, além de definir o lugar principal, como se fosse uma clareira na floresta.

O aproveitamento de coisas preexistentes

Asplund usa o bosque para dar um contexto especial à capela. O caminho que leva à edificação, que começa como um portão a certa distância, percorre uma linha reta através das árvores distribuídas irregularmente. As próprias colunas do pórtico de entrada são como árvores, apesar de posicionadas de maneira regular, trazendo parte das características da floresta para baixo da cobertura.

Os tipos de lugares primitivos e a arquitetura como arte de emoldurar ou estruturar

O nicho em que o púlpito se insere não é uma lareira, mas age como se fosse. (Externamente, há uma chaminé na mesma posição, porém ela vem do porão.) O púlpito propriamente dito se assemelha a um altar. O cadafalso em que se coloca o ataúde é uma cama e, ao mesmo tempo, um altar. Também é o foco do lugar para espetáculo – como uma clareira na floresta –, definido pela vala suave, colunas ao redor e teto abobadado.

A edificação é uma estrutura temporária para o corpo de uma criança e para a cerimônia associada ao seu funeral.

Considerando a forma externa, a capela é como uma casa, emoldurada pelo bosque ao redor. O pórtico de entrada enquadra os enlutados reunidos, que se misturam com as colunas (cuja presença sugere que os ancestrais compareceram ao funeral).

Sob a cobertura, há também a cela que separa o lugar especial da cerimônia de todo o resto, enquanto que, no interior de tal cela, está a vala e o anel de colunas, como um círculo de dolmens primitivo. Esse círculo, iluminado pelo céu acima, emoldura o cadafalso que emoldura o ataúde, que, por sua vez, emoldura o corpo. O púlpito é enquadrado por seu próprio nicho.

O círculo de dolmens, catafalco, púlpito, ataúde e os enlutados estão todos enquadrados pela porta de entrada, em termos de imagem, e pelo interior parecido com um ventre, em termos de arquitetura.

Templos e cabanas e a geometria

A capela é um "templo" vestido de "cabana"; a autoridade inquestionável da morte recebe o manto da simplicidade doméstica. Embora não esteja sobre uma plataforma, a edificação é formal e simétrica. Não possui irregularidade pragmática, ainda que seus materiais sejam simples e regulares. A escala é pequena; trata-se de um edifício para seres humanos.

Asplund utiliza muitos dos diversos tipos de geometria da arquitetura.

O círculo de colunas – novamente, como ancestrais de pé ao redor de uma vala – define, literalmente, o círculo de presença do catafalco e ataúde; os enlutados sentam-se no interior da geometria social desse círculo.

A linha de passagem e a linha de visão do portão de entrada coincidem. Experimental e simbolicamente, a edificação – a pirâmide – encerra esse eixo. Ela estabelece duas das seis direções sugeridas pela capela – indo da lareira simbólica ao horizonte e o sol poente no oeste.

O círculo de oito colunas estabelece o eixo transversal – as outras duas direções horizontais estão bloqueadas pelas paredes laterais – definindo, assim, um centro. Abaixo está o porão; acima está a luz que entra pelo "céu" da cúpula (cuja geometria ideal prejudica a geometria construtiva da cobertura). Pelo centro, passa o eixo vertical – o *axis mundi* (eixo da terra).

O catafalco não está posicionado no centro do círculo sobre o *axis mundi*, mas entre a lareira simbólica e aquele eixo vertical – suspenso pela duração da cerimônia entre o lar e a eternidade.

A casa da mãe de Venturi é polêmica, mas a Capela do Bosque de Asplund não. Ele usa a arquitetura para evocar um lugar antigo e atemporal para um funeral. Para tanto, utiliza a ressonância, entre as colunas e as árvores, e referências a precedentes antigos – o círculo de pedra com um altar perto do centro. Também faz uso do simbolismo na forma piramidal do telhado.

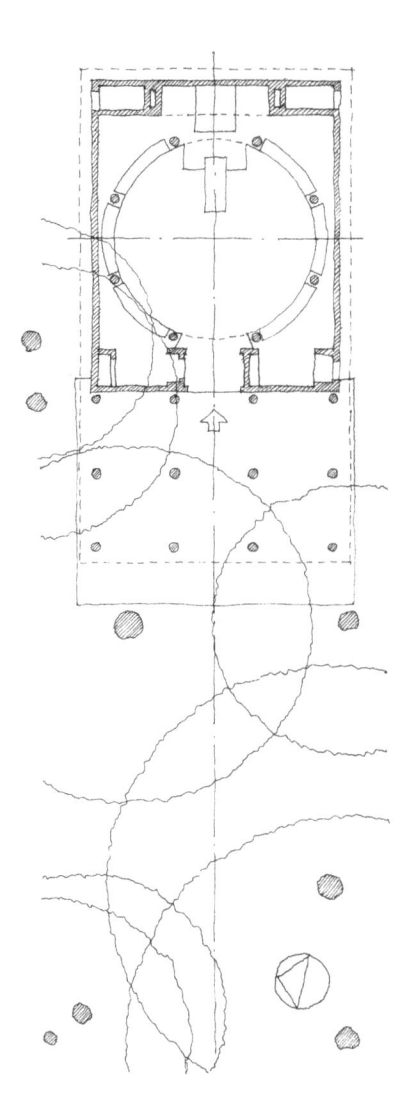

Estudo de caso 9 – Casa VI

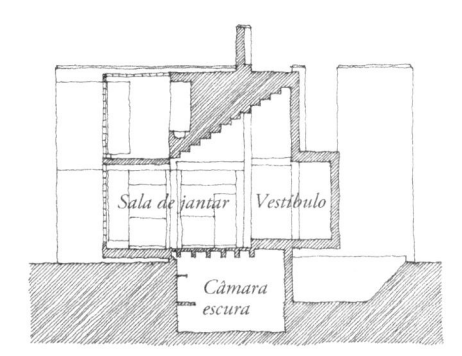

Corte

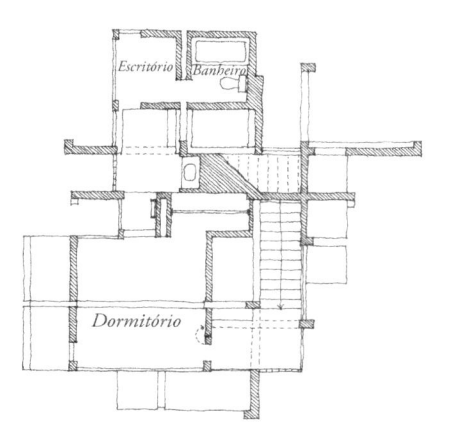

Pavimento superior

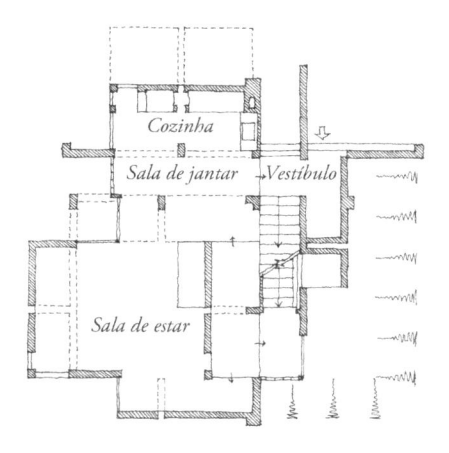

Pavimento de entrada

Mais informações sobre a Casa VI: Suzanne Frank – *Peter Einsenman's House VI: the Client's Response*, 1994.

Se o arquiteto é um "deus" – no sentido de criar um "mundo" para nós vivermos – então o arquiteto da Casa VI pode ser considerado, em geral, um "deus" ciumento, totalmente alheio às necessidades e aos confortos de "Adão e Eva" que viveriam no pequeno "mundo" criado por ele.

A Casa VI foi projetada por Peter Eisenman e construída em Cornwall, Connecticut, Estados Unidos, na primeira metade da década de 1970 (e reconstruída, em grande parte, em 1990 por Will Calhoun, sob a orientação de Madison Spencer, do escritório de Eisenman). Como sugere o nome, esta foi a sexta casa projetada por ele, e a quarta a ser construída. "Adão e Eva" – os clientes desta casa para uso no fim de semana – eram Suzanne e Dick Frank, que escreveram a respeito da casa e a fotografaram em função de suas experiências ao tentar morar nela e pela notoriedade adquirida (veja a referência abaixo). Também pagaram pela reconstrução.

Templos e cabanas

A Casa VI é um "templo". Na realidade, está mais próxima do extremo "templo" no espectro "templo – cabana" (discutido no início deste livro) do que um templo da Grécia antiga. O nome "casa" sugere que a edificação identifica um lugar para se morar, algo que faz até certo ponto. Porém, a intenção de projetar lugares para fins de habitação foi obscurecida pela prioridade dada por Einsenman à composição geométrica complexa. Sua postura foi descrita por Suzanne Frank (no livro) como "arrogante", embora ela pareça ter aceitado que se tratava de uma arrogância com princípios. As características desta casa normalmente citadas como evidências da arrogância de Einsenman são: uma faixa envidraçada no centro do pavimento do dormitório, impedindo o uso de uma cama de casal e permitindo que a vista da sala de estar, abaixo, invadisse a privacidade do dormitório acima; um pilar na sala de jantar, que dificulta a colocação de uma mesa de jantar e se coloca como um convidado a mais em cada refeição; armários de cozinha que, devido à necessidade de obedecer à disciplina geométrica da casa, eram altos demais para serem usados sem o auxílio de uma escada de mão; e vários degraus isolados e altos, especialmente no pavimento térreo, que tornam a circulação muito incômoda. Além disso, grande parte das vedações foram deterioradas pelo clima, exigindo a reconstrução passados vinte anos.

Além de tal indiferença ao conforto físico e psicológico dos usuários, as principais características de "templo" desta casa são: a disciplina geométrica ideal, que transcende toda e qualquer geometria da construção; o modo como ela oculta as evidências do processo de construção (trata-se, na verdade, de uma estrutura de madeira revestida com chapas de compensado que foram rebocadas e pintadas

As ilustrações ao lado mostram a casa, em um sentido mais amplo, na forma em que foi construída, segundo as medidas tiradas no momento da reconstrução, em 1990. A ideia original de Eisenman – que é ilustrada no livro de Suzanne Frank – era criar um grande espaço habitável com pé-direito duplo (quase cúbico), com a cama limitada a um nicho (o atual escritório) no pavimento superior.

a fim de esconder as juntas); a negação das "regras ortodoxas" da ordem estrutural (a casa possui um famoso pilar externo que não toca o solo); e a desconexão conceitual com a terra (a câmara escura de Dick Frank forma um subsolo, mas ele está recuado em relação à casa, dando a impressão de que ela flutua sobre uma superfície térrea que desce radicalmente).

Ainda assim, a casa segue uma geometria rigorosamente ortogonal, que respeita a verticalidade da gravidade e a geometria das madeiras usadas, além de se contrapor às "seis direções e um centro" intrínsecos de seus usuários humanos e caninos. Isso também é, no entanto, subvertido pela inclusão de uma escada de cabeça para baixo no teto acima da sala de jantar, sugerindo que a casa, como uma água-forte de M.C. Escher, poderia ser invertida e ainda permaneceria válida enquanto obra de arquitetura.

A geometria ideal

Para analisar a geometria da Casa VI, talvez seja mais indicado examinar os desenhos platônicos produzidos por Einsenman – e que ele provavelmente aceitaria como a representação mais pura da geometria da edificação, inafetada pelas inconveniências da gravidade, clima e ocupação humana, assim como pelas imperfeições inevitáveis da construção com materiais reais. As ilustrações do próprio Einsenman são meticulosas na busca pela exatidão. Foram reproduzidas no livro de Suzanne Frank.

Ainda no início do presente livro, no capítulo intitulado *Como a Análise Ajuda a Projetar*, sugeri usar uma folha de papel quadriculado como base ao desenhar em um caderno de croquis, seja analítica ou conceitualmente. Esse papel milimetrado é particularmente útil para se estudar a Casa VI de Eisenman, embora ela seja complexa a ponto de dificultar a análise geométrica simples das plantas e cortes. A casa foi projetada com base em uma treliça espacial conceitual que é uma grelha cúbica tridimensional, ou melhor, várias grelhas cúbicas sobrepostas. O processo gerador parece ter começado com uma "gaiola" de 3 x 3 x 2 cubos espaciais definidos por barras de seção quadrada (no topo, à direita). Ao repetir, sobrepor e girar essa grelha, é possível produzir uma armação complexa (no meio, à direita). Em seguida, tal armação complexa é usada como ponto de partida para os cortes, os preenchimentos e as transformações que farão dela uma casa. Muitas barras são amputadas, mas a armação complexa dos cubos permanece, como um fantasma (embaixo, à direita). Alguns espaços intersticiais da armação se transformam em cômodos da casa – a sala de estar, dormitório, cozinha, etc. Algumas barras restantes se transformam em estrutura – ainda que, com o pilar que não toca o chão, Eisenman esteja realmente preocupado em transmitir a mensagem de que se trata,

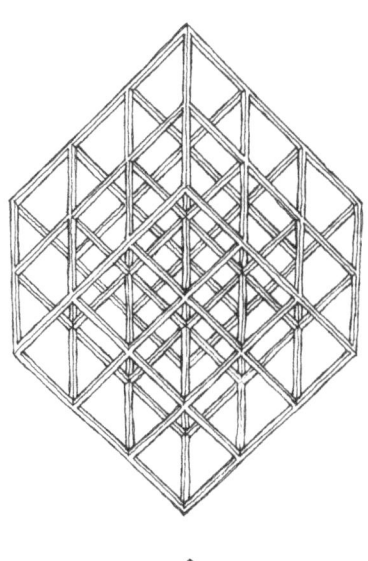

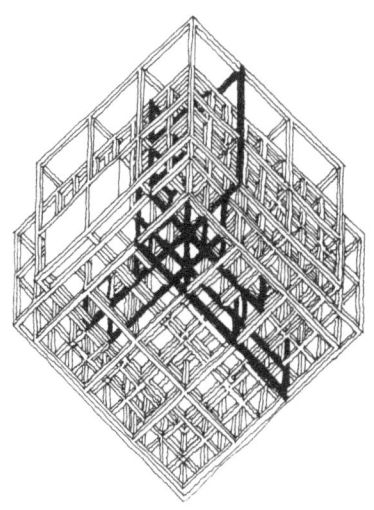

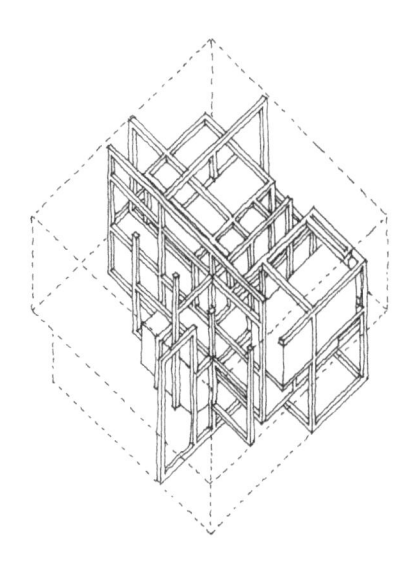

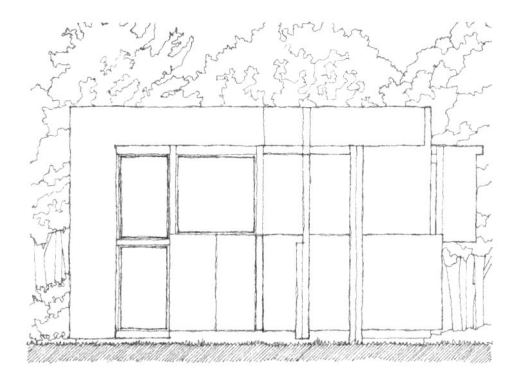

As elevações da Casa VI nos fazem lembrar as pinturas "neoplásticas" de Piet Mondrian, do início do século XX. Assim como Einsenman negou-se a deixar que a vida se impusesse sobre a arquitetura, Mondrian sugeriu que a pintura não tentasse retratar a realidade.

antes de tudo, de uma estrutura intelectual, sendo a condição de estrutura física apenas secundária. Algumas faces da armação foram envidraçadas para se tornarem janelas, ao passo que outras foram vedadas a fim de criar paredes cegas.

Por fim, e talvez mais interessante, enquanto algumas barras permanecem sólidas, outras são tratadas como "ausências" e se tornam fendas iluminadas – a faixa envidraçada no chão do dormitório é um exemplo. Em suas ilustrações, e na casa propriamente dita, Eisenman codifica por meio de cores as variadas "camadas" dessa composição complexa. O exterior é em tons de cinza; a escada que leva ao pavimento superior é verde; a escada virada de cabeça para baixo acima da sala de jantar é vermelha e assim por diante.

Eisenman defendeu sua tese de doutorado* na Universidade de Cambridge em 1963. O tema era "A Base Formal da Arquitetura Moderna". A Casa VI foi influenciada por essa obra. Sua armação complexa pode ser interpretada como um desenvolvimento, em direção à complexidade e à multidimensionalidade dos arabouços empregados por arquitetos como Gerrit Rietveld, Mies van der Rohe, Le Corbusier, Giuseppe Terragni e outros – por sua vez, desenvolvimentos das estruturais formais da arquitetura neoclássica (por exemplo, Alberti, Bramante, Palladio) e, antes ainda, da arquitetura clássica da Roma e Grécia antigas e os preceitos de Vitrúvio. Dessa forma, é possível posicionar a obra de Eisenman em relação a um longo contínuo histórico de ideias de arquitetura referentes à geometria ideal.

Um crítico azedo poderia concluir: "Na análise final, podemos identificar facilmente o 'deus' em cuja honra o 'templo' chamado de Casa VI foi criado" ou mesmo que seu arquiteto agiu como a "serpente" neste "Éden". ("Eva" conheceu Eisenman junto a uma fotocopiadora na Biblioteca Avery, na Universidade de Colúmbia, e não junto à "Árvore do Conhecimento do Bem e do Mal".) Contudo, Eisenman poderia se defender sugerindo que a Casa VI é, antes de tudo, um "templo" à religião da arquitetura, que, na forma mais "pura" da geometria, transcende o mundano e ocupa um "ser" intermediário – aquele que John Dee identificou como um meio-termo entre o natural e o sobrenatural, acima da terra, mas abaixo do paraíso (veja o capítulo sobre *Geometria Ideal*). Ao almejar o divino, torna-se um remendo que é destruído por necessidades mundanas.

Na reconstrução, os clientes conseguiram se acomodar à sua casa, o que a maioria de nós faz perante as condições – situações da vida – em que nos encontramos. Normalmente, a arquitetura é considerada um dos principais meios de encontrar uma acomodação em condições naturais que podem ser desafiadoras; neste caso, no entanto, a própria arquitetura produziu alguns dos desafios que os clientes tiveram de enfrentar. "Eva" resignou-se, por exemplo, a usar uma escada de mão para alcançar as maçãs no armário da cozinha; e "Adão" inventou uma cama de casal que passava por cima da faixa envidraçada no piso do dormitório.

*Peter Eisenman – *The Formal Basis of Modern Architecture*, 2006.

Estudo de caso 10 – A Caixa

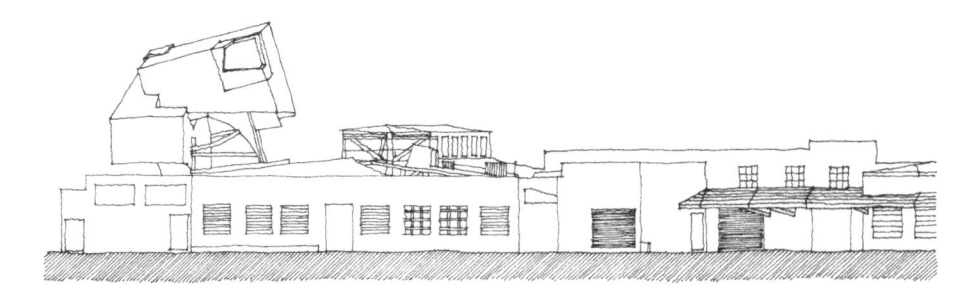

A Caixa foi projetada por Eric Owen Moss e construída em 1994. Ela faz parte de um projeto de reforma realizado em Culver City, na Califórnia, Estados Unidos. Inclui uma pequena composição independente de formas geométricas fraturadas ou abstratas inseridas em um edifício industrial preexistente. O espaço principal – a caixa propriamente dita – é um auditório (inicialmente, seria um salão de festas para um restaurante), sustentado sobre a cobertura do abrigo preexistente e acessado por uma escada contorcida. A geometria complexa e o material cinza uniforme da Caixa contrastam com a simplicidade da edificação original, parecendo uma intrusão.

A identificação de lugar

A Caixa se identifica como um lugar, não tanto pela maneira de acomodar ou definir um uso específico, mas pelo modo como "se destaca" de seu meio: pela singularidade de sua aparência dentro do contexto. É um "templo" que existe em seu próprio mundo, separado da realidade mundana. Ela flutua como um ornamento escultórico estranho acima da cobertura do tedioso galpão pragmático abaixo. Além disso, tem sua própria estrutura distorcida que invade e rompe a estrutura ortogonal padronizada do galpão. A Caixa é uma cela que flutua acima do mundo, separada dele, um lugar ao qual se sobe para ver o mundo ao redor por uma perspectiva anormal. A Caixa se distancia do mundo, indo para o espaço. Também mostra que é estranha por meio de sua postura em relação ao uso pragmático, pela maneira que é feita e pelo modo em que foi composta como arquitetura. Em cada um desses aspectos, o projeto da Caixa desafia muitos aspectos daquilo que chamamos, no livro, de *Geometrias Reais*, brincando de quebrar e desenhar abstrações a partir da *Geometria Ideal*.

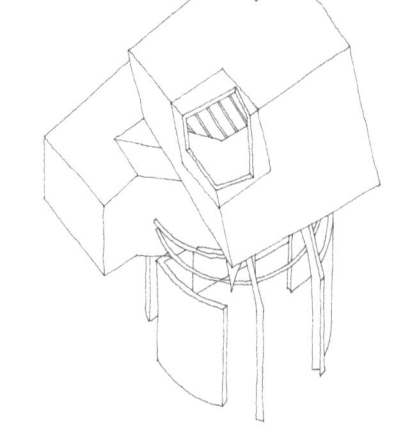

As geometrias orgânicas

Ao projetar a Caixa, Moss fez poucas concessões com relação à utilidade. Aparentemente de forma intencional, esta edificação não é para fins "habitacionais" no sentido sugerido por Martin Heidegger ao escrever (no ensaio "Building Dwelling Thinking") que "Não habitamos porque construímos, mas construímos e temos construído porque habitamos, isto é, porque somos *habitantes*". É a arquitetura em sua forma abstrata. Tem um piso horizontal, sobre o qual se pode caminhar, ficar de pé, colocar móveis; tem uma escada com dimensões suficientes para um ser humano, dando acesso desde baixo; tem aberturas que permitem receber luz suficiente para ver o que se estiver fazendo, assim como o entorno;

Mais informações sobre a Caixa: Brad Collins & Anthony Vidler – *Eric Owen Moss: Buildings and Projects 2*, 1996.

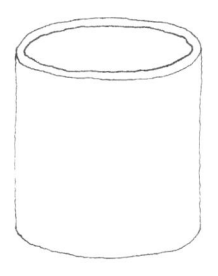

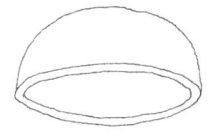

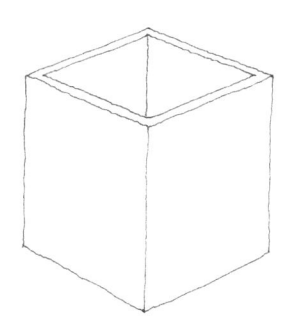

A Caixa é composta por formas geométricas simples: cilindro, hemisfério, cubo...

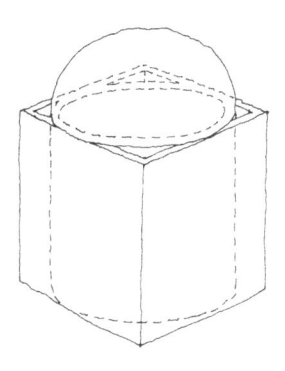

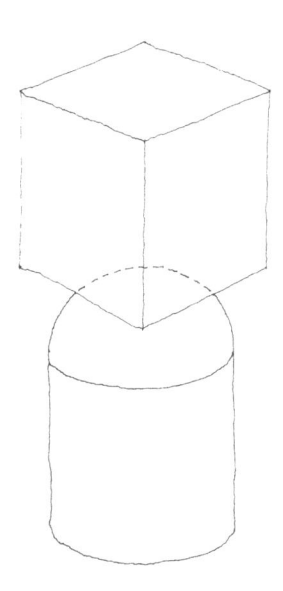

Essas formas poderiam ter sido montadas de maneira tradicional, mas foram reunidas de modo curioso, com o cubo equilibrado sobre o topo do cilindro e do hemisfério.

mantém o clima do lado de fora. Entretanto, essas poucas concessões à habitação são ofuscadas pelas outras preocupações.

A forma como a Caixa é construída e os materiais são tratados desafia a geometria da construção. Sua geometria irregular apresenta dificuldades para a montagem de materiais padronizados, enquanto o acabamento cinza uniforme dá a falsa impressão de que a edificação inteira é composta por apenas um material indeterminado. As juntas da construção estão ocultas, com exceção das chapas de vidro simples que cobrem as aberturas nas quinas da cela. Algumas estruturas necessárias estão evidentes, mas isso também interfere na disciplina usual da geometria estrutural.

Ademais, as seis direções e um centro – que ecoam às da forma humana e estão evidentes nos cômodos de quatro paredes mais comuns – são prejudicadas pela geometria incômoda da Caixa. A composição do edifício se baseia na geometria ideal, mas de maneira incômoda e fraturada.

A geometria ideal

Os diagramas desta página e da próxima ilustram a composição geométrica geradora da Caixa. A composição começa, conceitualmente, com um cilindro, um hemisfério e um cubo (acima). Essas são formas geométricas fundamentais na arquitetura e podem ter sido compostas como uma câmara circular cupulada inserida em uma edificação cúbica (bastante similar à Vila Rotonda). Mas Moss as monta de maneira diferente, incomum. A cúpula (hemisfério) se apoia no cilindro, como de costume, mas o cubo está equilibrado sobre eles.

A próxima etapa do processo conceitual de Moss consiste em fragmentar, distorcer ou perturbar essas formas geométricas simples (página oposta). Seções do cilindro foram removidas. O hemisfério foi reduzido a uma armadura estrutural, que sugere o espaço ocupado por uma cúpula sem ser uma cúpula de fato. (Essa armadura proporciona o suporte estrutural para o piso do cubo.) E, o que é mais significativo, o cubo – que, em geral, estaria alinhado com as dimensões horizontal e vertical do mundo – está inclinado de maneira desigual em duas dessas dimensões, afetando a ressonância com o contexto e o conteúdo (o edifício sobre o qual se encontra e o mundo ao redor, assim como as pessoas que podem ocupá-lo). Para complicar ainda mais a geometria, parte do cubo está faltando – a parte que deveria estar abaixo do pavimento horizontal. Uma escada irregular complicada, que começa no interior do cilindro, sobe até o espaço do cubo. Ela passa pela cobertura e, por um breve momento, abre-se para o ar externo antes de se fechar novamente e, por fim, chegar ao pavimento do cubo. A fresta na cobertura da edificação original, por onde passam a escada e a estrutura que suporta a Caixa, é coberta por uma simples plataforma de vidro sustentada por uma estrutura simples de madeira.

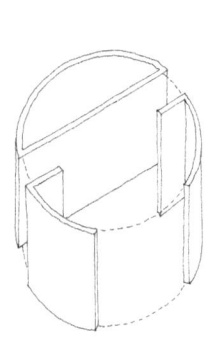

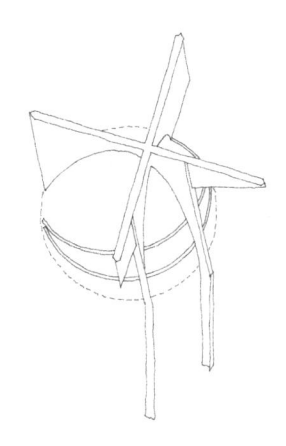

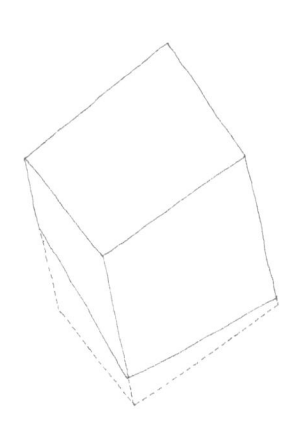

O último toque do projeto são dois cubos "negativos" recortados das quinas da Caixa, para iluminar. Essas aberturas são vedadas com os simples recobrimentos de vidro mencionados acima.

Enquanto obra de arquitetura, a Caixa é um exercício com formas geométricas fragmentadas e remontadas. Tal abordagem contradiz muitas das formas ortodoxas de se praticar a arquitetura e chama atenção devido à diferença. O resultado é um objeto escultórico percebido já que sua forma irregular contrasta com as geometrias ortodoxas dos prédios do entorno. Trata-se de uma forma de arquitetura atraente, estimulante em função dos jogos com a geometria e a complexidade estética. Porém, é uma forma de arquitetura completamente vedada em relação aos usuários, que são excluídos mesmo no interior. Eles não são considerados nem envolvidos pela arquitetura, mas convidados a ser apenas admiradores da forma escultórica.

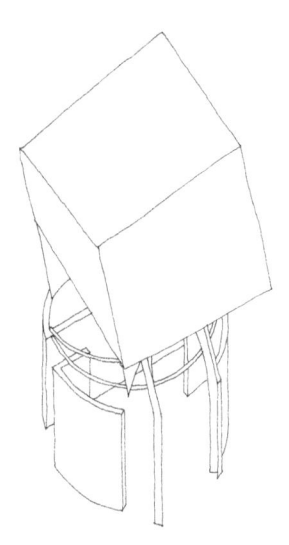

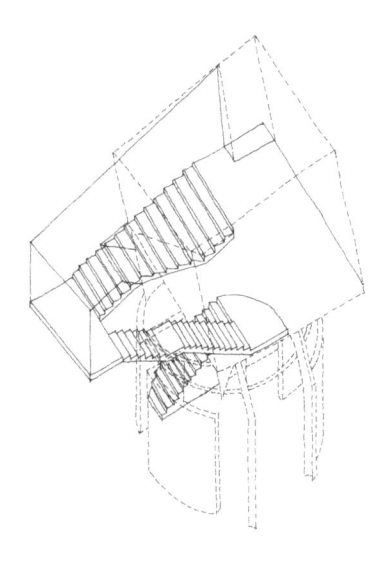

...foram fragmentados, deformados e desintegrados.

Uma escada irregular começa no interior do cilindro e sobe até o cubo.

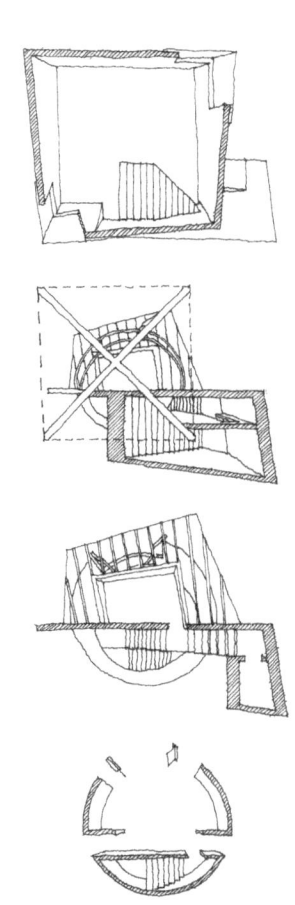

As plantas mostram a dificuldade de representar a composição complexa da edificação usando-se desenhos de arquitetura convencionais.

Bibliografia selecionada e fontes de consulta

A lista a seguir pode parecer, à primeira vista, um conjunto muito heterogêneo de livros, mas os princípios que basearam essa seleção são consistentes. Todas as obras contêm discussões sobre arquitetura, seja como *identificação de lugar* (termo criado por mim), ou propõem maneiras de analisar a arquitetura de acordo com temas conceituais ou discutem questões teóricas relacionadas. Assim, as obras lidam com a arquitetura de uma forma que os arquitetos, preocupados com a geração de um projeto, possam entender. Porém, ninguém em particular pode ser considerado como a autoridade, de acordo com este livro. Alguns autores citados escreveram outras obras, porém foram selecionadas apenas as mais pertinentes aos argumentos utilizados nesta obra.

Abin, Rob e de Wit, Saskia – *The Enclosed Garden: History and Development of the Hortus Conclusus and its Reintroduction into the Present-day Urban Landscape*, 010 Publishers, Rotterdam, 1999.

Alexander, Christopher e outros – *A Pattern Language: Towns, Buildings, Construction*, Oxford UP, New York, 1977.

Alexander, Christopher – *The Timeless Way of Building*, Oxford UP, New York, 1979.

Atkinson, Robert and Bagenal, Hope – *Theory and Elements of Architecture*, Ernest Benn, London, 1926.

Bachelard, Gaston, traduzido por Maria Jolas – *The Poetics of Space* (1958), Beacon Press, Boston, 1964.

Baker, Geoffrey H. – *Design Strategies in Architecture*, Van Nostrand Reinhold, New York, 1989.

Baker, Geoffrey H. – *Le Corbusier: an Analysis of Form*, Van Nostrand Reinhold, New York, 1984.

Benedikt, Michael – *For an Architecture of Reality*, Lumen Books, Santa Fe, NM, 1988.

Benzel, Katherine – *The Room in Context: Design Beyond Boundaries*, McGraw-Hill, New York, 1998.

Brand, Stewart – *How Buildings Learn*, Phoenix Illustrated, London, 1997.

Ching, Francis D.K. – *Architecture: Form, Space and Order*, Van Nostrand Reinhold, New York, 1979.

Clark, Roger H. e Pause, Michael – *Analysis of Precedent: an Investigation of Elements, Relationships, and Ordering Ideas in the Work of Eight Architects*, North Carolina State University, Raleigh, 1979.

Crowe, Norman and Laseau, Paul – *Visual Notes for Architects and Designers*, John Wiley & Sons, New York, 1984.

Deplazes, Andrea, editor – *Constructing Architecture: Materials, Processes, Structure*, Birkhäuser, Basel, 2005.

Durand, J.N.L. – *Preçis des Leçons d'Architecture*, Paris, 1819.

Eliade, Mircea, traduzido por Sheed – *Patterns in Comparative Religion*, Sheed and Ward, London, 1958.

Eliade, Mircea, traduzido por Trask – *The Sacred and the Profane: the Nature of Religion*, Harcourt Brace and Company, San Diego, 1957.

Evans, Robin – *The Projective Cast: Architecture and its Three Geometries*, MIT Press, Cambridge, Mass., 1995.

Evans, Robin – *Translations from Drawing to Building*, and Other Essays, Architectural Association, London, 1997.

Farrelly, Lorraine – *The Fundamentals of Architecture*, AVA Publishing SA, Switzerland, 2007.

Frankl, Paul, traduzido por O'Gorman – *Principles of Architectural History* (1914), MIT Press, Cambridge, Mass., 1968.

Guadet, Julien – *Éléments et Théorie de L'Architecture*, Librairie de la Construction Moderne, Paris, 1894.

Hawkes, Dean – *The Environmental Imagination*, Routledge, Abingdon, 2008.

Heidegger, Martin, traduzido por Hofstader – 'Building Dwelling Thinking' and '… poetically man dwells…', in *Poetry Language and Thought* (1971), Harper and Row, London and New York, 1975.

Hertzberger, Herman – *Lessons for Students in Architecture*, Uitgeverij Publishers, Amsterdam, 1991.

Hertzberger, Herman – *Lessons in Architecture 2: Space and the Architect*, 010 Publishers, Rotterdam, 2000.

Hussey, Christopher – *The Picturesque, Studies in a Point of View*, G.P. Putnam's Sons, London and New York, 1927.

Kent, Susan, editor – *Domestic Architecture and the Use of Space*, Cambridge University Press, Cambridge, 1990.

Lawlor, Anthony – *The Temple in the House*, G.P. Putnam's Sons, London and New York, 1994.

Le Corbusier, traduzido por de Francia and Bostock – *The Modulor, a Harmonious Measure to the Human Scale Universally Applicable to Architecture and Mechanics*, Faber and Faber, London, 1961.

Lethaby, William Richard – *Architecture: an Introduction to the History and Theory of the Art of Building*, Williams and Norgate, London, 1911.

Lynch, Kevin – *The Image of the City*, MIT Press, Cambridge, Mass., 1960.

Martienssen, R.D. – *The Idea of Space in Greek Architecture*, Witwatersrand UP, Johannesburg, 1968.

Moore, Charles e outros – *The Place of Houses*, Holt Rinehart and Winston, New York, 1974.

Moshé, Salomon – *Urban Anatomy in Jerusalem*, Technion, Haifa, 1996.

Nitschke, Günther – *From Shinto to Ando: Studies in Architectural Anthropology in Japan*, Academy Editions, London, 1993.

Norberg-Schulz, Christian – *Existence, Space and Architecture*, Studio Vista, London, 1971.

Padovan, Richard – *Proportion: Science, Philosophy, Architecture*, E. & F.N. Spon, London, 1999.

Pallasmaa, Juhani – *The Eyes of the Skin: Architecture and the Senses* (1996), John Wiley & Sons, Chichester, 2005.

Parker, Barry e Unwin, Raymond – *The Art of Building a Home*, Longman, London, New York and Bombay, 1901.

Pearce, Martin e Toy, Maggie, editors – *Educating Architects*, Academy Editions, London, 1995.

Perec, Georges, traduzido por Sturrock – *Species of Spaces and Other Essays*, Penguin, London, 1997.

Robbins, Edward – *Why Architects Draw*, MIT Press, Cambridge, Mass., 1994.

Rapoport, Amos – *House Form and Culture*, Prentice Hall, New Jersey, 1969.

Rasmussen, Steen Eiler – *Experiencing Architecture*, MIT Press, Cambridge, Mass., 1959.

Relph, Edward – *Place and Placelessness*, Pion, London, 1976.

Rowe, Colin – 'The Mathematics of the Ideal Villa' (1947), in *The Mathematics of the Ideal Villa and Other Essays*, MIT Press, Cambridge, Mass., 1976.

Ruskin, John – *The Poetry of Architecture*, George Allen, London, 1893.

Schmarsow, August, traduzido por Mallgrave and Ikonomou – 'The Essence of Architectural Creation' (1893), in Mallgrave and Ikonomou (editors) – *Empathy, Form, and Space*, The Getty Center for the History of Art and the Humanities, Santa Monica, Calif., 1994.

Schumacher, Thomas – *The Danteum*, Triangle Bookshop, London, 1993.

Scott, Geoffrey – *The Architecture of Humanism*, Constable, London, 1924.

Scully, Vincent – *The Earth, the Temple, and the Gods; Greek Sacred Architecture*, Yale UP, New Haven and London, 1962.

Semper, Gottfried, traduzido por Mallgrave and Hermann – *The Four Elements of Architecture* (1851), MIT Press, Cambridge, Mass., 1989.

Sharr, Adam – *Heidegger's Hut*, MIT Press, Cambridge, Mass., 2006.

Smithson, Alison, editor – *Team 10 Primer*, MIT Press, Cambridge, Mass., 1968.

Spengler, Oswald, traduzido por Atkinson – *The Decline of the West* (1918), Allen and Unwin, London, 1934.

Sucher, David – *City Comforts*, City Comforts Press, Seattle, 1995.

Tanizaki, Junichiro, traduzido por Harper and Seidensticker – *In Praise of Shadows* (1934), Vintage, London, 2001.

Unwin, Simon – *An Architecture Notebook: Wall*, Routledge, London, 2000.

Unwin, Simon – 'Constructing Place on the Beach', in Menin, editor – *Constructing Place: Mind and Matter*, Routledge, London, 2003, p. 77-86.

Unwin, Simon – 'Analysing Architecture Through Drawing', in *Building Research and Information*, Volume 35 Number 1, 2007, p. 101-110.

Unwin, Simon – *Doorway*, Routledge, Abingdon, 2007.

van der Laan, Dom H., traduzido por Padovan – *Architectonic Space: Fifteen Lessons on the Disposition of the Human Habitat*, E.J. Brill, Leiden, 1983.

van Eyck, Aldo – 'Labyrinthian Clarity', in Donat (editor) – *World Architecture 3*, Studio Vista, London, 1966.

van Eyck, Aldo – 'Place and Occasion' (1962), in Hertzberger and others – *Aldo van Eyck*, Stichting Wonen, Amsterdam, 1982.

Venturi, Robert – *Complexity and Contradiction in Architecture*, Museum of Modern Art, New York, 1966.

Venturi, Robert, Scott Brown, Denise e Izenour, Steven – *Learning from Las Vegas*, (second edition), MIT Press, Cambridge, Mass., 1977.

Vitruvius, traduzido por Hickey-Morgan – *The Ten Books on Architecture* (first century BC), Dover, New York, 1960.

von Meiss, Pierre – *Elements of Architecture: from Form to Place*, Van Nostrand Reinholt, London, 1986.

Wittkower, Rudolf – *Architectural Principles in the Age of Humanism*, Tiranti, London, 1952.

Zevi, Bruno, traduzido por Gendel – *Architecture as Space: How to Look at Architecture*, Horizon, New York, 1957.

Zevi, Bruno – 'History as a Method of Teaching Architecture', in Whiffen (editor) – *The History, Theory and Criticism of Architecture*, MIT Press, Cambridge, Mass., 1965.

Zevi, Bruno – *The Modern Language of Architecture*, University of Washington Press, Seattle and London, 1978.

Zumthor, Peter – *Thinking Architecture*, Birkhäuser, Basel, 1998.

Zumthor, Peter – *Atmospheres*, Birkhäuser, Basel, 2006.

A seguir apresentamos uma lista das fontes de consulta fornecidas no corpo do texto e nas suas margens deste livro. A maioria dessas obras são fontes nas quais poderão ser encontradas mais informações sobre os exemplos usados no livro. Não foram incluídos livros que não são sobre arquitetura, como romances, etc.

Ahlin, Janne – *Sigurd Lewerentz, architect 1885-1975*, MIT Press, Cambridge, Mass., 1987.

Alberti, Leon Battista, traduzido por Rykwert e outros – *On the Art of Building in Ten Books* (c1450), MIT Press, Cambridge, Mass., 1988.

Asplund, Erik Gunnar, – '*Var arkitoniska rumsuppfattning*', in *Byggmästeren: Arkitektupplagan*, p. 203-19, traduzido por Unwin, Simon e Johnsson, Christina as 'Our Architectural Conception of Space', in *ARQ* (*Architecture Research Quarterly*), Volume 5, Number 2, 2001, p. 151-60.

Betsky, Aaron – *Zaha Hadid: Complete Buildings and Projects*, Thames and Hudson, 1998.

Blaser, Werner – *The Rock is My Home*, WEMA, Zurich, 1976.

Blundell Jones, Peter – 'Dreams in Light', in *The Architectural Review*, April 1992, p. 26.

Blundell Jones, Peter – 'Holy Vessel', in *The Architects' Journal*, 1 July 1992, p. 25.

Blundell Jones, Peter – *Hans Scharoun*, Phaidon, London, 1995.

Blundell Jones, Peter – *Gunnar Asplund*, Phaidon, London, 2006.

Bosley, Edward – *First Church of Christ, Scientist, Berkeley*, Phaidon, London, 1994.

Brawne, Michael – *Jørgen Bo, Vilhelm Wohlert, Louisiana Museum, Humlebaek*, Wasmuth, Tubingen, 1993.

Brown, Jane – *A Garden and Three Houses*, Garden Art Press, Woodbridge, Suffolk, 1999.

Christ-Janer, Albert and Mix Foley, Mary – *Modern Church Architecture*, McGraw Hill, New York, 1962.

Collins, Brad and Vidler, Anthony – *Eric Owen Moss: Buildings and Projects 2*, Rizzoli, New York, 1996.

Collins, Peter – *Concrete, the Vision of a New Architecture*, Faber and Faber, London, 1959.

Collymore, Peter – *The Architecture of Ralph Erskine*, Architext, London, 1985.

Constant, Caroline – *The Woodland Cemetery: Towards a Spiritual Landscape*, Byggforlaget, Stockholm, 1994.

(Coop Himmelb(l)au) – (Cinema, Dresden), *Architectural Review*, July 1998.

Crook, John Mordaunt – *William Burges and the High Victorian Dream*, John Murray, London, 1981.

Daniels, Glyn – *Megaliths in History*, Thames and Hudson, London, 1972.

Dee, John – *Mathematicall Praeface to the Elements of Geometrie of Euclid of Megara* (1570), facsimile edition, Kessinger Publishing, Whitefish, MT., undated

(Dewes and Puente) – 'Maison à Santiago Tepetlapa', in *L'Architecture d'Aujourd' hui*, June 1991, p. 86.

Drange, Tore, Aanensen, Hans Olaf and Brænne, Jon – *Gamle Trehus*, Universitetsforlaget, Oslo, 1980.

Edwards, I.E.S. – *The Pyramids of Egypt*, Penguin, London, 1971.

Eisenman, Peter – *The Formal Basis of Modern Architecture*, Lars Müller Publishers, Switzerland, 2006.

(Endo, Shuhei) – (Lavatories, Japan), *Architectural Review*, December 2000.

(Foster, Norman) – 'Foster Associates, BBC Radio Centre', in *Architectural Design 8*, 1986, p. 20-27.

Frank, Suzanne – *Peter Eisenman's House VI: the Client's Response*, Whitney Library of Design, New York, 1994.

(Gigon and Guyer) – 'Kalkriese Historical Park', in *Architectural Review*, July, 2002.

Greene, Herb – *Mind and Image*, Granada, London, 1976.

Gregotti, Vittorio – 'Address to the Architectural League, New York, October 1982', in *Section A*, Volume 1, Number 1, February/March 1983, p. 8.

Goldberger, Paul and others – *Richard Meier Houses*, Thames and Hudson, London, 1996.

Gropius, Walter – *Scope of Total Architecture*, George Allen & Unwin, London, 1956.

(Hadid, Zaha) – 'Vitra Fire Station', in *Lotus 85*, 1995, p.94.

Harbeson, John F. – *The Study of Architectural Design*, Pencil Points Press, New York, 1927.

Hawkes, Dean – *The Environmental Tradition*, Spon, London, 1996.

Heaney, Seamus – *The Redress of Poetry*, Faber and Faber, London, 1995.

(Hecker, Zvi) – (Apartments in Tel Aviv), in *L'Architecture d'Aujourd'hui*, June 1991, p. 12.

Heidegger, Martin – 'Art and Space', in Leach, editor – *Rethinking Architecture*, Routledge, London, 1997.

Hewett, Cecil – *English Cathedral and Monastic Carpentry*, Phillimore, Chichester, 1985.

Institut de Théorie et d'Histoire de l'Architecture – *Matiere d'Art: Architecture Contemporaine en Suisse*, Birkhäuser, Basel, 2001.

(Imafugi, Akira) – (Wall House), in *Japan Architect '92 Annual*, p. 24-5.

Johnson, Philip – *Mies van der Rohe*, Secker and Warburg, London, 1978.

(Kaplicky, Jan) – (House, Islington), *Progressive Architecture*, July 1995.

(Kocher and Frey) – (House on Long Island), in Yorke, F.R.S. – *The Modern House*, Architectural Press, London, 1948.

(Konstantinidis, Aris) – (Summer House), in Donat, John (editor) – *World Architecture 2*, Studio Vista, London, 1965, p. 128.

Lawrence, A.W. – *Greek Architecture*, Penguin Books, London, 1957.

Le Corbusier, traduzido por F. Etchells – *Towards a New Architecture* (1923), John Rodker, London, 1927.

Lethaby, W.R. e outros – *Ernest Gimson, his Life and Work*, Ernest Benn Ltd, London, 1924.

Lim Jee Yuan – *The Malay House*, Institut Masyarakat, Malaysia, 1987.

(MacCormac, Richard) – (Ruskin Library), in *Royal Institute of British Architects Journal*, January 1994, p. 24-29.

(Mackintosh, Charles Rennie) – *Charles Rennie Mackintosh and Glasgow School of Art: 2, Furniture in the School Collection*, Glasgow School of Art, Glasgow, 1978.

Macleod, Robert – *Charles Rennie Mackintosh, Architect and Artist*, Collins, London, 1968.

Mallgrave, Harry Francis, and Ikonomou, Eleftherios, translators and editors – *Empathy, Form and Space*, Getty Center for the History of Art and the Humanities, Santa Monica, Ca., 1994.

March, Lionel and Scheine, Judith – *R.M. Schindler*, Academy Editions, London, 1993.

(Masieri, Angelo) – (Casa Romanelli), in *Architectural Review*, August 1983, p. 64.

McLees, David – *Castell Coch*, Cadw: Welsh Historic Monuments, Cardiff, 2001.

Melhuish, Clare – *Modern House 2*, Phaidon, London, 2000.

(Moss, Eric Owen) – (The Box), *Eric Owen Moss: Buildings and Project 2*, Rizzoli, New York, 1996.

Murphy, Richard – *Carlo Scarpa and the Castelvecchio*, Butterworth Architecture, London, 1990.

Muthesius, Stefan – *The English Terraced House*, Yale UP, New Haven and London, 1982.

(MVRDV) – (VPRO Building), *Architectural Review*, March 1999.

(MVRDV) – (Dutch Pavilion), *Architectural Review*, September, 2000.

Neumeyer, Fritz – 'Space for Reflection: Block versus Pavilion', in Schulze, Franz – *Mies van der Rohe: Critical Essays*, Museum of Modern Art, New York, 1989, p. 148-171.

Nicolin, Pierluigi – *Mario Botta: Buildings and Projects 1961-1982*, Architectural Press, London, 1984.

Norberg-Schulz, Christian and Postiglione, Gennara – *Sverre Fehn: Works, Projects, Writings, 1949-1996*, The Monacelli Press, New York, 1997.

Papadakis, Andreas e outros – *Venturi, Scott Brown and Associates, on Houses and Housing*, Academy Editions, London, 1992.

Pendlebury, J.D.S. – *A Handbook to the Palace of Minos at Knossos*, MacMillan & Co., London, 1935.

Pevsner, Nikolaus – *A History of Building Types*, Thames and Hudson, London, 1976.

Pevsner, Nikolaus – *An Outline of European Architecture*, Penguin, London, 1945.

(Piano, Renzo) – (Beyeler Art Gallery), *Architectural Review*, December 1997.

Quinn, P., editor – *Temple Bar: the Power of an Idea*, Gandon Editions, Dublin, 1996.

Rattenbury, Kester – (Baggy House swimming pool), in *Royal Institute of British Architects Journal*, November 1997, p. 56-61.

Robertson, D.S. – *Greek and Roman Architecture*, Cambridge UP, Cambridge, 1971.

Royal Commission on Ancient and Historical Monuments in Wales – *An Inventory of the Ancient Monuments in Glamorgan, Volume IV: Domestic Architecture from the Reformation to the Industrial Revolution, Part II: Farmhouses and Cottages*, H.M.S.O., London, 1988.

Rudofsky, Bernard – *Architecture Without Architects*, Academy Editions, London, 1964.

Rudofsky, Bernard – *The Prodigious Builders*, Secker and Warburg, London, 1977.

Rykwert, Joseph (Introduction) – *Richard Meier Architect 1964/84*, Rizzoli, New York, 1984.

Schinkel, Karl Friedrich – *Collection of Architectural Designs* (1866), Butterworth, Guildford, 1989.

(Schnebli, Dolf) – (Lichtenhan House), in Donat, John (editor) – *World Architecture 3*, Studio Vista, London, 1966, p. 112.

(Scott, Michael) – (Knockanure Church), in Donat, John (editor) – *World Architecture 2*, Studio Vista, London, 1965, p. 74.

Semenzato, Camillo – *The Rotonda of Andrea Palladio*, Pennsylvania State UP, University Park, Penn.,1968.

Sigel, Paul – *Zaha Hadid: Nebern*, William Stout, San Francisco, CA., 1995.

Smith, Peter – *Houses of the Welsh Countryside*, H.M.S.O., London, 1975.

Sudjic, Deyan – *Home: the Twentieth Century House*, Laurence King, London, 1999.

Summerson, John e outros – *John Soane* (Architectural Monographs), Academy Editions, London, 1983.

(Sundberg, Olson) – ('Renewal' museum), *Architectural Review*, August 1998, p.82.

Tempel, Egon – *Finnish Architecture Today*, Otava, Helsinki, 1968.

(van Postel, Dirk) – (Glass Pavilion), *Architectural Review*, September 2002.

Warren, John and Fethi, Ihsan – *Traditional Houses in Baghdad*, Coach Publishing House, Horsham, 1982.

Weaver, Lawrence – *Small Country Houses of To-day*, Country Life, London, 1912.

Weschler, Lawrence – *Seeing is Forgetting the Name of the Thing One Sees: a Life of Contemporary Artist Robert Irwin*, University of California Press, Berkeley, 1982.

Weston, Richard – *Alvar Aalto*, Phaidon, London, 1995.

Weston, Richard – *Villa Mairea* (in the Buildings in Detail Series), Phaidon, London, 1992.

Wrede, Stuart – *The Architecture of Erik Gunnar Asplund*, MIT Press, Cambridge, Mass., 1983.

Yorke, F.R.S. – *The Modern House*, Architectural Press, London, 1948.

(Zumthor, Peter) – 'Peter Zumthor', *Architecture and Urbanism*, February, 1998.

Índice

A

A Pattern Language 235
Aalto, Alvar 36, 55, 90, 120, 206
Abadia de Saint Gall 90
Abadia de Talacre, País de Gales 176
abdicação 115
aborígine 63
abrigo para automóveis 205
abrigo para bicicletas 213
acampamento na praia 22, 23, 99
aceitação 109, 136
acidente 70
acrópolis, Atenas 49-50, 65, 112, 127
Adão e Eva 252
admiração pelo trabalho de outras mentes 10
aeroporto 75
água 64
Ahrends, Burton e Koralek 199
Albert Memorial, Londres 101
Alberti, Gian Battista 147, 160, 230, 254
Aldington, Peter 71
aleatoriedade 15-16
Alexander, Christopher 67, 235
Alhambra, Granada, Espanha 37
altar 31, 32, 34, 43, 75, 87, 88, 89, 90, 91, 100, 104, 137, 204, 206, 231, 232, 250
Anatólia, Turquia 64
anfiteatro 46-47, 76, 93, 138, 140, 167, 168
Antonello da Messina 98
Apartmentos Falk 56
apresentação 75, 76, 214
arcada 35
Architectural Principles in the Age of Humanism 246
arco de proscênio 76, 93, 207
Arcosanti 121
área do terreno 33, 75
áreas definidas de terreno 92, 249
Arhotel Billie Strauss 163
Aristóteles 210

aroma 101
arquibancadas 92
arquitetura "tradicional" 23
arquitetura como arte de emoldurar ou delimitar 214, 239
arquitetura como criação de molduras 98
arquitetura como escultura 40
arquitetura como filosofia 109
arquitetura como identificação de lugar 23, 40, 75, 98, 129, 212, 213
arquitetura em relação com a vida 75
Arquivo Nacional de Paris 199
arrogância 113
arte visual xi
árvore 64, 66, 126, 231
Asplund, Gunnar 41, 198, 214, 234, 249
assento 76, 77
assentos escalonados 93
Asymtote 178
AT&T Building, New York 120
ataúde 104
Atena Promachos 127
átrio 68, 199
Auschwitz 101
Austrália 63
aviões 16-17
axis mundi 233, 251
Ayer's Rock 66

B

Bachelard, Gaston 192
baobá 64
bar 91
barreira 32, 76
basílica românica 182
Bawa, Geoffrey 98
BBC Radio Centre, Londres 68
biblioteca 198
Biblioteca Berkeley, Trinity College, Dublin 199
Biblioteca da Cidade de Estocolmo 198
Biblioteca do Cranfield Institute, Inglaterra 199

Biblioteca do Trinity College, Cambridge, Inglaterra 198
biblioteca em Lausanne-Dorigny 189
biblioteca na Universidade de Uppsala 194
Biblioteca Ruskin 188
Bibliothèque Sainte Genevieve, Paris 198
Blom, Fredrik 194
Bo, Jørgen e Vilhelm Wohlert 71
bonecas russas 101, 157
Botta, Mario 156
Bramante 229, 254
Breuer, Marcel e Yorke, F.R.S. 188
Bryggman, Erik 90
Burges, William 69, 193
Burlington, Lord 154

C

cabana 109, 116, 233, 240, 251
cabana galesa 79, 84
cabana na montanha 109
cabo suspenso ou tirante 32
cadernos de croquis 16-17
café em Malta 103
Caixa, A 255
caixa eletrônico 75
Calatrava, Santiago 144
calefação central 81, 236
calor 101
cama 23, 60, 67, 76, 86, 131-132, 250
camadas de acesso 235
Câmara dos Comuns 140
câmaras mortuárias pré-históricas 16-17
campanário de igreja 31
Campbell, Colen 154, 194
camuflagem 44-45
canto 76
capela 43, 104, 184, 231, 249
Capela da Ressurreição, Estocolmo 104
Capela do Bosque, Estocolmo 234
capela do cemitério, Kemi 184
capela do cemitério, Turku 90
Capela do Palácio da Alvorada, Brasília 206

Capela dos Estudantes, Otaniemi 184, 233, 235
Carnarvon Gorge, Austrália 63
Carpenter Center for the Visual Arts 130-131
carpete 102
Cartesiano 162
Casa Bires, Povoa do Varzim, Portugal 161
Casa Cinquenta por Cinquenta 193
Casa da Cascata (Fallingwater) 82
Casa da Idade do Ferro 220
Casa das Paredes 47-48
casa de fazenda galesa 23, 118
casa do capítulo 100, 140
Casa do Prado 143
casa em Cartago 195
casa em Long Island 174
casa em Origlio 156
Casa em Palm Beach 106
Casa Engstrom 221
Casa Farnsworth 86
Casa Hill, Helensburgh, Escócia 86
Casa Hoffman 159
Casa Kerala, Índia 100
Casa Mohrmann, Berlim 173
Casa Quaglia, Itália 161
Casa Ramesh, Trivandrum, Índia 195
Casa Romanelli, Itália 174
Casa Schminke 244
casa Swahili 96, 105
Casa Tugendhat, Brno 175
Casa VI 252
Casa Ward Willits 80, 205
Casa Wolfe 56
casas com loja, Malásia 54
casas de madeira tradicionais da Noruega 79, 142
casas malaias 173
Castell Coch, País de Gales 69
Castell Henllys, País de Gales 220, 222
castelo 63, 69
Castelo de Beaumaris, País de Gales 102
Castelo de Cardiff, País de Gales 193

Castelo de Powis, País de Gales 84
Castelo Mereworth, Kent, Inglaterra 154, 194
Castelvecchio, Verona, Itália 70, 129
catafalco 104, 250
catedral 16-17, 49-50, 88, 100, 111, 170, 213
Catedral de Lincoln, Inglaterra 213
Catedral de Liverpool, Inglaterra 206
Catedral de Rheims 171
Catedral de Salisbúria, Inglaterra 100, 144
caverna 61, 64, 73, 121, 181, 182, 250
Ceausescu, Nikolai 101
cela 33, 34, 39, 54, 76, 79, 81, 83, 104, 125, 127, 133-134, 137, 168, 203, 231, 249
Cemitério de Forsbacka 159
centro 88, 112, 133-134, 137, 153, 154, 181, 251
Centro de Pesquisas Inmos, País de Gales 120
cerca 32
céu 32, 39, 40, 42, 43, 135, 251
Chalé Stoneywell, Inglaterra 66
Chanel Contemporary Art Container 164
Chapelle des Sept-Saints (Capela dos Sete Santos), França 69
cheiro 249
Chipperfield, David 195
Chiswick Villa, Londres 154
chuva 32
cidade 68
"Cinco Pontos de uma Nova Arquitetura" 195
cinema 93
círculo 78, 79, 87, 93, 139, 141, 155, 173, 231, 234, 250, 251
círculo de dolmens (*henge*) 250
círculo de lugar 126
círculo de luz 126
círculo de pedras 75
círculo de presença 125, 127, 240, 251
círculo distante de visibilidade 126, 127

círculo íntimo do alcance por meio do tato 126, 127
círculo social 234
claraboia 43
clareira 92
claustro 35, 54, 100
clima 110, 112, 113, 114
Cnossos, Creta 44-45, 92, 105, 222
cobertura 32, 34, 42, 54, 66, 83, 168, 171, 181, 193, 236, 249
codificação 44-45
coletores de luz 40
Colônia Güell, Espanha 43
coluna ou pilar 32, 34, 39, 54, 79, 83, 104, 140, 168, 174, 175, 231, 236, 241, 249
como usar este livro 10
Complexidade e Contradição em Arquitetura 244, 246
comportamento 110
computador 101, 215
condições da arquitetura 31, 39, 64, 125, 130-131, 135, 136, 143, 236, 249
condições políticas 25, 216
condomínio 103
console de lareira 91
controle 125, 136
Coop Himmelb(l)au 178
cor 43
coração (núcleo) 82, 154, 156, 204, 206, 235, 242
Correa, Charles 185
Crematório do Bosque, Estocolmo 41, 249
Creta 45, 58, 63, 92
criatividade pessoal 11
cripta 231
Cripta do Pilar 223
cruz 104, 206, 233, 251
cubo 234
cultura 115
Cúpula da Rocha, Jerusalém, Israel 64, 101
Cúpula do Milênio, Londres 158

D

Dallas, Texas 63
Danteum 208
De Stijl 162
Dédalo 92
Dee, John 148, 164, 254
definição de arquitetura 21
degrau 31
Descartes, René 148
desenho 14-15, 17-18
Devanthéry, Patrick e Lamunière, Inès 189
Dewes, Ada e Puente, Sergio 66
dificuldade de aprender a projetar arquitetura 9
dilema para os arquitetos 110
dinâmico 181
dique 32
dólmen 73, 182
dominação 114
Dom-Ino 163, 175
dormitórios franceses 85
Dostoevsky, Fyodor 224

E

ecclesiasterion de Priene, Grécia 168
edícula 33, 39, 77, 83, 85, 101, 103, 104, 231, 233
Edifício da Associação de Moageiros, Ahmedabad 196
Edifício Lloyds, Londres 60
Egito 87
Eisenman, Peter 153, 252
eixo 89, 90, 112, 113, 129, 136, 137, 138, 140, 184, 235, 245, 247, 251
elementos básicos 36, 39, 41, 77, 212, 215, 231, 244, 249
elementos combinados 33
elementos modificadores da arquitetura 215, 237
elementos que desempenham mais de uma função 232, 238
Ellwood, Craig 185
Endo, Shuhei 178
Ericson, Harald 41

Erskine, Ralph 41, 66, 85, 221
escada 33
escala 48-49, 111, 112, 113, 131-133, 251
Escher, M.C. 253
escolha 63
espaço 31, 214
espaço e estrutura 241
espaço universal 214
esposição de habitações Weissenhof 236
estacionamento 76
estela funerária 95
estrutura 143, 167, 168, 169, 172, 211, 212, 215, 241
estrutura para análise 216
Evans, Robin 229
exibição de imagens 64
experiência em sequência 204

F

farol 78, 126
fechamento 33, 53, 125, 127, 133-134
Fehn, Sverre 66
Filarmônica de Berlim, Alemanha 93
Fiszer, Stanislaua 199
flecha 88
foco (*focus*) 32, 41, 75, 77, 79, 82, 87, 90, 181, 182, 231, 237, 238
fogão 91
fogo 75, 78, 79, 126, 139
fogueira 78
fortaleza 76
fórum 102
fossa 31, 76, 237, 249
fosso 32, 102
Foster, Norman 68, 164, 186, 199
Future Systems 190
futuro 110, 113

G

Gabrieli, Andrea 46-47
galeria 35
Galeria de Arte Beyeler, Basileia, Suíça 189
galpão decorado 59
Garnier, Tony 206

Gaudi, Antoni 43
Gehry, Frank 15-16, 71, 177
Generalife, Granada, Espanha 37
genius loci 26-27
geometria 136, 140, 141, 159, 160, 211, 245, 246
geometria da construção 143, 153, 240, 246
geometria ideal 22, 39, 41, 147, 229, 236, 253
geometria social 139, 142, 215, 234, 251
Gimson, Ernest 66, 205
Giza, Egito 87
Göreme, Turquia 64
gravidade 31, 32, 110, 136, 143, 193
Greene, Herb 143
grelha (grade) 169, 241
Grelha Cartesiana 148, 149, 164
grelha diagonal (*diagrid*) 164
Gropius, Walter 148, 236
Group '91 Architects 68
guarita de soldado 133-134

H

hajj 63
hamam 94
Hamlet 109, 122
Häring, Hugo 82
Heaney, Seamus 8, 11
Hecker, Zvi 161
Heidegger, Martin 30, 124
Hewett, Cecil 144
hierarquia 206, 235
Hinks, Roger 218
Hirst, Damien 135
História 76, 78, 110, 111, 213, 215
Homero 84, 182, 208
hotel em Córsega 204
humanismo 113

I

Iannucci, Armando xi
ideias de arquitetura 14-16
identificação de lugar 213
iglu 44-45, 78

igreja 42, 88, 99, 170, 182
Igreja de Brockhampton, Inglaterra 42
Igreja de Vuoksenniska, Imatra 90
igreja em Corfu, Grécia 116
igreja em Knockanure, Irlanda 183
igreja gótica 182
Igreja Myyrmäki, Finlândia 189
Il Gesù 49-50
Il Tempietto 229
ilha 76
Imafugi, Akira 47-48
infinito 214
Internet 97, 101, 214
iPod 10, 12
Iraque, casa tradicional 45
Irmãos Karamazov, Os 224

J

janela xi, 32, 51, 54, 76, 93, 101, 131-132
jardim 31, 42
Jensen, Knud 71
Jerusalém 64
Johnson, Philip 46-47
Johnson, Philip e John Burgee 120

K

Kaplicky, Jan 190
Kennedy, J.F. 63
Kerr, Robert 85
Knockanure, Irlanda 183
Kocher e Frey 174
Konstantinidis, Aris 186

L

La Tourette, França 42, 46-47, 49-50
labirinto 101
Labrouste, Henri 198, 199
Lacaton Vassal 67
Langham Place, Londres 68
lareira 22, 23, 32, 75, 77, 78, 79, 80, 82, 85, 101, 156, 160, 182, 204, 205, 214, 236, 237, 238, 239, 240, 245, 248, 250, 251

Lasdun, Derek 231
Le Corbusier xii, xiv, 15-17, 40, 42, 43, 46-47, 49-50, 58, 81, 121, 133, 157, 163, 174, 175, 177, 187, 195, 196, 197, 236
Le Havre 88
Leiviska, Juha 189
Leonardo da Vinci 133, 158
Lethaby, W. R. xiii, 2, 3, 42
Lewerentz, Sigurd 104, 159
Libeskind, Daniel 15-16
linguagem 12, 27-28, 75, 149, 212, 215
linguagem da arquitetura xii, 9, 17-18
linguagem do desenho 17-18
linha de passagem 129-131, 251
linha de visão 128, 129, 130-131, 206, 251
Llainfadyn 165, 225
Llanddewi Castle Farm 118
local de apresentação 65, 93, 129, 140, 169, 250
local sagrado 127
loggia 35
Long Island Duckling 59
lugar, definição 26-27
lugar 22, 61, 76, 214
lugar estático 203, 242
lugares dinâmicos 203
lugares primitivos, tipos 215, 232, 239, 250
luz 31, 39, 57, 75, 78, 79, 101, 103, 206, 249
luz elétrica 41, 42, 237
Lynn, Greg 178

M

MacCormac, Jamieson, Prichard 231
MacCormac, Richard 188, 231
Mackintosh, Charles Rennie 86, 143
Maison La Roche 188
marco 31, 34, 53, 75, 88, 184, 250
Marquês de Bute 193
Márquez, Gabriel García 38, 46-48
Martin, Leslie 55

Masieri, Angelo 174
material 111, 113
Mather, Rick 71
Matthew, Robert 55
Maybeck, Bernard 106
Meca 63
medição 131-133
Meeting House Square, Dublin 68
mégaron 60, 79, 84, 204, 222, 223
Meier, Richard 43, 106, 159, 160
memória 63
Mendelsohn, Erich 119
mente que projeta 109, 111
mercado 76, 102, 214
mesa 31, 77, 101
mesa de cirurgia 90, 91
mesquita 16-17, 101
metáfora 58
Meteora, Grécia 65
Micenas, Grécia 79
Mies van der Rohe 15-16, 86, 162, 175, 193, 236, 244
Minos 92, 222
Modernismo 245, 249
módulo lunar 121
Modulor 133
moldura 68, 70, 99, 100, 101, 104, 141, 172, 188, 214, 239
Mondrian, Piet 254
montanha 32
Monte Dikti, Creta 63
Moore, Charles 85, 103, 156
moradia 22, 64, 236
Moss, Eric Owen 255
mudança 109, 111
muezzin 101
mundo de faz de conta 93
Museu Altes, Berlim 45
Museu de Arte Moderna de Louisiana, Dinamarca 71
Museu Gotoh, Japão 195
Museu Guggenheim, Bilbao 15-16, 43, 177
Muuratsalo, Finlândia 206

MVRDV 178, 200

N

Nash, John 68
Nationalgalerie, Berlim 119
nave central 88
nazistas 115
Necromanteion, Grécia 153, 208
Nefertiti 100
Neoplasticismo 254
nicho com lareira 139, 205
Niemeyer, Oscar 206
Notre Dame, Le Raincy, Paris 171
Notre-Dame du Haut, Ronchamp 40
Nova York 26-28

O

Ópera de Paris 207
Ópera de Sydney, Austrália 60
oportunismo 15-16
ordem geométrica da estrutura 171
orkestra 92, 93
Ozenfant, Amédée 157

P

palavras 76
palco 31, 40, 93, 101, 207
palhaço 92
Palladio, Andrea 105, 154, 160, 169, 233, 246, 254
Panteon, Roma 43, 138, 158
papel quadriculado 17-18, 158, 253
paramétrica 163, 164
parede 32, 33, 34, 53, 54, 56, 64, 66, 68, 76, 79, 102, 125, 174, 206, 231, 236, 246, 249
parede de vidro 32, 90, 186, 193, 231, 236
parede portante 172
paredes paralelas 13, 27-28, 77, 181, 182, 183, 184, 185, 188, 211, 223, 245
Parker, Barry 139

Parker, Barry e Raymond Unwin 81
Partenon, Atenas, Grécia 49-50, 60, 65, 112, 127
passado 110, 113
passeio 32, 47-48, 54, 57, 68, 76, 237
pátio 44-45
pátio interno 76
pato 59
Pavilhão de Barcelona 15-18, 162, 175
pavilhão para esculturas no Parque Sonsbeek 188
Pavilhão Suíço, Expo Hanover 190
Pavilhão Suíço 187
pedra ereta 87, 126
percurso 184, 203, 250
Percy, Walker viii
Perec, Georges 133-134, 202
perfeição 149
Perret, Auguste 88, 171
perspectiva 182
pessoas 111
Pevsner, Nikolaus 212, 213
Piano, Renzo 189
piano nobile 194, 243
pilar ou coluna 32, 34, 39, 54, 79, 83, 104, 140, 168, 174, 175, 231, 236, 241, 249
pirâmide 63, 87, 129-130, 151, 203, 250, 251
pirâmide de Meidum 87
pirâmide de Quéfren 87
pirâmides egípcias 129-130, 203
piso 84
plantas e cortes 17-18
Plas Brondanw, País de Gales 129
plataforma 31, 32, 34, 54, 66, 75, 77, 83, 85, 93, 112, 118, 175, 193, 206, 231, 236, 249
Platão 229
platônico 148, 253
platzleuchte 238
poderes da arquitetura 12, 109
poesia 115
poesia na arquitetura 249
Poetry of Architecture, The 109

Pompeia, Itália 16-17, 102
ponte 32
Por Uma Arquitetura 236
porão 194
porta 101, 32, 34, 133, 249
porta na praia 203
pórtico 35, 84, 100, 101, 104, 187, 205, 235, 247, 249
Posto de Bombeiros de Vitra 137, 161, 162
postura 111, 114, 115, 122, 212
praia 68
prateleira 33
Priene, Grécia 87
Primeira Igreja de Cristo Cientista, Berkeley 106
prisão 111
privado 205
promenade architecturale ("passeio arquitetônico"), 15-16, 235
propaganda 115
propilone 65, 182, 203, 204
público 205
púlpito 214
quadrado 153, 154, 156, 159, 193, 206, 234

R

Raju Subhadra, Liza 195
rampa 32
reconhecimento 63
reconhecimento e criação 53
relação entre ordem e regularidade 10
Renewal Museum, Seattle 129
Residência Martin 158
Retângulo Áureo 151, 164
retícula. *Veja* grelha
Rhodia 95
Rogers, Richard 60, 120, 158, 186
Romantismo Nacional 249
Ronchamp 40, 58
Royal Commission for Ancient and Historic Monuments in Wales 9

Royal Festival Hall, Londres 55
rua 35, 54, 76
ruína 69
Ruskin, John 109, 110

S

sacerdotisa das cobras minóica 223
Sala de Leitura Aye Simon 43
salão hipostilo 168
Santa Maria Novella, Florença 153
Santa Sofia 170
São Giorgio Maggiore, Veneza 105
São Jerônimo em seu Gabinete 98
São Marcos, Veneza 46-47
São Paulo, catedral, Londres 138, 177
São Pedro, basílica, Roma 60, 88
São Pedro 229
Säynätsalo, Finlândia 120
Scarpa, Carlo 70, 129
Scharoun, Hans 93, 119, 141, 173, 236
Schindler, Rudolf 56, 80, 82
Schinkel, Karl Friedrich 45, 197
Schliemann, Heinrich 182
Schloss Charlottenhof 197
Schnebli, Dolf 186
Scott, Giles Gilbert 206
Scott, Michael 183
Scully, Vincent 62, 182
Seção Áurea 133
seis direções e um centro 133-134, 136, 137, 139, 181, 215, 241
Semper, Gottfried 77
Senado de Mileto, Grécia 168
Shreve, Anita 166
simbiose 114
simbolismo 60
Simeão Estilita 64
simetria 147
Simonis, Giovanni 195
Sipari, Osmo 184
Siren e Siren 141, 184, 235
sistemas de edificação industrializados 144
Siza, Alvaro 161
Smithsonian Institute, Washington D.C. 164
Soane, John 196
Soleri, Paolo 121
solo 31, 32, 110, 112, 113
som 249
sombra 42, 44-45, 56, 63, 66
sótão 195
Spengler, Oswald 52, 214
Stonehenge, Inglaterra 87, 128
submissão 114
sul 32, 113
Sundberg, Olson 129

T

tabuleiro de xadrez 98
tamanho das pessoas 110
teatro 41, 42, 65, 76
Teatro Olímpico, Vicenza 169
tecnologia 214, 215
telesterion, Eleusis, Grécia 169
televisão 93, 97, 102, 214, 215
temenos 35, 127
Temple Bar, Dublin 68
templo 103, 137, 138, 246, 252
Templo de Afaia, Egina 117
Templo de Amon, Karnak 168
Templo de Atena Polias, Priene 87
Templo de Erecteu, Atenas, Grécia 65, 118
templo funerário 87
templo grego 15-16, 34, 42, 99, 112, 117, 137, 182, 203
templos e cabanas 13, 233, 251
tempo 31, 97, 110, 113, 114
tenda 83
tenda beduína 42
Teofrasto 109
tepi 78, 173
Terceiro Reich 115
terraço 31, 56
Terragni, Giuseppe 208, 254
terreno. *Veja* solo
textura 47-48
The English Gentleman's House 85
The Thick of It xi
thersilion, Megalopolis 169, 175
Tholos, Epidauro, Grécia 158
Thomas, Dylan 100
Ticino, Suíça 57
tijolo 142
tirando partido das preexistências 250
Tirinto, Grécia 204
toque 47-48
Torre Eiffel, Paris, França 60
Torre Einstein, Potsdam, Alemanha 119
toucador 91
tradição 110, 111
transição 54, 205, 206
Troia 182
trono 32, 135, 205
tumba 104
túmulo 31, 63, 76, 140, 214
túmulos minóicos 58
Turn End, Haddenham, Inglaterra 71

U

umidade 44-45
União de Estudantes da Universidade de Estocolmo 66
Unidades de Habitação 196
Ushida Findlay 15-16
útero 251

V

vale, pequeno 78
vale 93
Valle, Gino 161
Vals, Suíça 94
van Eyck, Aldo 188
van Postel, Dirk 200
varanda 84
vedações, *veja* fechamento
ventilação 44-45

Venturi, Robert 59, 197, 244
versos cantados dos aborígenes australianos 149
Vignola 49-50
vila africana 99
Vila de Adriano 159
Vila Flora, Finlândia 55
Vila Foscari, Itália 247
Vila Mairea, Finlândia 36
Vila Real, Cnossos 223
vila romana 16-17
Vila Rotonda, Itália 157, 233
Vila Savoye, França 15-18, 50, 121, 175, 197, 235, 236
Vitrúvio 109, 110, 133, 254
vocabulário, sintaxe e significado 27-28

W

Williams-Ellis, Clough 129
Wittkower, Rudolf 152, 246
World Wide Web 97
Wren, Christopher 177, 198
Wright, Frank Lloyd 43, 80, 82, 111, 158, 162, 205, 244

Z

Zaha Hadid xii, 15-16, 136, 161, 162, 163, 164
Zanuso, Marco 193
Zevi, Bruno 162
Zumthor, Peter 20, 94, 190, 200

"Estude o passado se você quiser entender o futuro."

Confúcio (551–479 a. C.)